高等职业教育生态林业专业群特色教材

林木种苗生产技术

韩慧英 | 主　编
鲍宇宏　孙海龙　王　杨 | 副主编
万书成 | 主　审

中国轻工业出版社

图书在版编目（CIP）数据

林木种苗生产技术 / 韩慧英主编. -- 北京 : 中国轻工业出版社, 2025. 9. -- ISBN 978-7-5184-5587-4

Ⅰ. S723.1

中国国家版本馆CIP数据核字第202597EM84号

责任编辑：陈　萍

文字编辑：张育萱　　责任终审：腾炎福　　设计制作：梧桐影

策划编辑：陈　萍　赵雅慧　　责任校对：晋　洁　　责任监印：张京华

出版发行：中国轻工业出版社（北京鲁谷东街 5 号，邮编：100040）

印　　刷：北京君升印刷有限公司

经　　销：各地新华书店

版　　次：2025年9月第1版第1次印刷

开　　本：787 × 1092　1/16　印张：21.25

字　　数：430千字

书　　号：ISBN 978-7-5184-5587-4　定价：59.00元

邮购电话：010-85119873

发行电话：010-85119832　010-85119912

网　　址：http://www.chlip.com.cn

Email: club@chlip.com.cn

242272J2X101ZBW

本书编写人员

主　编　韩慧英（黑龙江林业职业技术学院）

副主编　鲍宇宏（黑龙江林业职业技术学院）

孙海龙（黑龙江林业职业技术学院）

王　杨（黑龙江林业职业技术学院）

参　编　王　楠（黑龙江林业职业技术学院）

张　泊（黑龙江林业职业技术学院青梅实训林场）

那　娜（黑龙江林业职业技术学院）

王海霞（黑龙江林业职业技术学院）

王玉涛（穆棱林业局有限公司）

主　审　万书成（黑龙江林业职业技术学院）

前言

随着生态意识的提升和可持续发展理念的广泛传播，林木种苗生产技术的重要性愈发凸显。作为林业发展的生命线，良种壮苗不仅是植树造林、城乡绿化的物质基础，更是实现生态建设目标、推动林业可持续发展的重要保障。

“林木种苗生产技术”是高等职业学校林业技术专业的核心课程。随着“三教改革”步伐的推进，教材信息化要求越来越高，教学也越来越注重学生自主学习。本教材坚持理论与实践相结合，并提供融媒体资源，使学习方式多样化，力求使学生通过本教材的学习，掌握先进的林木种苗生产技术，为将来从事林业工作打下坚实的基础。

本教材共有四个模块，分别为林木种实生产、林木种苗生产、苗圃建立、北方主要造林树种种苗生产。各模块包含多个任务，明确了任务目标，便于教师组织教学；各模块既帮助学生掌握基础知识，又拓展知识面，注重培养学生的创新能力和可持续发展能力。

本教材目标读者定位于高等职业教育学习者，包括在校学生和社会上有学习意愿的学习者。教材对应林业产业实际，源于生产又高于生产，在充分进行企业调研和查阅相关书籍的基础上，分析职业岗位需要的专业知识和专业技能，归纳岗位典型工作任务，将企业生产任务转化为教学项目，并将知识点项目化、任务化，具有职业性、实用性、区域性、创新性及指导性。

本教材由韩慧英担任主编，鲍宇宏、孙海龙、王杨担任副主编，万书成担任主审。具体编写分工为：韩慧英、王楠、王杨负责编写模块一、模块二；鲍宇宏、王玉涛负责编写模块三；孙海龙、张泊、王海霞负责编写模块四；那娜负责融媒体资源制作。

由于编者水平有限，疏漏之处在所难免，敬请广大读者批评指正。

韩慧英
2025年2月

目录

模块一

林木种实生产

项目一 林木良种基地建设与管理

项目导读

种子是苗木繁育的基本生产资料之一，其数量与品质直接影响育苗成效、造林绿化的效果。为了保障我国林业的可持续发展，建立基地化、专业化的林木良种基地显得尤为重要。

在林木良种基地中，通过优化布局、强化选育与繁殖技术，可以显著提升种子的遗传品质，满足造林绿化对高品质树种的需求。同时，林木良种基地的建设，更加注重实现种子的稳定化、规模化生产。通过集约化的经营管理，结合科学的施肥灌溉、病虫害防控以及先进的调控技术，林木良种基地能够有效促进树木的早期开花结实，提高种实的产量与质量，缩短结实周期，确保种实供应的稳定性和可持续性，为我国林业发展的技术革新与资源保障奠定坚实基础。

本项目旨在通过林木良种基地建设与管理的学习，为林业领域的可持续发展培养创新型、应用型人才。项目以林木良种基地为核心载体，结合理论教学与实践操作，掌握种质资源保护、遗传改良、种子生产与管理等关键技能，同时注重培养科学思维、实践能力和创新意识。

任务一 林木良种基地建设与管理理论

任务描述

通过理论学习和实践操作，深入理解林木良种基地的发展历程、现状及其对林业可持续发展的重要性，掌握林木良种基地的基本概念，并能够分析其意义，同时熟悉国家、行业和地方关于林木良种基地建设与管理的标准和规程。

任务目标

1. 知识目标

①理解林木良种基地的发展历程、现状对林业长远发展的贡献。

②明确林木良种基地的定义。

2. 技能目标

①能够分析林木良种基地在促进林木品种改良、提高林产品质量方面的作用。

②会编制区域性良种需求评估方案。

3. 思政目标

①坚守林业，爱岗敬业，服务生态强省工作。

②培养“十年树木，百年树人”的行业情怀。

③结合地方生态修复案例，深化“种苗质量决定生态成败”的责任意识。

任务要求

1. 遵循管理规范

在实训过程中，严格按照实训基地的规划和管理要求行动，不得随意践踏未规划区域的植被。了解林木良种基地内不同植被的生态功能和保护价值，避免因人为活动导致生态破坏。对接实训基地技术人员，获取近三年建设年报、种质资源清单、监测数据报表等。

2. 规范操作流程

制订合理的实地考察计划，确保操作流程符合规范。

3. 团队协作

小组合作，根据成员特长合理分工。

操作流程

1. 前期准备

收集与林木良种基地相关的政策文件、技术标准及案例资料，合理引用文献。

2. 实训观察

观察林木良种基地的布局、树木生长情况及管理措施。记录观察结果，包括树木品种、生长周期、病虫害防控措施等。

3. 案例分析与实地考察

选取典型林木良种基地案例进行分析，对比分析各自的良种使用率。结合观察结果，讨论案例中的成功经验和改进方向。前往林木良种基地（国家级或地方级良种繁育中心）进行实地考察。

注意事项

①确保资料来源的可靠性，优先使用权威机构发布的政策文件和技术标准。

③数据采集应标注原始来源。

④分析时要结合实际情况，避免空谈理论，注重将理论知识应用于实际问题的解决。

⑤小组成员密切协作，确保任务按时完成，避免因分工不明确导致效率低下。

相关资料

林木良种基地是指那些专门用于培育和生产优质林木种子的设施，是专门用于林木良种选育、繁殖、生产和供应的重要场所，在现代林业发展中扮演着至关重要的角色。林木良种基地通过科学的方法选育出具有快速生长、高抗病害、优质木材特性的林木品种，从而显著提升林业生产的效率和经济效益。

一、建立林木良种基地的意义

建立林木良种基地的重要性体现在多个方面：首先，它们有助于提高森林的生长速度和木材质量，增强森林的生态功能和经济效益；其次，通过推广良种，可以减少对自然森林的采伐压力，保护生物多样性，维护生态平衡；此外，林木良种基地还承担着保存和合理利用林木种质资源的重任，为未来的林业发展和生态建设提供坚实的基础。通过林木良种基地的建设和管理，可以确保林木种苗的供应，促进林业的可持续发展，同时为生态环境保护和恢复提供支持。总之，建立林木良种基地是实现林业现代化、推动绿色发展的关键环节。

二、林木良种基地的历程与现状

林木良种基地在中国的发展历程可以分为三个阶段。

首先，建设初期阶段（20世纪70—80年代）。四川的林木良种基地建设起步于20世纪70年代，当时规模较小，主要进行试验性建设。起源可追溯至20世纪初，当时人们开始意识到通过科学方法改良林木品种的重要性。进入20世纪80年代中期，国家开始投入专项资金用于林木种子生产，并采取“部省联营”的方式，在洪雅县国有林场、富顺县国有林场、高县月江森林经营所等国营场所建立了以种子园和母树林为主的林木良种基地，实现了林木良种生产的零突破。

随后，全面发展阶段到来（1998—2008年）。此前由于国家对林木良种基地建设缺乏持续资金投入以及林场经营困难等原因，林木良种基地建设几乎停滞。1998年，随着国家“两大工程”的实施，林木种苗工程项目建设重新启动，四川的林木良种基地建设进入了新的发展时期。在这一阶段，通过改扩建种子园和母树林，扶持无性繁育基地，改善了林木良种基地的基础设施条件，并大幅扩大了生产面积。

最后，巩固提升阶段开始（2009—2015年）。自2009年起，依托四川农业大学和各级科研院所的技术力量，开展了包括核桃、油橄榄、油茶、桤木、杨树等树种的区域引种试验和良种选育工作，成功培育出一批以经济林树种为主的林木良种，为林木良种基地的建设提供了坚实的基础保障。这些阶段的发展，共同推动了中国林木良种基地的成长与进步。

随着林木遗传学和育种技术的发展，这些基地逐渐从简单的政府或研究机构发展成为包含种子园、无性系园、基因库和种质资源库的复杂网络，旨在保存和利用林木种质资源。现代林木良种基地采用分子标记辅助选择、转基因等先进技术，提高了育种的精确性和效率，并在国际化的背景下，通过国际合作共享种质资源，推动全球林木改良项目。这些基地的发展历程体现了从科学研究、品种选育、规模化生产到生态保护的转变，同时也反映了人类对森林资源管理和利用方式的进步和创新。如今，林木良种基地在全球林业可持续发展中扮演着关键角色，不仅为商业林业提供种苗，还支持生态恢复和环境保护工作，尤其在气候变化和环境变化的挑战下，它们在培育适应新环境的树种方面发挥着越来越重要的作用。

林木良种基地提供经过精心选育的良种苗木，这些苗木具有更好的生长特性和适应性，能够确保恢复区域的快速植被覆盖和生态系统的稳定性。林木良种基地还增强了新植林的抵抗力，减少了对化学农药的依赖，保护了生态环境，同时维持并增强了生物多样性。此外，林木良种基地的快速繁殖技术能够快速提供大量苗木，加速受损生态系统的恢复进程。通过教育和培训活动，林木良种基地建设提高了公众和专业人员对生态恢复重要性的认识，增强了生态保护意识，并提供了示范，推广了良种使用和先进林业技术。在水土保持和土壤改良方面，良种苗木有助于防止水土流失，改善土壤结构和肥力。最后，良种苗木不仅能恢复生态，还能带来长期的经济效益，如提供木材和其他林产品。综上所述，林木良种基地在生态恢复中不仅是良种苗木的供应者，也是技术支持者、教育者和示范者，对于促进生态平衡、保护环境和推动可持续发展具有不可替代的作用。

然而，尽管取得了这些进展，林木良种基地建设与管理仍然面临一些问题。这些问题包括良种的数量和质量难以满足生产需求、林木育种主要集中在少数造林树种、长期育种基地建设薄弱、区域测试基地缺乏等。这些问题限制了林木良种基地的发展潜力，需要通过政策支持、技术改进和资金投入等措施来解决。综上所述，林木良种基地在中国经历了从起步、发展到巩固提升的阶段，目前已取得一定的成效，但仍应面对并克服现存的挑战，以实现进一步的改进和发展。

任务二　不同类型的林木良种基地管理与建设概况

任务描述

通过理论学习和实践操作，了解母树林、种子园、采穗圃的建设与经营管理。全流程参与前期准备、踏查测量、选址规划等环节，强化理论知识，培养符合现代林业需求的“懂技术、能操作、有情怀”的高素质技术技能人才，为林业生态建设和种业安全保障奠定实践基础。

任务目标

1. 知识目标

①掌握母树林、种子园、采穗圃三类林木良种基地的核心特征与功能差异，能准确区分不同类型林木良种基地的建设目标与适用场景。

②熟悉相关国家标准，理解林木良种基地营建的立地选择、亲本配置、隔离带设计等核心原理与技术路线。

③明确林木良种基地营建的五大基本任务：种质资源保护、良种生产、科学研究、示范推广、生态维护。

④熟悉母树林疏伐改造、种子园无性系配置、采穗圃穗条扦插等技术的操作要点与质量标准。

2. 技能目标

①能够判断林木良种基地的类型。

②具备根据国家、行业和地方有关标准营建母树林、种子园、采穗圃的能力。

③具备经营管理林木良种基地的能力。

3. 思政目标

①通过学习林木良种基地管理与建设概论，培养吃苦耐劳、严谨细致的专业素养。

②树立生态文明理念，践行“绿水青山就是金山银山”的发展理念，助力乡村振兴和种业高质量发展。

任务要求

1. 遵循管理规范

在实训过程中，严格按照实训基地的规划和管理要求行动，不得随意践踏未规划区域的植被。了解林木良种基地内不同植被的生态功能和保护价值，避免因人为活动导致生态破坏。

2. 规范操作流程

制订合理的踏查选址计划，确保操作流程符合规范。

3. 数据记录与分析

实训过程中进行详细记录，包括数据测量、操作步骤及遇到的问题。对于数据测量部分，要详细记录测量工具、测量方法、测量对象（如树高、胸径、枝叶量等）和测量结果，确保数据的准确性和可追溯性。

4. 团队协作

小组合作，根据成员特长合理分工。

操作流程

1. 前期准备

进行经费预算，准备所需的仪器设备，制订详细的工作计划。安排学习林木生长习性、生态需求等基础理论知识，收集类似基地建设的案例资料以供参考。

2. 踏查选址

选址定位→境界勘察→目测区划→灾害预判。

3. 测图与标准地调查

区划平面图测绘→地形图测绘→标准地调查。

注意事项

①在实训中，既要遵循普遍的安全、环保和操作规范，又要根据具体任务的特点灵活调整。例如，母树林、种子园和采穗圃的管理应结合理论知识与实际需求，灵活应用理论原理，确保操作的科学性和针对性。

②遵循《中华人民共和国种子法》中与林木良种基地建设相关的条款，确保操作符合法律规定，如种子来源、质量标准和经营许可等。遇到法律问题及时咨询指导教师或基地管理人员，避免违规行为。

③强调安全作业，避免操作不当造成伤害。

④实训中尽量减少对植被和生态环境的干扰，避免踩踏未规划区域或破坏原有植被。妥善处理废弃物，保持安静，维护生态平衡，特别保护珍稀植物和特殊生态区域。

相关资料

林木良种基地是专门用于培育优质林木品种、保护和利用森林种质资源、提高林木品质和产量的基地。它们可以根据功能和管理特点分为母树林、种子园和采穗圃。

一、母树林

母树林是在优良天然林或确知种源的优良人工林的基础上，按照留优去劣的原则，为生产遗传品质较好的林木种子而营建的采种林分。用母树林生产的种子造林，一般增益3% ~ 7%，且营建技术简单、成本低、投产快，种子产量和质量比一般林分高。母树林是我国林木种子生产的主要形式之一。

（一）母树林的分类

1. 按起源和建立方式分类

按起源和建立方式分类，可分为天然母树林和人工母树林。

（1）天然母树林

天然母树林是指在优良天然林或确知种源的优良人工林的基础上，通过科学的疏伐方法，保留优良个体，去除劣质个体，以生产遗传品质较好的林木种子而营建的采种林分。天然母树林的技术简单，成本低廉，投产早且见效快，是解决近期人工造林用种需求的重要途径。它们的主要功能是提供遗传品质好、数量多的林木种子，对于用种量大和目前种子园尚未大量投产的树种尤为重要。天然母树林在林木种质资源的保护和利用中起着至关重要的作用，有助于提高种子的纯度和种源的多样性。

在经营管理方面，天然母树林的经营管理包括疏伐、施肥、灌溉、病虫害防治和防火等。疏伐是改善和提高天然母树林遗传品质的重要手段，也是改善林分光照、水肥和卫生条件，促进母树生长发育，提高天然母树林种子产量和质量的主要措施。在选择天然母树林时，应选择生长快而健壮、木材生产率高、材质好、干形通直而无缺陷、自然整枝好、冠幅小且无病虫害的林木，且所处的气候条件应尽可能和造林地的气候条件相同或近似。为保护天然母树林不受破坏，达到提高种子产量和质量的目的，在林内不得进行放牧，采种不可破坏母树，并注意病虫害防治。此外，建立天然母树林技术档案，包括每木调查表、天然母树林登记表、经营管理措施和采种情况登记表，以便于追踪和管理。

（2）人工母树林

人工母树林是一种重要的林木良种基地，它们通过人工选择和疏伐，在优良天然林或确知种源的优良人工林的基础上建立，目的是生产遗传品质较好的林木种子。人工母树林的主要功能是为造林绿化提供种子，并在保存种质资源、提高种子产量和质量方面发挥重要作用。

在经营管理方面，人工母树林的经营管理包括疏伐、施肥、灌溉、病虫害防治和防火等，其中疏伐是改善遗传品质和林分条件的关键手段。人工母树林应选择与造林地气候条件相近的区域，以保证种子能在造林地正常生长发育。为保护人工母树林，林内不得进行放牧，采种时应注意不伤害母树，并严禁在针叶人工母树林中进行采脂等活动。此外，建立人工母树林技术档案，包括每木调查表、人工母树林登记表、经营管理措施和采种情况登记表，有助于追踪和管理。人工母树林的种子产量高，遗传品质得到改善，生产速度快，成本低，是解决近期人工造林用种的重要途径，对于推动林木遗传改良和良种化进程具有重要意义。

2. 按功能和用途分类

按功能和用途分类，可分为育种母树林、生产母树林和保护母树林。

（1）育种母树林

育种母树林是林木良种基地中的一种类型，它们在优良天然林或确知种源的优良人工林的基础上，通过留优去劣的疏伐方法建立，旨在生产遗传品质较好的林木种子。育种母树林的技术简单、成本低廉，且能快速见效，是解决近期人工造林用种需求的重要途径。育种母树林的主要功能是提供遗传品质优良、数量充足的林木种子，对于目前种子园尚未大量投产的树种尤为重要。

在经营管理方面，育种母树林需要进行疏伐、施肥、灌溉、病虫害防治和防火等措施。疏伐是其中的关键环节，它不仅改善了育种母树林的遗传品质，还优化了林分的光照、水肥和卫生条件，促进了母树的生长发育，提高了种子产量和质量。育种母树林应选择建设在气候条件与造林地相似的区域，且土地生产力高、地势平缓、光照充足、交通便利。为了保护育种母树林，林内不得放牧，采种时应避免伤害母树，并注意病虫害防治。此外，建立育种母树林技术档案，包括每木调查表、育种母树林登记表、经营管理措施和采种情况登记表，有助于追踪和管理。

（2）生产母树林

生产母树林是林木良种基地的一种重要类型，它们的主要目的是生产遗传品质较好的林木种子，以满足近期的造林需求。生产母树林通常建立在优良天然林或已知种源的优良人工林的基础上，通过科学的疏伐方法留优去劣，或使用优良种苗进行造林。

生产母树林的经营管理包括疏伐、施肥、灌溉以及病虫害防治等，旨在提高种子的遗传品质和产量。它们的生长速度较快且成本较低，能迅速响应种子需求，同时通过合理施肥和灌溉保证生产母树林的营养和水分供应，并通过定期的病虫害防治保护生产母树林免受损害。生产母树林所处的气候条件应与造林地相似，以确保种子的适应性，且土地选择上优先考虑土壤肥力、光照、地势和交通便利性等因素。为保护种子遗传品质的纯度，会建立隔离带，防止外来不良花粉的感染，并设置防火带以防止山火破坏。此外，建立生产母树林技术档案，包括每木调查表、生产母树林登记表、经营管理措施和采种情况登记表，有利于追踪和管理。生产母树林在林木良种繁育体系中扮演着重要角色，它们不仅提供遗传品质优良、数量充足的林木种子，满足林业生产需求，还为林木育种和良种推广提供了坚实的基础。

（3）保护母树林

保护母树林是林木良种基地中以保护和保存林木种质资源为主要目的的特殊类型，同时也生产遗传品质较高的种子。这类母树林在优良天然林或确知种源的优良人工林的基础上，通过科学的疏伐方法保留生长健壮、干形良好、结实正常的树木，去除生长不良、品质低劣的树木。

保护母树林的经营管理涉及疏伐、施肥、灌溉、病虫害防治和防火等多个方面，旨在改善林分光照、水肥和卫生条件，促进母树生长发育，提高种子产量和质量。它们所处的气候条件应尽可能与造林地相似，以保证种子的适应性，且通常选择土壤肥力高、光照充足、地势平缓、交通便利的地方建立。为了保护此类母树林，林内不得进行放牧，采种时应注意不伤害母树，并防治病虫害。此外，建立保护母树林技术档案，包括每木调查表、保护母树林登记表、经营管理措施和采种情况登记表，有助于追踪和管理。

（二）母树林的建设

1. 母树林的选择

母树林的选择是林业可持续发展的核心基础，其重要性在于通过筛选遗传品质优良（如速生、抗逆、材质优异）、表型稳定的优势母树，保障后代基因优势，显著提升林木生长性能与生态适应性，从而降低造林风险。同时，注重遗传多样性保护与合理隔离（空间隔离300～500m或花期调整），可增强种群抗病虫害及气候变化的韧性，维护生物多样性。此外，科学选址（匹配目标区气候土壤、避开污染灾害区）与优化管理（疏伐劣质木、监测病虫害）能提高种子产量与质量，缩短成材周期并减少管护成本，而严格的采种规划与法律合规性则确保资源可持续利用，最终实现生态安全、经济效益与森林功能长效平衡的统一，为高效造林和生态修复提供可靠种源保障。

（1）立地选择

母树林应设立在造林中心地区，或接近中心地区，气候、土壤等生态条件应尽可能接近，选择地形开旷、背风向阳、光照充足、不易受冻害的林地。同时，确保林地排水良好、海拔适宜，且交通设施100m范围内没有同一树种的劣等林分，面积相对集中，天然林在7hm^{2}以上，人工林在4hm^{2}以上。此外，要选择高地位级或中等地位级的林地。

（2）林分选择

母树林一般选择同龄林，如果是异龄林，则母树的年龄不应相差过大，要控制在2个龄级以内，一般以中幼龄林最佳（天然林可选近熟林、成熟林）。否则，经营管理不便。

郁闭度一般以0.5～0.6为宜，若林龄较小，也可达0.7。但林龄大的林分，郁闭度要求小些。林龄大，郁闭度也大的林分，透光通风不良，林木树干细长，树冠窄小，这样的林分即使通过疏伐管理，也难获得量多质优的种子。

不论是天然林还是人工林，都要选择实生起源的林分。母树林一般选择单纯林，如果是混交林，则母树树种不得少于50%，非目的树种最好一次伐完。

母树林应选择生长发育状况良好的优良林分。为便于选择，将用材林的树木分为优良木、中等木和劣等木三个等级。树种不同，其标准不一样，一般的标准为：在林分内生长健壮、干形良好、结实正常，在同龄的林分中树高胸径通常大于林分平均值5%的树木为优良木；在林分内生长不良、品质低劣、感染病虫较重的树木为劣等木；在林分中介于优良木和劣等木之间的树木为中等木。

此外，林分的分级标准一般为：在同等立地下，与其他同龄林分相比，在速生、抗性等方面居于前列，通过自然稀疏或疏伐，优良木可占绝对优势，能完全排除劣等木和大部分中等木的林分为优良林分；与同等立地、相同林龄的林分相比，生长、材性、抗性处于劣势，优良木和中等木林冠郁闭度在0.2以下的林分为劣等林分；介于优良林分和劣等林分之间的林分为中等林分。采种母树应以优良林分中的优良木和中等木为主。例如，对松类来说，林分中表型较好的林木至少125株/hm^2，疏伐后至少可保留75株/hm^2的优良木。

（3）母树林区划

母树林选定之后，要做好区划，标定母树林的周围界限。为了便于经营，减少劣树花粉污染，保证母树林的遗传品质，母树林的面积应在7hm^2以上，最低不能少于3.5hm^2。面积过大的林分，要区划经营区；面积在10～20hm^2，要修建必要的区划道路。此外，还要绘制区划平面图，计算母树林的面积。

2. 母树林的建设方法

（1）踏查

在本地区适宜的种源范围内进行全面踏查，摸清林分状况，对照该树种母树林的条件，根据森林调查和林相图等资料确定踏查路线，沿线进行目测，或利用飞机目测，按优良林分条件，初步选若干候选林分，编号并记载。

（2）实测

标准地应有充分代表性，面积占母树林总面积的1%～2%。若林分面积较小，调查株数必须在200株以上。标准地设立后，进行每木调查。实测林木的胸径、树高、枝下高和冠幅。对生长势（旺盛、一般、缓慢）、树皮厚度（薄、中、厚）、干形（通直、中等、弯曲）、健康状况（健康、一般、不良）、母树等级（优良、中等、劣等）等进行目测评比，所有实测与目测的项目都要详细记载，见表1-1。

表1-1 每木调查表

树种： 林龄： 编号：

株号	胸径/cm	树高/m	枝下高/m	生长势	冠幅/m					干形	树皮厚度	健康状况	母树等级	砍或留	备注
					东	西	南	北	平均						
1															
2															
3															
4															
5															
…															

（3）选定

将每木调查表上各项调查数据和树木形质情况，进行整理统计、评价、选定。

（4）母树林区划

对选出的林分要标识境界、区划道路、防火线和隔离带，绘制区划平面图，并填写母树林登记表，见表1–2。

表1–2　母树林登记表

树种：________　　　　　　　　　　编号：________

一、________省________县________林业局________林场________工区

二、林班号________，小班号________，界址________

三、海拔________m，坡向________，坡位________，坡度________

四、植被________

五、土壤________

六、起源________，组成________，林龄________

七、平均胸径________，平均树高________

八、平均枝下高________，平均冠幅________

九、郁闭度________，密度________

十、健康状况________

（三）母树林的管理

1. 疏伐改造

疏伐改造的原则是留优去劣，照顾间距。应注意：

①保留树木分布均匀。

②注意雌、雄株比例和分布。

③疏伐分2～3次进行。以郁闭度而言，疏伐后应保持在0.5～0.6，多数树种最后的郁闭度以0.4～0.6为宜。

2. 保护管理

母树林四周要开设防火线，每年及时清除防火线上的杂草和灌木。在交通要道口设置保护母树的宣传牌。母树林内禁止放牧、狩猎、采脂、采樵、修枝。采种时，要改进采种方法、工具，建立保护母树的采种制度，防止损伤母树。

3. 土壤、水肥管理

及时铲除妨碍母树生长的灌木、小草等，林木发育时期进行合理施肥灌水，可避免丰歉年，有效提高母树林的产量和质量。肥力是种子丰产的基本保障，施肥前先诊断土壤肥力，结合树种在各生长发育阶段对养分的需求，确定其施肥种类、数量和时间。施肥结合灌溉效果更好，有机肥和无机肥相结合。肥料以氮肥、磷肥、钾肥为主。

4. 树体管理

应重视病虫鼠害防治工作，以预防为主，防重于治，生物防治与化学防治并重，做到“治小、治早、治了”。开展花粉管理，在母树林开花授粉期，遇有阴雨天气时，应采取人工辅助授粉。选择多个单株收集一定量的优良花粉，混合4～5倍滑石粉，在雌花达到可授期，用喷粉器于微风无雨时（清晨）喷洒。

5. 病虫害防治

应经常进行调查研究，摸清母树林病虫害的危害程度、分布与发生规律，做到提前预报、预防。

6. 档案管理

积极做好结实量预测预报，在母树林内设置固定标准地，定期进行物候相观测、结实量调查和种子产量预报。为不断提升遗传品质，母树林应进行子代测定，为评价和筛选提供依据。档案管理要求记录准确、资料完整、原件保存、分类编码、归卷建卡、建立制度、查阅方便。

二、种子园

种子园是指用优树无性系或家系按设计要求营建，实行集约经营，以生产优良遗传品质和播种品质种子为目的的特种人工林。采用种子园生产的种子造林能使林木生长量的遗传增益提高15%～40%，是当前世界林业先进国家良种生产的重要途径。各地已经建立种子园的树种有：云杉、落叶松、红松、樟子松、油松、马尾松、湿地松、火炬松、水杉、柳杉、杉木、榉树、桉树、油茶等。

（一）种子园的分类

1. 按生产材料分类

按生产材料分类，可分为无性系种子园和实生苗种子园。

（1）无性系种子园

无性系种子园是一种以无性繁殖为基础的林木良种基地，其通过嫁接或扦插等无性繁殖方式，利用经过子代测定评价的优良亲本建立。无性系种子园能够稳定地保持母树的遗传特性，使得优良基因得以传递给后代，同时开花结实时间较早，繁殖能力强，且近亲繁殖较易控制。无性系种子园在林木改良中发挥着重要作用，它们有助于提高林木的生长速度、适应性和木材质量，实现遗传增益，维持遗传多样性，对抗病虫害，增强生态系统的稳定性。

在无性系种子园的经营管理上，需要综合考虑土地管理、施肥、灌溉、疏伐、辅助授粉和促花措施等多个方面。土地管理包括整地和排水系统的建设，以确保苗木生长的良好土壤环境；施肥、灌溉则根据苗木所处的不同发育阶段进行，以保证苗木的营养需求；疏伐在树冠密接前进行，以保证树木之间有足够的生长空间；辅助授粉和促花措施则用于提高种子产量和质量。通过科学的管理和经营，无性系种子园可以进一步提升生产能力和遗传增益，为林业生产提供优质种子，满足造林更新的需求。

（2）实生苗种子园

实生苗种子园是林木育种和林木良种繁育体系中的关键组成部分，其通过选择遗传品质优良的林木个体，采集其种子并培育成实生苗来建立。实生苗种子园的建立技术相对简单，成本较低，能够结合多个优树的遗传特性，具有较广的遗传基础。实生苗种子园的苗木因其遗传多样性而具有较强的结实能力，且能够将子代测定和种子生产结合起来，在一个试验中完成两个世代的选择工作。实生苗种子园的主要特点包括建园技术简单、遗传基础广泛、结实能力强以及子代测定与种子生产结合。这些特点使得实生苗种子园在林木育种中占有重要地位。

在实生苗种子园经营管理方面，需要综合考虑土壤管理、花粉管理和树体管理。土壤管理是指要根据苗木的不同发育阶段采取合适的施肥策略；花粉管理通过辅助授粉来增加种子产量并改进种子遗传品质；树体管理则涉及修剪和疏伐，以确保树冠得到充足的光照并正常发育，从而有利于结实。

实生苗种子园的应用主要在于生产遗传品质优良的种子，保障林木良种供应，促进林木遗传改良，并推动林业的可持续发展。通过科学的管理和经营，此类种子园能够有效提升种子产量和质量，为林业生产提供重要的遗传资源。总体而言，实生苗种子园以其技术简便、成本效益高、遗传多样性和结实能力强等优势，在林木育种和林木良种繁育体系中扮演着关键角色，为林业的长期发展和生态保护提供了坚实的基础。

2. 按改良程度分类

按改良程度分类，可分为初级种子园和改良代种子园。

（1）初级种子园

初级种子园是林木育种和林木良种繁育体系中的初级阶段，其由未经遗传测定的优树无性系或家系营建，主要目的是为当前林业生产提供遗传品质得到一定改良的繁殖材料。初级种子园的建立基于表型选择，选择优良单株（即优树）后，从这些树上采集种子并培育成实生苗。由于未经遗传测定，初级种子园的遗传改良程度相对较低，但它们为林业生产提供了一定改良的繁殖材料，有助于提高造林种子的遗传品质。

在初级种子园经营管理方面，需要综合考虑土壤管理、花粉管理、树体管理、去劣疏伐和病虫害防治等。土壤管理包括施肥、灌溉、中耕和植草，以改善水肥状况，促进树木生长发育，提高种子产量；花粉管理确保初级种子园隔离外界花粉，并采取集约经营措施，保证种子的遗传品质；树体管理涉及适时施肥、及时除草、合理疏伐和树冠管理，提高初级种子园的产量和质量；去劣疏伐淘汰遗传品质低劣、结实量少或花期不遇的无性系或家系，提高初级种子园的整体遗传品质；病虫害防治从土壤管理、花粉管理和树体管理等方面加强，减少病虫害发生。

初级种子园的建立和经营，虽然遗传改良程度较低，但为林业生产提供了遗传品质得到一定改良的繁殖材料，并通过科学的经营管理，为提高种子产量和遗传品质提供了基础。初级种子园在林木育种和林木良种繁育体系中扮演着重要角色，为提高造林成功率和森林质量提供了有力支持。

（2）改良代种子园

改良代种子园是在初级种子园的基础上，经过子代遗传测定和选择后建立的高世代种子园，其目的是生产遗传品质更优良、生长表现更优秀的种子，以满足林业生产对良种的需求。改良代种子园的建立过程包括对初级种子园的子代进行遗传测定，选择表现优良的家系和单株，然后通过无性繁殖（如嫁接、扦插）或控制授粉的方式，建立第二代或更高世代的种子园。改良代种子园的遗传增益通常高于初级种子园，因为它是基于遗传测定结果选择的优良亲本，同时可以通过控制授粉和管理遗传多样性，减少近交的风险。在生长速度、适应性和木材质量等方面，改良代种子园生产的种子后代通常优于普通林分。

在改良代种子园经营管理方面，需要综合考虑土壤管理、花粉管理、树体管理、去劣疏伐和病虫害防治等，旨在提高改良代种子园的生产力和种子遗传品质。在林业生产中，改良代种子园的应用包括提供遗传改良的种子，用于造林、城市绿化和生态恢复等。总体而言，改良代种子园是林木育种和林木良种繁育体系中的重要环节，通过科学管理和遗传改良，为林业生产提供优质种质资源，推动林业的可持续发展。

（二）种子园的建设

1. 种子园规模

按种子园供种范围的用种量、单位面积产种量确定种子园建设规模。种子园内同一树种的面积应在10hm^{2}以上，以近方形、圆形为好，避免长条形。

2. 种子园的选择

（1）立地选择

在进行立地选择时，需要注意：

①园地交通方便，劳力充足。

②选择地势开阔、土层深厚、结构良好、土壤肥力中等以上、阳光充足、日照时间较长的阳坡。

③南方尽量避开盛花期与园地梅雨期的重叠。

④选择排水良好，有灌溉条件的地方。严寒地区注意选择不易发生冻害的地方。

⑤园地无严重病虫害感染。

⑥园地具有隔离条件。建园树种花期应避免种子园的主风向上方存在同一树种的普通林分，以减少种子园外来花粉的污染。

（2）材料选择

第一代种子园的建园材料是从天然林林分中选出的优树，每个林分中选一株，优树彼此间一般不存在亲缘关系。第二代种子园以及高世代种子园的建园材料关系变得复杂，彼此间产生了亲缘关系，它们的建园亲本材料通常为：通过子代测定，进行向后选择出来的具有高遗传值的上世代改良中的优树优良无性系；向前选择获得优良家系中的优良单株无性系；从天然林中增选的优树。

面积10 ~ 30hm^{2}的第一代无性系种子园应有50 ~ 100个无性系；31 ~ 60hm^{2}的应有100 ~ 150个无性系；60hm^{2}以上的应有150个以上无性系。实生苗种子园所用家系数应多于无性系种子园所用无性系数。第一代改良种子园所用无性系数量为第一代无性系种子园的1/3 ~ 1/2。

（3）种子园区划

种子园区划应考虑以下内容：

①各种经营区、道路和辅助设施（晾晒场、仓库、住房等）的区划与标记。在区划施工之后，按实际区划情况测绘详细的区划平面图。

②拟定方案主要的内容包括建园目的要求、园址概况、隔离措施、栽植密度、建园方式（实生或无性系）、树种配置、无性系或家系配置方式、施工技术要求、辅助设施规格、预测效果以及附录部分。

③根据经营目的、管理措施、地形、土壤等，可将种子园区划为若干大区，大区下设置小区。地势平缓地段可划分成正方形或长方形；山区沿山脊或山沟、道路等划界，不求形状规整或面积一致，但应连接成片。小区按坡向、坡位和山脊等区划，或按栽植年份、栽植材料划分。

④区划时要考虑道路设计，便于采种运输和管理。还要考虑晾晒场及其他辅助设施用地的安排。

⑤每个种子园最好留一小部分预备地，栽植一些砧木或实生苗，供以后补接、补植用，以确保种子园迅速建成。

3. 种子园的建设方法

（1）配置

配置是指无性系或家系植株在种子园中排列的相对位置。配置原则主要为：同一无性系或家系植株间应间隔3株以上，或大于20m，以防自交；尽量避免无性系或家系间有固定邻居，以减少相同亲本子代的概率。常见配置方式有以下三种：

①随机小区排列。随机小区排列使各无性系或家系在小区中占据任何位置的机会均等。若同一无性系或家系的2个植株相邻，则调整隔开。

②分组随机排列。分组随机排列将无性系或家系划分为不同的组，每组容纳大约20个以上无性系或家系，组内随机排列。

③顺序错位排列。顺序错位排列简单多用，将各无性系或家系按号码在一行中顺序排列，但在排另一行时错开几位，以另一号码开头。若有50个以上无性系，可按分组随机的原则，分成不同的组，顺序错位，以减少固定邻居的比例。

（2）栽植方法

第一代种子园应先定植砧木苗，再就地嫁接。缺点是容易造成缺株，即使采取补接，也会带来植株参差不齐的问题。

高世代种子园应先用容器培育砧木苗，在苗圃地嫁接，然后容器苗上山定植。优点是植株整齐，便于管理。

（3）整地

种子园栽植地段，整地前要分别清除植被和采伐剩余物。地势平坦的地方可全面整地；坡度虽较大，但坡面平整的山地可带状整地、修筑水平阶或反坡梯田，规格60cm × 60cm × 50cm；山地采用块状整地，规格100（80）cm × 100（80）cm × 80（60）cm，穴内回填表土。整地要在定植前3个月至1年内进行。定植时穴内施用基肥。

（4）栽植密度

根据树种生长特性、立地条件、种子园类型确定栽植密度。例如，杉木栽植密度为500株/hm^2，规格70cm × 70cm × 60cm。

（三）种子园的管理

1. 松土除草

松土除草有利于植株正常生长和开花结实，有利于水土保持，并要持续进行。在南方山地可结合抚育，扩穴成带。在北方扩穴时应将表土回填穴内，5 ~ 6年后穴面扩大至1.5 ~ 2.0m^2。

2. 施肥

根据土壤肥力状况、树种特性以及林木生长发育阶段确定施肥种类、数量和时间。追肥以复合肥或氮肥为主，每年1 ~ 3次，分别在花芽分化期、幼果发育旺盛期和籽粒饱满期进行。如果施肥1次，应在花芽分化期进行。套种的绿肥植物要在花期压青。

3. 灌溉

干旱地区灌溉有利于形成健壮的结实层。生长期间当土壤持水量小于最大持水量的65%时进行灌溉，但花芽分化期不灌溉。灌水量以浸润范围稍大于根系分布范围为宜，南方山地应采取保墒措施。

4. 人工辅助授粉

人工辅助授粉既可提高结实率，增加种子园的种子产量，还可提高种子园种子的遗传品质。

5. 树体管理

及时清除砧木萌条。开花结实初期，不能修剪树冠下方侧枝。采种必须保护树体。

6. 加强保护管理

病虫害的发生会影响种子园的产量和质量，必须认真做好防治工作。例如，松毛虫、球蚜、球果螟、落叶松球果花蝇和鼠害，以及其他具有毁灭性的病虫害，都要引起重视，及时防治。此外，还要做好火灾的防护工作，防止人畜破坏。

7. 去劣疏伐

一般种子园的初植密度较小，使疏伐前较长时期内能充分满足树冠的发育。种子园树冠不应密接，要使所有的树冠都能接受适当的光照，充足的光照能增加光合作用的速率，促进花芽的分化。通过子代鉴定，对遗传品质低劣的无性系或家系进行淘汰，对花期过早或过晚的母树，以及种子产量极低的母树，也应伐除。若不及时对种子园进行疏伐，将使种子产量显著减少，会形成自然整枝，结实部位升高，结实少，林分变成用材林，失去种子园的价值。

8. 去顶矮化

松类树种嫁接部位宜低，接后3 ~ 5年去顶，辅以修枝、压枝和整形措施，促进树冠张开发育良好，形成圆头形树冠。矮化的树冠有利于球果采收。

三、采穗圃

采穗圃是指用优树或优良无性系作为材料，为生产遗传品质优良的接穗、枝条和根段等而建立的林木良种基地。其与种子园一起构成良种繁殖的主要形式。采穗圃可以为常年采穗造林提供材料，相当于种子园，只是种条代替了种子。

采穗圃具有以下优点：种条产量高，成本低；由于采取修剪、施肥等措施，种条生长健壮、充实、粗细适中，发根率可以提高；由于繁殖材料是从优树上采集来的，种条的遗传品质能够得到保证；采穗树种集中，经营管理方便，病虫害防治容易，操作安全；采穗圃若设置在苗圃附近，劳动安排容易，采条适时，且可避免种条的长途运输和保管，既提高种条的成活率，又可节省劳力。

（一）采穗圃的分类

1. 按建圃方式分类

按建圃方式分类，可分为植苗建圃和换冠建圃。

（1）植苗建圃

植苗建圃是指通过使用适合当地环境的良种苗木，按照分品种（无性系）和分小区的种植要求，采用造林方式建立采穗圃。在选择圃地时，优先考虑交通便利、土壤肥沃、地势平坦且阳光充足的地点。整地工作包括全垦和作床，以及在打穴时施用有机肥作为底肥。造林植苗通常在入冬前进行，使用1年生健壮苗木，并在植后覆盖稻草或泥炭残渣以保温和保湿。

植苗建圃的经营管理技术涵盖土壤管理和采穗母树的整形修剪，旨在改善光照条件，提高种条产量和质量。植苗建圃不仅直接为造林提供种条，也为进一步扩大繁殖提供无性繁殖材料，用于建立种子园、繁殖圃，或培育无性系苗木。这种集约经营方式能在短期内满足大量种条需求，降低生产成本，同时便于病虫害控制。此种方式建立的采穗圃通常设立在苗圃内或附近，以减少种条的长途运输和贮存，提高扦插、嫁接的成活率，并节省劳力。通过这些措施，植苗建圃为林木无性繁殖提供优质种条，推广良种，满足育苗造林需求，提高繁殖材料的质量和繁殖效率，从而在良种繁育中发挥重要作用。

（2）换冠建圃

换冠建圃是将成年非良种林木通过嫁接良种接穗改造成良种采穗圃的方法。这一过程通常选择在树龄为15年、25年的非良种成林地进行，在规划设计的基础上，通过嫁接良种接穗来实现换冠。换冠建圃的步骤包括选择适宜的砧木林分、圃地清理、嫁接换冠以及接后管理。在嫁接过程中，需要配置设计、选择适当的嫁接时间、挑选合适的砧木和接穗，并采用合适的嫁接方法，如撕皮嵌接法。嫁接后，细致的管理至关重要，包括检查成活率、解除绑带、剪砧、除萌蘖、施肥和病虫害防治等，以确保嫁接成活和穗条的健康成长。

换冠建圃的优点在于能够快速利用现有林分资源，通过嫁接改良，迅速建立起良种采穗圃，缩短了从育苗到采穗的时间，提高了良种繁殖效率。这种方法不仅节省了育苗时间，还提高了良种繁殖效率，对于加速良种繁育与推广具有重要意义。通过换冠建圃，可以有效地将非良种林木转变为良种采穗圃，为林木改良和良种化提供了一个高效的途径。

2. 按建圃材料分类

（1）初级采穗圃

初级采穗圃由未经遗传测定的优树上采集下来的材料建立，主要目的是提供建设第一代无性系种子园、无性系测定和资源保存所需的枝条、接穗和根段等。初级采穗圃的经营管理集约化，能够在短期内满足大量种条的需求，同时由于集中管理，对病虫害的控制也相对容易，生产成本较低。初级采穗圃通常设立在苗圃内或附近，便于适时采条，减少种条的长途运输和贮存，提高扦插、嫁接的成活率，并节省劳力。

初级采穗圃的建立包括选择合适的圃地、整地、栽植和管理等步骤，管理措施涉及深翻、施肥、中耕、除草、排水、灌溉及病虫害防治等。初级采穗圃的优点包括保存优树无性系、提供充足繁殖材料、作为无性系鉴定区、开展优树修剪和促进结实试验等。根据提供繁殖材料的不同，初级采穗圃可以分为接穗采穗圃和插穗采穗圃两类，前者以生产供嫁接用的接穗为目的，后者以生产供扦插用的枝插穗或根插穗为目的。接穗采穗圃通常采用乔林式，而插穗采穗圃则采用灌丛式。初级采穗圃在林木良种繁育体系中发挥着重要作用，通过提供遗传品质优良的繁殖材料，加速良种繁育与推广，为林木育种和繁殖提供了有效途径。

（2）高级采穗圃

高级采穗圃是林木良种繁育体系中的高级阶段，其由经过遗传测定的优良无性系、人工杂交选育定型树或优良品种上采集的无性繁殖材料建立。高级采穗圃的主要任务是为建立改良代无性系种子园或优良无性系、品种的推广提供枝条、接穗和根段等。与初级采穗圃相比，高级采穗圃的遗传改良程度更高，因为它们是基于经过遗传测定的优良无性系或品种建立的，这保证了遗传品质的优良性。

高级采穗圃的经营管理技术包括苗期管理、高强度和有规律的修剪、“矮干平台式”株型培育以及水肥管理，这些是提高穗条产量和质量的关键。它们的经营方式分为乔林式和灌丛式，前者以提供接穗为目的，株、行距较大，后者则以提供枝条和根段为目的，株、行距较小，更新周期一般为3～5年。

高级采穗圃具有重要的经济意义，其不仅能大大提高农作物的株数和品质，而且繁殖效率较高，培育效果有保证。此外，高级采穗圃还能满足大范围采穗要求，加快优良林木良种的繁殖，推动良种化进程。高级采穗圃的种条产量高且稳定，能年年大量向生产提供材料，通过科学管理，能提供高质量的种条，提高扦插和嫁接的成活率。总体而言，高级采穗圃在林木良种繁育体系中扮演着至关重要的角色，为林木的遗传改良和良种推广提供了有力支持。

（二）采穗圃的建设

1. 建立原则

采穗圃的建立应有计划、有重点，根据当地造林、育苗任务建立一定数量和面积的采穗圃；必须应用优树或优良品种的种条，作为良种繁殖的基础材料，如经人工选择适合当地生长的优树或优良品种，外地引进有推广价值的优树或优良品种和有发展前途的乡土树种等。

2. 采穗圃的选择

（1）立地选择

采穗圃应选在气候适宜、土壤肥沃、地势平坦、便于排灌、交通方便的地方。水、电、路、渠配套。最好能设置在苗圃附近。如果采穗圃在山地设置，坡度不宜太大，选择的坡向日照不要太强，冬季也不应寒风侵袭。

（2）材料选择

采穗圃的材料必须是经过审定的良种，经遗传测定后获得的优良无性系或其无性系繁殖后的母树。

3. 采穗圃的建设方法

（1）土壤耕作

定植前圃地要进行细致整地，施足基肥，消灭地下病虫；对黏土或肥力不足的土壤要进行土壤改良。土壤耕作时，施有机肥3000kg/亩（1亩≈666.7m^2），土壤翻耕，耕地深度25cm，细耙。同时，进行作床，苗床宽110cm。

（2）栽植方法

裸根苗在休眠期栽植，容器苗除7～8月高温干旱季节外，其余时间均可栽植。栽植密度因品种特性、分枝状况及立地条件不同而异，做到既要充分利用土地，又要适于树木生长并便于管理。例如，红叶石楠株距35cm，行距40cm，一行定植3株，品字形排列，密度控制在3000株/亩；红松株距1.0m，行距2.0m，或株距1.5m，行距1.5m；杨树种条为主的灌丛式采穗圃，采穗植株无明显主干，一般用1年生插条苗按株、行距0.5～1.5m栽植。

（三）采穗圃的管理

1. 土壤管理

采穗圃的土壤管理是提高采穗树种质量的重要措施之一。为防止圃地杂草丛生，应及时进行松土除草工作。种植绿肥是克服杂草丛生的办法之一，同时也增加了土壤肥力，应予重视。

2. 水肥管理

为保证采穗圃能连年提供大量优质种条，特别是为了提高插条的发根率，要根据圃地的地力，进行合理施肥。平茬除草后要结合松土增施肥料，生长季节要适时追肥。土壤干旱时要进行适时灌溉，有利于种条生长，又能增进肥效。两季积水时要及时排除。

3. 病虫害防治

由于每年大量萌芽、抽条，大量采条容易招致病虫害的发生，所以发现病虫害要及时进行防治，并及时处理枯枝落叶。同时，应该建立种苗检疫制度，对于外地调入的种条，严格检查，把好验收、剪穗、扦插三关；种条出圃前把好割条、过数、包装三关。把带有虫包（幼虫）、虫卵或患心腐病的种条挑出来，就地烧毁，防止病虫害传播蔓延。

4. 母树复壮更新

采穗圃由于连年采条，树龄老化，长势衰退，影响种条的产量和质量。用组培苗建成的采穗圃，其穗条生根率在90%以上，但随着年龄的增长，生根率降低，需要进行母树复壮更新。幼化方法是进行刨根处理，用幼化的材料重栽。采穗圃母树复壮更新的年限因树种不同而异，如毛白杨等速生树种只能连续采5～6年。

5. 档案管理

建圃后要及时建立各项技术档案，记载采穗圃的基本情况、优树名称、来源、采取的经营管理措施、产量和质量变化情况等内容。

母树林和种子园为种子繁殖，采穗圃为无性繁殖，管理方式各有侧重；种子园注重遗传测定，采穗圃注重无性繁殖管理，母树林注重天然更新和采种；种子园和采穗圃遗传控制严格，母树林则更多依赖天然林的自然选择；种子园和采穗圃适用于特定品种的快速繁殖，母树林适用于大规模的天然林改良。

不同类型的林木良种基地虽然在具体的操作方法和管理重点等方面存在差异（表1–3和1–4），但它们共同的目标是提高林木的遗传品质，有效地保护和利用林木种质资源，提高林木的生长速度、适应性、抗病虫害能力以及木材质量，为林木良种的培育和繁殖提供重要的基础，为林业的可持续发展提供坚实的基础。

表1–3　不同类型的林木良种基地相同点

相同点	母树林	种子园	采穗圃
目的	生产遗传品质较好的林木种子	选育和繁殖遗传品质优良的林木	提供遗传品质优良的接穗、枝条
	都是为了提高林木遗传品质和生产优质种苗		
科技应用	疏伐、施肥、病虫害防治	分子标记辅助选择、转基因	无性繁殖，如嫁接、扦插
	都采用现代林业科技提高效率和品质		

表1–4　不同类型的林木良种基地不同点

不同点	母树林	种子园	采穗圃
繁殖方式	种子繁殖，注重天然更新	种子繁殖	嫁接、扦插等无性繁殖
管理方式	需要对疏伐、采种等进行管理	需要对种子生产和遗传测定进行管理	需要对嫁接、扦插后的植株进行管理
遗传控制	相对较低的遗传控制，侧重于天然林的疏伐和改良	高度控制遗传品质，通过子代测定	通过选择优良无性系进行遗传控制
应用范围	适用于需要大量种子的天然林改良	适用于需要种子进行繁殖的林木	适用于需要快速繁殖优良品种的林木

项目二　林木种实生产

项目导读

种实是指林业生产中播种材料的总称，包括植物学上真正意义的种子、果实、果实的一部分、种子的一部分及无融合生长形成的种子等，这些材料是林木繁殖及造林的物质基础。种实是苗圃经营中最基本的生产资料，其质量和数量直接关系到苗木的生产质量和效益。

本项目旨在通过“观测—分析—制订—实施—记录”的闭环训练，全面掌握种实的生产流程，包括林木结实规律的认识、种实的采集技术、种实的调制方法、种实的贮藏以及种实的质量检验技能。通过该项目的学习，深入理解种实生产的重要性，并提升实际操作能力。

任务一　林木种实采集

任务描述

通过理论学习和实践操作，掌握“适时采种”的科学原理与操作规范，磨砺“不怕苦、能攻坚”的林业精神，在母树保护中践行“生态优先、绿色采集”的发展理念，最终形成“知规律、会操作、能溯源”的职业能力，为林木良种生产链的后续环节筑牢质量根基。

任务目标

1. 知识目标

①了解林木结实的周期性。

②了解林木结实的间隔期。

③了解种实的成熟期及采集时间。

④掌握种实采集的正确步骤与工具使用。

2. 技能目标

①能够进行种实产量测定。

②能够进行种实采集。

3. 思政目标

①通过种实采集实践，培养扎根林业的敬业精神，增强生态保护意识和社会责任感，助力生态强省建设。

②在种实采集过程中，贯彻“生态优先、绿色采集”的发展理念，注重母树保护和

环境可持续性，避免过度采集和破坏，为林木种业的高质量发展和生态文明建设贡献力量。

③培养参与生产管理的意识，提升实践能力。

任务要求

1. 遵循管理规范

严禁攀爬危险树枝或进入未规划区域，避免因地形或植被问题导致意外。穿戴好防护用品，在使用工具（如剪枝剪、采种袋等）时，严格按照操作手册进行，避免误伤。

2. 规范操作流程

制订合理的林木种实采集计划，确保操作流程符合规范。

3. 保护母树与生态环境

采集过程中不得损伤母树的树皮、枝条和顶芽，确保母树的健康和后续生长。避免踩踏未规划区域，减少对基地内植被和生态环境的干扰。采集后清理现场，确保不留垃圾，恢复环境原状。

4. 数据记录与分析

严格按照种实成熟期和采集标准进行采集，确保种子品质。详细记录采集时间、地点、树种、采集量及环境条件。建立种实采集档案，规范整理和存储数据，便于后续查询和追溯。

5. 团队协作

小组合作，根据成员特长合理分工。

操作流程

1. 前期准备

准备采种工具、盛种容器、运输工具、临时种实贮放场地等，确保采种工作顺利开展。学习林木结实规律、种实成熟期等知识内容，提前调查好采种林分的结实状况，预计产量，确定采种任务，制订采种计划。进行物候观察，确定采种时期。组织采种劳力，进行采种技术培训及安全生产、保护母树的教育。

2. 种实采集

根据种实成熟后脱落的特性及母树状况，灵活选择树上采种、地面采种、机械采种、伐倒木上采种等方法。

3. 种子登记

采种后，为分清种源、防止混杂，为合理使用种子提供依据，每一批种子必须进行种子登记，便于查询和追溯。

注意事项

①采种时注意人身安全，避免攀爬危险树枝。

②对采集的种实进行分类存放，避免混淆。

③记录数据时要确保准确性和完整性，为后续分析提供可靠依据。

相关资料

一、林木结实规律

1. 林木的发育阶段

我国主要造林树种，除一些竹类外，都属于多年结实的多年生植物。林木的发育从种子萌发开始，直至植株衰老死亡，整个过程可以大致划分为幼年期、青年期、成年期和老年期四个不可逆的阶段。各阶段开始的早晚和延续时间长短不一样，同一树种在不同外界环境条件影响下，每个年龄时期也有一定差异。这四个阶段不仅反映了林木在形态和生理上的变化，也直接关联到森林经营的策略和效益。掌握树木发育阶段的特点，对于开展良种选育、引种和林木种子经营等，都有重要的实践意义。

（1）幼年期

林木的幼年期，即从种子发芽到第一次开花结实为止，是林木生长发育的起始阶段。这一阶段相当于用材林经营中的幼龄林阶段。在幼年期，林木主要进行营养生长，通过根系的扩展、茎干的增粗和叶片的扩展，迅速形成完整的植株形态。此期间，林木积累大量营养物质，为后续的生殖生长奠定物质基础。幼年期的林木对环境条件的适应性较强，再生能力和可塑性大，是进行无性繁殖和育种工作定向培育的最佳时期。例如，通过扦插、嫁接等方式，可以快速繁殖出大量优质苗木，满足林业生产的需求。

（2）青年期

青年期紧随幼年期之后，从第一次开花结实到结实3～5次为止，持续5～10年，具体时长因树种而异。这一阶段，林木仍然保持着旺盛的营养生长，但同时开始进入生殖生长阶段，形成花芽并开花结实。然而，由于青年期的林木尚未完全成熟，其结实量较少，种子质量也相对较低，通常不适合作为采种母树。青年期相当于用材林经营中的中龄林阶段，此时林木的有机物合成量远大于分解量，是林木生长最为迅速的阶段之一。在这一阶段，合理的森林管理措施，如适时修剪、施肥和病虫害防治，对林木的健康生长和后期高产稳产具有重要意义。

（3）成年期

成年期（包含壮年期）是林木生长发育的高峰期，从青年期结束到结实能力开始下降为止。这一阶段相当于森林经营中的壮龄林，即近熟林和成熟林两个阶段。在成年期，林木的营养生长逐渐放缓，而生殖生长则达到顶峰。树木的各种性状趋于稳定，对外界不良环境条件的抵抗力增强。成年期的林木结实量大，种子质量好，是采种的最佳时期。不同树种的成年期持续时间差异较大，有的可达几十年甚至上百年。因此，在成年期对母树进行精心的水肥管理，提供充足的营养条件，对于维持林木的高产稳产至关重要。

（4）老年期

老年期又称为衰老期，是林木生长发育的最后阶段，从结实能力大幅度下降开始，直至树体死亡。这一阶段相当于森林经营中的过熟林阶段。在老年期，林木的生理活动逐渐衰弱，营养生长基本停止，枝梢开始枯萎死亡，结实量大幅减少或基本停止。老年期的林木对外界不良环境的抵抗力减弱，容易受到病虫的侵害。在采种繁殖上，这一阶段的林木已没有更多的实用价值。

林木的各个发育阶段是有连续性的，各阶段之间并没有明显的界限，但在形态和生理特性方面都有所区别。不同树种，每一阶段开始的早晚和延续时间的长短都不相同。即使是同一树种，也由于起源、遗传特性和所处立地条件的不同，各发育阶段会有一定的延长或缩短。

2. 林木结实的年龄

林木结实是林木生长发育到一定阶段后的自然现象，是发育成熟的表现，标志着林木从营养生长向生殖生长的转变。这一过程首先依赖于林木体内营养物质的积累，只有当林木达到一定的生理年龄，并积累了足够的营养物质时，才能满足开花结实的需要。林木幼年期和成年期的区别主要表现在开花能力上。幼年期的时长对林木种子生产具有重要的实际意义。

林木开始结实的时期决定于树种的生物学特性和环境条件。林木的结实首先受到生物学特性的影响。不同的树种，由于生长和发育的速度不同，开始结实的年龄也不一样。许多灌木树种由于生长迅速，通常能在较短时间内达到结实条件，如胡枝子（2～3年）、紫穗槐（2年）等。相比之下，乔木树种由于生长周期较长，结实年龄也相应推迟。一般阳性树种和速生树种开始结实早，如火炬松（8～15年）、刺槐（3～5年）；阴性树种和慢生树种开始结实较晚，如冷杉（40～50年）、红松（15～20年）。此外，同一树种的不同起源也会影响其结实能力。通过无性繁殖获得的林木，由于初期生长迅速且发育阶段较早，通常比实生苗更早进入结实期。

除了生物学特性外，环境条件也是影响林木结实的重要因素。土壤、气候、光照等外部条件直接作用于林木的生长过程，进而影响其结实。在土壤肥沃、气候适宜、光照充足的环境下，林木生长迅速，营养积累丰富，有利于提前进入结实期。例如，亚热带地区的树种由于生长条件优越，通常能在5～10年结实；而温带地区的树种则可能需要更长时间。此外，生长发育状况不同，开始结实年龄不同。生长在环境条件较好地区的母树比生长在环境条件差地区的母树开花结实早。孤立木由于光照条件好、营养面积大，通常比林分中的林木更早结实。同一林分内，优势木由于生长状况良好，也往往比被压木和生长落后的林木更早结实。立地条件对林木的影响也非常显著。阳坡的林木由于光照充足、温度较高，通常比阴坡的林木结实早。水分和养分充足的土壤环境也有利于林木提前结实。然而，在极端贫瘠、干旱或盐碱度过高的土壤中，林木生长受到抑制，反而可能提前进入结实期，但这种结实往往是不正常的早衰现象，种子的质量低下，不宜采集。

在林业生产中，通过人为干预可以调整林木结实年龄和结实量。例如，改善土壤条件、合理施肥、适时修剪等，可以促进林木生长，提前进入结实期。实践也证明，改善环境条件，可以缩短幼年期，如红松在天然林中需80 ~ 140年开始结实，而人工林20年左右就能正常开花结实。同时，利用外源激素如赤霉素等处理林木，也能在一定程度上诱导其提前开花结实。然而，过度施肥或不当使用激素可能导致林木营养生长过于旺盛，反而抑制其开花结实。

因此，掌握林木各个生长发育期的内在规律，选择各树种采种的最佳年龄，加强经营管理，通过人为技术措施来改变环境条件，在一定程度上可以提早或延迟林木的开花结实期，提高种子产量和质量。

3. 林木结实的周期性

林木开始结实后，从理论上讲结实量应该是逐年增加的，到了一定年龄阶段，结实量应该稳定在一定水平上，并保持相当长的一段时间，结实量才开始下降。但是在实际中，大多数树种每年的结实量都有很大差异。有的年份多，有的年份少，甚至有的年份根本不结实。根据结实量不同的现象，通常把结实量多（结实量一般不低于各年份平均结实量的70%）的年份，称为大年、丰年或种子年；结实量中等（结实量为各年份平均结实量的30% ~ 70%）的年份，称为平年；结实量少（结实量低于各年份平均结实量的30%）或不结实的年份，称为小年或歉年。

林木结实丰年和歉年交替出现的现象称为林木结实的周期性。林木结实量的波动现象称为林木结实的丰歉年现象。有些树种结实经过一个丰年之后，往往要间隔一年或几年才能出现另一个丰年。相邻两个丰年间的年数称为结实间隔期。不同树种，结实间隔期不同。主要树种结实时期、结实间隔期见表1–5。

表1-5　主要树种结实时期、结实间隔期

树种	开始结实年龄/年	结实盛期开始年龄/年	结实间隔期/年
银杏	15～20	40	—
冷杉	40～50	40～60	4～5
兴安落叶松	15～20	—	3～5
日本落叶松	15	—	3
红皮云杉	30～35	—	3～5
红松	15～20	80～100	2～3
樟子松	15	25	2～4
水曲柳	6～8	—	1～3
黄檗	15～20	—	—
紫椴	15	15	0～1
核桃楸	15～20	—	2～3
白桦	15～20	20～30	1～2
油松	6～10	25	2～4
火炬松	8～15	20～30	2～3
杉木	6～10	15	1～4
侧柏	6～10	—	—
东北红豆杉	10	20	6～7
山楂	5～6	10	—
山荆子	4～8	10	1～3
山杏	3～5	6～8	1～2
山桃	3～5	6～8	1～2
紫穗槐	2	3～5	—
胡枝子	2～3	4～6	—
刺槐	3～5	10～15	0～1
旱柳	—	15～30	0～1
板栗	5～7	15	—
皂荚	8～15	25	—
鱼鳞云杉	30～35	—	4～5

续表

树种	开始结实年龄/年	结实盛期开始年龄/年	结实间隔期/年
赤松	15	—	4~6
臭椿	—	—	—
白榆	8	15	—

林木的结实间隔期随着各树种本身的生物学特性和林地的环境条件不同而异，并没有严格的规律。有些树种的各年种子产量相当稳定，丰歉现象不明显，完全无收的年份很少见，如杨树、柳树、榆树、桦木等；有些树种的种子丰产周期较明显，但完全无收的年份并不多，如樟子松等；有些树种的种子产量极不稳定，完全无收的年份出现相当频繁，如云杉、落叶松等。根据林木丰歉年出现的频率以及丰歉年间的产量差异，可以把林木结实分为四种类型，具体介绍如下：

①结实极不稳定类型。此类型各年间种子产量差异极大，而且完全无收的年份出现得相当频繁。树种一般寿命较长，多数是高寒地带的针叶树种，如樟子松、红松、欧洲云杉、西伯利亚落叶松及欧洲白蜡。

②结实不稳定类型。此类型丰歉年较明显，各年间种子产量的最大差异相当于多年平均水平的50%~80%，但完全无收的年份很少。树种多属于一些温带树种，如水曲柳、栎类。

③结实较稳定类型。此类型各年间种子产量的最大差异不超过多年平均水平的一半，丰年较多，出现的频率超过歉年。树种果实较小、花后果实成熟快（消耗养分相对较少），如杉木、刺槐、泡桐。

④结实极稳定类型。此类型丰年相当多，几乎不存在歉年，各年种子产量相当稳定。树种一般幼年期很短，生长迅速，积累营养物质的能力很强，成熟早，寿命较短，种子小，花后果实很快成熟，如杨树、柳树、榆树、桉树及多数灌木。

林木结实间隔期形成的原因是多方面的，主要包括树木自身的营养条件、内源激素的影响、环境因素以及生物因素的作用。这些因素相互交织，共同决定了林木结实的周期性变化。

树木自身的营养条件是决定结实量的关键因素。已经开始结实的树木，每年形成花芽的多少，主要取决于母树的营养状况。花芽的分化和果实、种子的发育，均依赖于营养物质的供应。在大量结实的年份，由于当年光合作用的产物大部分被果实和种子的发育所消耗，有时甚至需要动用母树体内贮藏的营养物质，这会导致养分无法正常运送到根系，进而抑制了根系的代谢和吸收功能。这种营养分配的不均衡，反过来又影响了枝梢的生长和叶片的光合作用，造成花芽分化的关键时期营养不足。因此，即使前一年是丰年，由于营养积累不足，来年也可能出现歉年。母树补充这些营养消耗所需的时间越长，丰年的结实间隔期也就越长。相反，在结实量少的年份，消耗的营养物质相对较少，有利于新梢的生长和花芽的形成，从而为下一年的结实奠定良好基础。此外，结实量多，消耗营养物质多，也降低了新梢的生长，影响了果枝的形成或形成果枝少，进一步导致第2年开花结实少。

树木体内含有成花激素（如赤霉素类）与抑花激素。成花激素起促进花芽形成的作用，而抑花激素则抑制花芽形成。当抑花激素含量高时，不利于花芽形成，结实量自然减少。当两者的浓度在体内达到平衡时，才有利于花芽的形成。然而，在种子丰年时，由于结实量多，不仅消耗了母树的大量养分和赤霉素，还在母树体内残留了大量的抑花激素，使得成花激素与抑花激素的比例失衡，抑制了花芽的形成。由于花芽数量减少或无花芽，下一次的结实量也会相应减少。

环境因素对林木结实间隔期的产生也有显著影响。气候、土壤等环境因子直接影响树木的生长和发育。在良好的环境条件下，如气候适宜、土壤肥沃，树木生长旺盛，结实间隔期相对较短。相反，在不良的环境条件下，如养分、水分不足，会影响树木的生长和花芽的分化发育，从而降低结实量。特别是遇到灾害性天气时，如干旱、霜冻、冰雹、暴风雨等，会进一步延长结实间隔期。

病虫害的发生会直接影响种子产量和质量。不合理的采种方法，如折枝过多，也会对母树造成破坏，延长结实间隔期。因此，在林木管理中，需要采取有效的病虫害防治措施和合理的采种方法，以保护母树并促进结实。

树木在丰年时，营养条件好，环境条件优越，母树的开花、授粉、受精和种实发育过程都进行得很顺利，不仅结实量多，而且种子品质也好。因此，在生产上应尽量采收丰年的种子用于育苗、造林，并大量贮备丰年种子，以补歉年种子的不足。

生产实践证明，树木结实出现丰歉年，不是树木的本性，也不是一个规律，通过集约栽培、科学的水肥管理、控制结实量以及合理的疏花疏果等，可以缩短种子的结实间隔期，甚至可以消除丰歉年，实现连年丰收。

4. 影响林木结实的因素

林木结实是发育成熟的表现，树木一般都是在高生长达到最高点，胸径生长有一定粗度后，才开始大量结实。树木开始结实以后，结实量受很多因素的影响，其中有母树本身的内在因素和环境等外在因素。这些因素对结实影响的程度各不相同，有时某一因素起主要作用，有时另一因素起主要作用。研究各种因素和结实的关系，目的在于控制这些因素，使其有利于树木的结实。其中，种实产量是指种子和果实的总量，用于评估树木的结实能力；种子收获量是指实际采集到的种子数量，考虑了实际操作中的损失；种子产量是指理论上可能获得的种子数量，不考虑实际损失。

（1）内在因素

①母树的年龄。母树的年龄是一个关键因素，对种子产量和质量具有决定性影响。一般来说，林木在达到一定年龄后，才能开始开花结实。幼龄母树虽然开始开花，但结实量较少，且常因授粉不良导致多瘪粒。随着树龄的增长，母树逐渐进入壮年期，此时结实量显著增加，种子大而重，品质优良，并保持相对稳定的产量，这是种子生产的重要时期。然而，当母树进入老年期后，枝条生长变弱，开花能力下降，空粒种子增多，发芽率降低，种子丰年的结实间隔期也相应延长。因此，选择适龄、健壮的母树进行种子生产，是保障种子产量和质量的基础。

②母树的生长发育状况。生长发育良好的林木，光照充足，营养条件优越，其结实量自然也会更高。营养物质的种类和积累对开花结实起着至关重要的作用。碳水化合物的积累是从营养生长转向生殖生长的重要保证，如果营养物质供应不足，会导致果实发育不良，甚至落果。特别是对于一些松属树种，小球果的落果率往往与营养不足密切相关。因此，通过合理的栽培措施，如施肥、灌溉等，促进母树的光合作用和营养积累，对于提高种子产量和质量具有重要意义。

③母树的树冠大小也与种子产量直接相关。在同一林分中，同龄的母树，其种子产量往往与树冠大小成正比。树冠较大的母树，由于枝条多、光照条件好，有利于花及果实的发育，因此种实产量高、质量好。对母树林进行间伐、施肥、灌水等措施，是为了促进树冠发育，有利于光合作用，因而有利于种实的发育，进而提高种子产量。

④树木开花授粉习性、授粉条件不同，结实量也不同。树木的开花授粉习性多种多样，有的树种是单性花，如松科中的多数种以及蒙古栎、核桃楸等许多阔叶树种；有的树种产生两性花，如刺槐；还有的树种是雌雄异株，如银杏、杨树、柳树。不同的开花授粉习性直接影响了树木的传粉和受精过程，进而决定了种子产量和质量。

在传粉和受精方面，大多数树木都是异花授粉，这意味着它们需要不同植株间的花粉进行相互传粉。从系统发育的角度来看，异花授粉比自花授粉更具优势。异花授粉通过不同生长条件下具有各自特性的父本和母本的结合，实现了遗传基因的重新排列组合，从而产生了具有更强生命力的子代。相比之下，自花授粉的树木子代往往较弱，种子的发芽率低，生命力不强，品质也不好。例如，雌雄同株的孤立木虽然光照和营养条件充足，结实量看似较多，但由于自花授粉，其发育健全的种子数量并不多，子代也较弱。而雌雄异株的孤立木则往往不结实，即使结实也多为空粒。因此，为了获得生命力强的种子，应当从林分中采集，而不是从孤立木上采集。

许多树木本身的开花特性就有利于异花授粉。例如，雌雄异株的树种，雌花往往生长在树冠顶部，而雄花生长在树冠中下部，这种空间分布有利于异花授粉。此外，同一株树上雌雄花的成熟期不同，也促进了异花授粉。这些自然特性在一定程度上防止了自花授粉，提高了异花授粉的成功率。然而，即使具备了有利于异花授粉的开花特性，树木的传粉条件仍然对种子产量和质量有着重要影响。对于雌雄异花或雌雄异株的树种来说，传粉条件尤为重要。首先是花粉浓度，一些树种需要在较高的花粉浓度下才能完成受精，如果花粉浓度不足，即使开花再多，结实量也可能不多。其次是花粉传播距离，对于雌雄异株的树种来说，如果两性植株相距过远，就会影响传粉和受精。因此，在营建种子园时，需要合理配置授粉树，确保它们之间的距离适中，以便有效地进行传粉和受精。

此外，雌雄植株的比例和分布也是影响传粉和受精效果的重要因素。如果林分中两性植株的比例失调或分布不均，就会导致授粉不良，进而影响种子产量和质量。例如，香榧、银杏、毛白杨等树种，必须有意识地配置花期相近的授粉树或进行人工辅助授粉，才能实现丰产。

⑤在同一株树上，雌花着生部位的不同也会导致授粉情况的不同，进而影响结实情况。例如，松树球果着生在阳面及主枝上的种子通常较重且品质较好。即使在同一球果内，不同部位的种子大小也存在差异，一般中部的种子大而重，上部的中等，基部的小而轻，甚至可能是空粒。

⑥种子的成熟期也是影响种子产量和质量的重要因素。树木一般多在春季开花，秋季果实成熟。然而，不同树种之间存在差异。有些树种春季开花后，夏季果实就能成熟；而有些树种则因为受精时间长，需要等到第2年果实才能成熟。从开花到果实成熟的时间越长，果实受自然因子（如风、雨、霜、冻、干、热等）和生物因子（如病虫害）的危害机会就越多，从而导致种子减产。例如，圆柏类的一些树种，虽然球果在第1年已经长成一定体积，但要到第2年才能完全成熟。如果采种时间掌握不当，就容易造成种子损失。此外，同一分布区的树种，由于地理位置的不同，开花结实时间和数量也会有所差异。通常，分布在南端的树种开花结实较早，结实量也较多；而栽植在分布区以外或北缘的树种，其开花结实量往往会减少。

⑦遗传上的变异性影响母树结实的内在因素也不容忽视。同一树种的不同个体之间，在开花结实能力上常有很大差别。有的母树结实量多，有的则结实量少。这种遗传差异的存在使得在选择优良母树进行繁殖时，需要充分考虑其遗传背景，以确保种子产量和质量。

（2）外在因素

①温度是影响林木开花结实的重要因素。一般来说，温度较历年平均水平高时，林木开花茂盛，结实量也相应增加，预示着可能的丰收。相反，如果温度偏低，则结实量会显著减少。对于同一树种而言，在温暖地区，由于其生长速度快，林木开始结实的时间较早，且由于生长期长，种子有更多的时间进行发育和积累贮藏物质，因而种子通常

较大且重。然而，在寒冷地区，尤其是高纬度地带，开花和种子发育期间的温度偏低，往往会导致空粒和不饱满种子的产生。

在树木开花期间，如果遇到春寒霜冻等极端天气，会对林木造成严重影响。子房和花粉在低温下容易受伤，导致花的死亡和脱落，或者使花粉管发育停滞，造成传粉和受精困难，从而减少结实量。有时，即使子房未受冻害，也可能因发育不良或畸形而影响种子质量。此外，极端高温也会对花及幼果造成伤害，使种实不能正常发育而早落，进而影响种子产量。值得注意的是，虽然极端高温在某些地区也可能出现，但在黑龙江，低温的危害通常更为普遍。有些树种在开花前需要经过一段低温处理，才能打破花芽休眠，进入正常的开花结实期。

②湿度也是影响林木种子产量的重要因素。降雨量和空气湿度对种实的影响不容忽视。在开花期间，如果连续下雨且空气湿度过大，会导致花药不开裂或开裂后花粉不散，这对于依赖风媒传粉的树种来说尤为不利。而对于虫媒花来说，低湿多雨的环境会限制昆虫的活动，从而影响传粉效果，甚至导致完全不能授粉，形成空粒种子。另一方面，如果环境过于干燥，也会影响林木的正常生理过程，导致花或果实凋萎脱落，或幼果养分不足，进而造成种子发育不良、果实小、果粒不饱满以及生命力弱等问题。

整个生长季节的阴雨天过多还会影响光合作用，导致种子品质下降，成熟期推迟。然而，在适当的天气条件下，如天气晴朗和适当干燥，树木枝叶的细胞液浓度会增加，这有利于花芽的形成和分化。对于种实在一个生长季成熟的树种，如落叶松，经过一个旱秋季后，下一年往往能获得丰产。而对于种实两年成熟的树种，如樟子松，在7～8月花芽形成时，如果天气比较干燥，则第2年的结实量也会增加。

③光照是林木生长和发育不可或缺的因素之一。充足的光照不仅有利于林木进行光合作用，积累有机物，还能促进花芽的分化和开花。光照不足会导致林木生长迟缓，花芽分化不良，进而影响结实量和种子质量。

孤立木和林缘木由于受光较为充分，通常能够更早地进入结实期，且结实量相对较高。相比之下，林内林木由于光照受限，光合效率降低，导致生长发育缓慢，结实量也相应减少。在密林中，由于树冠遮挡，下层林木往往光照不足，结实量明显低于上层林木。因此，合理的林分密度和树冠管理对于提高林木种子产量至关重要。

不同树种对光照的需求存在差异，如樟子松在充分光照下有利于雌花生长，而雄花则需要在适当遮阴条件下才能良好发育。红松、云杉等树种则表现出雌花生在树冠顶部，雄花生在树冠下部的特性，这种分布模式有助于最大限度地利用光照资源，提高繁殖成功率。

此外，山地林分中，由于坡向不同导致光照时间差异显著，阳坡林木通常比阴坡林木结实更多，种子质量也更高。这一发现为种子园的选址提供了重要依据，即应优先选择阳坡或半阳坡地段，以确保林木获得充足的光照。

④风在林木种子传播和授粉过程中也扮演着重要角色。对于风媒传粉的树种来说，适当的风力有助于花粉的扩散和传播，从而提高授粉成功率。然而，过强的风力也可能对林木造成机械损伤，如折断枝条、吹落花蕾等，从而影响结实量。此外，风还能影响林木的生长环境，如通过改变空气湿度和温度等条件来间接影响种子的形成和发育。

⑤土壤是林木生长的基础环境，其提供了林木所需的水分、养分和支撑结构。林木的根系从土壤中吸收水分和矿物质，这些资源对林木的生长发育至关重要。土壤的结构、厚度和养分含量直接影响种子产量和质量。例如，结构良好、土层深厚且养分充足的土壤能够促进林木快速生长，提高种子产量和质量；相反，贫瘠或结构不良的土壤则会限制林木的生长，降低种子产量和质量。土壤物理性质及土壤养分越好，单位面积上的种子产量高，质量好；土壤物理性质及土壤养分越差，单位面积上的种子产量低，质量差。

此外，土壤水分也是影响林木结实的关键因素。在树木开花结实的过程中，适时适量的水分供应有助于花芽的形成和种实的发育。如果土壤在花期干旱，会导致大量落花；在种实形成、生长和成熟期，土壤干旱则会引起种实发育不全和早期落果，严重降低种子产量和质量。

在生产中，人们可以通过多种管理措施来改善土壤环境，从而提升林木的生长和结实能力。例如，在种子园和母树林中，细致整地、增施肥料、中耕除草和灌溉等措施，可以显著改善土壤条件，促进林木提早结实，提高种子产量和质量。

⑥生物因素包括病菌、昆虫、鸟兽等，它们可能直接危害林木种子，导致种子减产或品质下降。例如，樟子松球果常受象甲危害而早落或品质降低，落叶松球果则易受花蝇侵害，红松球果则常被松鼠和花鼠窃食，造成大量减产。这些生物危害不仅直接影响种子产量，还可能通过损害营养器官间接影响光合作用和养分吸收，进一步降低种子产量和质量。

林分中的病虫害虽然不直接危害种子，但会损害林木的营养器官，如落叶松毛虫吃掉针叶后，不仅影响当年的球果发育，还会对来年的结实产生严重影响。此外，野猪等兽类也会窃食果实和种子，对种子收获造成威胁。这些生物因素的存在使得林木结实和种子产量受到严重威胁，需要采取有效的防控措施来保护林木和种质资源。

⑦其他因素。种子产量和质量还会受到种子丰歉年的影响。在某些年份，由于气候、土壤和生物因素的共同作用，林木可能会迎来丰年或歉年。丰年时，林木结实量大增，种子品质优良；而歉年时，则可能面临种子减产甚至无收的风险。

二、种实采集

（一）采种林分选择

根据《林木种子采收管理规定》规定，采种林分包括种子园、母树林、一般采种林和临时采种林、群体和散生的优良母树。采种前要做好种源调查。为了加强采种的计划性，搞好采种工作，种源调查包括母树资源调查和种实产量调查。

1. 母树资源调查

母树资源包括永久母树林、临时母树林以及散生母树林等。永久母树林在建立时已有系统的调查材料，这里所指的母树资源主要是可供采种用的临时母树林。

调查内容包括母树林及母树分布的地点、面积、株数、树龄、生长情况以及立地条件等。通过座谈、查阅有关森林经营资料等方式了解现有林的情况，确定路线调查的方法，进行踏查，由此确定适宜采种的林分、面积，必要时可设置标准地进行详细调查和记载，并于现场做好标记。母树资源调查的主要任务是弄清母树资源情况，以便确定采种林分。

2. 种实产量调查

为科学制订采种计划，做好采种准备以及为种子贮藏、调拨和经营提供科学依据，有必要在采种前进行两三次种实产量调查。只有通过调查才能推算种子可采集数量，作为制订采种计划、进行物资准备和种子供应分配的依据。同时，经过多年的种实产量观测，还可以积累资料，掌握林木结实的规律，了解母树林的经营管理措施对结实的影响，为制订促进母树结实、提高种实产量和质量的管理措施提供科学依据。

（1）种实产量调查时间

以黑龙江秋季成熟的种实为例，一般是5月上旬至6月上旬进行第一次调查，7月上旬至8月上旬进行第二次调查，8月中旬至9月上旬进行第三次调查。例如，杨树、柳树、榆树种实在5月中旬前完成调查；落叶松、鱼鳞松在7月中下旬前完成调查。种子两年成熟的树种，如红松、樟子松、赤松等可进行两次调查，第一次调查当年开花情况，同时调查前一年的幼果发育情况，第二次调查种子成熟前的情况，同时调查当年所结小球果的发育情况。

（2）种实产量调查方法

目前生产上正逐步建立一整套林木结实预测预报体系。预测方法可选用目测法、标准地法、标准枝法、平均标准木法、可见半面树冠球果估测法等；预测结果按树种、采集地区、采种林分类别分别填写。

①目测法。目测法又称为物候观测法。采种林分内，在母树结实过程的不同时期，即在花期、种子形成期和种子成熟期观测母树林的结实情况，再根据历年的资料推算种

实产量，以预测种实相对产量。目测法记录表见表1–6。

表1–6　目测法记录表

_____省（自治区、直辖市、计划单列市）_____县（市、局）_____乡（村、场）

树种：__________

采种地点	采种林分类别	面积/hm^2	花期		种子形成期		种子成熟期		可采收量/kg	历年平均出籽率/%	预期种子收获量/kg	种子减产原因（气象因子、病虫害等）
			月、旬	等级	月、旬	等级	月、旬	等级				

为了获得比较准确的结果，分别在各树种的花期，子房和果实形成期及果实近熟期（采种前1～2个月）进行目测。具体观察时，应组织具有实践经验的3～5人组成观察小组，沿着预先决定的调查路线，随机设点，评定等级，最后汇总各点情况，综合评定全林分的开花结实等级。我国采用丰年、良年、平年、歉年四级制评定开花结实等级，见表1–7。

表1–7　评定开花结实等级标准

等级	等级标准
丰年	开花结实多，为历年开花结实最高量的80%以上
良年	开花结实较多，为历年开花结实最高量的60%～80%
平年	开花结实中等，为历年开花结实最高量的30%～60%
歉年	开花结实较少，为历年开花结实最高量的30%以下

此法要求观察者在开花结实时，目测准确，技术熟练，否则将产生主观差异。这种方法主要用于评定开花结实等级，难以求得种实产量的绝对数，为了核对目测的结果，可用标准枝法或平均标准木法校正。

②标准地法。标准地法又称为实测法。在采种林分内，选择有代表性的地段，设置若干块标准地，每块标准地内应有30～50株树木，采收全部果实并称重，测量标准地面

积，以此推算全林分结实量。根据历年的资料估测预期种子收获量，此法精度高，但费工费时。标准地法记录表见表1-8。

表1-8 标准地法记录表

_____省（自治区、直辖市、计划单列市）_____县（市、局）_____乡（村、场）

树种：__________

采种地点	采种林分类别	面积/hm^2	标准地调查结果				全林分结实量/kg	可采收量/kg	历年平均出籽率/%	预期种子收获量/kg	种子减产原因（气象因子、病虫害等）
			编号	面积/hm^2	株数	标准地结实量/kg					

备注：可采收量=结实量×采收率。采收率根据采种难易等实际情况确定。

③标准枝法。标准枝法又称为生物学法。在采种林分内，根据一定枝条上的花朵、果实或种子数量来确定种子产量等级，通过参考历年不同等级的种子产量，来推算林木种子产量。此法适用于评估阔叶树种的种子产量。标准枝法记录表见表1-9。

具体方法是在采种林分内，随机选出10～25株具有代表性的、结实的母树，用随机抽样的方法，在每株树木的树冠阴阳两面的上、中、下三层，分别随机选取1m左右的枝条为标准枝，统计枝条上的花或种实的数量，再计算出标准枝上花或种实的数量，参考该树种历史上丰年、平年、歉年标准枝的花或种实的数量，评估结实等级和预期种子收获量。

采用这种方法，对不同树种来说有很大区别，如果有以往的相对产量指标，则更便于估计出当年的种实产量，因此为了测定林木种子的丰产程度，应先确定每个树种的种子收获量等级表。

表1-9　标准枝法记录表

_____省（自治区、直辖市、计划单列市）_____县（市、局）_____乡（村、场）

树种：__________

采种地点	采种林分类别	面积/hm^2	每公顷株数/株	标准枝上的数量			结实等级	全林分结实量/kg	可采收量/kg	历年平均出籽率/%	预期种子收获量/kg	种子减产原因（气象因子、病虫害等）
				花/个	幼果/个	果实/个						

备注：可采收量=结实量×采收率。采收率根据采种难易等实际情况确定。

④平均标准木法。平均标准木法适用于测定同龄林的种实产量，是根据母树胸径的粗细与结实量多少之间存在的直线关系来计算的。其中，平均标准木是指树高、胸径都是中等大小的树木。平均标准木法记录表见表1-10。

具体方法是在采种林分内选择有代表性的地段设标准地，每块标准地应有150～200株树木，测量标准地的面积，进行每木调查，测定其胸径、树高、冠幅，计算出平均值。在标准地内选出5～10株标准木，采收全部果实，求出平均单株结实量，以此推算出标准的结实量和全林结实量与实际采收量。全林结实量与该树种的出种率乘积即为全林种子产量。但是在实际操作中因立木采种时不能将果实全部采净，可根据采种技术和林木生长情况，以全林种子产量的70%～80%作为实际采收量。这种方法较为简易，标准木可以伐倒，也可以不伐倒，可以节省人力和费用，适用于测定同龄母树林的种实产量，广泛应用于科学研究和生产。

表1-10　平均标准木法记录表

_____省（自治区、直辖市、计划单列市）_____县（市、局）_____乡（村、场）

树种：__________

采种地点	采种林分类别	面积/hm^2	标准地调查结果						全林分结实量/kg	可采收量/kg	历年平均出籽率/%	预期种子收获量/kg	种子减产原因（气象因子、病虫害等）
			编号	面积/hm^2	株数	平均胸径/cm	平均单株结实量/kg	标准地结实量/kg					

备注：可采收量=结实量×采收率。采收率根据采种难易等实际情况确定。

⑤可见半面树冠球果估测法。可见半面树冠球果估测法是一种预测针叶树种子相对产量的有效方法。该方法基于可见半面树冠的球果数量与全树冠的球果数量之间存在的直线相关关系，通过观测可见半面树冠的球果数量来推算全树冠的球果数量。具有估测精度高、相较于其他方法工作量较小的优点，其工作量仅为平均标准木法工作量的1/3，且结合球果切开法，能进一步预测种子绝对产量。但该方法受树冠结构影响较大，更适用于林分密度较小、树木较低的母树林。可见半面树冠球果估测法记录表见表1-11。

在实际操作中，首先随机抽取50～60株或更多的结实母树作为样本，并选定观测点，该点应能清晰看到可见半面树冠的全部球果，且距离树木的高度大致与树高相等。每个观测点应重复观测三次，取平均值作为该树的可见半面树冠的球果数量。随后，通过统计分析建立可见半面树冠的球果数量（x）与全树冠的球果数量（y）之间的关系方程，通常为直线方程$y=ax+b$，当x和y不满足直线方程时，用幂函数$y=cx^n$也可取得较好的效果。值得注意的是，不同树种和立地条件下的母树林或种子园，其方程参数会有所不同，因而应基于多年观测数据进行大量统计以获得相对准确的值。

表1-11　可见半面树冠球果估测法记录表

_____省（自治区、直辖市、计划单列市）_____县（市、局）_____乡（村、场）

树种：__________

采种地点	采种林分类别	面积/hm^2	每公顷株数/株	平均可见半面树冠的球果数量/个	平均每株样木的球果数量/个	全林分结实量/kg	可采收量/kg	历年平均出籽率/%	预期种子收获量/kg	种子减产原因（气象因子、病虫害等）

备注：可采收量=结实量×采收率。采收率根据采种难易等实际情况确定。

⑥其他预测法。在林业生产中，为了科学合理地预测种实产量，还可以根据花芽进行预测。具体方法如下：

a.气象学预测法：气象学预测法最早由苏联提出，其理论依据在于气象因子（如温度和湿度）与林木花芽分化之间存在显著的相关关系。例如，在花芽分化期间，如果温度高且空气干燥，花芽分化的数量会相对较多；反之，则花芽分化数量会减少。该方法的关键在于准确确定各树种花芽分化的具体时间，并筛选出2～3个关键气象因子，通过回归分析建立它们与花芽分化之间的关系模型。利用这一模型，结合气象资料，可以进行中期种实产量预测。

b.开花强度预测法：开花强度预测法通过量化开花强度来预测种实结实量。开花强度定义为花芽的形成期所形成的雌性花芽数与营养芽数量之比，并通过引入修正系数来调整预测结果。尽管这种方法能够进行一年以上的中长期预测，但因其工作量较大，且需要针对不同林分密度分别建模，实际应用中受到一定限制。

c.嫩枝估测法：嫩枝估测法是基于林木嫩枝数量与种实结实量之间的直接相关关系，通过统计当年生嫩枝数量来预测种实结实量的一种重要预测手段。然而，这种方法在实际操作中面临诸多挑战，如嫩枝数量调查困难、不同年份相关关系变化大，以及嫩枝与花芽数量之间的复杂关系等，这些因素都影响了预测的准确性，只能在早期预测中发挥一定作用。

（二）树种选择

采种林分确定后，应根据造林地的生态环境和所培育的人工林特点选择适宜的树种。不同树种因遗传性、变异性、生态环境的差异性，其生长差异很大。

（三）母树选择

1. 根据生长发育条件进行选择

要从与造林地气候和土壤相近的林木种子园或母树林中采种。通常要选树干通直、健康、无疤节、结实多、无病虫害或对病、虫、风抵抗力强，无机械损伤的中、壮龄优势木（Ⅰ级木）和亚优势木（Ⅱ级木）。

生产中应选择距离优良林分较近的孤立木、表型优良的母树作为采种对象。注意不要从疏林草地的树木上采种，不要从未经验证种源优劣的人工林中采种。一般情况下，培育用材林宜选择树干通直、冠小、枝细的母树；培育木本油料林宜选择分枝型好、结实枝多、结实量大、果重、皮薄、出籽率高、出仁率高、含油率高、油质较佳的母树；培育产胶林宜选择树脂管发达、产胶量高的母树；培育采叶林宜选择树冠大、枝多、叶茂、树叶质量好的母树。

2. 根据母树年龄进行选择

不同树种的采种母树适宜采种的年龄不同。一般，针叶树种生长快的以15～30年以上、生长慢的以30～40年以上为宜；阔叶树种生长快的一般10年以上，生长慢的以20～30年以上为宜。主要造林树种母树最佳采种年龄见表1-12。

表1-12　主要造林树种母树最佳采种年龄

树种	最佳采种年龄/年	树种	最佳采种年龄/年	树种	最佳采种年龄/年
银杏	40～100	冷杉	80～100	红松（人工林）	20～80
落叶松（人工林）	20～80	马尾松	15～40	红松（天然林）	60～100
白皮松（人工林）	＞40	油松	20～50	杉木	15～40
白皮松（天然林）	60～150	云杉	60～100	檫树	10～30
樟子松	30～80	白榆	10～50	刺槐	10～25
水曲柳	20～60	杨树	10～25	柏木	20～60
核桃	20～40	侧柏	20～60	麻栎	30～60
桉树	10～30	五角槭	25～40	白蜡树	20～35
樟树	20～50	沙棘	＞5	梭梭	＞10

（四）种实成熟特征

林木种实通常包括真种子和类似种子的果实。种子的成熟是指受精后的合子发育成具有种胚（胚根、胚芽、胚轴和子叶）和胚乳的过程。种实成熟过程中的显著变化见表1-13。

表1-13 种实成熟过程中的显著变化

生物化学变化	种子内干物质不断积累，含水率减少，最后干物质积累结束，内含物硬化，呈现不易溶状态，种皮致密而坚硬，呼吸微弱，抗逆性强，进入休眠状态，以利于保证其延续与繁殖
物理性状变化	种子的绝对质量增加，种粒坚实饱满，种皮硬度加大，种皮内叶绿素消失，并呈现各树种种实固有的颜色和光泽。种子大小增加，含水量下降，热容量和导热率较小，溶胶转变为凝胶状态
外部形态变化	进入成熟时，种实的外观形态上也发生明显的变化，呈现各树种种实固有的颜色和光泽，不同种实表现各不相同，具体如下： ①球果类。果鳞干燥、硬化、微裂、变色。 ②干果类。不同树种果皮由绿色转为黄色、褐色、紫黑色，同时表现为干燥、硬化、紧缩。 ③肉质果类。果皮软化、变色，随树种不同而有较大的变化。有些肉质果皮上出现白霜

根据种实成熟过程中的变化，分为生理成熟和形态成熟两个阶段。只具备一个方面的成熟，不能称为种实的真正成熟。

生理成熟是指种实成熟过程中，种子发育到一定大小，内部营养物质积累到一定程度，种子在生理上发育完全，种胚具有发芽能力。

形态成熟是指种子营养物质积累已经停止，内部生物化学变化基本结束，种实的外部呈现出成熟的特征。生产上多以形态成熟作为确定采种期的标志。

绝大多数树种的种实，生理成熟在先，隔一段时间才能达到形态成熟。有些树种如杨树、柳树、榆树等树种的种实生理成熟和形态成熟同时完成，生理成熟完成后种子自行脱落。但是有些树种如银杏、刺楸、七叶树、冬青、水曲柳、白蜡树等树种的种实，虽然果实呈现成熟时的形态特征，但由于内部种胚发育不完全，尚不具备发芽的能力，要经过一段后熟阶段才具有发芽能力，这种现象称为生理后熟。

（五）种实的成熟期

林木种实的成熟期因树种的生物学特性和不同的生长环境而异。

种实的成熟期因树种不同而异。例如，杨树、柳树、榆树等树种的种实成熟期在春末夏初，杏树、桦木的种实成熟期在夏季，红松、落叶松、云杉、冷杉、水曲柳、核桃楸、槭树、山荆子等大多乔灌树种的种实成熟期在秋季，苦楝、女贞、樟树、楠树等树种的种实成熟期在冬季。

同一树种因地理位置和环境条件不同，种实的成熟期也有差别。例如，榆树的种实在北京约5月成熟，在黑龙江则推迟到5月下旬至6月上旬成熟；兴安落叶松在黑龙江南部8月上旬成熟，而在北部则在8月下旬至9月上旬成熟；白桦在小兴安岭8月上旬成熟，到哈尔滨则在7月中下旬成熟；小叶杨在黑龙江南部是6月上中旬成熟，在北京一带为5月上中旬成熟，在辽宁南部一带是5月下旬成熟，在杭州是4月成熟；紫穗槐在浙江9月上旬至10月上旬成熟，在黑龙江9月下旬成熟，在山东8月下旬成熟；杉木在贵州10月中旬成熟，在福建10月下旬成熟，在湖北11月上旬成熟。

同一树种在同一地区，立地条件及环境状况不同，种实的成熟期不同。例如，生长在阳坡或低海拔的树木种实成熟较早；生长在阴坡或高海拔的树木种实则成熟较晚。生长在砂土和砂质壤土上的树木种实成熟较早；生长在黏重和潮湿土壤上的树木种实成熟较晚。在气温较高降水较少的年份，种实成熟较早；在寒冷降水较多的年份，种实成熟则较晚。林缘木及孤立木比密林内的林木种实成熟早；同一株树上，树冠的向阳面及上部比背阴面和下部的种实成熟早；甚至在同一个果穗上，由于开花和授粉的先后不一，种实的成熟期也不完全相同。

（六）鉴定种实成熟的方法

1. 形态鉴定法

根据种实的成熟特征如颜色、气味、果皮表面的变化来进行鉴定，是最常用的鉴定方法。

（1）颜色的变化

种实未成熟前，无论是肉质果类、干果类或球果类，一般都是淡绿色，成熟过程中才逐渐变化。肉质果类色泽变化较大，如女贞、香樟、楠木、黄檗等果实由绿色变为紫黑色；银杏、柿树、山桃呈黄色；荔枝等呈红色。干果类成熟后则多变为褐色、灰褐色或棕色等，如鸡爪槭等槭属种子呈黄褐色；七叶树果实呈淡褐色。球果类成熟后则多变为黄棕色、黄褐色或黄绿色等，如杉木、落叶松的球果由青绿色变为黄绿色或黄褐色；马尾松、油松、侧柏、云杉的球果变为黄褐色；红松成熟时果实变为黄绿色。

（2）气味的变化

肉质果类最为明显。由于果实中淀粉、有机酸类、单宁的转化及氧化，使果实的涩味、酸味消失，糖分增加而变甜。

（3）果皮表面的变化

一般肉质果类成熟时，果皮肉质化，含水量较大而软。有些肉质果的果皮上出现白霜。干果类及球果类则往往因果皮水分蒸发而变得干燥、硬化、致密、紧缩和微裂，如刺槐、乌桕、香椿、泡桐等蒴果、荚果的果皮因干燥沿缝线开裂，杉木、落叶松的球果果鳞微裂，红松的球果果鳞先端反曲。

2. 物理方法

成熟的种实，种子饱满而且有一定的质量，具有完整的胚乳或种胚，可用X射线检查或解剖法来鉴别。解剖法是用刀将要鉴别的种子纵向切开，检查胚乳或种胚的质地、硬度及大小，以确定种子成熟的程度。对小粒纯净种子可以进行压磨或火烧，压后有白浆或火烧有爆破声，说明种子成熟。

3. 相对密度法

相对密度法通过检测针叶树种实与溶液的密度差异判断其成熟度，其原理基于种子成熟过程中干物质积累、含水量降低及种皮致密化导致的密度增加。首先配制密度梯度溶液（如NaCl、蔗糖等，密度通常为0.9 ~ 1.2g/cm³），将种子浸入后静置10 ~ 15min，成熟种子因密度高沉底，未成熟种子则浮于液面；通过统计沉底率（如>80%视为成熟）并结合种皮颜色变化（如松树成熟种子呈深褐色至黑色）综合判定，操作时需要注意溶液浓度校准、温度稳定控制，以避免误差，该方法高效直观，广泛应用于针叶树种实采收期的科学确定。

4. 生化法

通过测定分析还原糖含量和粗脂肪含量等来判断种实成熟程度。

（七）确定种实的脱落期及采集时间

确定种实的脱落期和采集时间是确保种子产量和质量的主要环节。绝大多数树种的种子或果实，在进入形态成熟以后，就逐渐从树上脱落或飞散，所以种实的采集时间不仅决定于成熟期，还与脱落有直接关系。

种实脱落的早晚与种子质量密切相关。一般来说，树种早期和盛期脱落的种子质量好，在盛期脱落的种子数量多；针叶树种的球果在后期脱落的种子质量不好。华北落叶松种实脱落期与种子质量见表1-14。

表1-14 华北落叶松种实脱落期与种子质量

脱落期	发芽率/%	干粒重/g	脱落期	发芽率/%	干粒重/g
9月21日	5.2	3.37	10月8日	14.1	3.67
9月27日	7.5	3.30	10月20日	11.3	3.25
9月30日	12.6	3.61	10月26日	6.9	2.99

种实的脱落期因树种不同而异。有些树种，如杨树、柳树、桦木、榆树等成熟后几乎立即脱落，而且脱落过程极短；油松、侧柏、栎类、桑树、黄栌等，种实成熟后经过较短时间才脱落；悬铃木、樟子松、马尾松、臭椿、刺槐等，种实成熟后经较长时间才

脱落；水曲柳、花曲柳等成熟后长期挂在树上，甚至经过一个冬季才脱落。

种实脱落的特点多种多样。针叶树种中的红松是整个球果脱落；落叶松、云杉等球果成熟后，果鳞开裂种子脱落；冷杉则是球果成熟后与种鳞一起脱落。阔叶树种中的蒙古栎、肉质果类、翅果类，是整个果实脱落；锦鸡儿等豆科树种的荚果、紫丁香等蒴果类的树种，多数在种实成熟后，果实开裂，种子脱落。

同一树种由于气候和土壤等条件不同，其种实脱落期也有早有晚。种实脱落期的长短，也受天气冷暖及干湿变化的影响。在种实成熟期间，若天气温暖干燥，种实脱落的较早；反之则脱落的较晚。

种实成熟后脱落期较长的树种，在不同时期脱落的种实，质量不同，多数以前期脱落的质量较好，种粒大而重，发芽率高，而后期脱落的种粒较小质量差。

种实脱落方式的多样性和脱落期长短的不同，决定了采种方法和采集时期的多样性。为了确保种子产量和质量，必须适时采种。采集时间过早，种实尚未充分成熟，不仅处理困难，不耐贮藏，而且种粒轻小、发芽率低。采集时间过晚，种实会脱落飞散或遭受鸟、兽、虫等危害。采集时间对湖南地区柏木种子质量的影响见表1–15。

表1–15 采集时间对湖南地区柏木种子质量的影响

采集时间	发芽率/%	发芽势/%	干粒重/g
7月5日	14.0	10.5	2.90
7月15日	40.0	26.3	3.05
7月25日	56.5	34.0	3.60

不同树种采集时间的长短也不同。确定种实的采集时间不仅要注意其成熟期，而且要考虑脱落的开始期和脱落持续期的长短。采种时应掌握的原则如下：

①成熟期与脱落期很相近，成熟后立即脱落的小粒种实如杨树、柳树、榆树、桦木、冷杉等，因种实轻小、有翅或毛，成熟后容易被风吹散，应在种实成熟时注意观察，严格掌握成熟期，一旦成熟应立即采集，不宜延长采种期。

②种实成熟后虽不立即脱落，但一经脱落即不易收集的树种，如落叶松、油松、马尾松、杉木、水杉、侧柏、桉树、槭树、泡桐等种粒较小的树种应在成熟后脱落前尽早采集。

③种实成熟后较长时间不脱落的，如樟子松、水曲柳、椴树、槭树、国槐等，其采种期可适当延长，但不能延迟太久，以免因长期挂在树上，受鸟、虫危害，造成种子质量下降或减产。

④成熟后立即脱落的大粒种实如栎类、板栗、核桃、银杏等，一般在果实脱落后，

从地面上收集。需要注意的是种实长时间落在林地上，易遭鸟、鼠危害，土壤湿度、温度的影响，也会降低种子质量，应及时收集。若在杂草丛生，兽类危害严重的地区，也可在种实成熟前的短期内，进行立木采集。

⑤成熟后较长时间不脱落的阔叶树种如苦楝、皂荚、悬铃木等，可延迟收集，直至冬天。但为了保证质量和数量，一般也应在成熟后尽早采收。

⑥榆类夏熟性种实在生理成熟后采集，立即播种，发芽快，发芽率也高。若不能立即播种，需要贮藏的，就必须在形态成熟后再采，以保证种子质量。

⑦有些休眠期较长的种实可以在生理成熟后形态成熟前采种，采后立即播种或层积处理，以缩短休眠期，提高发芽率。

同时还需要注意，同一树种的种实成熟与脱落还因立地条件和种内变异有差别。采种时应注意“熟一片采一片，熟一株采一株”。主要树种种实成熟期及采集时间见表1-16。

表1-16　主要树种种实成熟期及采集时间

树种	种实成熟特征	成熟期	采收期	地区
红松	球果黄绿色，果鳞先端反曲；鳞片有皱纹，种子褐色、坚硬	9月下旬	9月下旬至次年春天	黑龙江、吉林
兴安落叶松	球果黄绿色或暗紫色	8月下旬至9月中旬	9月上旬至10月中旬	黑龙江
日本落叶松	球果黄褐色	9月上旬至10月上旬	10月下旬至11月中旬	辽宁
樟子松	球果淡褐色至灰绿褐色	9月下旬	9月下旬至11月下旬	黑龙江、内蒙古
		9月下旬	9月下旬至11月中旬	吉林
		9月下旬	9月下旬至10月上旬	辽宁
东北红豆杉	肉质假种皮呈红色	9～10月	10～11月	黑龙江
花楸	果实红色或橘红色	9～10月	9～10月	黑龙江哈尔滨
白桦	果穗黄褐色，手捻即散	7月下旬	7月下旬至8月下旬	黑龙江
沙松	球果由绿色变为黄褐色或淡褐色	9月下旬至10月上旬	9月下旬至10月上中旬	吉林桦甸
红皮云杉	绿色球果变为淡黄绿色或褐色	9月中下旬	9月中下旬至10月上旬	黑龙江绥棱
鱼鳞云杉	绿色球果变为淡黄绿色或褐色	9月中下旬	9月中下旬至10月上旬	黑龙江绥棱
白皮松	球果由淡绿色转为黄绿色或黄褐色	10～11月	10～11月	北京

续表

树种	种实成熟特征	成熟期	采收期	地区
鹅掌楸	聚合果褐色	10月	10月	江苏南京
厚朴	聚合蓇葖果棕褐色	10月下旬	10月下旬	广西桂林
樟树	浆果由青色变紫色转至黑色，柔软多汁	12月中旬	12月中旬	浙江温州
		10月下旬	10月下旬	重庆、湖北武汉
		11月上旬	11月上旬	湖南衡阳
山楂	果实呈红色或橙红色，有白色、褐色皮孔点	9月中旬至10月中旬	10月中旬	北京
山荆子	梨果红色或黄色带红晕	8月下旬至10月上旬	8月下旬至10月上旬	北京
山杏	果实由黄绿色转为橙黄色	6月下旬至7月下旬	7月下旬	北京
山桃	果实由绿白色转为淡黄绿色	7～8月	8月	北京
国槐	肉质荚果变为暗绿色或淡黄色	9～10月	整个冬季	北京
胡枝子	荚果紫褐色，具有黄绿色或棕色斑纹	9月中旬至10月上旬	9月中旬至10月上旬	黑龙江哈尔滨
悬铃木	果球黄褐色或灰褐色	10～11月	11月至翌年2月	浙江、江苏
银杏	肉质果皮由绿色变为黄色、橙黄色	9～10月	9～10月	适生区
紫椴	坚果紫褐色，密被灰褐色星状毛	9月中下旬	9月下旬至整个秋季	黑龙江
黄檗	浆果状核果紫黑色，种子黑褐色	9月下旬至10月上旬	9月下旬至10月	黑龙江
鸡爪槭	翅果呈淡棕黄色	10月	10月	浙江杭州
水曲柳	翅果黄褐色	9月下旬至10月上旬	9月下旬至次年春天	黑龙江朗乡

（八）种实采集的组织实施

1. 种实采集前准备

采种是一项既繁重又细致的工作，采种前，必须做好充分的准备工作，以确保采种工作的顺利进行。

（1）组织准备

采种前，应该调查好采种林分的结实状况，预计产量，确定采种任务，制订采种计划；进行物候观察，确定采种时期；组织采种劳力，进行采种技术培训及安全生产、保护母树的教育。

（2）物资准备

准备采种工具、盛种容器、运输工具、临时种实贮放场地；安排好采种人员食宿；准备种实调制设备；制订合理的种子生产定额，若需要向群众收购则应建立收购站，组织好验收工作，制订合理的收购价格，向群众宣传林业政策、采种技术和种子质量标准。

（3）采种方法

若在林木良种基地生产采种，由基地经营管理者组织进行，若在林木良种基地外采种，必须严格遵守林业主管部门规定的采种期，并对母树实施严格的保护措施，严禁提前抢摘或过度采摘导致树木受损。需要根据种实成熟后脱落的特性及母树状况来灵活选择采种方法，主要分为树上采种、地面采种、机械采种、伐倒木上采种、水面上采种和动物穴中采种，具体介绍如下：

①树上采种。树上采种适用于小粒种实或种实脱落后易飞散的树种，有些种子成熟后虽不立即脱落，但不适合从地面采种的树种。树上采种又可分为采摘法和摇落法，具体介绍如下：

a.采摘法：树干低矮的树种，可直接用手采或借助采种钩、采种镰、高枝剪、采种叉等工具，在地面上采摘；高大的乔木，可借助单梯、绳梯、脚踏子、绳套、折叠梯、升降机、具有升降设备的伸缩台，上树采种。代表树种有杨树、柳树、黄栌、桦木、桉树、火力楠、泡桐、杉木、柳杉、云杉、冷杉、刺槐。

b.摇落法：摇落法适用于树干高大、果实单生、用采摘法有困难但经过震动敲击容易脱落的树种。采种前应清除一定范围内的杂草、灌木和地被物，在树上或地上敲打果枝，使种子、果实脱落，可借助采种网等工具收集种实。用此法采集种实，第一次采集之后，未成熟的果实仍在树上继续成熟，还应第二次采集。代表树种有红松、杉木、马尾松、侧柏、黄檗。

②地面采种。地面采种适用于果实较大、成熟后落于地面而又不易被风吹散的种实。在种实脱落前将林地清理干净，每隔数日收集一次，做到边落边收，以免鼠食虫蛀，造成损失。可在母树周围铺垫尼龙网，使种实落入网内。美国有专门的收网机，在收网过程中去除夹杂物，可获得较纯净的种实。榆树、白蜡树、枫杨等翅果，自然脱落后常被风吹集一处，可在地面扫集。代表树种有核桃、板栗、油桐、油茶、榆树、白蜡树、枫杨。

③机械采种。在交通方便、地势平坦的采种母树林或种子园，可采用机械采种。通过机械动力震落果实，用采种网、采种帆布收集种实。美国和一些林业先进国家用振动式采种器采集球果，机器每小时的生产量相当于熟练工人上树采种7天的生产量，震落球

果后，可用与扫路车相似的真空清扫车收集球果。美国还研究出了球果脱落剂，可与振动式采种器结合使用。代表树种有红松、杉木、马尾松、黄檗、水杉、侧柏、核桃楸。

④伐倒木上采种。伐倒木上采种应结合采伐进行，适合于成熟后不立即脱落的种实。该方法在成熟期和采伐期一致时才可采用，采伐前应注意选好母树，以保证种子质量。大兴安岭林区常用这种方法采集落叶松种实。代表树种有水曲柳、云杉、白蜡树、椴树、落叶松。

⑤水面上采种。水面上采种适合靠近水源，种实较轻，可浮于水面的种实的采集。池塘、水库边缘的母树种实脱落后常漂于水面上，可以在水面上采集种实。代表树种有赤杨、榆树、桤木。

⑥动物穴中采种。啮齿动物以针叶树种的种实为食物，可在它们的穴中采集，采集时间应从秋末开始。代表树种有榛子、核桃、板栗、红松。

（4）采种注意事项

采种时应注意：

①采种要保证采种母树的安全，保护好种源。采种过程中，不允许伐树或砍截大枝，不允许折损新梢和幼果及损伤树皮，以免影响下一年度的产量。对落叶松等需要折取小枝摘种实的树种，其枝粗不得超过1cm，总数不得超过树冠全部小枝的1/3，而且要均匀折取以保证树冠的平衡，以利于母树继续生长结实。根据《中华人民共和国种子管理条例》规定：在林木种子生产基地内采集种子的，由种子生产基地的经营者组织进行，采集种子应当按照国家有关标准进行。

②为保证种子质量，应严格选择生长发育健壮、无病虫害的优良母树，防止不分母树好坏，见树就采的做法。

③采种最好选择无风的晴天，大风天或阴雨天采集的种子潮湿，容易霉烂，四级风以上的天气，禁止上树操作。

④采种时要特别注意人身安全，上树作业人员，要求上树前严格检查上树工具及安全设备是否完好无损，树上作业必须有安全带、安全帽。上树攀登枝杈要注意所攀枝杈的承受力，树下作业人员，随时注意树上操作的工具滑落或掉落的折枝，并注意行人。

（5）种子登记

每个采种单位可能采集许多批种子，为了分清种源，防止混杂，并为合理使用种子提供依据，必须进行登记。每一批种子应该按照要求内容进行登记。采种登记表见表1–17。

表1-17　采种登记表

编号：________

<table>
<tr><td colspan="2">树种</td><td></td><td colspan="2">采集方式</td><td>□自采
□收购</td></tr>
<tr><td colspan="2">采集地点</td><td colspan="4">林业局　　林场（所）　　林班</td></tr>
<tr><td colspan="2">采集时间</td><td></td><td>本批种子质量</td><td colspan="2"></td></tr>
<tr><td rowspan="4">采种林地情况</td><td>林分类别</td><td colspan="4">一般林分—天然林□ 人工林□　优良林分—天然林□ 人工林□
□散生树　□母树林　□种子园</td></tr>
<tr><td>林龄</td><td></td><td>坡向</td><td colspan="2"></td></tr>
<tr><td>海拔</td><td></td><td>坡度</td><td colspan="2"></td></tr>
<tr><td>北纬</td><td></td><td>东经</td><td colspan="2"></td></tr>
<tr><td rowspan="2">加工</td><td>方法</td><td colspan="4"></td></tr>
<tr><td>时间</td><td></td><td colspan="2">出种率</td><td></td></tr>
<tr><td rowspan="2">贮存</td><td>方法</td><td></td><td colspan="2">容器、件数</td><td></td></tr>
<tr><td>时间</td><td></td><td>地点</td><td colspan="2"></td></tr>
<tr><td rowspan="6">收购情况</td><td>时间</td><td></td><td>类别</td><td colspan="2">□球果　□种子</td></tr>
<tr><td>质量</td><td></td><td>容器</td><td colspan="2"></td></tr>
<tr><td>发往地点</td><td></td><td>件数</td><td>含水率</td><td></td></tr>
<tr><td>经营许可证编号</td><td></td><td>单位</td><td>法人</td><td></td></tr>
<tr><td colspan="2">林木品种审（认）定登记编号</td><td colspan="3"></td></tr>
<tr><td>备注</td><td colspan="5"></td></tr>
</table>

此表采集单位存底一份，收购单位一份，随附种批一份。

种子采集单位：（盖章）　　　　种子收购单位：（盖章）

登记人：　　　　登记人：

任务二　林木种实调制

任务描述

通过理论学习和实践操作，掌握种实调制的核心技术与行业标准，在控制每1℃温度偏差、减少每1%种子损伤的操作中锤炼“毫米级精度”的精神，为后续的林木种子生产提供坚实基础。

任务目标

1. 知识目标

①理解种实调制的基本原理，包括种实的干燥与脱粒、种子清选、种子干燥和种子分级的科学依据。

②掌握不同种实的调制工序（种实的干燥与脱粒、种子清选、种子干燥、种子分级）及其技术要求。

③了解种实调制过程中资源节约与循环利用的方法。

2. 技能目标

①能够规范完成种实的干燥与脱粒、种子清选、种子干燥和种子分级操作。

②掌握种子清洗设备的使用方法，确保种子的净度达到行业标准。

③能够根据种子的大小、饱满度等指标进行分级，提高种子质量和一致性。

④具备优化调制工艺、推广低碳技术的创新能力。

3. 思政目标

①通过种实调制技术的学习与实践，培养精益求精的工匠精神，树立科学严谨的工作态度，为林业高质量发展奠定基础。

②在种实调制过程中，强化资源节约与循环利用意识，践行可持续发展理念，推动林木种业绿色发展。

任务要求

1. 遵循管理规范

穿戴好防护用品，确保个人安全。操作脱粒机、清选机、干燥箱等设备时，严格按照设备操作手册进行，避免因误操作导致设备损坏或人员受伤。

2. 规范操作流程

制订合理的林木种实调制计划，确保操作流程符合规范。

3. 数据记录与分析

填写林木种实产地标签，记录树种、产地、采集时间、质量等级等信息。确保标签信息准确、完整，便于后续追溯和管理，保持实训区域整洁。

4. 团队协作

小组合作，根据成员特长合理分工。

操作流程

1. 前期准备

准备用于种子干燥与脱粒的设备、种子清选的工具等物资。学习种子调制相关的理论知识，如干燥温度、湿度控制，脱粒机械操作原理等。

2. 种实的干燥与脱粒

将采集的种实均匀摊开晾晒，确保通风良好，避免发霉。使用脱粒机进行脱粒处理，分离种子与果壳。记录晾晒时间、环境温度和湿度，确保种子干燥均匀。

3. 种子清选

通过筛选、风选等方法去除杂质和不饱满的种子，确保种子的净度达到行业标准。检查清选后的种子，记录杂质去除率和设备参数。

4. 种子干燥

将清选后的种子放入干燥箱，设置温度为30～35℃，湿度控制在40%～50%，干燥时间不超过24h。定期检查种子的含水量，确保干燥均匀，避免过热受损。

5. 种子分级

根据种子的大小、饱满度等指标进行分级，使用分级筛或其他设备进行操作。记录分级标准和分级结果，确保分级准确率在90%以上。

6. 填写林木种子产地标签

详细记录种子的树种、产地、采集时间、质量等级等信息，确保标签信息准确、完整。将标签贴在种子包装袋或容器上，便于后续追溯和管理。

注意事项

①注意设备温度变化，防止种子过热受损；定期检查干燥箱的温度和湿度，确保种子干燥均匀。

②定期清理设备，避免交叉污染；操作完成后，及时清理设备内部的残余种子和杂质，确保设备清洁。

③详细记录每一步操作的数据，包括温度、湿度、处理时间等；对记录的数据进行分析，优化调制工艺，提高种子质量。

相关资料

种实调制又称为种实处理，是一个综合性的过程，涵盖了采种后对果实和种子进行的干燥、脱粒、种子清选与分级等多个步骤。这一过程的核心目的是获得纯洁、质量优良的种子，以便进行播种、贮运和调拨。由于树种种类很多，种实调制方法必须根据果实及种子的结构和特点而定。为生产上加工便利，一般将不同树种的种实分为球果、干果和肉质果三类。对同类种实采用相近的调制方法。

一、种实的干燥与脱粒

（一）脱粒原则

在种实调制过程中，脱粒作为至关重要的环节，直接关系到种子的质量与保存。脱粒，顾名思义，即将种子从果实中有效分离出来的过程。这一过程的首要步骤是促使种实的果皮干燥并开裂，以便种子能够顺利脱落。然而，干燥与脱粒并非一概而论，而是需要依据种子的含水量采取适宜的方法。通常，对于含水量较高的种实，应采用阴干法，避免阳光直射导致的快速失水损害种子活力；相反，对于含水量较低的种实，则适宜采用阳干法，利用阳光加速干燥过程。

种子的含水量，特指其安全含水量，即维持种子基本生命活动所需的最低水分限度。不同树种对水分的需求各异，因此种子的含水量也存在差异。树种不同，种子的含水量也不同。大部分树种的种子含水量为5%～12%。当种子的含水量大于20%时，即为高含水量。具体而言，对于种子的含水量在5%～12%的树种，如杨树、柳树、刺槐等，在脱粒前的干燥处理中，需要根据实际含水量灵活选择阴干法或阳干法，确保种子在保持活力的同时，果皮能够有效开裂。而对于种子含水量较高的树种，如银杏和山楂，由于其本身含有较多水分，采用阴干法更为稳妥，以防快速失水对种子造成不可逆的损害。

（二）脱粒方法

1. 球果类脱粒

在自然条件下，球果随着成熟度的增加会逐渐失去水分，鳞片开裂，种子从中脱出。然而，在采种过程中，为了避免种粒散失，通常采集的是尚未开裂的球果。因此，如何在短时间内从未开裂的球果中高效取出种子，成为采种工作的关键。球果类的干燥与脱粒，通常采用自然干燥法，有时也可采用人工加热干燥法。

（1）自然干燥法

自然干燥法作为一种传统而有效的方法，被广泛应用于球果的脱粒过程中。自然干燥法主要利用日光曝晒或大气温度进行干燥，使球果鳞片开裂，种子脱出。这种方法简便易行，成本较低，无须额外的能源消耗和设备投入，适用于多种树种。但是这种方法受天气条件影响较大，干燥速度较慢且不稳定，在阴雨连绵或湿度较大的季节效率降低，甚至可能导致球果发霉变质，对难开裂的球果种类脱粒效果可能不够理想。根据球果的特性和天气条件，自然干燥法又可细分为阳干法和阴干法。

对于果鳞薄软、成熟较早的球果，如落叶松、云杉、油松、侧柏等，阴干法是一种高效的方法。具体操作为选择向阳、通风干燥的地方，将球果摊放在席子、帆布或清扫干净的场院上，确保球果能够充分接受阳光照射。在晾晒过程中，定期翻动球果以促进水分均匀蒸发，并避免局部过热导致球果受损。晚上或阴雨天时，将球果堆放在一起并用覆盖物保护，以防雨露淋湿。在5～10天的晾晒后，球果鳞片会逐渐开裂，种子自然脱出。对于尚未脱净的球果，可使用木棍轻轻敲打，帮助剩余种子脱出，直至全部脱净。

对于含油脂较多的球果，如冷杉球果，高温日晒会导致油脂分泌，不易晒干且易变质。因此，对于这类球果，应采用阴干法。即将球果摊放在背阴、干燥、通风的地方，避免阳光直射。每天翻动球果1～2次，以促进空气流通和水分蒸发。经过几天的阴干处理，球果鳞片会逐渐开裂，种子与鳞片一同脱落。这种方法虽然干燥速度较慢，但能有效避免球果因高温而受损。

除了基本的阳干法和阴干法，针对不同的树种和具体情况，自然干燥法还有以下特殊的应用技巧：

①对于含有松脂较多的球果，如马尾松和樟子松等，直接晒干效果可能不佳。此时，可以考虑采用堆沤法。这种方法是将球果堆积起来并覆草保湿，每隔1～2天翻动一次。经过10～15天的堆沤处理，球果中的松脂会软化，部分果鳞开裂。在堆沤时，为了加速松脂软化过程，可以用2%～3%的石灰水或草木灰水冲淋球果，这样可以缩短处理时间7～10天。红松和华山松球果的开裂速度较慢，采后应先将球果摊开晾晒或阴干3～5天，待果鳞失水后再使用木床棒打法进行调制。

②对于某些情况，可以采用混合干燥法，即同时使用阳干法、阴干法和堆沤法等。在自然干燥过程中，还可以利用太阳能、风能等自然资源来加速干燥过程。例如，可以使用风干机将球果吹干，或者将球果放在阳光充足的地方晒干。这些特殊的应用技巧可以帮助我们更有效地利用自然干燥法来处理松脂含量较高的球果。

（2）人工加热干燥法

人工加热干燥法是一种利用干燥室或其他可加温的室内环境，通过加温、通风等措施，使球果快速失水开裂，从而脱出种子的干燥技术。这种方法在林业生产中具有重要的应用价值，尤其是在种子采集和保存过程中。干燥室通常配备有加热间，能够精确调控温度和湿度，以确保干燥过程顺利进行。

人工加热干燥法的关键在于合理控制干燥室的温度和湿度。温度过高会降低种子的发芽率，当干燥室温度超过55℃时，许多针叶树种的种子都会受到不同程度的危害；而当温度达到85℃时，所有种子都将死亡。在实际操作中，必须严格控制干燥过程中的温度，确保其在安全范围内。对于不同树种，干燥温度的控制也有所不同。例如，落叶松和云杉的适宜干燥温度为40～45℃，而杉木、柳杉、樟子松、湿地松等树种则一般不得超过50℃，欧洲松的适宜干燥温度则为54℃。对于含水量较高的球果，温度初始时应保持在20～25℃，然后再逐渐升至允许的最高温度，以避免突然的高温对种子生活力造成损害。

同时，良好的通风条件能够有效地加快球果内部的水分蒸发，进而提升干燥效率，为了确保干燥过程的顺利进行，应定期检查通风设备的工作状态，如风机、风道、阀门等，确保其正常运行，避免因设备故障而影响干燥效果。

此外，还需要注意防火安全。由于松类球果果鳞含有较多的油脂，因而极易燃烧。在干燥过程中应严密监控火源和易燃物品的位置，确保干燥室内的安全。一旦发现异常情况应立即采取措施进行处理，防止火灾事故的发生。

2. 干果类脱粒

干果分为裂果与闭合果。其中，裂果包括荚果和蒴果，闭合果包括翅果与坚果。由于闭合果干后不裂，果皮不易与种子分离，生产中常播果实，一般不进行脱粒处理。而对裂果则要进行干燥脱粒。

（1）荚果类

刺槐、皂荚、合欢、相思树、黑荆、南洋楹等树种的荚果，含水量低、种皮坚硬致密，这类种子在晒干过程中对其品质影响甚微，因而可以直接曝晒进行干燥处理。在干燥过程中，荚果会因失水而收缩，使得种皮与果实之间的连接变得松散。此时，通过敲打的方式，可以轻松地使种子从荚果中脱出。

对于皂荚、黄槐、锦鸡儿等树种的果皮特别坚硬的荚果，晒干后，其坚硬的果皮可以通过机械方式如石磙压碎或碾压来破坏，从而便于种子的脱出。为防止损伤种子，荚果敲打时应保持15cm厚，打完后进行种子清选。胡枝子、紫穗槐等树种的荚果，一般不去荚皮，采后清除夹杂物阴干即可。

（2）蒴果类

丁香、紫薇、金丝桃、木槿和香椿等树种的含水量较低的蒴果，可以直接在阳光下晒干进行脱粒。晒干后，种子易于从蒴果中分离，通过简单的过筛和精选即可得到高质量的种子。

杨树、柳树等树种的含水量较高且种粒细小的蒴果，直接日晒可能导致种子失水过快，影响其发芽能力，因而这些种子应在采集后立即放入干燥室进行干燥处理或薄层摊放在通风背阴的干燥处干燥。经过3～5天的干燥，当大多数蒴果开裂时，可用柳条轻轻抽打使种子脱落，随后进行过筛和精选，以确保种子的净度。

油桐、油茶等树种的大粒含水量高的蒴果同样适合采用阴干法。这些种子若直接曝晒，极易因强烈失水而丧失生命力。在阴干过程中，应将蒴果薄层摊放，并定时翻动，以促进均匀干燥。当多数蒴果开裂时，通过抽打或揉搓使种子脱落，注意处理过程中避免损伤种子。

对于易丧失发芽力的种子，如小叶黄杨的种子，采用阴干法更为适宜，可以避免阳光直射带来的快速失水问题，通过自然通风缓慢干燥，有助于保持种子的活力。阴干过程中需要定期翻动蒴果，确保干燥均匀，防止局部过热。当大部分蒴果开裂后，同样采用抽打或揉搓的方式使种子分离。

（3）翅果类

臭椿、白蜡树、槭树、水曲柳等树种的果实，调制时一般不用去翅，只需要适当干燥后，清除夹杂物，不进行脱粒，但为贮藏方便也可以搓去果翅。杜仲、白榆的翅果在阳光下曝晒，容易失去发芽力，一般用阴干法进行干燥，即薄摊在通风处阴干。

（4）坚果类

桦木、赤杨等树种的小坚果，可以摊薄后直接晒干，随后使用木棒轻打或包裹在麻布袋中用木板揉搓，以分离种子与果壳。这种轻柔的处理方式能够最大限度地保护种子的完整性，确保种子的高发芽率。蒙古栎等含水量较高的坚果，直接曝晒会导致迅速失水，丧失发芽力。采集后应立即进行水选，去除蛀粒，随后摊放在阴凉通风处阴干，在阴干过程中需要频繁翻动，确保种子均匀干燥，且堆铺厚度不宜超过25cm。

（5）蓇葖果类

八角、木兰等树种的蓇葖果，适于湿藏或短期干藏后仍需要湿藏以保持其活力。因此，不宜直接曝晒。正确的处理方式是不宜曝晒，避免阳光直射。

3. 肉质果类脱粒

肉质果类包括浆果、核果、聚花果以及浆果状核果等。这类果实的果皮肉厚多汁，含有较多的果胶和糖类，极易发酵腐烂，采集后应及时脱粒处理，否则会降低种子播种品质，影响育苗工作。

调制时，对于山荆子、黄檗、山杏、山楂等果实，通常使用水浸法进行脱粒。水浸法中，果实需要浸泡在清水中，并定期更换净水以保持水质清洁。软化后的果实，可以通过木棒捣碎或手工揉搓的方式去除果肉，然后多次用水冲洗，直至果皮、果肉完全漂出，再把已去掉果皮、果肉和渣滓等的种子摊在席子、干净的地板或其他铺垫物上阴干，当达到适宜的含水量时即可贮藏。对于核桃楸等树种的果皮较厚的果实，可采用堆积湿润处理法，即浇水覆盖后保持湿润，待果皮软化腐烂，自然与果核分离，再搓去果肉，洗净晾干果核。对于黄檗的果实，还可以使用碾压法进行脱粒。将果实稍加阴干后，均匀铺展在碾盘上，利用重物进行碾压。有些树种，如檫树的种子，往往种皮上还附有一层油脂，使种子互相黏着，容易霉烂，应用碱水或洗衣粉水浸渍30min后用草木灰脱脂，再用清水冲洗干净后阴干。

在整个脱粒过程中，需要注意操作细节，特别是冲洗环节。冲洗时应该避免种子与果肉渣滓长时间浸泡在水中，以免种子吸水过度或遭受微生物侵害。冲洗完成后，应立即捞出种子并阴干，以便于后续的贮藏与保存。

二、种子清选

种子清选又称为净种，是种子处理中的关键步骤，是指去除混杂在种子中的种翅、鳞片、果皮、果柄、枝叶碎片、秕粒、土粒、石块、机械损伤及异类种子等，以提高种子的纯度和质量，便于贮藏和播种。

种子清选工作的细致程度直接影响种子的纯度，进而影响种子的发芽率和苗木的整齐度。根据种子和夹杂物的特性，种子清选可以采用多种方法，主要包括风选、筛选、水选和粒选等。

1. 风选

风选是利用种子与夹杂物相对密度的差异，通过风力将种子与杂物及空粒、秕粒、蛀粒等分离的方法。这种方法适用于多数树种的中、小粒种子。风选过程中，种子和夹杂物在气流中受到的作用力不同，相对密度较大的种子对气流的阻力较小，而相对密度较小的夹杂物则容易被吹走。常用的风选工具有风车、簸箕等，对于大型种子处理中心，还可以采用相对密度分离器和气流筛选机等先进设备，这些设备能够更高效地进行种子和夹杂物的分离。

2. 筛选

筛选是利用种子与夹杂物直径的差异，通过不同孔径的筛子将种子与夹杂物分离的方法。筛选设备简单，操作方便，适用于各种大小的种子，是种子清选中常用的方法之一。筛选是使用冲孔筛、编织筛或鱼鳞筛，通过选择合适的筛孔大小，可以有效地去除不同尺寸的夹杂物，但不易分离与种子大小相似的夹杂物，还应配合风选、水选。

3. 水选

水选是根据种子与夹杂物相对密度的不同，通过水的浮力分离种子和夹杂物的方法。一般可以用的液体有盐水、黄泥水、硫酸铜、硫酸铵等。此外，还可利用流动液体分离，即种子在流动液体中根据种子的下降速度与液体流速的关系而决定种子流动得近还是远。相对密度大的种子流动得近，相对密度小的被送得远。

水选适用于多种树种的种子，如红松、银杏、侧柏、栎类及豆科树种等。生产上最常用的液体是水，将种子放入水中，稍加搅拌后，相对密度较大的良种会下沉，而相对密度较小的杂物、空粒、秕粒等会上浮，通过倾倒上浮物即可实现种子清选。但需要注意的是，水选时间不宜过长，以免上浮的夹杂物吸水后下沉，影响种子清选效果。经过水选的种子不宜直接曝晒，应采用阴干法干燥，以免损伤种子。用其他液体分离出来的种子，如生产上不立即用来播种，则应洗净，干燥后再进行贮藏。

4. 粒选

粒选适用于核桃、板栗、油桐、油茶等大粒种子，是人工挑选粒大、饱满、色泽正常、没有虫害、无霉烂种子的方法。粒选虽然费时费力，但对于保证种子的高纯度和高质量具有重要意义。

三、种子干燥

种子清选后，为了保障其耐贮运性能，及时进行适当的干燥处理至关重要。理想的贮藏状态要求种子的含水量控制在8%～10%，以降低其呼吸速率，减少生理生化反应，从而避免种子因发热而受损。同时在干燥过程中，还可加速种子的后熟作用并杀死或抑制微生物的活动，从而提高种子贮藏的稳定性，改善种子的品质。此外，干燥的种子由于体积和质量的减少，可以更经济地利用仓库并提高运输效率。

种子干燥的程度一般以种子能维持其生命活动所必须的水分为准，即满足种子含水量的标准。种子贮运前，应干燥到标准含水量。若采种后立即就地播种，则不必进行干燥。种子干燥方法见表1–18。

表1–18　种子干燥方法

方法	适用范围	代表树种	注意事项
阳干法：利用日光曝晒干燥种子的方法，又称为晒干法	种皮坚硬，种子的含水量较低，在一般条件下不会迅速降低发芽力的种子	油松、侧柏、杉木、落叶松、云杉、锦鸡儿、黄槐、香椿、木荷、乌桕、桉树、泡桐、刺槐、皂角、合欢、相思树	晒种时要注意薄摊勤翻，以加速种子干燥和上下干燥均匀
阴干法：利用流动的空气干燥种子的方法	种子的含水量高于气干含水量，一经干燥便很快脱水，易丧失生命力的种子	栎类、板栗、油茶	摊放在通风良好的室内或棚内，摊放不宜太厚，阴干过程中应经常翻动，以加速干燥及通风
	含挥发性油质的种子	花椒	
	种子小、种皮薄、成熟后代谢活动旺盛的种子	杨树、柳树、榆树、桑树、桦木、杜仲	
	水选后或由肉质果中取出的种子	银杏、桑树、沙棘、山杏	
人工加热干燥法：利用加热空气作为干燥介质通过种子层，使种子含水量降到规定要求的方法	所有树种，特别适用于南方多雨地区	—	需要一定的场所和设备，干燥成本较高，同时必须调控好干燥气流的温度，以防温度过高灼伤种子

续表

方法	适用范围	代表树种	注意事项
干燥剂干燥法：将种子与干燥剂按一定比例封入密闭容器内，利用干燥剂的吸湿能力，不断吸收种子扩散出来的水分，从而使种子失水干燥的方法	所有树种	—	常用的干燥剂有变色硅胶（$SiO_2 \cdot nH_2O$）、氯化锂（LiCl）、氯化钙（$CaCl_2$）、生石灰（CaO）和五氧化二磷（P_2O_5）等

四、种子分级

种子分级是指同一批次的种子根据其粒径大小进行分类，年龄、采集时间、地点、贮藏方法、立地条件等相同的种子，称为同一批种子。根据基本原理，种子的大小可以间接反映种子的质量，种子越大、越重的，其发芽势和发芽率也相对较高。通过分级播种，可以确保出苗整齐，苗木生长发育均匀，从而提高整体苗木的质量，减少废苗率，同时也有利于后续的抚育管理，节省劳动力成本。

种子分级方法因树种而异。大粒种子多采用粒选分级，即通过人工或机械手段根据种子的大小进行挑选；中、小粒种子则更适宜采用筛选分级，利用不同孔径的筛网将种子分为不同等级。分级标准需要根据具体树种的生物学特性和生产需求灵活制定，以确保分级结果的科学性和实用性。为了规范种子市场，国家林业局提出、国家质量技术监督局发布了《林木种子质量分级》（GB 7908—1999），以种子净度与发芽率、或与生活力、或与优良度和含水量的指标划分等级。等级各相关技术指标不属于同一级时，以单项指标低的定等级。林木种子质量分级表见表1-19。

表1-19 林木种子质量分级表

序号	树种	Ⅰ级				Ⅱ级				Ⅲ级				各级种子含水量不高于/%
		净度不低于/%	发芽率不低于/%	生活力不低于/%	优良度不低于/%	净度不低于/%	发芽率不低于/%	生活力不低于/%	优良度不低于/%	净度不低于/%	发芽率不低于/%	生活力不低于/%	优良度不低于/%	
1	冷杉	75	18	—	—	65	10	—	—	—	—	—	—	10
2	沙松	90	40	—	—	85	30	—	—	—	—	—	—	10
3	柳杉	95	40	—	—	90	30	—	—	90	20	—	—	12
4	杉木	95	50	—	—	90	40	—	—	90	30	—	—	10
5	银杏	99	85	—	90	99	75	—	80	99	65	—	70	25～20*

续表

序号	树种	Ⅰ级				Ⅱ级				Ⅲ级				各级种子含水量不高于/%
		净度不低于/%	发芽率不低于/%	生活力不低于/%	优良度不低于/%	净度不低于/%	发芽率不低于/%	生活力不低于/%	优良度不低于/%	净度不低于/%	发芽率不低于/%	生活力不低于/%	优良度不低于/%	
6	落叶松	95	50	—	—	95	40	—	—	90	30	—	—	10
7	日本落叶松	97	45	—	—	93	40	—	—	90	35	—	—	10
8	红皮云杉	95	80	—	—	93	70	—	—	90	60	—	—	10
9	白杆	95	80	—	—	90	70	—	—	90	60	—	—	10
10	红松	98	—	90	—	96	—	75	—	94	—	60	—	12～8
11	火炬松	99	80	—	—	99	70	—	—	96	60	—	—	10
12	油松	95	85	—	—	95	75	—	—	90	65	—	—	10
13	东北红豆杉	98	—	—	95	95	—	—	85	90	—	—	80	20
14	白桦	85	45	—	—	70	30	—	—	60	25	—	—	10～9
15	白蜡树	95	—	—	75	95	—	—	55	90	—	—	35	11
16	水曲柳	96	—	80	—	93	—	65	—	90	—	50	—	11
17	花曲柳	96	—	80	—	93	—	70	—	90	—	60	—	11
18	皂荚	98	75	—	80	98	65	—	70	—	—	—	—	11
19	梭梭	95	80	—	—	90	75	—	—	85	65	—	—	8
20	板栗	98	—	—	85	96	—	—	75	96	—	—	65	30～25*

备注：“*”种子的含水量指标适用于种子收购、运输、临时贮藏。

五、填写林木种子产地标签

种子分级后，还需要填写林木种子产地标签，见表1-20。

表1-20　林木种子产地标签

林木种子产地标签

种批号：____________________

树种中名：____________________

树种学名：____________________

产地：____________________省（自治区、直辖市）

____________________县（市、区、旗）

____________________乡（林场）

采集日期：____________________

签证人：____________________

签证日期：____________________

签证机关：____________________

任务三 林木种实贮藏

任务描述

通过理论学习和实践操作，掌握种实的科学贮藏技术，理解贮藏过程中至关重要的控制因素，如温度、湿度和通风条件等，为未来的林木繁殖及种质资源保存打下坚实基础。

任务目标

1. 知识目标

①掌握种实贮藏的特点。

②掌握种实贮藏的常见方法。

2. 技能目标

①能够按照行业标准进行种实贮藏。

②能进行不同种类种实的贮藏。

3. 思政目标

①通过种实贮藏技术的学习，培养科学管理与精准服务意识，提升保障种源安全的责任感，助力林业生产稳定发展。

②在种实贮藏实践中树立质量意识与风险防范观念，为林木种业的高效利用与长远发展筑牢根基。

任务要求

1. 遵循管理规范

穿戴好防护用品，确保个人安全。操作设备时严格按照操作手册进行，避免因误操作导致设备损坏或人员受伤。注意用电安全，避免触电事故。若遇设备故障，立即切断电源并报告指导教师。

2. 规范操作流程

根据种子的种类和数量，选择合适的贮藏容器，如密封罐、贮藏箱等。确保容器清洁、干燥、无虫害。根据种实贮藏方法，准备相应的贮藏环境。干藏种子应确保环境干燥、通风良好，温度控制在10～15℃；湿藏种子应准备湿润的介质，如沙子、苔藓等，保持介质湿润但不过湿。

3. 数据记录与分析

详细记录种实贮藏的全过程，包括种子信息、贮藏方法、环境参数（温度、湿度、通风条件）、检测结果等，确保数据的完整性和准确性。定期检查种子状态，记录种子的发芽率、含水量、活力等指标，及时发现问题并采取措施。对记录的数据进行分析，评估贮藏效果，优化贮藏工艺。

4. 团队协作

小组合作，根据成员特长合理分工。

操作流程

1. 前期准备

准备贮藏种实所需的包装材料、仓库设施等物资。学习种实贮藏的理论知识，如控制呼吸作用的方法、不同种实的贮藏特性等，为科学贮藏提供理论依据。

2. 种实贮藏

根据种实特性选择合适的贮藏方法。干藏法适用于低含水量的种子，需干燥、通风、阴凉保存；湿藏法适用于高含水量的种子，需低温、湿润环境，防止失水和发芽。

3. 种实运输

运输前对种实进行包装，确保透气、防潮、防震。运输过程中注意遮阴、通风，避免高温和挤压，确保种实安全到达目的地。

注意事项

①定期检查贮藏环境的温度、湿度和通风条件，确保环境稳定。使用温度计、湿度计或自动化设备进行监测，及时调整设备以维持适宜的贮藏条件。

②在操作过程中，保持团队成员之间的高效沟通，确保每项工作有专人负责，避免因分工不清或沟通不畅导致的问题。

③合理处理贮藏过程中产生的废弃物，如种子外壳、介质等，避免环境污染。推广资源循环利用，如将废弃物用于堆肥或其他环保用途，减少资源浪费。

相关资料

一、种实贮藏生理基础

种实贮藏是指从种子收获到播种期间对其进行科学保存的过程，这一过程至关重要，因为它涉及保持种子的活力、延长种子的使用时间以及避免因季节性因素导致的限制。

种实贮藏的主要目的是保持种子的生命力，确保在播种时种子具有较高的发芽率和生长潜力。通过适当的贮藏方法，种子的使用寿命可以延长至数月甚至数年，为种子的调配和使用提供灵活性。此外，适当的贮藏技术可以减少种子损失，提高种子的使用效率，并支持林业生产计划的实施，确保造林项目的成功。种实贮藏还是保护林木遗传资源的重要手段，通过保存不同树种的种子，保护和利用林木的遗传多样性。在自然灾害或其他紧急情况下，种实贮藏可以作为种子储备，确保快速响应和恢复生产。综上所述，种实贮藏是确保种子质量和林业生产成功的关键环节，它不仅涉及种子的物理保存，还包括对种子生命力的维护和遗传资源的保护。

1. 种子呼吸

种子呼吸是指种子在生命活动中，通过细胞内的代谢过程消耗氧气并释放二氧化碳的过程。这个过程类似于植物的呼吸作用，是种子维持生命和进行新陈代谢所必需的。种子通过呼吸作用将有机物氧化分解，释放出能量，这些能量一部分用于维持种子的生命活动，一部分以热能的形式散失。种子的含水量对其呼吸作用有显著影响。含水量较高的种子呼吸作用较强，而干燥的种子呼吸作用较弱。种子的呼吸作用受温度影响。在一定范围内，温度升高可以增加呼吸作用的强度。种子的呼吸作用需要氧气，氧气浓度直接影响呼吸作用的强度。种子呼吸作用释放二氧化碳，高浓度的二氧化碳可以抑制种子的呼吸作用。在种子贮藏过程中，通过控制环境条件（如降低温度、减少氧气浓度、增加二氧化碳浓度），可以降低种子的呼吸作用，减少有机物的消耗，延长种子的寿命。

在种子贮藏过程中，控制种子的呼吸作用是非常重要的。通过降低呼吸作用，可以减少种子内有机物的消耗，保持种子的活力，延长种子的贮藏寿命。减少种子在贮藏过程中的呼吸作用，低温贮藏是抑制种子呼吸的有效方法。通过降低温度，可以显著减缓种子的代谢活动，包括呼吸作用，同时抑制害虫和微生物的生长，延长种子的贮藏寿命。保持种子干燥至关重要。通过将种子的含水量降至安全水平以下，可以减缓种子的呼吸速率和劣变进程，从而延长种子的贮藏时间。控制贮藏环境中的气体配比也是减少种子呼吸作用的有效手段。通过降低氧气浓度或增加二氧化碳浓度，可以使种子处于一种代谢活动较弱的状态，减少呼吸作用。密封贮藏可以减少种子与外界的气体交换，进一步降低氧气浓度，抑制种子的呼吸作用。同时，在贮藏容器中使用吸湿剂，如木炭、硅胶和氯化钙，可以降低容器内的湿度，减少种子的水分吸收，进而降低种子的呼吸作用。在种子的采收、包装和运输过程中，应避免种子受到机械损伤，因为损伤会增加种子的呼吸强度。适当浓度的外源激素处理可以增强种子的呼吸作用，但需要严格控制激素浓度，以免影响种子的呼吸代谢。避免环境胁迫，如高温、高湿等，因为这些因素会影响种子呼吸作用，从而影响种子的生命力。通过上述措施的综合应用，可以有效地控制种子在贮藏过程中的呼吸作用，保持种子的生活力和活力，确保种子的播种价值。

种子呼吸是种子生理学和种子贮藏学中的一个重要概念，对于理解种子的生理状态和优化种子贮藏条件具有重要意义。

种子有氧呼吸是指在氧气存在的条件下，种子通过呼吸作用将有机物彻底分解，产生二氧化碳和水，并释放出大量能量的过程。这个过程需要外界氧气的参与，是种子在正常空气中进行的主要呼吸方式。有氧呼吸可以提供更多的能量，支持种子的生长和发育。

种子无氧呼吸是指在缺氧条件下，种子生存主要依赖于无氧呼吸，这一过程虽然能够短期内维持生命活动，但会带来一系列负面影响。首先，无氧呼吸相较于有氧呼吸产生的能量大幅减少，限制了种子的正常生长和发育。其次，无氧呼吸的产物，如酒精和二氧化碳，会在种子内部积累，尤其是酒精，对细胞具有毒性，可能导致细胞损伤甚至坏死。此外，无氧呼吸过程中营养物质的消耗速度加快，可能会导致种子耗尽必需的养分，影响其长期生存能力。酒精的积累还可能对种子的发芽能力造成损害，降低种子的萌发率。长期缺氧还可能导致种子内部活性氧含量增加，进一步加深细胞损伤。最终，这些因素共同作用，不仅影响种子的萌发和生长，还可能影响作物的产量。因此，在种子的贮藏和管理中，应尽量避免长时间的缺氧条件，以保持种子的活力和发芽能力，确保种子的健康和作物的生产。

2. 种子寿命

种子寿命是指种子群体在一定环境条件下保持生活力的期限，即种子能存活的时间。种子寿命是一个群体概念，是指一批种子从收获到发芽率降低到50%时所经历的天（月、年）数，也称为半活期。种子寿命的长短因不同品种、贮藏条件、手段而有差异，一般情况下温度、湿度和气体成分同时综合作用于种子，因而种子含水量、温度和各种气体成分对种子寿命有较大的影响。

（1）影响种子寿命的因素

影响种子寿命的因素包括内在因素和外在因素。

内在因素包括以下内容：

①种皮的结构。种皮结构致密、坚硬或具有蜡质的种子寿命较长，而种皮薄、膜质的种子寿命较短。

②种子的成熟度。种子的成熟度也会影响其寿命。未充分成熟的种子可能不具备完整的生命力，而过度成熟的种子可能已经开始衰老，这两种情况都可能导致种子寿命缩短。

③种子的含水量。种子含水量的高低会影响种子的生理状态、呼吸强度，继而影响种子寿命。

④种子的休眠状态。某些种子具有长期休眠的特性，这与种子内含的抑制萌发物质有关，这些物质可以延缓种子的代谢活动，从而延长种子的寿命。

⑤种子内含物质的性质。种子内部的化学成分影响种子寿命，如富含脂肪、蛋白质

的种子（如松科、豆科等）通常寿命较长，而富含淀粉的种子（如栎类、板栗等）寿命较短。

⑥种子的生理状态。种子在萌动初期，其生理状态与休眠期相比有显著变化，种胚细胞的代谢机能趋向旺盛，对外界环境条件的反应非常敏感，这也会影响种子寿命。

⑦种子的遗传特性。种子寿命受基因控制，包括种子的化学成分和结构，这些都与遗传性有关。一般而言，含淀粉的种子比含油脂的种子更耐贮藏。

⑧种子内部的酶活性。种子内部的酶活性，如超氧化物歧化酶、过氧化物酶等，其活性的高低与种子的活力密切相关，可以直接影响甚至决定种子寿命。

⑨种子中的脂肪酸。种子中的脂肪酸含量和质量也会影响种子的活力，不饱和脂肪酸较多的种子更难贮藏，因为它们较饱和脂肪酸更容易氧化。

外在因素包括以下内容：

①温度。环境温度的升高会加快种子的代谢活动，缩短种子寿命。

②湿度。干燥、低温条件可延长种子寿命；潮湿、高温条件会使种子较快失去生活力。

③光照。长时间的日光照射会提高种子温度，促进脂肪的氧化，导致种子失去活力，寿命缩短。除了光照时间外，光照的强度和类型也会影响种子寿命。强烈的直射光可能会导致种子温度升高，加速种子的新陈代谢和老化过程；而散射光对种子的影响相对较小。

④气体成分。种子在贮藏过程中，空气中的气体成分如氮气、氢气、一氧化碳等可以被用来替代普通空气，以降低种子的呼吸作用和内部生理代谢，从而延长种子寿命。

⑤微生物活动。种子贮藏环境中的微生物活动也会影响种子寿命。微生物可以导致种子发霉和腐烂，特别是在湿度较高的条件下，微生物活动更为频繁，会加速种子的劣变。

⑥种子的品质。作为种子贮藏的原材料，种子的品质也是影响种子贮藏质量的关键因素。种子本身的品质差、贮藏前出现病虫害等问题都会对种子贮藏质量产生负面影响，并导致后续的生产问题。

⑦种子的包装材料。种子包装材料也会影响其寿命。一些透气性好的包装材料可以减少种子的吸湿和霉变，而一些能够阻隔光线的材料则可以减少光照对种子的影响。

⑧种子的处理方法。种子在贮藏前的处理方法，如干燥、清洁、消毒等，也会影响种子寿命。适当的处理可以减少种子表面的微生物和水分，降低贮藏过程中的劣变风险。

（2）种子寿命分类

种子寿命分类根据种子从成熟到失去活力所经历的时间长度来区分，这种分类有助于我们了解不同种子的贮藏需求和潜在的使用寿命。

长命种子是指那些寿命超过15年的种子。这类种子通常具有坚硬的种皮，这使得它们能够更好地抵御外界环境的影响，如湿度、温度变化等，从而保持较长时间的活力。例如，莲花种子寿命长达千年。

中命种子的寿命为3～15年。这类种子的生存期限介于短命种子和长命种子之间，它们具有一定的适应性和稳定性，但不如长命种子耐久。桃树、杏树、李树、梅树种子寿命为5～6年，对于中命种子，合理的贮藏管理尤为重要，因为它们在适当的条件下可以保持较长的寿命，但如果贮藏条件不当，可能会很快失去活力。

短命种子是指那些寿命在3年以下的种子。这类种子的发芽能力下降得很快，通常在收获后不久就会失去活力。多数林木种子属于短命种子，如柳树的种子，在露天条件下，可能在一周内就会丧失发芽能力，因而需要尽快播种或在特定条件下贮藏。

种子寿命受遗传基因控制，不同树种的种子因其遗传特性不同，寿命也会有所差异。合理的贮藏管理，如适宜的温度、湿度控制，可以延长种子寿命。低温和干燥条件通常有助于减缓种子的代谢活动，从而延长其寿命。例如，国家标准《林木种子贮藏》（GB 10016—1988）详细规定了125个树种的种子贮藏条件，以确保种子的安全和有效利用。了解种子寿命的分类有助于林业工作者和种子管理者制订合理的播种计划和种子贮藏策略。对于长命种子，可以采取长期贮藏的策略，而对于短命种子，则需要尽快使用或在特定条件下进行短期贮藏。种子寿命的分类不仅反映了种子在不同环境条件下的稳定性和活力，而且对于种子的合理利用和保护具有重要的指导意义。

研究种子寿命及贮藏条件之间的关系，对于保存植物的种质资源具有重要意义。通过控制种子的呼吸作用和改善贮藏条件，可以有效地延长种子寿命，保持其活力。

二、种实贮藏概况

种实贮藏是指种子经清选、分级后，因播种季节、生产计划等因素的影响，不能立即播种，应将种子按一定的方法贮藏一段时间。

1. 种实贮藏目的

种质资源的保护、收集、保存和持续利用，种子从采收到播种，均需要经历一定时间的贮藏阶段。

2. 种实贮藏原则

如果是以种质资源保存为目的，则注重的是贮藏效果、贮藏年限和贮藏设施的性能；如果是生产用种，则注重经济效益，应结合本地区的气候条件、贮藏时间和种子价值进行贮藏。

种实在贮藏的过程中，生理生化情况会发生一系列变化。

①种子含水量高（顽拗型种子）→新陈代谢旺盛→种子的活力下降速度快→种子寿命短。

②种子含水量低（正常种子或中性种子）→新陈代谢缓慢→种子的活力下降速度慢——种子寿命长。

3. 种实贮藏方法

（1）干藏法

将充分干燥的种子，置于干燥环境中贮藏的方法称为干藏法。该方法适用于种子含水量低的树种，如大部分针叶树种和杨树、柳树、榆树、桑树、刺槐、白蜡树、皂荚、紫穗槐等。

干藏法要求种子在贮藏前必须充分干燥，以降低种子含水量至安全水平。干燥后的种子通常被装入麻袋、箩筐、箱、桶、缸、罐等容器中，并置于低温、干燥、通风的房间或仓库贮藏。在贮藏过程中，可以加入木炭、氯化钙、变色硅胶等吸湿剂来吸收多余的水分，保持种子的干燥状态。

①普通干藏法。这种方法适用于大多数树种的种子。首先，将经过人工处理的种子干燥至安全水平，然后将其放置在干净的麻袋、玻璃丝袋子、筐或箱等容器中。这些容器应存放在温度较低、干燥、通风良好的房间或仓库中，以避免潮湿和害虫。有时，为了防止害虫，可以在种子中拌入药物。这种方法对设备技术要求较低，但保存时间较短。

②密封干藏法。这种方法适用于那些种粒小、种皮薄、易吸水且寿命较短的种子，如杨树、柳树、榆树等。处理后的种子被贮藏在玻璃瓶或铁罐等密封容器中，容器不要装满，以防止种子吸湿。在容器中加入木炭或氯化钙等吸湿剂，然后密封，贴上标签后贮藏在种子库内。在密封保存前，种子应经过精选并干燥至安全水平，容器也可以使用福尔马林或高温进行消毒。

③超干贮藏法。超干贮藏法是指种子的含水量降低至5%，然后将其密封后置于室温或低于室温条件下贮藏。这种方法贮藏效果好，但在降低种子的含水量方面，具有较高的技术要求。

④低温干藏法。这种方法适用于需要长期贮藏大量林木种子的情况。需要建立专门的种子库，应选择排水良好的地方，通常为地下型或半地下型建筑，并配备调温、通风设备，以保持适宜的温度、湿度和良好的通风状态。库房建筑采用双层夹壁墙，天花板、楼板、地板和地基都应有隔热和防潮设施，以防止热量传递和湿气渗透。将干燥种子置于0～5℃，湿度为50%～60%的条件下贮藏。这种方法需要高耗能的控湿控温设备，虽然贮藏时间较久，贮藏效果较好，但资金投入较大。

⑤超低温贮藏法。超低温贮藏法是指将干燥种子置于超低温条件下贮藏，使其新陈代谢基本处于停止状态，可长期保存种子。这种方法能够较长时间地保存种子的活力，

但对技术和设备均有较高的要求。

在实施干藏法时，还需要注意种子的预冷与分装、库内卫生以及种子入库前的登记等细节，以确保种子的干燥状态，延长贮藏时间，并保持种子的发芽率和出苗率。通过这些方法，可以有效地保护林木种子，为林业生产提供高质量的种源。

（2）湿藏法

湿藏法是指将种子置于湿润、适度低温（0～5℃经常保持湿润）、通气的条件下贮藏。这种方法适用于含水量高、种皮厚、生理后熟、低温可解除休眠的种子，如壳斗科、七叶树、核桃、油茶、檫树、胡桃、银杏、榛子、厚朴等树种的种子。贮藏期限1～3个月。

这种方法要求种子在湿润、低温、通气条件下贮藏。湿藏期间，要求环境条件经常保持湿润，以防种子失水干燥；适度低温，以0～5℃为宜，一般不能高于7℃，以防霉菌活化，抑制种子发芽；通气良好，使种子周围的二氧化碳及时排除，新鲜氧气满足供给。湿藏法包括坑藏法、堆藏法、流水贮藏法，常用的基质为洁净、疏松且保水的材料。

①坑藏法。坑藏法是一种传统的林木种子湿藏技术，主要用于贮藏那些需要湿润、低温和良好通风条件的种子。这种方法适用于含水量高或具有深休眠特性的种子。

首先，选择一个地势高燥、排水良好、背风且管理方便的地方作为坑藏地点。坑的宽度一般1.0～1.5m，长度根据种子数量来决定，深度则应在地下水位以上、土壤冻结层以下，一般约为1m。在坑底先铺一层厚10～15cm的湿砖、卵石或粗沙，再铺一层湿润细沙，以保持坑底的透气性和湿润度。为了确保种子在贮藏过程中能够获得足够的氧气，每隔1m距离在坑中插入一束秸秆或带孔的竹筒，使其高出地面30cm左右，作为通气设施。接下来，将种子与湿沙按1：3的体积比混合或分层放在坑内，一直堆至距坑沿20～40cm为止。沙子的湿度应控制在饱和含水量的60%左右，即以手握成团不滴水，松手触之能散开的程度。最后，在种子上覆盖一层湿沙，并覆土呈屋脊形。覆土厚度应根据当地气候条件而定，且随着气候变冷而逐渐加厚土层，以保持坑内的温度和湿度。为防止坑内积水，在坑的周围应挖好排水沟。鼠害严重地区还应注意防鼠。坑藏法可以有效地保持种子的生命力，延长种子的贮藏时间，并为种子的发芽和生长创造有利条件。这种方法适用于那些需要湿润、低温和良好通风条件的种子，如银杏、栗属、榛属、山核桃属等树种的种子。

②堆藏法。堆藏法是一种简便的方法，特别适用于含水量较高的种子。这种方法涉及将种子直接堆放在田间地表、浅坑、院落、室内等。堆藏的场所应选择地势高、平坦且排水良好的地方，以防止种子受热、受冻和过度水分蒸发。在种子表面，可以根据气温变化用秸秆、土壤等材料进行覆盖。

在操作技术方面，室内堆藏可以在空气流通、温度稳定的房间、地下室、地窖或草棚内进行。首先在地面上浇一些水，然后铺一层约10cm厚的湿沙，接着将种子与湿沙按1∶3的体积比混合，或者分层铺放，堆高50～80cm、宽1m左右，长度根据室内空间大小而定。堆内每隔1m插入一束秸秆以利通风，堆间留出通道以便检查和管理。对于小粒种子或种子数量不多的情况，可以将种沙混合物放入箩筐或有孔的木箱中，置于通风的室内，以便于检查和管理。在管理上，需要通过覆盖和通风来调节气温和土温，维持贮藏产品所需的温度和其他环境条件。覆盖可以减缓气温变化带来的影响，保持一定的空气湿度。堆藏法的贮藏时间较短，且较为费工，损耗也较大，因而需要勤倒动种子，一般三四天倒一次。通过这种方法，可以有效地保持种子的生命力，延长贮藏时间，并为种子的发芽和生长创造有利条件。

③流水贮藏法。流水贮藏法是一种特别适用于大粒种子（如核桃和栎类）的贮藏方法。这种方法涉及将种子装入竹篓或麻袋中，然后放置在流动的净水中进行贮藏。理想的流水环境应具备宽阔的水面、平缓的水流、适中的水深，以及底部少有淤泥和腐草，且在冬季不会结冰。

在实施流水贮藏时，需要在河流周围设置木桩和柳条围栏，以固定装有种子的容器，防止它们被水流冲走。在贮藏期间，定期检查种子的状况是必要的，以便及时发现并处理霉烂或鼠害等问题。流水贮藏法的主要优点在于能够维持种子的湿润状态，减少因干燥而失去活力的风险，并避免极端温度对种子的影响。然而，由于种子是在水中贮藏，必须确保水质的清洁，防止污染，并保护种子不受野生动物的破坏。流水贮藏法可以在一定程度上模拟种子的自然生长环境，保持其活力，延长贮藏时间，为林木种子的发芽和生长创造有利条件。

湿藏法作为一种林木种子贮藏方法，特别适合于那些含水量较高或具有深休眠特性的种子。这种贮藏方法要求环境保持湿润，以防止种子因失水而干燥，从而维持种子的生命力。同时，湿藏法要求温度控制在0～5℃，一般不超过7℃，这样的低温有助于防止霉菌活化和抑制种子过早发芽。良好的通气条件也是湿藏法的一个重要要求，它有助于排除种子周围积累的二氧化碳，并确保新鲜氧气的供应，维持种子的呼吸作用和生命力。

通过控制环境湿度、温度和通气条件，湿藏法能有效防止种子霉变和发热，这两种情况都可能导致种子迅速失去活力。此外，湿藏法还能控制种子的发芽过程，对于需要解除休眠的种子，如红松、桧柏等树种的种子，湿藏法可以在贮藏过程中逐渐打破种子的休眠状态，为发芽和生长创造有利条件。综上所述，湿藏法通过保持湿润、低温和良好的通气条件，能够有效地保护种子，防止霉变和发热，控制发芽，并逐渐解除种子的休眠状态，为种子的发芽和生长创造有利条件。

三、种子运输

种子运输可认为是一种短期的贮藏。

1. 种子干燥

种子运输前，要根据种子类型进行适当干燥，或保持适宜的湿度。

2. 种子包装

要预先做好包装工作，运输途中防止高温或受冻，防止种子过湿发霉或受机械损伤，确保种子的活力。包装要安全可靠，并进行编号，填写种子登记卡，写明树种的名称以及种子各项品质指标、采集地点和时间、每包质量、发运单位和时间等。种子登记卡装入包装袋内备查。

包装时要注意防湿包装、包装容器、包装数量、保存期限、贮藏条件、标签。包装容器要按种子种类、种子特性、种子水分、保存期限、贮藏条件、种子用途、运输距离及地区等因素来选择。安全含水量低的种子装麻袋或布袋；安全含水量高的大粒种子先用塑料袋或油纸包好，再放入筐或木箱；杨树、柳树等易丧失发芽能力的种子，宜用密封容器。

3. 注意事项

运输中，包装物上加以覆盖；经常检查种子包装状况；尽量缩短运输时间；到达目的地后，尽快贮藏或摊晾或播种。

任务四　林木种子质量检验

任务描述

通过理论学习和实践操作，确定种子质量，评定种子等级。掌握不同产地、不同林分和不同年度种子质量变化的情况，为种苗行业管理提供基本数据。了解种子质量变化情况和影响种子质量的原因，对种子的采收、加工、贮藏和运输等提出改进意见，为种业安全打下坚实基础。

任务目标

1. 知识目标

①掌握种子质量检验基础知识。

②掌握种子质量等级标准。

2. 技能目标

①能够选取种子样品。

②能够进行种子的净度、千粒重、含水量、发芽力等指标的测定。

3. 思政目标

①通过种子质量检验技术的学习与实践，培养实事求是的科学精神和精益求精的专业素养，确保种子质量，为林业生产筑牢基础。

②在检验过程中强化质量意识和规则意识，树立诚信为本的职业道德，为林木种业高质量发展保驾护航。

③培养团队协作精神和独立解决问题的能力，提升综合素养。

任务要求

1. 遵循管理规范

穿戴好防护用品，确保个人安全。操作设备时严格按照操作手册进行，避免因误操作导致设备损坏或人员受伤。注意用电安全，避免触电事故。若遇设备故障，立即切断电源并报告指导教师。

2. 规范操作流程

按照标准方法选取具有代表性的种子样品，确保样品的均匀性和代表性。正确使用种子检验设备，如分析天平、发芽箱、烘箱等，确保操作规范。

3. 数据记录与分析

详细记录种子的净度、千粒重、含水量、发芽力等指标，确保数据准确。对记录的数据进行分析，评估种子质量，提出改进建议。填写林木种子质量检验报告，记录采集树种、产地、采集时间、质量等级等信息，确保报告信息准确、完整。

4. 团队协作

小组合作，根据成员特长合理分工。

操作流程

1. 前期准备

准备分析天平、发芽箱、烘箱、显微镜等检验设备，确保设备正常运行。确保参与人员已接受种子质量检验相关培训，熟悉操作流程和安全规范。准备待检种子样品，确保样品具有代表性。

2. 样品抽取

按照标准方法抽取具有代表性的种子样品，确保样品的均匀性和代表性。记录样品信息，包括树种、产地、采集时间等。

3. 种子质量检验

使用筛选和风选方法去除夹杂物，测定种子的净度。称量1000粒种子的质量，计算千粒重。使用烘箱法或电子设备利用电阻测定种子的含水量。在发芽箱中进行发芽试验，记录发芽率和发芽势。

注意事项

①样品称量应达到称量精度的要求，确保数据的准确性。

②尽量减少测定样品在空气中暴露的时间，以免失水影响检验结果。

③对测定结果进行误差分析，确保数据的可靠性。

④发芽测定期间，每天定期观察结果，认真填写发芽测定记录表。正确区分正常幼苗、不正常幼苗和未发芽粒数，若出现感染霉菌的种子，及时用清水冲洗，发霉严重时及时更换芽床。

相关资料

一、样品的抽取

一个种批通常情况下由数万、数百万，甚至数千万种粒组成，要掌握一个种批的质量状况，不可能对组成种批的每粒种子都进行检验，只能从种批中抽取部分种子作为样品，通过检验样品的质量状况来估测种批的质量状况。如果样品没有充分的代表性，无论检验工作如何细致准确，其结果也不能说明整批种子的质量状况。因此，准确估测种批的质量状况，使样品有最大的代表性，必须正确掌握取样技术，严格遵守取样的有关规定。

（一）种子抽样的基本概念

1. 种批的定义及划分

种批是抽样的基本单位，是指同一树种的种子采集地点相同（在同一个县、乡、林场范围内采集）、采种期相同、加工调制和贮藏方法相同、种子经过充分混合，使组成种批的各成分均匀一致地随机分布、不超过规定数量的一批种子。以上条件均需符合，才能作为同一个种批。

《林木种子检验规程》（GB 2772—1999）确定了各粒径一个种批的种子质量，特大粒种子（核桃、板栗、油桐等）为10000kg；大粒种子（苦楝、山杏、油茶等）为5000kg；中粒种子（红松、华山松、樟树、沙枣等）为3500kg；小粒种子（油松、落叶松、杉木、刺槐等）为1000kg；特小粒种子（桉树、木麻黄等）为250kg。当种子质量超过规定的5%时要另划一个种批，并尽量使不同种批之间的质量不要悬殊太大。若有1250kg杉木种子，种批最大质量超过了1000kg的规定限额，应增划种批，这时最好按600kg和650kg的质量划分种批，而不要划成一个种批1000kg，另一个种批250kg。

2. 样品的定义

（1）初次样品

初次样品是指从盛装一个种批种子的不同容器，或容器各个部位（上、中、下）的一个抽样点上取出的一定质量的种子。

（2）混合样品

从一个种批中抽取的全部大体等质量的初次样品合并混合而成的样品，即混合样品。

（3）送检样品

送检样品是指从混合样品中通过分样器法取一定质量的种子送往检验机构进行播种品质检测的种子样品，可以是整个混合样品，也可以是从中随机分取的一部分，但质量不得少于规定的最低质量。

（4）测定样品

测定样品是指从送检样品中分取，供作某项品质测定用的样品。

（二）抽样

1. 抽样原则

抽样应由受过抽样训练、具有抽样经验的人员来完成。按《林木种子检验规程》（GB 2772—1999）规定的程序和方法抽样。抽样人员在抽样前要了解该批种子的采集、加工和贮藏等生产经历，查看采种登记表和有关种子堆装和混合的情况，按要求划分种批，并做好标记，再实施抽样。抽样时，应当确认该种批已混合均匀，如果种批很不均匀，抽样人员能看出袋间或初次样品间的差异时，应拒绝抽样，直至重新混合均匀后再进行抽样。

2. 抽样程序

抽取初次样品是做好抽样工作的第一步，也是关键一步。初次样品应从容器的不同部位抽取，并使每个初次样品的质量大致相当。需要注意的是，在初次样品混合前，要检查种子在混合程度、含水量、颜色、光泽、气味以及其他品质方面是否一致。如果初次样品间没有很大差别，可以认为该种批均匀一致，可将所有的初次样品充分混合得到混合样品。混合样品的质量取决于批量大小，批量越大，混合样品的质量越大。一般来说，混合样品质量可以适当大些，也就是说，可以适当多抽取一些初次样品，以保证样品的代表性。取得混合样品后，用四分法或分样器法把混合样品适当缩减成送检样品。若混合样品的大小已适当，则不必缩减，混合样品可直接作为送检样品。如果要进行含水量和健康状况的检验，则应按《林木种子检验规程》（GB 2772—1999）的要求单独取样。所抽取的样品应密封包装，并立即送往检验机构实施检测。

3. 抽样强度

（1）容器盛装种子抽样

用袋装或大小一致、容量相近的其他容器盛装的种子，抽样强度如下：

①5个容器及以下，每个容器都抽取，且至少抽取5个初次样品。

②6~30个容器，抽取5个容器，或每3个容器抽取1个，这两种抽样强度中以数量大的为准。

③31~400个容器，抽取10个容器，或每5个容器抽取1个，这两种抽样强度中以数量大的为准。

④401个容器及以上，抽取80个容器，或每7个容器抽取1个，这两种抽样强度中以数量大的为准。

（2）散装种子抽样

在库房或者从倾卸装入容器时的流动种子中抽取样品时，是散装的，抽样强度如下：

①500kg及以下，至少5个初次样品。

②501~3000kg，每300kg一个初次样品，但不少于5个初次样品。

③3001~20000kg，每500kg一个初次样品，但不少于10个初次样品。

④20000kg及以上，每700kg一个初次样品，但不少于40个初次样品。

4. 抽样的方法

（1）初次样品的抽样方法

一个种批由许多不同的容器所盛装，应当从这些容器中随机选定取样容器，从选定容器的各个部位抽取初次样品，但不一定要求每个容器都抽取一个以上部位。抽取时，可用套管取样器、锥形取样器（适用于非散装种子）、徒手（适用于不易流动的带壳、带翅种子）抽取初次样品。

对于装在小型或防潮容器中的种子，如有可能，应在种子装入容器前或装入容器时抽样。散装种子或大型容器中的种子，应随机从各个部位及深度抽取初次样品。一般可在堆顶的中心和四角（距边缘有一定的距离）设5个抽样点，每点按上、中、下三层抽样。也可与种子风选、晾晒和出入库结合进行。

（2）混合样品的抽样方法

将抽取的所有初次样品充分混合均匀，即得混合样品。一般混合样品总质量不少于送检样品的10倍。

（3）送检样品的抽样方法

通常使用四分法或分样器法从混合样品中提取送检样品以及从送检样品中分取具有代表性的测定样品，是对样品进行缩减，属于广义的抽样。具体方法介绍如下：

①四分法。四分法是将种子均匀地倒在光滑清洁的桌面上，使种子堆在桌面上的形状略呈正方形的方法。两手各拿一块分样板，从两侧略微提高，把种子拨到中间，使种子堆成长方形，再将长方形两端的种子拨到中央，这样重复3～4次，使种子混拌均匀。将混拌均匀的种子铺成正方形，大粒种子厚度不超过10cm，中粒种子厚度不超过5cm，小粒种子厚度不超过3cm。用分样板沿对角线把种子分成四个三角形，将对顶的两个三角形的种子装入容器中备用，取余下的两个对顶三角形的种子再次混合，按此法继续分取，直至取得略多于测定样品所需数量为止。

②分样器法。分样器法适用于种粒小、流动性大的种子。分样前，先将送检样品通过分样器，使种子分成质量大约相等的两份。两份种子质量相差不超过两份种子平均质量的5%时，可以认为分样是正确的，可以使用。如果超过5%，应调整分样器。分样时先将送检样品通过分样器三次，使种子充分混合后再分取样品，取其中的一份继续用分样器分取，直到种子缩减至略多于测定样品为止。

5. 送检样品的质量

一般净度测定样品中应含不少于2500粒纯净种子，送检样品的质量至少应为净度测定样品的2～3倍，大粒种子质量至少应为1000g，特大粒种子应不少于500粒，质量不得少于规定的最低质量，见表1–21。

表1–21 常见林木种子送检样品最低质量

代表性树种	送检样品最低质量
柏木、落叶松、云杉、柳杉、冲天柏	35g
水杉、桑树、木麻黄	15g
杨属、泡桐	6g
杉木	50g
马尾松、黑松、黄山松、云南松、香榧、毛竹、紫穗槐	85g
池杉、落羽杉、樟树	600g
杜仲、枫杨、鹅掌楸、水曲柳	400g
侧柏、湿地松、火炬松、喜树、刺槐、白蜡树、香椿、金钱松	200g
华山松、棕榈	1000g
乌桕	850g
银杏、油桐、油茶、锥栗	>500粒
核桃、山核桃	>300粒

6. 送检样品的包装、发送及保管

所抽取的送检样品必须与相应的种批建立联系，按一定方式编号，用适当的容器包装好，以防运输过程中损坏。供含水量测定的送检样品，要密封包装在防潮容器内，并尽可能排去其中的空气；加工时种翅不易脱落的种子，应用木箱等硬质容器盛装，以免因种翅脱落增加夹杂物的相对密度。每个送检样品必须分别包装，填写两张标签，注明树种名称，采种登记表编号和送检申请表编号等。一份放入容器内，另一份妥善附在容器外面。

送检样品包装后，要尽快连同采种登记表和送检申请表（表1–22）寄送检验机构。检验机构收到送检样品后，应填写送检样品登记表（表1–23），并从速进行检验。一时不能检验的样品必须存放在适宜的场所。

为了便于复验，《林木种子检验规程》（GB 2772—1999）规定，送检样品自发证之日起要放在适宜条件下保存4个月，使种子品质的变化降至最低限度。低含水量的种子样品放入密封的塑料袋中，在3 ~ 5℃下可以保存很长时间不会变化。供测定含水量和测定种子健康状况的送检样品，检验后不必保存。

表1–22　送检申请表

编号：__________

现有送检样品一份，简要情况如下，请给予检验。

1. 树种：
2. 采集地点：
3. 采集时间：
4. 送检样品质量/g：
5. 种批编号：
6. 本批种子质量/kg：　　　　　　　，容器件数：
7. 要求检验项目：
8. 林木种子质量检验证书寄往地点和单位：________________________

送检单位（盖章）

抽样人：__________

联系人：__________

日　期：__________

表1-23 送检样品登记表

第 号

1.树种:	1.净度:
2.收到日期:	2.千粒重:
3.送检样品质量:	3.发芽率:
4.本批种子质量:	4.发芽势:
5.种子采收登记编号:	5.生活力:
6.送检证编号:	6.优良度:
7.要求检验项目:	7.含水量:
8.林木种子质量检验证书寄往地点和单位: 登记人: 年 月 日	8.病虫害感染情况: 测定人: 年 月 日

二、种子质量检验

(一)种子净度的分析

净度是指测定样品中纯净种子质量占测定后样品各成分质量总和的百分数。净度测定的目的就是测定供检验样品中纯净种子、其他植物种子和夹杂物的质量百分率,据此推断种批的组成,可以作为确定市场价格的依据。净度低,夹杂物多,吸湿性强,不耐贮藏,会影响种子贮藏过程中的稳定性或者造成种子播种后杂草和病虫害蔓延,影响出苗的整齐度。因此,通过测定了解净度,并采取适当的措施提高净度,在生产上具有重要实际意义。

1. 分取检验样品前的称量

当送检样品中混有较大或较多的夹杂物时,先对送检样品进行称量,然后进行必要的清理后再称量,做好两次质量记录,供计算净度用。

2. 测定样品的抽取

用四分法或分样器法将收到的送检样品进行分样,以保证净度测定后有足够量的纯净种子用于其他测定。

净度测定样品以及测定样品分成的各成分中,除种粒大的至少为500粒外,其他树种通常要求至少含有纯净种子2500粒,净度测定称量精度要符合表1-24的规定。

表1-24 净度测定样品的总体及各个组成成分的称量精度表

测定样品质量/g	称量至小数位数
1.0000以下	4
1.000～9.999	3
10.00～99.99	2
100.0～999.9	1
1000或1000以上	0

3. 测定样品的分析

将测定样品平铺在干净、光滑的净度分析台面上，仔细区分出纯净种子、其他植物种子和夹杂物三种成分，并分别称量。区分标准如下：

①纯净种子。纯净种子包括完整的、未受伤的、发育正常的种子；发育不完全的种子和不能识别出的空粒；虽已破口或发芽，但仍具有发芽能力的种子。带翅的种子中，凡加工时种翅容易脱落的，其纯净种子是指除去种翅的种子；加工时种翅不容易脱落的，则不必除去，其纯净种子包括留在种子上的种翅。壳斗科纯净种子是否包括壳斗，取决于各个种的具体情况：壳斗容易脱落不包括壳斗；难于脱落的包括壳斗。复粒种子中至少含有一粒种子。

②其他植物种子。其他植物种子是指分类学上与纯净种子不同的其他植物种子。

③夹杂物。夹杂物包括能明显识别的空粒、腐坏粒、已萌芽因而显然丧失发芽能力的种子；严重损伤（超过原大小一半）的种子和无种皮的裸粒种子；叶片、鳞片、苞片、果皮、种翅、壳斗、种子碎片、土块和其他杂质；昆虫的卵块、成虫、幼虫和蛹。

受损伤的种子往往难以判定，没有明显损伤的种子，即使明显是空粒也应归为纯净种子或其他植物种子。不必逐粒翻转种子查看它们的另一面是否受伤。如果种皮或果皮上有裂缝或其他破口，可以清楚地看出剩下的真种子不到一半，则该种子单位应归为夹杂物。

有一些树种的种子，如马尾松、湿地松、火炬松、冷杉等，它们的种翅容易分离，应视为夹杂物。另一些树种的种子也带种翅，但不易剥离，如槭属、臭椿属、桦木属、梓属、洋椿属、枫香树属、鹅掌楸属、丁香属、崖柏属和榆属等，它们的种翅应视作纯净种子的组成部分，净度测定时不必剥离。对于《林木种子检验规程》（GB 2772—1999）中未列入的树种，判断它们的种翅或包被物是否归为纯净种子，应看它们是否容易剥离，如果易剥离，则应视为夹杂物。反之，则应归为纯净种子的一部分。

4. 测定样品的误差分析

按精度要求分别称量三种成分。纯净种子、其他植物种子和夹杂物三部分质量之和与该测定样品原质量的差值若未超过测定样品原质量的5%，则误差检查合格，可根据测定结果计算净度。否则需要重新测定。

例如，马尾松种子净度测定样品质量35.18g，净度测定后各成分为：纯净种子32.35g，其他植物种子0.83g，夹杂物1.63g，则：

$$\text{测定样品误差}=35.18-(32.35+0.83+1.63)=0.37$$

$$\text{允许误差}=35.18\times 5\%\approx 1.76$$

显然，测定样品误差没有超过允许误差，此次测定合格。

5. 净度计算

净度的计算公式如下：

$$\text{净度}=\frac{\text{纯净种子质量}}{\text{纯净种子质量}+\text{其他植物种子质量}+\text{夹杂物质量}}\times 100\% \quad (1\text{–}1)$$

如果送检样品先行进行过清理，净度可用下列公式计算：

$$\text{送检样品净度}=\frac{\text{送检样品除去杂质后的质量}}{\text{送检样品质量}}\times 100\% \quad (1\text{–}2)$$

各个成分应计算到两位小数，并按《数值修约规则与极限数值的表示和判定》（GB/T 8170—2008）修约到一位小数。测定结果应填入净度分析记录表，见表1–25。填表时应注意，测定样品各成分总和必须为100%。

表1–25 净度分析记录表

编号：__________

树种：__________ 样品号：__________ 样品情况：__________

测试地点：____________________

温度：__________ 湿度：__________

测试仪器名称：__________ 测试仪器编号：__________

方法	送检样品质量/g	纯净种子质量/g	其他植物种子质量/g	夹杂物质量/g	总质量/g	净度/%	备注
实际误差				允许误差			

本次测定：有效□　　　　测定人：

　　　　　无效□　　　　校核人：

测定日期：

（二）种子质量的测定

种子质量是种子品质的重要指标之一，可用千粒重或容重表示。通常使用千粒重，即气干状态下1000粒纯净种子的质量，以g为单位。

千粒重能反映种子的大小及饱满程度，与树种、立地条件、采集时间、贮藏条件等因素有密切关系。如果树种相同，不同种批的种子质量大小反映了种子的饱满程度和内含物的多少；在相同贮藏条件下，种子质量大小决定种子寿命的长短；在相同的条件下，种子质量大小决定播种育苗过程中成苗量的多少；种子质量大小决定其市场的价格高低。通常，千粒重大的种子播种后，苗木长势好于千粒重小的种子。

同一树种种子的千粒重与地理位置、海拔、立地条件、经营措施、母树状况及结实当年的气候条件等综合因素有关。不同种源种子的千粒重也有较大差异，分布区偏南的种源通常千粒重较大。丰年的种子往往比较饱满，千粒重大于歉年的种子。

种子千粒重的测定方法有百粒法、千粒法和全量法。其中最常用的是百粒法。

1. 百粒法

百粒法是国际上广泛应用的方法，适用于大多数种子。其优点是便于采用真空数粒仪数种子，同时，用该法测定千粒重后的种子可以直接置床用于发芽测定。

（1）测定样品的抽取

把净度测定所得的纯净种子铺在光滑洁净的桌面上，用四分法或遵循随机原则的其他方法抽取所需数量的测定样品。为了保持抽取的随机性和准确性，数粒时，可将种子每5粒放成一小堆，共20小堆为1次重复。或将种子每10粒组成一小堆，共10小堆为1次重复。如果采用真空数粒仪数种子，不能用真空数粒头直接吸取种子，应随机抽取适量种子撒在真空数粒头上，每次抽取100粒，8次重复。

（2）称量

将随机抽取的8次种子分别称量，并记下读数。各重复称量精度同净度测定。

（3）测定结果的计算

根据8次重复的质量计算平均值、标准差及变异系数。

公式如下：

$$\overline{m}=\frac{m_1+m_2+m_3+m_4+m_5+m_6+m_7+m_8}{8} \tag{1-3}$$

$$S=\sqrt{\frac{n(\Sigma\overline{m}^2)-(\Sigma\overline{m})^2}{n(n-1)}} \tag{1-4}$$

$$C=\frac{S}{\overline{m}}\times 100\% \tag{1-5}$$

式中 $m_1 \cdots\cdots m_8$——每次重复质量，g；

$\overline{m}$——8次重复质量的平均值，g；

n——重复次数，本实验为8次；

S——标准差；

C——变异系数。

一般种子的变异系数不超过4.0，种粒大小悬殊或黏滞性种子的变异系数不超过6.0，则可直接计算千粒重；若种子的变异系数超出上限，则应再进行8次重复，并计算16次重复的平均值和标准差。凡与平均值之差超过二倍标准差的各重复略去不计。剩余重复的平均值乘以10，即为种子的千粒重，其精度要求同净度测定，并将测定结果填入种子质量测定记录表，见表1-26。

表1-26 种子质量测定记录表

编号：________

树种：________ 样品号：________ 样品情况：________

测试地点：________________

温度：________ 湿度：________

测试仪器名称：________ 测试仪器编号：________ 测试方法：________

重复	M/g	S	$\overline{m}$/g	C	千粒重/g
1					
2					
3					
…					

2. 千粒法

千粒法适用于种粒大小、轻重极不均匀的种子。

将净度分析所得全部纯净种子用四分法区分。从每个三角形中随机数取250粒，组成1000粒，共数取2组，即为2次重复。

分别称量2次重复的质量，并记下读数。称量精度同净度测定。计算平均值，若2次重复之间的差异超过此平均值的5%，应重做。若第二次测定仍超过误差，则以4组的平均值作为测定结果。

种子的千粒重在50g以上，可以500粒为1次重复；千粒重超过500g，可以250粒为1次重复，但都需要2次重复。经称量并检验误差后折算成千粒重。

3. 全量法

全量法适用于纯净种子少于1000粒或一些珍贵树种可能出现种子不够的情况，可将全部种子称量后换算成千粒重，并注明测定方法。

应用以上方法进行质量测定时，需要注意：在数取种子时一定要随机，不能有主观因素干扰；气干千粒重的数值常因含水量的变化而变化，处于不稳定的状态，为了便于相互比较，可在测定纯净种子的含水量之后，按公式将气干千粒重换算成干粒重的绝对质量；在样品称量时，要注意天平的正确使用，天平使用前要放稳、调平，种子称量前要调零，使用称量容器时，要记得去皮。

（三）种子发芽的测定

发芽能力是种子最重要的播种品质，种子播种价值的高低主要取决于种子的发芽率。发芽率决定了播种后种子成苗率的高低；发芽势反映了播种后种子出苗整齐程度的高低。通过发芽测定，可以比较不同种批的质量状况，对于确定合理的播种量、划分种子等级、确定种子市场价格等方面都有重要意义。

1. 发芽测定的条件

发芽测定必须在最适宜供试种子萌发的条件下进行。发芽的必需条件是水分、温度、氧气和光照。

（1）水分

水分是种子发芽的必要条件。发芽用水应当为中性（pH6.5 ~ 7.0），不含酸、碱或其他杂质。种子的发芽床（或盒）要保持湿润，但水分过多又会阻碍氧气进入种子，抑制种子呼吸。一般发芽基质的水分以不使种粒周围形成水膜为宜，其含水率应是饱和含水率的60% ~ 70%，空气湿度应保持在90% ~ 95%。

（2）温度

多数种子的发芽最适温度为25℃左右，或20 ~ 30℃。目前规定的发芽测定温度大致分为两类：一类是恒温；另一类是变温。多数种子使用恒温，如25℃或30℃恒温。有些树种则规定采用变温，如20 ~ 30℃变温，以模拟昼夜交替的温度变化，有利于种子发芽。采用变温时，每昼夜有16h给予较低温度，8h给予较高温度。

（3）氧气

发芽时由相对静止状态转入活跃状态，呼吸强度大大增加，种子需要吸收氧气，并放出二氧化碳。如果通气不良，种子周围的二氧化碳积累量达到17%时会抑制发芽，当二氧化碳积累到35%时，种子就会因窒息而死亡。

（4）光照

除已证实某个树种的发芽会受到光抑制外，发芽测定时，每天应给予8h的光照，使幼苗长势良好，不容易遭受微生物侵害。

2. 发芽测定的方法

（1）测定样品的抽取

发芽测定所需样品应从净度测定后的纯净种子中抽取，即使送检单位不要求测定净度，发芽测定样品也应从纯净种子中提取。

首先用四分法将种子分成4份，从每份中随机提取25粒组成100粒。共取4次100粒，即为4次重复。种粒大的可以50粒或25粒为1次重复。特小粒种子用质量发芽法测定发芽率，通常每0.10 ~ 0.25g为1次重复。无论是人工抽取还是用数粒器抽取，都必须避免有意识或无意识地对种子进行任何选择。

（2）测定样品的预处理

为了预防霉菌感染，发芽测定前需要进行灭菌处理。培养皿、纱布、小镊子应仔细洗净，并用沸水煮5 ~ 10min。恒温培养箱应在事先用喷雾器喷洒福尔马林后，密闭2 ~ 3天。使用福尔马林、高锰酸钾、升汞、过氧化氢等对种子进行灭菌处理。

发芽测定前根据测定种子的基本特性与种子质量情况进行浸种处理，目的是解除休眠。没有休眠特性的种子，如杉木、马尾松、黑松、赤松、云南松、油松、水杉、落叶松等，通常只需要温水浸种即可，甚至可以不经处理直接置床。种皮致密而不透水、难于发芽的种子，如胡枝子、黑荆、凤凰木、格木、紫荆、皂角、刺槐和紫穗槐，可以用酸蚀或热水浸种的方法进行预处理。例如，刺槐用80℃水浸种，自然冷却24h；皂角用100℃水浸种15s后立即转入70℃水，自然冷却24h。具有内源性休眠特性的种子，如红松、铅笔柏、椴树、青钱柳、秤锤树、槭属、木兰科、冬青属等，发芽测定前应采取低温层积处理，以打破休眠，促进萌发。

（3）置床

置床就是将经过灭菌、浸种的种子放在一定的发芽基质上。发芽基质因树种而异，常用的发芽床有纸床、沙床、土床等，目前盛放用具有发芽盒、发芽板、培养皿等。以滤纸作床、盛放用具是培养皿为例，具体操作：首先洗净双手，用75%酒精浸泡的脱脂棉球涂抹灭菌；待手晾干后，将一张滤纸平铺于培养皿底盘中，再用一张滤纸折成四等分覆盖其上，整平后，缓缓加入无菌水至完全湿润为止。将种子按一定规律排放纸床上，便于计数与减少错误。每一个培养皿中放100粒种子（种子较大时可为25粒或50粒），种子之间保持的距离大约相当于种子本身的1 ~ 4倍，以减少霉菌蔓延感染，避免发芽的幼根相互纠缠。

种子放置妥当后，要将样品登记表的号数、重复号、树种和置床日期用铅笔简单地填写在一张小标签上，分别贴在发芽床（或盒）上不易损坏的地方，如发芽床（或盒）的床（或盒）壁上，以免引起差错。

3. 发芽测定的管理和观察记载

发芽测定的情况要定期观察记载。特别是胚根突破种皮以后，更应密切关注种胚的生长发育情况。除观察记载外，对发芽环境的监控和管理也非常重要，否则，发芽测定可能失败。

（1）定期管理

在进行发芽测定时，需要经常检查发芽环境的温度，仪器的温度同预定的温度相差不能超过 ±1℃。要保持发芽床（或盒）的水分。水分不足时应及时加水，但水分也不能过多，用指尖轻压发芽床（或盒），如果指尖周围出现水膜，或者种子四周出现水膜，都表示水分过多。另外，各重复之间的水量应力求一致。种子发芽需要足够的氧气，有盖的发芽床（或盒）应当经常揭开盖子充分换气。如果种子感染了霉菌，应将被感染的种子取出（不要使它们触及健康的种子），用清水冲洗数次，直到水无浑浊再放回原发芽床（或盒）。发霉严重时整个发芽床（或盒）都要更换。这些情况在发芽记录表中应有所记述。

（2）定期观察记载

为了更好地掌握发芽测定的全过程，最好每天进行一次观察记载。至少在规定统计发芽势和发芽率的那一天，必须有记载。如果需要计算平均发芽时间、发芽指数等指标，则必须每天记录发芽数目。发芽测定过程中需要记载的内容主要有正常幼苗、不正常幼苗、异状发芽粒和腐烂粒等。其中，异状发芽粒是指胚根形态不正常，畸形、残缺，胚根不是从珠孔伸出，而是出自其他部位，并且呈负向地性，子叶先出；腐烂粒是指内含物腐烂的种子，但发霉粒种子不能算作腐坏粒。

（3）发芽测定的规定时间

发芽测定的规定时间因树种而异，通常21 ~ 28天。如果确认某测定样品已达到最高发芽率，也可在规定时间以前结束测定。如果到规定的结束时间仍有较多种子萌发，也可酌情延长测定时间。不同树种发芽测定的规定时间见表1–27。

表1–27　不同树种发芽测定的规定时间

树种	发芽势规定时间/天	发芽率规定时间/天	树种	发芽势规定时间/天	发芽率规定时间/天
柏木	24	35	千年桐	14	21
侧柏	9	20	白榆	4	7
银杏	7	21	皂角	7	21
马尾松	10	20	湿地松	11	28
云南松	10	21	火炬松	7	28

续表

树种	发芽势规定时间/天	发芽率规定时间/天	树种	发芽势规定时间/天	发芽率规定时间/天
油松	8	16	柳杉	14	25
白皮松	14	35	国槐	7	29
黑松	10	21	黄连木	5	15
红皮云杉	9	14	刺槐	5	10
兴安落叶松	8	13	胡枝子	7	15
水杉	9	15	乌桕	10	30
杨属	3	6	白蜡树	5	15

（4）发芽测定结束后未发芽种子的分析与记载

发芽测定结束后，应对尚未发芽的种子逐粒切开鉴定，分别归为硬粒、新鲜健康粒、死亡粒、空粒、涩粒、无胚粒、虫害粒和腐烂粒，并进行记录，其判断标准如下：

①硬粒。硬粒是指在测定条件下未能吸水而在测定期末仍然坚硬的种子。种子处于一种休眠状态，常见于豆科。

②新鲜健康粒。新鲜健康粒是指在测定条件下能够吸水但发芽进程受阻，外形依旧良好，坚实硬朗，仍然具有生出正常幼苗潜力的种子。

③死亡粒。死亡粒是指测定期末既非硬粒，又非新鲜健康粒，又未萌出幼苗任何结构的种子，通常包被物极软、变色、发霉且毫无生出幼苗的征兆。

④空粒。空粒是指完全空瘪或仅含某种残遗组织的种子。

⑤涩粒。涩粒是指杉木、柳杉胚珠受精后败育，内含物为紫黑色单宁类物质的种子。

⑥无胚粒。无胚粒是指种子内有新鲜胚乳或配子体组织，但其中既无胚腔，也没有种胚。

⑦虫害粒。虫害粒是指内有昆虫的幼虫或虫粪或有其他迹象表明受到过昆虫侵害，影响发芽能力的种子。

⑧腐烂粒。腐烂粒是指因微生物侵染或贮藏不当导致种体腐败分解的种子。

如果发芽测定结束后仍然有较多硬粒或新鲜健康粒，则应分析这些种子未发芽的原因，通过四唑染色法等方法测定，判断这些种子是否具有生活力。如果硬粒或新鲜健康粒过多，则应对这些种子采取恰当的预处理措施，并重新布置发芽测定。

4. 发芽测定结果的表示方法和结果计算

发芽测定结束，对尚未发芽的种子用适当的方法进行鉴定以后，便可对发芽测定结果进行计算。发芽率和发芽势均能表示种子发芽能力，但侧重点各不相同。

（1）发芽率

发芽率是指在规定的条件和时间内，生成正常幼苗的种子粒数占供试种子总粒数的百分比，是发芽测定中最重要，也是应用最广泛的种子质量指标，常作为计算播种量的重要依据。根据发芽场所的不同，可以分为实验室发芽率和场圃发芽率。实验室发芽率根据应用范围又分为技术发芽率和绝对发芽率。

实验室发芽率在实验室内进行测定，在生产应用上一般计算技术发芽率。一般未加说明的发芽率也是指技术发芽率。发芽率计算到整数，按《数值修约规则与极限数值的表示和判定》（GB/T 8170—2008）进行修约。技术发芽率的计算公式为：

$$技术发芽率=\frac{在规定时间内（或实际发芽）正常发芽粒数}{供测定种子粒数}\times 100\% \qquad (1-6)$$

绝对发芽率是指供试种子中饱满种子的发芽率。计算公式为：

$$绝对发芽率=\frac{n}{N-a}\times 100\% \qquad (1-7)$$

式中　n——正常发芽粒数；

N——供测定种子粒数；

a——空粒和涩粒数。

绝对发芽率在生产实际中有一定的意义。假如有两份种子的发芽率都是80%，其中第一份有20%的空粒，第二份有20%的死亡粒，则第一份种子的绝对发芽率为100%，第二份种子的绝对发芽率仍为80%。在这种情况下，第一份种子优于第二份种子的可能性很大，第二份种子有可能是陈种子。

场圃发芽率在场圃条件下测定，由于场圃条件比实验室条件难控制，所以场圃发芽率一般比实验室发芽率低，多数树种低20%～30%。场圃发芽率的计算方法为：

$$场圃发芽率=\frac{正常发芽种子粒数}{播种种子粒数}\times 100\% \qquad (1-8)$$

（2）发芽势

发芽势反映的是种子发芽迅速整齐的程度，是种子发芽粒数达到高峰时的正常发芽种子总粒数占供试种子总粒数的百分比，是种子质量状况的重要指标之一。发芽率相同的两批种子，发芽势高的种子质量状况更好。发芽势的数值常常接近场圃发芽率。发芽势按照4次重复计算平均值，精度至小数后1位。发芽势的计算公式为：

$$发芽势=\frac{在规定时间内（或种子发芽达到高峰时）正常发芽粒数}{供测定种子粒数}\times 100\% \qquad (1-9)$$

（3）平均发芽时间

平均发芽时间是指供试种子平均所需的发芽时间，通常用天来表示，发芽特别快的种子可用小时来表示，其是衡量种子发芽快慢的一个指标。同一树种的两批种子，平均发芽时间短的种子生命力旺盛，种子发芽迅速，播种后出苗早而整齐，场圃发芽率高。平均发芽时间的计算公式为：

$$MTG=\frac{\Sigma d\times n}{\Sigma n} \tag{1-10}$$

式中　MTG——平均发芽时间；

d——从置床之日算起的天数；

n——相应各日生成正常幼苗的种子粒数。

（4）发芽指数

发芽指数能综合表示一批种子的发芽速度和发芽数量。发芽率相同的两个种批，发芽指数越高，种批质量越好。发芽指数能在一定程度上表达种子活力的高低。发芽指数的计算公式为：

$$GI=\Sigma\frac{n}{d} \tag{1-11}$$

式中　GI——发芽指数；

d——从置床之日算起的天数；

n——相应各日生成正常幼苗的种子粒数。

5. 发芽测定的允许误差

发芽测定结束后，所计算的发芽率是4次重复的平均值。通常情况下，4次重复间发芽率不太可能相同，为了确定重复间发芽率之间的差异是否为随机误差，需要对4次重复间的允许误差进行比较。如果各重复间发芽率的最大值同最小值的差距没有超过表1–28的最大允许误差，就可以用各重复发芽率的平均值作为该次测定的发芽率。发芽势的最大允许误差是表1–28的1.5倍。

如果超过最大允许误差，则认为测定结果不正确，需进行第二次测定。第二次测定的结果和第一次测定结果之差符合规定时，则用两次测定的平均值作为发芽率的测定结果。检查的方法是按规定计算两次发芽测定结果的平均值，并在表1–28中查出最大允许误差。若此次的结果相差不超过表1–29所规定的最大允许误差，则测定是符合的；若超过最大允许误差，则应再进行测定。

表1–28　发芽率最大允许误差表

平均发芽率/%		最大允许误差	平均发芽率/%		最大允许误差
99	2	5	87～88	13～14	13
98	3	6	84～86	15～17	14

续表

平均发芽率/%		最大允许误差	平均发芽率/%		最大允许误差
97	4	7	81～83	18～20	15
96	5	8	78～80	21～23	16
95	6	9	73～77	24～28	17
93～94	7～8	10	67～72	29～34	18
91～92	9～10	11	56～66	35～45	19
89～90	11～12	12	51～55	46～50	20

表1-29　两次测定允许误差表

平均发芽率/%		最大允许误差
98～99	2～3	2
95～97	4～6	3
91～94	7～10	4
85～90	11～16	5
77～84	17～24	6
60～76	25～41	7
51～59	42～50	8

（四）种子含水量的测定

含水量在一定程度上可以判断种子是否充分成熟。入库贮藏前测定含水量，测定结果可用于确定种子是否符合安全贮藏的标准，只有符合标准的种子才适于贮藏，否则应进一步干燥；贮藏过程中测定含水量，是种子贮藏期间的重要管理工作，用于监测含水量的变化，防止种子变质；调运前测定含水量，根据测定结果采取相应的干燥和包装措施，以保证种子运输期间的安全，可为种子收购、安全贮藏和调运提供依据，是种子质量的重要指标之一。

常用的测定含水量的方法有低恒温烘干法、高恒温烘干法、二次烘干法、简易测定法和仪器测定法等。

1. 低恒温烘干法

低恒温烘干法适用于所有的林木种子，测定结果的可靠性高，是检测含水量的首选方法。

（1）测定样品的抽取

为了使测定结果能够尽可能代表种批，含水量测定必须单独抽样。抽样后，测定样品应密封包装，并以最快速度送往检验机构。检验机构在收到测定样品后，应尽快开始检验，在检验过程中应尽量避免测定样品暴露在空气中。

测定时，将测定样品在容器中充分混合后，除去大部分杂质，倒在洁净的桌面上，利用四分法或分样器法从中尽快分取两份重复的测定样品，为避免误差，应尽量缩短测定样品在空气中暴露的时间。

根据所用样品盒直径的大小，每份测定样品的质量分别为：直径等于或大于8cm的种子10g，直径小于8cm的种子4 ~ 5g。分取测定样品时应将测定样品充分混合，使分取的测定样品有充分的代表性。测定样品的称量精度要达到小数点后3位。特大粒和种皮厚的种子，应先从测定样品中随机抽取50g，其中应至少有种子8 ~ 15粒。

种子应磨碎或迅速切开或打碎，充分混合后再提取测定样品。测定大粒种子的含水量时，应将种子切成小片，再烘干，甚至可将种子磨碎。但为了确保测定精度，应在切开或磨碎种子前先称量，切开或磨碎操作中，应避免种子碎片的损失。

（2）样品盒和盖的称量

将两个样品盒放入（103 ± 2）℃的烘箱中，敞开盖烘2h，取出后盖上盖立即放入干燥器中冷却至室温，20min后取出，使用千分之一以上精度的天平，分别称取样品盒连同盖的质量，记下读数，精度要求达3位小数。

（3）样品盒和盖及测定样品的称量

将两份测定样品分别放入预先烘干并称量的样品盒（已编号）中，记下编号，连同带盖的样品盒及其中的测定样品一起称量，以g为单位，精度要求达3位小数。

（4）烘干

打开装有测定样品的样品盒的盖，将样品盒放在盖上，置烘箱中烘干。应控制烘干时间为（17 ± 1）h。一般先用80℃烘2 ~ 3h，然后用（103±2）℃烘干。从温度升到103℃时开始计时，连续烘17h。达到规定的烘干时间后，迅速盖好样品盒的盖，放入干燥器内冷却30 ~ 45min后称量。

（5）含水量的计算

含水量包括相对含水量和绝对含水量两个指标。其中，相对含水量是指种子所含水分的质量占种子总质量的百分率；绝对含水量是指种子所含水分占种子干重的百分率。根据测定结果，分别计算两份测定样品的含水量，精确到小数点后一位。计算公式如下：

$$\text{相对含水量}=\frac{m_b - m_c}{m_b - m_a}\times 100\% \quad (1\text{-}12)$$

$$\text{绝对含水量}=\frac{m_b - m_c}{m_c - m_a}\times 100\% \quad (1\text{-}13)$$

式中　m_a——样品盒和盖的质量，g；

m_b——样品盒和盖及测定样品烘干前的质量，g；

m_c——样品盒和盖及测定样品烘干后的质量，g。

此外，如果用同样的方法测定纯净种子的含水量，则可按式（1–14）计算种子的绝对质量，以避免气干千粒重随空气湿度而变化的缺陷。计算公式如下：

$$m=\frac{(100-w)\ m_E}{100} \quad (1\text{–}14)$$

式中　m——1000粒纯净种子的绝对质量，g；

m_E——气干千粒重，g；

w——纯净种子的相对含水量，%。

（6）含水量的允许误差

根据种子大小和原始水分的不同，两次重复间的允许误差范围为0.3%～2.5%，两份测定样品测定结果差距不得超过表1–30规定的0.5%，否则应重新测定。若第二次测定的差距不超过表1–30的规定，按第二次结果计算含水量。若第二次差距仍大于表1–30的规定，则从四组中抽出差距小于表1–30规定的两个组，以其平均值作为测定结果。

表1–30　含水量测定两次重复间的允许误差

种子大小类别	平均含水量/%		
	<12	12～25	>25
小粒种子（每千克超过5000粒的种子）	0.3	0.5	0.5
大粒种子（每千克少于5000粒的种子）	0.4	0.8	2.5

2. 高恒温烘干法

为了缩短测定时间，可以采用高恒温烘干法。高恒温烘干法不适合含油量高的种子，因为在这样的温度干燥时会释放多种挥发性物质，从而使含水量的测定值偏高。因此，含水量高的种子不宜采用高恒温烘干法，甚至烘干温度只能保持80℃，并相应延长烘干时间，可能会得到更好的效果。

高恒温烘干法的具体测定步骤与低恒温烘干法相同，但烘箱的温度应保持在130～133℃，测定时间只需1～4h。由于高恒温烘干法的温度较高，可能会使种子中的部分有机物氧化，使种子中与糖类等化合物结合的水分流失，造成种子的含水量测定结果偏高。因此，高恒温烘干法测定结果的可靠性不如低恒温烘干法，只适用于需要快速知道测定结果的情况下应用。必要时，应用低恒温烘干法的测定结果校正。

3. 二次烘干法

二次烘干法适用于高含水量的种子。一般种子的含水量超过18%，油料种子的含水量超过16%时，需要采用二次烘干法。测定样品的抽取、样品盒和盖的称量、样品盒和盖及测定样品的称量方法与低恒温烘干法相同。烘干时，应将测定样品在70℃烘箱中预烘2～5h，取出后置于干燥器内冷却，称量，测得烘干过程中失去的水分，计算第一次测定的含水量。然后将预烘过的种子磨碎或切碎，称取测定样品的质量，用低恒温烘干法或高恒温烘干法测定第二次含水量。由两次测定结果计算种子的含水量。计算公式如下：

$$含水量=w_1+w_2-\frac{w_1+w_2}{100} \tag{1-15}$$

式中 w_1——第一次测定的含水量，%；

w_2——第二次测定的含水量，%。

4. 简易测定法

简易测定法是指通过感官鉴定含水量的一种方法，具体判断标准见表1-31。

表1-31 简易测定法测定含水量的标准

种子类型	判断标准
干燥种子	颜色、光泽正常，用手插入种子堆内非常容易，且有光滑而坚硬的感觉；用手搅动时，种子响声清脆，如安全含水量高的种子，用手抓一把摇动有声响，种仁干缩、离壳；用牙咬时抗压力较大，咬碎时响声清脆，呈碎块状；切断时感到坚硬，且断片嘣开
湿润种子	颜色、光泽暗淡，甚至生霉、结块；用手插入种子堆内有涩、潮湿、发热感觉；搅动时不光滑，无清脆声音；用牙咬时抗压力小，呈湿饼状，且不散落

5. 仪器测定法

为了在种子收购现场能快速获取含水量状况的数据，可以用红外线水分速测仪、各种水分电测仪等测定含水量。这些方法速度快，但有时不很准确，测定数值应用低恒温烘干法的测定结果进行校正。

（五）种子生活力的测定

生活力是指种子潜在的发芽能力，是快速评价种子播种品质的一个重要参数。当条件所限或种子休眠期长，不能进行发芽试验，而要在短期内测定其质量状况时，可以用快速的方法测定生活力。

一批种子的生活力不仅决定这批种子的使用价值、使用期限，而且还是计算苗床播种量、出苗率的重要因素。因此，鉴定生活力是播种育苗前的一项重要准备工作。可以通过生活力测定来快速估测种子的生活力，特别是休眠种子的生活力。对发芽测定中的新鲜未发芽种子，可以逐粒测定这些种子的生活力，也可以取部分样品测定生活力，确定该种子的存活情况。

1. 生活力的测定原理

种子内部有生命的组织、无生命的组织及其他内含物对某些化学试剂有不同的反应，可以根据种子这一特性，通过化学试剂染色反应的类型，来区分有生命力的种子和无生命力的种子，从而判断种子潜在的发芽能力。

2. 生活力的测定方法

（1）测定样品的抽取

将净度测定后的纯净种子铺在光滑的桌面上，充分混合后，用四分法分为四份，从每份中随机抽取25粒为一个小组，四个小组为100粒，重复4次。也可以用真空数粒仪抽取四次重复。

（2）测定样品的预处理

为了软化种皮，便于剥取种仁，同时提高种子的生活力，检验前需要对种子进行预处理，较易剥掉种皮的种子如杉木、马尾松、湿地松、火炬松、油松、黄山松、米老排、黄连木、杜仲等，可用始温30～45℃的水浸种24～48h，每日换水；硬粒的种子如刺槐、任豆、南洋楹、银合欢等，可用始温80～85℃的水浸种搅拌并自然冷却，浸种24～72h，每日换水；种皮致密坚硬的种子如孔雀豆、台湾相思、黑荆等，可用98%浓硫酸浸种20～180min，充分冲洗，再用水浸种24～48h，每日换水。

豆科的许多树种，如刺槐属，种子具有不透性种皮，可在胚根附近刺伤种皮或削去部分种皮，但不要伤种胚。

为了使染色试剂能顺利渗透进入种子，对一些透性较差或种粒较大的种子，采用切除部分种子的方法，提高染色效果。其中，女贞属树种的种子就可以采用横切法，即在浸种后将种子位于胚根相反方向的一端切去1/3；松属树种的种子，可以采用纵切法，即在浸种后，沿平行于种胚的方向将种子纵向切开，切口应偏离中轴线，以免伤种胚；板栗、锥栗、核桃、银杏、七叶树等大粒种子，难以将整粒种子染色，取“胚方”染色是一个可行的方法。取“胚方”是指经过浸种的种子，切取大约1cm^3，包括胚根、胚轴和部分子叶（或胚乳）的方块。用“胚方”染色的结果来说明整粒种子的生活力。因此，“胚方”应具有代表性。取种胚时若发现空粒、腐烂粒和虫害粒，应记入表中，它们属于无生活力的种子。

（3）染色前处理

种胚取出后放在潮湿的吸水纸或纱布上，用盖子盖好，以免种胚失水丧失生活力。取种胚时随时记下空粒、腐烂粒、虫害粒以及其他明显丧失生活力的种子，分别记入表中。例如，松类种子浸种1～2天后，剥去外种皮和内种皮，尽量不使胚乳受损伤，分组暂放在潮湿的吸水纸或纱布上。

（4）染色方法

生活力测定因利用的原理不同而有多种方法，但最常见和最可靠的方法是四唑染色法和靛蓝染色法，具体介绍如下：

①四唑染色法。四唑是一种无色指示剂，当种子浸泡在一定浓度的四唑溶液中时，这种指示剂在种子组织内与活细胞的脱氢酶起反应，生成一种红色而稳定的不扩散物质。因此，通过四唑溶液就能识别出种子中红色的有生命部分和不染色的死亡部分。四唑染色法的优点是可靠性高，反应速度快，是目前应用最广泛的生活力测定方法。

a.染色样品分组浸入四唑溶液中。在30～35℃的黑暗环境中染色，温度过低，会延长染色时间。染色时间因树种而异，短的2～3h即可，长的甚至要24h以上。通常呼吸旺盛的种子所需染色时间短，种粒小的种子所需染色时间短。四唑溶液浓度一般为0.1%～1.0%。浓度高，反应较快，但药剂消耗量大；浓度低，染色时间较长。要确定具体合适的染色时间，可剖开种子，如果胚乳从外向内由红色明显地过渡到无色，表示四唑溶液的渗入尚不充分，应让染色样品在四唑溶液中再保持一段时间。

b.染色结束后，可沥去四唑溶液，用清水冲洗种子，将经过染色的样品分组放在潮湿的滤纸上，保持湿润，以备鉴定。

c.根据染色的部位、染色面积的大小和同组织有关的染色程度，逐粒判断种子的生活力。具体判断标准因树种而异。对没有判定标准的树种，应根据同一样品种子的发芽测定结果来确定该树种的判别标准。

②靛蓝染色法。靛蓝为蓝色粉末，其溶液很容易透过种子的死组织，使其染色，但不能透过活细胞的原生质，活的种胚不染色。根据染色部位和染色程度可以判断种子的生活力。靛蓝易溶于水，可用蒸馏水配成浓度为0.05%～0.10%的溶液应用。如果发现有沉淀，可加温促其溶解或将沉淀滤出，另换等量试剂。试剂最好随配随用，并避光保存。靛蓝溶液不宜久放，通常超过半个月就会变质。靛蓝染色法的优点是染色速度快，较准确，价格较低，容易买到。但因为靛蓝染色纯粹是一个物理渗透扩散过程，受损伤的活组织也可能染色，这会影响染色结果的准确性。因此，种子只宜剥出种胚检验，胚乳的生活力较难测定。

a.剥出的种胚分组投入0.06%～0.10%的靛蓝溶液中，使试剂完全浸没种胚。如果有种胚浮在表面，应将其压沉。染色时间因树种、染色温度而异，一般为2～3h，少数树种需要染色7～8h，甚至20～30h。靛蓝染色法的温度通常为30～35℃。到达染色所规定的时间后，倒出溶液，用清水冲洗种胚数次，立即将种胚放在垫有潮湿白纸的培养皿中观察鉴定。

b.根据染色部位和比例大小来判断生活力的有无。国家标准《林木种子检验规程》

（GB 2772—1999）列出了部分树种种子靛蓝染色的判定标准。对没有判定标准的树种，应根据同一测定样品种子的发芽测定结果来确定该树种的判定标准。

3. 生活力的计算

测定结果以有生活力种子的百分率表示，分别计算4次重复的百分率，重复间最大允许误差与发芽测定的规定相同。计算公式如下：

$$生活力=\frac{有生活力种子粒数}{供测定种子粒数}\times 100\% \qquad (1\text{–}16)$$

4. 生活力的允许误差

如果各重复中的最大值和最小值没有超过最大允许误差，就用各重复的平均值作为该次测定的生活力。如果各重复之间的最大差距差值超过规定的最大允许误差，则应按照原方法重新测定。若第一次和第二次的测定结果之差不超过最大允许误差，则以两次结果的平均值作为测定结果填报。若第一次和第二次的测定结果之差超过最大允许误差，应按照原方法进行第三次测定，以三次测定中相互一致的两次结果的平均值作为测定结果填报，生活力的测定结果应修约成整数。生活力测定记录表见表1–32。

表1–32　生活力测定记录表

编号：__________

树种：__________　样品号：__________　样品情况：__________

染色剂：__________　浓度：__________

测试地点：__________　温度：__________　湿度：__________

测试仪器名称：__________　测试仪器编号：__________　测试方法：__________

重复	测定种子粒数	种子解剖结果					进行染色粒数	染色结果				平均生活力/%	备注
		腐烂粒	涩粒	虫害粒	空粒	…		无生活力		有生活力			
								粒数	百分率/%	粒数	百分率/%		
1													
2													
3													
4													
平均													

本次测定：有效□　　　　测定人：

　　　　　无效□　　　　校核人：

　　　　　　　　　　　　测定日期：

（六）种子优良度的测定

优良度是指优良种子粒数与供检种子总粒数的百分率，适用于采集、收购种子时，根据种子外观和内部状况尽快鉴定出种子质量，从而确定种子的使用价值和价格。具有方法简便、测定速度快等优点，能在短时间内得出测定结果。适用于新采收的种子和大粒种子，以及休眠期长，目前又无适当方法测定其生活力的种子，发芽测定结束时，如果有种子尚未发芽，需要用优良度测定中的切开法进行补充鉴定。

1. 优良度的测定原理

优良度测定主要通过对种子外观、色泽、硬度和夹杂物等外部性状和质量进行总体评定，见表1-33。优良种子一般感官表现为种粒饱满，种胚和胚乳发育正常，呈现该树种新鲜种子特有的颜色、弹性和气味；劣质种子一般感官表现为种仁萎缩或干瘪，失去该树种新鲜种子特有的颜色、弹性和气味，或被虫蛀、有霉坏症状、有异味，或已霉烂。

表1-33 种子评定项目及评定标准

评定项目	评定标准
种子的干湿程度	凡干燥的种子，颜色较鲜亮，有光泽；用手搅动时，能听到清脆的沙土声；用手插入种子堆时，感到种子光滑而硬，容易插入底层；种子由高处落下时，声音响亮而急速；用牙咬时抗压力较大，声音清脆，粒质坚硬，断面光滑
种子的色泽	新鲜饱满的种子有正常的光泽，陈种子或坏种子颜色暗晦，无光泽；一般成熟而干燥的种子颜色较深，有光泽，未成熟的种子颜色较淡；受虫害、霉菌侵害的种子暗淡无光，呈青灰色或灰白色。种子在潮湿状况下贮藏的，呈暗晦色；因发热而损伤的种子，会表现出不同程度的红色
种子的气味	新鲜种子具有清香气味，陈种子有仓库气味，发霉的种子有霉味
种子的质地	通常新鲜的种子质地较脆，而陈种子则较绵。含油量和含水量较多的种仁柔软，经干燥或贮藏后，水分和油分减少，种仁硬化，抗压力增大

2. 优良度的测定方法

（1）测定样品的抽取

将净度测定后的纯净种子铺在光滑的桌面上，充分混合后，用四分法分为4份，从每份中随机抽取25粒为一个小组，4个小组为100粒，重复4次。也可以用真空数粒仪提取4次重复。大粒种子可取25粒或50粒。

提取前先对种子的外部性状进行观察，如种子是否饱满整齐，颜色和光泽是否新鲜正常，是否较潮，有无异常气味，有无感染霉菌，有无虫孔，有无机械损伤等。

（2）浸种处理

为了使种子内部状况表现得更加明显，对于种皮较坚硬难以解剖的种子，或用挤压法鉴定的小粒种子需要进行浸种处理。

种子解剖前，可根据种子的吸水速度浸种处理。多数种子通常用始温30～45℃的水浸种24～48h，每天换水。硬粒种子和种皮致密的种子可用始温80～85℃的水浸种，并自然冷却，浸种24～72h，每日换水。

（3）鉴定方法

常用解剖法、挤压法、软X射线摄影法、压轴法、透明法、爆炸法等鉴定优良度，其中应用最广泛、可靠性最好的方法是解剖法。

①解剖法。分别逐粒纵切，仔细观察种胚、胚乳的大小、色泽、气味以及健康状况等。凡内含物充实饱满，色泽新鲜、无病害、无虫害或受虫害极轻的都是优良种子。凡是病虫害较重，或受害虽然不重，但出现在要害部位的种子，空粒、无种胚的以及发育不全的种子，应归为低劣种子。由于不同树种种子性状的多样性，具体测定一个树种的优良度时，优良种子和低劣种子的判断标准可能不完全相同，需要视不同种子的具体情况而定。各重复优良粒、空粒、腐坏粒、虫害粒等记入表中。

②挤压法。挤压法适用于油分多的种子和小粒种子的检验。特小粒种子，可放在两张白纸间，用瓶滚压，小粒种子可用指甲或镊子挤压。凡显示油点的为好种子，油点不明显或无油点的为空粒或劣质种子。特小粒种子可用水煮10min，取出后置于两块载玻片间挤压，能压出颜色正常种仁的是优良种子，无种仁或种仁为黑色等不正常颜色的是劣质种子，出水的是空粒。

③软X射线摄影法。软X射线摄影法是利用一种波长较长、穿透力较弱的软X射线作为光源进行透视摄影的技术，能够准确地反映出种子内部种胚和胚乳的发育情况，且检验过的种子不受损伤，仍然可以用于播种。当软X射线透射光束通过种子时，部分光线滞留并被吸收掉。当种子内部有缺损或空粒时，所滞留的软X射线就少，产生阴影；而充实饱满的种子，组织致密均匀，吸收软X射线多，照片上显示种子组织是明亮的。据此可判断种子的好坏，较准确地测定种子的优良度。

3. 优良度的计算

根据记录，分别计算4次重复优良种子的百分率。计算公式如下：

$$优良度=\frac{优良种子粒数}{供测定种子粒数}\times 100\% \qquad (1\text{–}17)$$

4. 优良度的允许误差

检查各重复间的差距是否为允许误差，若各重复的最大值和最小值的差距没有超过最大允许误差，则平均值为种批优良度。若各重复的最大值和最小值的差距超过最大允许误差，必须重新测定。若第一次和第二次的测定结果之差不超过最大允许误差，则以两次结果的平均值作为测定结果。若第一次和第二次的测定结果之差超过最大允许误差，应按照原方法进行第三次测定，以三次测定中相互一致的两次结果的平均值作为测定结果。

（七）林木种子质量检验证书

林木种子质量检验证书是种子经营中维护有关各方合法权益、协调种子贸易纠纷，确定种子播种价值的证书。林木种子质量检验证书在林木种子经营过程中具有重要的作用。

林木种子质量检验证书包括送检人对送检样品一般情况的陈述、送检样品的基本情况以及种子净度、发芽率、生活力、优良度、含水量、千粒重、病虫害感染度等内容。

林木种子质量检验证书必须由具有检验资格的权威检验机构来签发。根据抽样人的不同，林木种子质量检验证书有两种类型，即种批质量检验证书和种子样品质量检验证书。

1. 种批质量检验证书

由授权的检验机构自身或在其监督下，按《林木种子检验规程》（GB 2772—1999）的程序和方法从种批中抽取送检样品，由授权的检验机构检验后签发的林木种子质量检验证书为种批质量检验证书。签发种批质量检验证书时，该种批的每个容器必须由授权的检验机构封缄，并标有与种批质量检验证书上相同的标记或编号，能清楚地表明种批质量检验证书所指的是哪些内容。签发种批质量检验证书后，如果该批种子被分别调往不同的用种单位，所签发的种批质量检验证书不能用作各用种单位的种子质量证明。

2. 种子样品质量检验证书

授权的检验机构对非自身或未在其监督下抽取的送检样品，经授权的检验机构签发的林木种子质量检验证书为种子样品质量检验证书。签发种子样品质量检验证书后，检验机构只对送检样品负责，不对送检样品的代表性负责。种子样品质量检验证书见表1-34。

表1-34　种子样品质量检验证书

（正面）

编号：__________

据送检人陈述

树种中名：__________　树种学名：__________　产地：__________

种批编号	种批质量/kg	容器件数	抽样日期	送检样品号

送检人：__________　单位地址：__________　邮政编码：__________

正式报告

样品编号	样品封缄	样品质量/g	样品收到日期	检验结束日期

检验结果

被检树种中名：________________ 被检树种学名：________________

净度测定/%			发芽测定/%						千粒重/g	含水量/%	生活力/%	优良度/%	病虫害感染度/%
纯净种子（即净度）	夹杂物	其他种子	天数	正常幼苗（即发芽率）	不正常幼苗	新鲜粒	硬粒	死亡粒					
1	2	3	4	5	6	7	8	9	10	11	12	13	14

分级依据： 质量等级：

备注：

检验机构全称：________________ 主检人：________________

地址：________________ 校核人：________________

邮编：________________ 技术负责人：________________

电话：________________ 签发日期：____年____月____日

检验机构（章）

（背面）

签发机构声明

1. 检验的程序和方法符合《林木种子检验规程》（GB 2772—1999），所有检验均在本机构进行。（省级以上行政机构）已授权本机构签发种子样品质量检验证书。

2. 证书无检验机构盖章及技术负责人签字无效，涂改无效。

3. 本证书检验结果只对送检样品负责。

模块二

林木种苗生产

项目一 播种育苗

项目导读

在立足新发展阶段、贯彻新发展理念的背景下，国家对生态环境保护工作的重视程度逐渐增强，林业产业发展作为现阶段生态环保建设过程中的重点内容，逐渐受到更多的重视。为全面提高林业建设质量，促进生态环境稳定发展，加强对林木种植技术的学习十分必要。播种育苗是指将种子播在苗床上培育苗木的育苗技术。

本项目旨在通过播种育苗的学习，全面掌握播种育苗技术，深入学习播种苗的培育方法，理解其根系发达、抗逆性强的特点，以及在抗风、抗旱、抗寒等方面的显著优势。

任务一 播种地的准备

任务描述

通过理论学习和实践操作，掌握播种地选址时如何细致勘察地形地势、分析土壤质地、评估水源条件等关键要点，以及在消毒处理阶段规范运用化学消毒药品或物理消毒手段消灭病菌与害虫。领悟播种地准备工作在林业生产全流程中的关键地位，认识其对幼苗生长发育各个阶段以及后续产量的直接影响，进而为顺利开展高效的林木苗木生产筑牢根基。

任务目标

1. 知识目标

①理解播种地选择应遵循的原则与标准，包括地形、土壤质地、水源等多方面因素。

②掌握土壤消毒的重要意义及常用技术手段，如化学消毒法、物理消毒法等。

③了解基肥施用应秉持的原则与具体技巧，依据不同树种需求合理搭配肥料。

2. 技能目标

①能够独立、准确地完成播种地的选址评估工作，综合多方面因素作出科学判断。

②熟练实施土壤消毒处理流程，确保播种地达到无菌环境要求，为幼苗生长创造良好条件。

3. 思政目标

①借助播种地准备实践，培养脚踏实地、吃苦耐劳的优秀品质，强化对土地资源的敬畏与珍惜意识，助力生态建设稳步推进。

②在参与播种地规划与整理过程中，树立科学规划与系统思维理念，培育对林业可持续发展的高度责任感，积极投身绿色生态发展事业。

任务要求

1. 遵循管理规范

穿戴好防护用品，确保个人安全。使用锄头、耙子等工具前检查完好，操作时双手紧握，保持平衡，避免用力过猛伤人。锄地时垂直用力，翻土注意周围人员安全。搬运使用消毒药品时，佩戴护目镜和橡胶手套，按说明书配比，专用量具量取，避免浓度过高或低。配制好的消毒剂放置安全处，用后包装妥善处理，防止环境污染。

2. 规范操作流程

制订详细播种地准备工作计划，包括播种地面积形状、土壤改良材料用量、消毒方法和药品选择、苗床尺寸设计等。例如，绘制播种地平面图，标注功能区域，根据土壤检测报告计算有机肥用量。选地时严格测量评估，使用卷尺测量地形坡度，便携式土壤检测仪测量pH。

3. 质量把控

每完成一道工序，都要自检和互检。例如，苗床制作后用水平仪测量平整度。对不符合质量要求的操作，分析原因，采取补救措施，直至达到标准。

4. 团队协作

小组合作，根据成员特长合理分工。

操作流程

1. 前期准备

准备好所需的土壤改良材料，如有机肥、珍珠岩等；消毒药品，如多菌灵、高锰酸钾等。仔细核对消毒药品的种类、剂量，确保药品质量合格，并在有效期内，同时了解使用注意事项。备好用于整地的工具，如锄头、耙子；土壤消毒器具，如喷雾器；测量工具，如卷尺、温度计、湿度计等。学习播种地选址、土壤改良，土壤消毒等理论知识，了解不同树种对土壤条件的要求。

2. 选址

根据播种地选择原则，综合考量地形、土壤质地、水源条件等因素，挑选出适宜的播种地。

3. 土壤改良

依据土壤检测结果，针对性地添加有机肥、生物肥等材料，改善土壤结构与肥力，提升土壤通气性、透水性。

4. 整地

使用锄头、耙子等工具，对播种地进行翻耕、平整，打破土壤板结层，使土壤疏松，深度一般为20 ~ 30cm，同时清理杂草、石块等杂物。

5. 土壤消毒

按照规范操作，采用化学消毒法，将多菌灵、高锰酸钾等消毒药品按比例稀释后，使用喷雾器均匀喷洒在土壤表面；或运用物理消毒法，如蒸汽消毒，对土壤进行处理，消灭病菌、害虫。

6. 苗床准备

在完成消毒的土壤上，根据树种特性与育苗方式，制作苗床，合理规划苗床的长度、宽度、高度，以及步道的设置，确保苗床平整、土壤细碎。

注意事项

①在进行土壤消毒作业时，务必严格遵守操作规程，做好个人防护，避免消毒药品接触皮肤、误食，防止人畜中毒事故发生。

②施加基肥时，要充分考虑树种的需肥特性以及土壤本身的肥力状况，灵活调整施肥量，切忌过量施肥，以免造成烧苗、土壤污染等问题。

③定期监测播种地的温度、湿度等环境参数，确保环境适宜幼苗生长，若遇异常情况及时调整。

④详细记录播种地准备过程中的各项信息，包括选地依据、土壤改良材料用量、消毒药品种类与剂量、施肥情况等，为后续育苗工作提供参考。

⑤整个操作过程中，团队成员之间要保持高效沟通，及时交流工作进展、遇到的问题，确保各项工作有序推进，避免因沟通不畅导致任务延误。

相关资料

一、选址

播种地的选址至关重要，应选地势高、排水灌溉条件良好的地方，并确保土壤平整。土壤质地以壤土或砂壤土为佳，且应呈中性或稍偏酸。播种前应平整土地，挖去表土的地方应多施有机肥，确保苗木健康生长，垫土处应略高于周围地面，并灌水踏实。土层厚度方面，对土层薄的地方，要垫厚土层，做到地表有30cm厚的活土层，下面是紧实的底土层，以维持水肥平衡，确保苗木根系的正常生长和发育。

二、土壤改良

对于不利于苗木生长和发育的土壤，必须进行土壤改良，提高保苗率，保证苗木质量，挖掘土地的增产潜力，做到高产稳产。土壤改良必须坚持逐年改造，一般连续3 ~ 5年进行土壤改良可基本改好土质。

1. 改良黏重土壤

结合翻耙地、施肥等作业工序，每亩分2 ~ 3次均匀施入20 ~ 30cm的细砂，使表土层含砂量达30% ~ 40%。

2. 改良砂土

可逐年施入适量的腐熟草炭、绿肥等有机肥，相对地减少土壤含砂量，增加土壤有机质。使土壤变得松紧适度，保水保肥，通气良好，便于耕作，利于起苗。还应配合多施有机肥，并充分翻拌均匀，防止在土壤中形成夹层。

3. 改良酸性土壤

采用施石灰和施厩肥、磷肥、钾肥的方法，一方面中和土壤酸性，另一方面改良土壤结构，促进土壤微生物活动。

4. 改良碱性土壤

采取综合措施，即挖沟排水，防止盐碱上升。在地表覆3 ~ 5cm厚沙子，防止盐碱上升；深翻碱土，把碱土翻到土壤下层去；施石膏，使碱土中有害的碳酸钠、碳酸氢钠变成无害的硫酸钠；施厩肥改良土壤结构。

三、整地

播种前的整地是改善土壤理化性质、提升土壤肥力的关键步骤，为种子的高效发芽、幼苗的顺利出土以及后续便于抚育管理奠定了坚实的基础。整地的细致程度直接关系到播种后幼苗出土顺利与否，对出芽率及苗木产量和质量具有显著影响。

通过细致整地，土壤透水性得以加强，蓄水保墒能力大幅提升，从而增强了土壤的抗旱能力。此外，整地还能有效改善土壤通气状况，有助于苗木根系的顺畅呼吸与养分的充分吸收，进而促进苗木的茁壮成长。同时，整地过程促进了土壤微生物的活动，加速了有机质的分解，为苗木提供了丰富的养分。通过翻埋杂草种子、作物残茬以及合理混拌肥料等措施，整地还能在一定程度上起到预防和控制病虫害的作用。

1. 整地原则

（1）因地制宜，区别对待

整地时，应根据场地的具体情况来制定相应的策略。具体如下：

①育苗地。在气候干燥、降雨少的地区，应以蓄水保墒为核心目标。通过深耕细

整，制作适宜的床形，确保土壤水分充足。同时，在干旱或积雪地区，应合理安排灌溉和耙地时间，以补充土壤水分并促进土壤风化。

②农耕地。作物秋收后，应立即进行浅耕，待杂草种子发芽时再进行深耕，以有效消灭杂草并减少养分和水分的消耗。

③生荒地。针对生荒地中多年生和1年生杂草的特点，应以消灭杂草、促进生草层分解为目标。根据杂草的繁茂程度和生草层的厚度，选择合适的整地方法。在杂草较少的荒地上，可直接进行深耕；而在杂草繁茂的荒地上，应先进行割草堆制绿肥或烧荒等处理，再进行深耕和耙地。

④撂荒地。新撂荒地应主要处理蒿类杂草，割草或烧荒后再进行整地；而老撂荒地由于禾本科杂草繁茂，其整地方法应与生荒地相同，注重消除杂草和增加土壤肥力。

（2）结合土壤改良

不同类型、不同地区的土壤改良方式不同，具体如下：

①质地黏重的苗圃地。在秋、冬季整地时，应采取耕而不耙的方法。通过耕作，土壤得以疏松，有利于冻垡和晒垡，进而促进土壤风化。若条件允许，可适量掺入砂土或工业灰渣，以改善土壤的黏重性，提高土壤通气性和保水性。

②过于松散的砂土。若其下层存在较厚的黏质间层，应进行深翻作业。通过深翻，可以将下层的黏粒翻至表层，增加表土的黏粒含量，提高土壤的保水性和肥力。若附近地区黏土资源丰富，可考虑适当引入黏土，通过掺黏的方式改良砂土的松散性。

③山地苗圃。在整地过程中，应结合地形特点修筑梯田，并平整地面。通过加厚土层，可以提高土壤的保水和蓄水能力，为苗木生长提供良好的水分条件。同时，应注意清理梯田内的石块和植物根系，以减少对苗木生长的不利影响，扩大其根系的营养空间。

④低洼易涝、易碱的苗圃地。整地应与修筑台田、开掘排水沟等工程措施相结合。通过抬高地面和降低地下水位，可以有效减轻涝害和盐碱对苗木的危害。同时，深耕和细耙作业有助于降低土壤表面的蒸发量，保持土壤湿度和肥力，为苗木生长创造有利条件。

（3）要认真细致

整地的过程需要认真细致，确保耕地深透，耙地均匀，防止重耕、漏耕。同时，也要注意防止打乱土层，并且上松下实，满足种子萌发、幼苗出土的需求。种子越细小，整地要求越高。

2. 整地方法

整地包括浅耕、耕地、耙地、镇压和中耕五种基本方法，要求做到及时平整、全面翻耕、碎土细致，杂草、树根和石块清除彻底，并要求翻到一定的深度。

（1）浅耕

浅耕能够有效防止土壤水分的蒸发，清除地表杂草和病虫害，为后续的耕地工作创造更为有利的条件，是耕地前不可或缺的一项土壤耕作措施。在操作过程中，通常将浅耕深度控制在4～7cm，以确保土壤表层松动和杂草清除效果。在面对杂草根系较为紧密的生荒地或旧采伐迹地等特殊情况时，浅耕的深度可能需要适当增加，可达10～15cm，以达到更好的灭茬效果。浅耕是耕地前进行的一种土壤耕作措施。目的是防止土壤水分蒸发，消灭杂草和寄生于表土或土壤表层的病虫害，减少耕地的阻力，提高耕地的质量。浅耕的深度一般为4～7cm。

（2）耕地

耕地是指使用各种机械工具对苗木土壤进行全面翻动，深至整个耕作层，对土壤改良影响最大，是整地作业的主要环节。耕地的效果与耕地的深度和季节紧密相关。

耕地深度是衡量整地效果的核心指标，对于确保苗木的健康生长至关重要。考虑到壮苗根系的分布特点，播种区的耕地深度一般控制在20～25cm，以确保主要吸收根能充分分布于适宜的土层中。对于移植苗和插条苗，由于其根系分布相对较深，耕地深度需要相应增加，通常深耕至25～35cm更为适宜。

然而，各地的具体耕地深度还应根据气候、土壤条件及育苗需求进行灵活调整。在干旱地区，为了充分利用深层土壤的水分，耕地深度可适当增加；而在湿润地区，土壤水分充足，浅耕即可。对于黏土，由于其保水性强但通透性差，宜深耕以改善土壤结构；砂土则相反，宜浅耕以防止水分过快流失。在山地苗圃，土层厚度也是决定耕地深度的重要因素，土层厚则宜深耕，土层薄则宜浅耕。对于盐碱土地区，为了有效改良土壤并便于洗碱，耕地深度可达40～50cm。此外，为了避免形成阻碍根系生长的犁底层，同一地块每年的耕地深度应有所变化。对于耕作层较浅或新开辟的苗圃地，为了扩大苗木根系的吸收面积，耕地深度可逐年适当增加2～3cm。但在此过程中，应特别注意保持土壤层次的完整性，避免打乱原有土壤结构。

耕地季节对于土壤的改良效果具有显著影响。一般来说，在没有苗木生长的地块，理论上一年四季都可以进行耕地作业。然而，由于苗圃所在地的位置、气候和土壤条件各异，不同季节的耕地效果也会有所差异。

在北方地区，秋季起苗或作物收获后进行秋耕通常被认为是最佳选择。秋耕不仅能有效改善土壤的水、肥、气、热状况，还对消灭杂草和病虫害具有显著效果。此外，秋耕还有助于晒垡、冻垡，促进土壤风化，并有利于吸收积雪中的养分。对于山地苗圃和旱地苗圃，通常在雨季前进行耕地以蓄水，因为此时耕地的蓄水效果较好。相比之下，春耕的效果可能较差，这可能与春季土壤湿度和温度条件有关。在风沙较大的地区或在秋季、早春风蚀严重的苗圃，秋耕可能会加剧风蚀危害，因而应慎重选择耕地时间。对于这些地区，建议在早春解冻后尽快进行耕地，并及时耙地，以利于防风保墒。在南方地区，由于冬季气候温暖，土壤不会冻结，因而可以在冬季进行耕地。对于土壤过于黏重的地块，还可以选择夏季进行耕地，耕后不耙，让土壤暴露在阳光下进行晒白，这有助于促进土壤风化和改良。

耕作时间对于提升耕地效率和质量至关重要，主要根据土壤的质地、黏着力、结持力以及湿度状况而定。一般而言，当土壤的含水率达到饱和含水率的50%～60%时，土壤的黏着性和结持力会降至最低点，此时进行耕地作业遇到的阻力最小，效率最高，且垡块更易破碎，整体质量更佳。经验丰富的人员通常会采用一种简单而实用的手测法来判断是否适宜耕作。他们只需要用手抓取一把土壤，将其捏成土团，然后从大约1m的高度让其自然落地。如果土团能够轻易摔碎，那就意味着土壤的含水率适中，此时应立即进行耕地作业。相反，如果土团摔不碎，那就表明土壤的含水率过高，黏着力大，结持力强，此时进行耕地会遇到较大的阻力，且耕后形成的垡块较大，不易破碎，因而并不适宜进行耕地作业。

（3）耙地

耙地是耕地后的重要土壤耕作措施。通过耙地，可以粉碎较大的垡块，使地表变得细匀且平整，有效清除杂草。同时，耙地能够破坏地表结皮，切断土壤毛细管，这对于保蓄土壤水分、防止盐分随水上升到地表具有显著效果。

耙地的时机选择对于其效果至关重要。不同地区的气候和土壤条件差异较大，因而应因地制宜地确定耙地的适宜时间。在北方冬季有积雪且春季较为干旱的地区，为了更好地利用积雪保墒，通常在秋耕后留垡免耙，待到来年早春再进行“顶凌耙地”。而在冬季积雪较少的地区，则应在秋耕时随耕随耙，以便及时蓄水保墒。对于干旱地区的苗圃，由于春季土壤干旱较为严重，需要在早春土壤解冻时及时耙地；在春季耕地时，也应随耕随耙，以防止土壤水分流失。在南方苗圃，由于土壤较为黏重，为促进土壤风化，通常耕后不立即耙地，而是等土壤晒白后再连续耙地3～4遍，以达到碎垡、松土、平地的目的。

耙地时，操作要细致均匀，确保不遗漏任何区域，并将茬根清理干净，以利于后续的播种育苗工作。值得注意的是，耙地可能会对土壤表层结构造成一定程度的破坏。因此，在团粒结构良好的土壤中，应尽量减少耙地的次数。

（4）镇压

镇压是利用重物或重力对表土层进行压实的土壤耕作措施。这一步骤的主要目的是破碎表土中可能存在的硬块，使较为松散的表土层变得更加紧实。通过镇压，可以增强耕作层的毛细管作用，进而减少气态水的散失，有助于保持土壤的水分。

在干旱地区的苗圃中，耕作层土壤往往呈现疏松且干燥的状态。在这样的环境中，镇压的作用尤为关键。春季作床后，对床面进行镇压，有助于稳定土壤结构，减少水分蒸发。同样，播种后对播种沟底进行镇压，有助于毛管水更好地连接，提高土壤含水量，为种子的发芽创造有利条件。然而，需要注意的是，对于黏重的土壤，过度的镇压可能导致土壤板结，反而会妨碍幼苗的出土和生长。同样，当土壤的含水量较高时，进行镇压也可能导致土壤变得紧实和板结。因此，在进行镇压操作时，应特别留意土壤的性质和含水量，最好在土壤稍干后再进行镇压。

（5）中耕

中耕是通过疏松表土，调节土壤中的水分和空气状况，为苗木的生长创造良好的土壤环境，是苗木生长期间一项重要的土壤耕作措施。通常与除草结合进行，这不仅可以减少杂草对土壤养分的消耗，降低其对水分和光照的竞争，还有助于改善土壤的肥力供应，促进苗木的健康生长。中耕的频率通常根据土壤和苗木的生长情况而定，一般每年需要进行数次。在进行中耕时，需要注意控制耕作的深度。随着苗木的生长，中耕的深度也应逐渐加深，但靠近苗木根际处的耕作要浅，向外逐渐加深，以避免伤害幼苗的根系，确保其正常生长发育。通过这样的操作，可以有效改善土壤结构，提高土壤肥力，为苗木的生长提供有力支持。

整地是育苗的基础工作，要抓住各种土壤的适耕期及时进行。整地要平整、全面、不要漏耕。疏松沙地不要在刮大风时翻耕，避免大风刮走细土。深耕要贯彻“保持熟土在上，生土在下，不乱土层，土肥相容”的原则。

四、土壤消毒

在生产实际中，土壤消毒技术是最为常见且有效的土传病害防控方法，主要通过物理或化学的方法，高效、快速杀灭土壤中的真菌、细菌、线虫等有害生物，达到防控效果。

1. 物理消毒法

（1）高温处理

高温处理属于绿色环保的处理方法。在我国一般采用燃烧消毒法，能够有效减少各种化学药剂对土壤产生的影响。在实际工作中将露地苗床上铺上一些干草后点燃，有效消除土壤中残留的一些病虫害。在翻耕之后还可以增加一部分钾肥，实现内部资源的科学利用，满足土壤消毒的使用要求。日本特制的火焰土壤消毒机也较为常见，其以汽油作为主要燃料来加热土壤，能够使土壤达80℃左右，既可以杀死各种病原微生物，还可以杀死害虫，但是不会使土壤有机物燃烧，所产生的效果非常理想。

（2）太阳能消毒

太阳能消毒是指用塑料薄膜覆盖潮湿土壤（至少一个月），利用太阳辐射对土壤的增温作用，使土壤长期保持一定温度，利用热能杀灭土壤中的有害生物，包括细菌、真菌、线虫和杂草，但太阳能消毒的效果取决于热量多少、温度高低、曝晒时间长短、生物热敏感性以及土壤理化和生物性质，有一定局限性，但该方法最为简单。

（3）石灰氮太阳能消毒

石灰氮太阳能消毒是指在高温季节通过添加秸秆等含碳较高的物质和石灰氮均匀混合，灌水后较长时间覆盖塑料薄膜来提高土温，达到抑制或杀灭病菌、害虫、线虫和草种的作用，同时可起到调节土壤pH，补充氮肥、钙肥的作用。具体消毒操作：施用有机肥→撒施石灰氮30～50kg/亩→翻耕土壤、作畦→盖膜→膜下灌水→闭棚15天以上（地温达60～70℃，10cm地温50℃以上）→揭膜通风5天以上→种植作物。但需要注意的是，石灰氮不宜在碱性土壤上施用；由于石灰氮分解产生的氰胺对人体有害，使用时应特别注意安全防护和通风；石灰氮消毒后，土壤中的有益微生物菌已被杀灭，要尽快施用生物菌肥，培育有益菌群。

（4）蒸汽消毒

蒸汽消毒是通过高压密集的蒸汽，使土壤保持70℃，30min即可杀死土壤中的病原生物，可提高土壤的排水性和通透性，还具有消毒速度快，均匀有效，冷却后即可栽种，无残留药害，对人畜安全，无有害生物的抗药性问题等诸多优点。目前蒸汽消毒在欧洲早已得到广泛使用。

（5）热水消毒

热水消毒是指将过滤的70～95℃热水，以250L/m^2的速度通过热水管或喷孔施于土壤表面。研究表明，该方法可有效控制多种土传病害。热水消毒由于改变了土壤的理化性质，如脱盐和氮的矿化作用，可增加作物的产量。但如果处理温度过高，土壤中锰离子溶解作用可能导致植物中毒。

（6）土壤循环消毒

土壤循环消毒是指通过对土壤旋转翻耕，将土壤与高温洁净干燥的空气混合进行消毒。具有不受化学药剂使用的限制，不会造成土壤养分和水分的流失，使用过程中不受外在天气因素的影响，节能高效，不易造成病虫害抗性的产生等优点。

2. 化学消毒法

（1）福尔马林消毒

通常情况下的配比是每平方米土壤使用50～60mL的福尔马林，配合10kg的水进行充分混合（具体数值要按照实际情况进行科学确定），于播种前10～15天均匀喷洒在地表，然后用草袋或塑料薄膜覆盖，播种前7天揭掉覆盖物，让气体散发，药味完全散发后即可播种，对防治立枯病、褐斑病、角斑病、炭疽病有良好效果，并且对堆肥的肥效还有增效作用。应特别注意一些省份气温较低，土壤消毒时，福尔马林不能充分发挥药效，待出苗后，土中残留的药剂又要伤苗。

（2）波尔多液消毒

每平方米土壤用波尔多液（硫酸铜：熟石灰：水=1：1：100）2.5kg+赛力散10g喷洒土壤，待土壤稍干即可播种，对防治黑斑病、斑点病、灰毒病、锈病、褐斑病、炭疽病效果较好。

（3）五氯硝基苯消毒

每平方米土壤用75%五氯硝基苯4g+代森锌5g+细土12kg拌匀，播种时下垫上盖，对土传病害如炭疽病、立枯病、猝倒病等有特效。

（4）硫酸亚铁消毒

用3%硫酸亚铁处理土壤，每平方米土壤用药剂0.5kg；或用50%水溶性代森铵350倍液，每平方米土壤浇灌3kg稀释液，代森铵杀菌力强，能渗入植物体内，分解后还有一定肥效，可防治黑斑病、霜霉病、白粉病、立枯病和球根类种球病害等。

（5）溴甲烷消毒

将土壤中的植物残根剔除后，逐层堆放，然后在堆体的不同高度用施药的塑料管插入土壤中施入溴甲烷，施完足量药剂后立即用塑料薄膜密闭3～5天，去膜，晒7～10天后即可使用。用此法进行消毒时土壤的湿度要求控制在30%～40%，过干或过湿都会影响消毒效果。

（6）多菌灵消毒

多菌灵能防治多种真菌病害，对子囊菌和半知菌引起的病害效果明显，每平方米土壤施50%多菌灵可湿性粉剂1.5g，可防治根腐病、茎腐病、叶枯病和灰斑病等。也可按1：20的比例配制成毒土撒在土壤表面，能有效防治苗期病害。

（7）辛硫磷消毒

辛硫磷能有效灭杀金龟子幼虫、蝼蛄等地下害虫，常用50%辛硫磷颗粒剂，用量30.0～37.5kg/hm^2。如果苗圃土壤地下害虫严重，也可应用50%辛硫磷0.1kg，加饵料10kg制成毒饵撒在苗床上，或用90%敌百虫晶体0.5kg，加饵料50kg制成毒饵，撒在苗床上进行诱杀。

五、苗床准备

1. 作床

床式育苗是一种利用苗床进行苗木培育的方法，适用于培育种子粒径较小、顶土力较弱、生长较缓慢的树种，以及需要精细管理的苗木和珍稀苗木。为确保播种顺利进行，作床时间应与播种时间密切配合，通常在播种前的5～6天内完成苗床的制作。苗床走向以南北为好。在坡地应使苗床长边与等高线平行，作床的基本要求是“床面平、床边直、土粒碎、杂物净”。作床一般分为高床、低床、平床。

（1）高床

床面高出步道10～25cm。苗床宽度以便于操作为度，宽度1.0～1.2m，两床之间设人行步道，步道宽度30～40cm。苗床长度根据播种区的大小而定，手工作业一般长度15～20m，过长管理不方便；机械作业，用喷灌灌溉，且地势平坦，长度可达30～100m。优点是床面高、排水好、土温较高、用侧方灌溉，床面不易出现板结，步道既可以灌溉又可以排水，适用于易积水、气候寒冷降水较多的地区，培育要求排水良好，对土壤水分较敏感的树种，如落叶松、樟子松、云杉、油松等大多数针叶树种和部分阔叶树种，但是管理比较费工。

作床前要根据确定的苗床规格，先钉木椿，用草绳拉好床边柜，区划出苗床和步道。人工筑床，先将步道土掘起，放在床基上整平，并使之达到预定的高度。例如，畜力作床，先将步道上的土向一边翻，再返回来，向另一边翻土，这样两犁后，便将步道上的土翻到床基上，然后整平镇压。苗床的边缘呈45°并砸紧，以减少自然崩落。

（2）低床

床面低于步道15～25cm，苗床宽度1.0～1.2m，为了提高土地的利用率，床面可以加宽到1.5m。步道宽度40cm。苗床的长度同高床。低床保墒性能好，适宜应用在降水量较少、无积水的地区；培育对土壤水分要求不严，少有积水对生长无妨碍的大部分阔叶树种和少部分针叶树种，如侧柏、桧柏等。但是，低床易引起土壤板结，在降雨量多的地区常会因积水导致苗木病害。

作床时，要拌匀底肥，细致碎土，拣净石块、草根等夹杂物，先按床面和步道的宽度划好线，然后由床面线内起土培起步道，随培土随压实，以防步道向床中坍塌。步道筑好后，把床面耕翻疏松，将土面整平即可。

（3）平床

床面比步道稍高，适用于水分条件较好，不需要灌溉的地方，或排水良好的地方。筑床时，根据苗床规格，沿苗床边缘修成小土梗，将床面整平镇压即可。平床在东北地区很少应用。

2. 作垄

垄式育苗又称为大田式育苗，适用于培育如水曲柳、黄檗、蒙古栎、椴树、榆树等生长速度快且管理技术要求不高的树种，是黑龙江广泛采用的一种育苗方式。垄式育苗能够加厚肥土机械层，提高土温，有利于土壤养分的转化，苗木光照充足，通风良好，便于机械化作业，提高劳动生产率，降低育苗成本。但垄式育苗的管理不如床式育苗细致，苗木产量也较床式育苗低。作垄分为高垄和低垄。

（1）高垄

一般底垄宽度60～80cm，垄面宽度30～40cm，垄高度10～15cm。垄不可过长，否则易积水，作业也不方便。垄长度应当根据地形来考虑，地势高低不平容易积水就要短些，一般30～40m，地势平坦的地方可延长到100m，垄向以南北为宜，这样每条垄的两侧都能受到阳光照射，使土温增高，并有利于苗木充分利用阳光。在山地时，不得顺坡作垄，以免引起水土冲刷。为了便于播种和机械化作业，垄距要相等，垄台要通直。

高垄适用于大、中粒种子，幼苗长势强，播后不需要精细管理的树种。一般在我国东北、华北和西北地区培育阔叶树种常用高垄。

（2）低垄

低垄是低于地面的垄作方式。干旱、多风而水源不足的地区及幼苗需水较多的树种多用低垄。低垄具有灌水方便、节约用水、抗旱、防风和保护幼苗等优点。低垄的垄面低于地面10～15cm，类似于低床，只是床面窄小，垄背较床埂稍宽。

任务二　播种前种子的准备

任务描述

通过理论学习和实践操作，掌握播种前种子的处理方法，包括如何细致地对种子进行清选、分级、科学催芽以及规范消毒等一系列关键步骤。深刻领悟这些处理工作对提高种子发芽率、整齐度，以及促进苗木生长、提升产量和质量的重要意义，从而为顺利开展高效的林木苗木生产筑牢根基。

任务目标

1. 知识目标

①掌握播种前种子的处理方法，包括种子清选、分级、消毒和催芽等环节的具体内容与技术要点。

②熟悉种子催芽的多种方法，如水浸催芽、层积催芽等，并了解不同树种种子适用的催芽方式。

2. 技能目标

①能够独立、准确地对种子进行播前处理，依据种子特性熟练运用相应技术完成清选、分级、消毒等工作。

②能够针对不同种实的特点，灵活选择并实施合适的催芽处理方法，有效提高种子发芽效果。

3. 思政目标

①通过种子处理实践，培养脚踏实地、严谨细致的工作作风，深刻认识到每一粒种子都来之不易，增强对自然资源的珍惜意识，为生态建设贡献力量。

②在种子处理过程中，树立科学思维与系统观念，培养对林业生产各环节环环相扣的全局认知，提高对林业可持续发展的责任感，积极投身绿色生态发展事业。

任务要求

1. 遵循管理规范

穿戴好防护用品，确保个人安全。使用筛子、搅拌棒等工具前，保证设备完好无损。操作设备时双手紧握工具柄，保持平衡，避免用力过猛伤人。

2. 规范操作流程

开始操作前，制订详细种子处理工作计划。计划内容包括处理顺序、时间安排、药品和材料用量计算。种子清选、分级时，按大小、饱满度、色泽等特征筛选。使用标准筛筛选粒径，误差控制在 ±0.5mm；检查种子色泽，排除异常。种子消毒时，按指定浓度和时间操作，用精密量具配制消毒剂，误差不超过 ± 2%；浸种时间用计时器控制，误差不超过 ± 2min。催芽时，根据种子特性调节温度、湿度，每2h用温度计、湿度计测量并调整设备。每完成一道工序，小组成员进行自检和互检。种子清选后，随机检测净度和含水量，确保净度≥95%、含水量达标。种子消毒后，进行发芽试验，7天后发芽率≥85%则消毒合格。对不符合质量要求的操作，及时分析原因，采取补救措施，直至达到质量标准。

3. 团队协作

小组分工，根据成员特点合理分工。

操作流程

1. 前期准备

准备好所需的种子清选筛、分级工具、消毒药品（如高锰酸钾、福尔马林等）、催芽介质（如蛭石、苔藓等）、基肥等。仔细核对消毒药品的种类、剂量，确保药品质量合格、在有效期内，同时了解其使用注意事项。准备用于种子处理的工具，如搅拌棒、量筒、喷雾器；种子催芽器具，如催芽箱、温度计、湿度计等；测量工具，如天平、种子分析仪等。学习种子清选、分级、消毒、催芽等理论知识。

2. 种子播种品质确认

查看林木种子质量检验报告，了解种子品种、来源、净度、含水量、发芽率等基本信息，确保种子符合播种品质要求；观察种子外观，检查有无病虫害迹象、是否饱满等。

3. 种子清选、分级

利用风选、筛选、水选等方法去除种子中的杂质、空瘪粒、破损粒等，按照种子的大小、饱满度进行分级，选出符合播种要求的优质种子。

4. 种子消毒

根据种子特性选择合适的消毒方法，如化学消毒法，将种子放入配制好的消毒剂中浸泡规定时间，然后取出冲洗干净；或物理消毒法，如高温消毒，将种子置于一定温度的环境中进行处理，消灭种子表面和内部的病菌、害虫。

5. 种子催芽

依据种子特性采用相应的催芽方式，如层积催芽，将种子与湿润的介质（如蛭石、苔藓）分层放置在催芽箱中，控制好温度、湿度，定期检查翻动；浸种催芽，将种子放入温水中浸泡一定时间，促进种子吸水膨胀，加速萌发。

6. 种子接种、防鸟兽害

对于一些需要与微生物共生的树种种子，进行根瘤菌等微生物接种，促进种子萌发和幼苗生长；同时，采取措施防止鸟兽对种子的侵害，如设置防鸟网、投放驱兽剂等。

注意事项

①在进行种子消毒作业时，务必严格遵守操作规程，做好个人防护，避免消毒药品接触皮肤、误食，防止中毒事故发生。

②在催芽过程中，定期检查种子的温度、湿度和发芽情况，每2h测量一次温度、湿度，确保温度维持在适宜范围内（一般为20～30℃，根据不同树种调整），保持介质湿润但不过湿；每天随机抽取种子样本观察发芽情况，若发现温度过高或过低、发芽异常等情况，及时调整催芽条件或采取补救措施，如通风散热、增加覆盖物保温、重新消毒等。

③详细记录种子处理过程中的各项信息，包括种子品种、来源、处理方法、药品浓度、处理时间、环境参数等，为后续播种和苗木生长监测提供参考。定期对记录的数据进行分析，评估种子处理效果，优化处理工艺。

④在操作过程中，保持团队成员之间的高效沟通，确保每项工作有专人负责，避免因分工不清或沟通不畅导致的问题。

相关资料

一、种子准备与品质确认

播种前确认种子来源于优良母树，采用了适宜的采种方法，经过了科学的调制处理，具有良好的包装与适宜的贮藏，做好了播种前的预处理工作，具备纯净、整齐、饱满、发芽率高、无病虫害等特征。

二、种子清选、分级

为了获得精度高、品质好的种子，播种前要对种子进行清选、分级。根据种子的特性和夹杂物的情况进行筛选，提高种子的净度。具体可以采用风选、筛选、水选、粒选等方法，精选分级的方法与种子清选方法相同。

三、种子消毒

为了消灭附在种子上的病菌，预防苗木发生病害，在种子催芽和播种前，应进行种子消毒。苗木生产上常用的种子消毒方法分为以下几种。

1. 硫酸铜浸种

浓度为0.3% ~ 1.0%，浸泡种子4 ~ 6h，取出阴干，即可播种。硫酸铜可消毒，对部分树种（如落叶松）具有催芽作用，可提高种子发芽率。

2. 敌克松拌种

常用粉剂拌种播种，药量为种子质量的0.2% ~ 0.5%。先用药量10 ~ 15倍的土配制成药土，再拌种。对苗木猝倒病有较好的防治效果。

3. 福尔马林浸种

播前1 ~ 2天，用浓度为0.15%的福尔马林，浸泡种子15 ~ 30min，取出后密闭2h，然后将种子摊开阴干后播种。1kg浓度40%的福尔马林可消毒100kg种子。要严格掌握时间，不宜过长，否则将影响种子发芽。

4. 高锰酸钾浸种

浓度0.5%，浸种2h；浓度3%，浸种30min，取出后密闭30min，再用清水冲洗数次。胚根突破种皮的种子，不宜采用本方法，以免引起药害。

5. 石灰水浸种

用1% ~ 2%的石灰水浸种24h左右，对落叶松等有较好的灭菌作用。利用石灰水进行浸种消毒时，种子要浸没10 ~ 15cm深，种子倒入后充分搅拌，静置浸种，使石灰水表层形成并保持一层碳酸钙膜，提高隔绝空气的效率，达到杀菌目的。

6. 热水浸种

水温40 ~ 60℃，用水量为待处理种子的两倍。适用于针叶树种或大粒种子，种皮较薄或种子较小的不适宜。山杏种子可用此法。

7. 氯化乙基汞拌种

氯化乙基汞又称为西力生。每千克种子用药1 ~ 2g，于播种前20天进行拌种，拌种后密封贮藏，20天后进行播种。松柏类树种种子用此法效果较好，具有消毒、防护和刺激种子萌发的作用。

四、种子催芽

1. 种子休眠

种子休眠是指有生命力的种子，在适宜萌发的环境条件下，由于种子内部的原因而不能萌发的现象。种子休眠有利于物种的保存和繁衍，有助于种子的调配、运输和贮藏。然而，种子休眠也给育苗工作带来了一定的困扰。处于休眠状态的种子播种后，往往难以顺利出苗，发芽期较长，如核桃需要2～3个月，刺槐硬粒种子甚至要等到第2年才能出土。此外，休眠种子出苗后生长不整齐，严重影响了苗木的整体质量。因此，在实际生产过程中，必须采取相应的技术措施对种子进行处理，确保种子能够正常发芽，为后续的育苗工作提供有力保障。根据休眠原因和休眠程度不同分为自然休眠和被迫休眠两类。

（1）自然休眠

自然休眠又称为长期休眠、生理休眠、深休眠，是指种子成熟后，即使有了适宜发芽的条件，也不能很快萌发或发芽很少。

自然休眠的原因分为以下几点：

①种子含萌发抑制物质（脱落酸、氢氰酸、酚类、醛类），抑制种胚的代谢作用，使种胚处于休眠状态。

②生理后熟。有些种子外部形态虽然表现出形态成熟的特征，但种胚未发育完全，如银杏、白蜡树。

③种皮（果皮）机械障碍。种皮阻止水分的进入，常见于豆科植物；种皮不透气或氧气渗透率低，如欧洲白蜡、苹果等；种皮对种胚的机械阻碍作用，如核桃、桃树、杏树等。

④综合作用。可以是以上几种原因共同作用的结果。

种子自然休眠的代表性树种有：红松、白皮松、椴树、银杏、白蜡树、冬青、元宝枫、复叶槭。

（2）被迫休眠

被迫休眠又称为浅休眠、外因性休眠，是指种子得不到发芽所需要的基本条件（如水分、温度和氧气）而处于休眠状态，若能满足这些基本条件，种子就能很快萌发。

被迫休眠的原因是种子萌发需要严格的环境条件，当得不到发芽所需要的基本条件时，不能萌发。

种子被迫休眠的代表性树种有：马尾松、侧柏、杨树、榆树、桉树、油松。

2. 种子催芽

种子催芽是指在播种前创造适宜的环境条件、促进种子萌发的过程，是种子繁殖育苗中常用的一项技术措施。种子催芽的实质在于解除种子休眠和促进种子萌发。通过催芽，可提高种子的发芽率，减少播种量，节约种子，且出苗整齐，有利于播种圃地的管理，使出苗达到“快、齐、全、匀、壮”。种子休眠的原因不同，解除休眠即催芽的方法也不尽相同。种子催芽的方法很多，生产上常用的有水浸催芽、层积催芽、药剂浸种催芽等。

（1）水浸催芽

水浸催芽适用于大部分树种的种子，即通过清水浸泡的方式处理种子，促使种皮变软，种子吸水膨胀，提高酶的活性，进而加快种胚的发育，捞出置暖湿条件下催芽，是最简单的一种催芽方法。水浸催芽应注意以下几点：

①浸种水温。浸种过程中，需要综合考虑种粒大小、种皮粗细和化学成分等因素，以选择合适的水温并确定恰当的浸种时间。按浸种水温可分为冷水浸种和热水浸种。

a.冷水浸种：自然温度下大约7天即可，同时要求24h换一次水，否则会造成种子缺氧，变成无氧呼吸，产生酒精使种子发霉、变质。冷水浸种对于种皮外有油质、蜡质的种子不起作用。该方法适用于短期休眠、种皮较薄、含水量高的小粒种子，如杨树、柳树（不高于20℃水浸种）；种皮较薄、含水量高的小粒种子，如泡桐、落叶松、白杆、榆树等（不高于30℃水浸种）。

b.热水浸种：40 ~ 90℃的水浸泡种子，要边倒边搅拌，冷却后转入冷水浸种。热水浸种简单、经济，但效果差，一般不单独使用，时间紧迫时可单独使用。比如4月要播种，但种子还没来得及处理，则提前一个月用此法浸种。该方法适用于种皮较厚，种皮上有油、蜡的种子。例如，油松、侧柏、杉木、柳杉、马尾松、湿地松、火炬松、华山松、落叶松等适于用40 ~ 50℃温水浸种；刺槐、皂角、山楂等适于用70 ~ 90℃热水浸种；对硬粒种子先用70℃热水浸1个昼夜后过筛，筛出硬粒种子再用90℃的热水浸渍，反复2 ~ 3次，从而确保种子的良好发芽和生长。

②浸种催芽方法。播种前用特定温度的清水浸泡种子，到达指定时间后捞出备播。种水体积比通常为1：3，种子浸种1 ~ 2个昼夜即可吸水膨胀，种皮薄的只需要几个小时即可吸水膨胀，而种皮坚硬致密的需要3 ~ 5天或更长一些时间才能吸水膨胀。常见树种浸种水温和时间见表2-1。凡浸种时间超过12h的都要每天换水1 ~ 2次。对于杂质多及易发黏的小粒种子，换水时可结合搓洗、揉搓等手段，要注意保持淘洗的水质是清亮的，否则影响催芽效果。

表2-1 常见树种浸种水温和时间

树种	水温/℃	浸种时间/h
杨树、柳树、榆树、梓树、泡桐	0～30	12
悬铃木、桑树、臭椿	30	24
樟树、楠树、檫树、油松、落叶松	35	24
杉木、侧柏、马尾松、文冠果、柳杉、柏木	40～45	24～48
槐树、苦楝、君迁子	60～70	24～72
刺槐、合欢、紫穗槐、相思树	80～90	24

经过浸种处理的种子，捞出后要放在温暖的环境中催芽。若种子量少，可以用湿润纱布覆盖，放在温暖处催芽，每天淘洗2～3次，直到达到催芽的程度；若种子量大，可以混以3倍量的河沙（湿度是其饱和含水量的60%），然后覆盖保湿，再放置在温暖处催芽。在催芽过程中特别注意温度一般保持在25℃，同时确保水分和通气条件适宜。当发现种子总量的1/3裂口露白时，即可播种。

（2）层积催芽

层积催芽是指将精选种子消毒后与湿润物（河沙、泥炭、锯屑等）混合或分层放置，控制一定的温度、湿度和通气条件，用以解除休眠，促使种子露出胚根达到发芽程度的方法。其中，混沙一定是河沙，含水量应达到60%，依据放置方式不同，时间少则一个月，多则1～2年，并且要保持通气状态。此方法适用于所有的树种，具有效果好、技术复杂的特点。树种不同，催芽时间不同，对温度的需求也不同。层积催芽具体可以分为：

①冷湿处理。冷湿处理为种子提供低温、高湿、通气条件，促进种子萌发。温度－5～10℃；相对湿度60%。通气条件低于暖湿处理，翻动种子（种子呼吸弱，可不常翻），插草把。适用于北方处理的种子有落叶松属、云杉属、冷杉属、桦木属、桑属、山梅花属、溲疏属、绣线菊属、山荆子、稠李、白蜡树、茶条槭、青楷槭、花楷槭、沙棘、桃树、李树、杏树、核桃楸、水蜡树、花楸、鸡树条、红瑞木等。可利用雪藏法、冷水浸种、地面沙藏法进行处理。

a.雪藏法：雪藏法仅适用于东北地区，长春以北，再往南雪少地区不适用。具体过程：浸种→混雪→春季取出晒种→播种。具体操作方法：下雪后，先将种子在雪水中浸泡2～3天，捞出后将种子与雪按1∶3混匀堆放，次年春雪化后，将种子放于阴凉处，喷水保湿，待有1/3种子裂口时即可播种。此方法对于水曲柳效果最好，其次为落叶松、红松、樟子松。

b.冷水浸种：将干种子投入河、井水中，化冻后晾晒一天春播。

c.地面沙藏法：将经过浸种、消毒后的种子装袋或混沙后，放于室外通风处自然冻结或放于冷冻室内，以保持种子冷湿状态，次年春随气温升高，不断喷水翻动种子，待有1/3种子裂口即可播种。

②暖湿处理。暖湿处理为种子提供高温、高湿、通气条件，促进种子萌发。在温暖季节进行，寒冷季节应加温。温度10～28℃；湿度60%。翻动种子，插草把。适于北方处理的种子有落叶松属、云杉属、冷杉属、侧柏、油松、赤松、樟子松、杉木、柏木、桦木属、溲疏属、山梅花属、绣线菊属、胡枝子属、锦鸡儿属、越橘属、杜鹃属、紫穗槐、山槐、刺槐、连翘、丁香、花曲柳、枸杞、赤杨。将消毒后的种子与湿沙按1∶2或1∶3混拌均匀，定期检查湿度和温度，保证催芽过程的所有条件。可采用地面混沙堆藏法、地下混沙埋藏法（半地下室，难处理的7～8月开始）、温水浸种（始温35～40℃）进行处理。

③先暖湿后冷湿处理。先提供暖湿条件，再提供冷湿条件，适用于种皮坚硬，具有不透水层，种皮具有胶质、蜡质、油质的种子。适用于北方处理的种子有红松、偃松、兴安桧、杜松、小檗、北五味子、山梨、东北杏、蔷薇、山楂、黄檗、卫矛、南蛇藤、糠椴、紫椴、刺老牙、刺五加、水曲柳。可用隔年埋藏、地下室埋藏。

④先冷湿后暖湿处理。先提供冷湿条件，持续一段时间后，再提供暖湿条件，持续一段时间。或冷湿暖湿交替处理，才能满足种子发芽条件。

层积催芽处理时应注意以下问题：

①浸种水温过高，热水闷的时间过长，种子闷粉，如处理杜松种子时，先用80℃温水浸泡，搅拌30min，使水温降至30℃以下，否则应添冷水强迫降温，才能避免种子闷粉。

②种子处理开始时间过晚或处理方法某处不当，如温度过高，种子过干，冷冻期不足等，会使种子春播后不出苗。

③浸泡时不换水或用死水长久泡种子，氧气不足，水中窒息，引起种胚死亡。

④未掌握催芽时机，处理过早而土地未化冻时，芽已经过长，裂口又未采取冷冻控制，播后生长力弱，死亡率高。

⑤消毒不良，种沙不洁，种子处理中温度过高，使种子霉烂。

⑥种子处理期间温度不足，因种子缺水打不破休眠期，影响出苗率。

⑦宜低温处理的种子晚播，宜高温处理的种子早播，都会因条件不满足，重新进入休眠期。秋播过早生根易冻死；雪埋种子，雪化后种子过湿易泡死。

播种前种子催芽到有30%以上种子裂口的程度为宜。播前1～2周要加强种子催芽情况检查，并进行判断。当播种期未到种子已有裂口，应立即放入0～5℃低温环境中，并且适当控水；当播种期将至种子变化轻微，将种子放在阳光下或温暖较高处，不断翻动，日晒，浇水，通过高温、高燥、干湿交替促进种子萌动裂口。

（3）药剂浸种催芽

药剂浸种催芽分为以下几种：

①化学药剂催芽。化学药剂主要可分为酸、碱和盐，如高锰酸钾、硫酸铜、浓硫酸、稀盐酸、小苏打等。种子表面含油脂丰富且覆有蜡质层的，一般用小苏打浸泡催芽效果较好，如乌桕、黄连木等。种皮较厚且坚硬的种子可采用浓硫酸对其进行处理来腐蚀种皮并提高透性，如将种皮致密坚硬的合欢种子用浓硫酸酸蚀30min，再浸水72h后置于培养皿进行发芽试验，种子发芽率和发芽势分别可达100%和97%。药剂处理后要用清水冲洗干净后再沙藏。

②植物激素和微量元素催芽。常见的植物激素有赤霉素、2,4-D、吲哚乙酸（IAA）、吲哚丁酸（IBA）、萘乙酸（NAA）、植物生长调节剂（GGR）等，微量元素有硼、铁、铜、钼等。切忌盲目使用，使用时需要参照文献确定最适浸种浓度和时间。据美国路易斯安那州的材料，用浓度100mg/L的GGR溶液浸种2天可显著提高薄壳山核桃种子发芽率、发芽势及苗木质量，且效果优于赤霉素及萘乙酸处理，但随着浓度的升高及浸种时间的增加，将产生有害物质抑制种子萌发。

（4）其他催芽方法

除了上述介绍的几种方法外，还有其他催芽方法，现介绍如下：

①物理处理法。

a.物理擦伤法：物理擦伤法是指通过机械擦伤或沙粒磨损处理，改变种皮的物理性质，增加种皮透性，使水分和空气能迅速进入种子内部，进而解除以种皮障碍为主导的种子休眠，启动种胚萌发过程的一类方法。例如，红豆树经过机械破皮后种子发芽率比未破皮种子高26%。因此，生产上可以利用种子擦伤机来进行操作，但是操作时要注意损伤度；也可以与粗沙、碎石等混合搅拌，以此磨伤种皮，以利种子吸水。

b.其他物理因素处理法：利用X射线、放射性同位素、激光、超声波、磁化水、紫外线、红外线等处理种子，对种胚进行刺激，促进种子萌发。

②电磁处理催芽。电磁处理催芽是近年来种子催芽技术研究的热点，但主要集中于农业领域上，林业领域研究较少且尚未在实际生产中得到有效普及和应用，还停留在学术研究阶段。静电场处理主要通过磁效应来改变种子的生理、生化指标，提升种子活力，可以提高酶活性，缩短萌发时间，福建农林大学马静等对南方常见的4种针叶树种的种子进行了静电场试验研究，结果发现，马尾松种子在电场强度3.5kV/cm的条件下处理10min可显著提高种子的发芽势及发芽率。

③稀土液处理。稀土液能调节种胚的活性，调动种子幼胚氨基酸转化，因而利用稀土液浸种可以提高树木种子的发芽率，通常将黄连木种子在浓度200mg/L的稀土液中浸

泡24h后进行层积催芽，翌年春天播种，种子出芽早、发芽率高，生长健壮，提高了造林成活率。利用50～150mg/L的稀土液对樟子松种子浸种24h，最多可提高种子发芽率20%。但是稀土液浓度过高，也将抑制种子萌发，因此稀土液浸种应掌握合适的浓度，否则将适得其反。

④汽水播种法。将种子浸泡在一直保持充气状态、水中氧气含量接近饱和的4～5℃水中，能够加快种子发芽的速度。

五、种子接种、防鸟兽害

1. 接种

对于一些树种，在播种前还应该进行根瘤菌剂、菌根菌剂、磷化菌剂接种，从而提高苗木质量。

（1）根瘤菌剂接种

根瘤菌能通过固定大气中的游离氮供苗木生长发育。对在无根瘤菌土壤中培育的豆科树种或赤杨类树种接种根瘤菌，能提高苗木质量。操作时，将根瘤菌剂与种子混合搅拌后，随即播种。

（2）菌根菌剂接种

菌根菌能代替根毛吸收水分和养分，促进苗木生长发育。松属、壳斗科等种子，在育苗时接种菌根菌，能提高苗木质量。操作时，将菌根菌剂加水拌成糊状，拌种后立即进行播种。

（3）磷化菌剂接种

磷化菌可以分解土壤中的磷，将其转化为可以直接被植物所吸收的磷化物，供苗木吸收利用。操作时，将磷化菌剂与种子混合搅拌后，再播种。

2. 防鸟害

一些种子如松柏类种子发芽时顶壳出土，往往受到鸟的危害，鸟啄食种壳，折断幼芽。在实际生产中，常用铅丹将其染成红色，避免出苗时被鸟啄食。铅丹与种子的比例一般为1：10。另外在出苗时，也可采用遮盖幼苗，驱赶、恐吓害鸟等办法防鸟害。

3. 防兽害

一般壳斗科树种播种后出苗前往往受兽类的危害。为防止种子被兽类偷食，生产中常用煤油及其他种类的毒药拌种处理，如磷化锌处理的效果很好。

任务三 播种技术

任务描述

通过理论学习和实践操作，掌握种子播种的基本流程、不同树种适用的播种方法以及操作中的关键要点。深刻认识播种技术在苗木生产中的基础性地位，以及其对苗木生长周期、产量和品质的直接影响，从而培养实际操作能力和科学素养。

任务目标

1. 知识目标

①掌握当地常用树种种子的最佳播种时间，了解不同树种种子的生态习性与生长规律，明确各树种适宜的播种季节。

②熟悉种子的多种播种方法，包括撒播、条播、穴播等，了解每种方法的特点、适用树种及操作要点。

2. 技能目标

①能够根据不同树种的种子特性，如种子大小、发芽习性等，准确选择并熟练运用相应的播种方法，确保播种质量。

②独立完成种子的播种工作，包括前期的种子处理、播种操作，以及播后的覆土、灌溉等环节，保证播种流程的规范性与科学性。

3. 思政目标

①通过播种技术的学习与实践，培育尊重自然规律、遵循科学方法的专业素养。在操作过程中，树立“粒粒皆辛苦”的节约意识，杜绝种子浪费，珍惜每一粒种子，深刻领会自然资源的珍贵。

②在播种实践中，强化团队协作精神，注重细节，培养脚踏实地、勇于担当的品质，积极发挥自身作用，共同克服困难，为生态建设添砖加瓦。

任务要求

1. 遵循管理规范

穿戴好防护用品，确保个人安全。使用播种机、锄头、耙子等工具前，保证工具完好无损。操作播种机时，按设备操作手册进行，确保机器良好工作状态。使用手动工具时，保持身体平衡，避免用力过猛。搬运处理种子时，动作轻缓，避免机械损伤。使用化学药剂处理种子时，佩戴护目镜和橡胶手套，按药剂使用说明操作。

2. 规范操作流程

开始操作前，制订详细播种工作计划。计划内容包括播种面积和布局、播种顺序、播种量计算等。例如，绘制播种区域平面图，标注各树种播种区域的面积、形状和位置；计算每平方米所需种子数量。确定播种期时，选择最佳播种时间，避开晚霜危害，确保种子能在适宜温度下萌发。确定播种密度时，依据树种生长习性和苗木培育目标计算，播种均匀，覆土厚度根据树种和种子大小确定。

3. 质量把控

每完成一道工序，都要自检和互检。例如，播种后检查播种深度和覆土情况，确保播种深度误差不超过 ± 0.5cm，覆土均匀无漏播；出苗后，观察苗木生长情况，统计苗木出土率和生长势，若发现异常，及时分析原因并采取补救措施，直至达到质量标准。

4. 团队协作

小组合作，根据成员特长合理分工。

操作流程

1. 前期准备

准备种子、覆盖物、基肥和农药，确保种子合格、覆盖物干净、基肥营养均衡、农药高效低毒。备齐播种、测量、土壤处理和标记工具，调试设备，确保播种均匀、测量精确、土壤整理顺利、标记清晰。学习不同树种的最佳播种期，密度、方法等理论知识，了解土壤和气候条件对播种的影响。

2. 确定播种期

根据气候和树种特性，选择最佳播种期。春季避开晚霜，夏季避开高温，秋季确保种子有足够时间萌发和生长。例如，杨树春播，松树秋播。

3. 确定播种密度

根据树种生长习性、苗木培育目标和场地条件，确定播种密度。针叶树种播种密度小于阔叶树种，考虑移栽需求，适当加大播种密度。精确测量播种区域面积，计算所需种子数量，允许误差控制在 ±5%。

4. 确定播种量

根据播种密度、种子发芽率和千粒重计算播种量。

5. 确定播种方法

选择合适的播种方法，如点播、条播或撒播，根据树种特性和场地条件。例如，大粒种子点播，中粒种子条播，小粒种子撒播。严格按照选定方法操作，确保播种质量。

6. 确定播种工序

确定详细播种工序，包括种子处理、播种操作、覆盖土壤、灌溉和标记。种子处理要规范，播种操作要均匀准确，覆盖土壤要一致压实，灌溉要适量，标记要及时准确，注明必要信息。

注意事项

①播种前确保种子已充分晾干，避免霉变。晾干种子时，将种子摊放在通风良好、干净卫生的场所，厚度不超过5cm，避免堆积过厚导致种子发热、霉变。晾干过程中，要经常翻动种子，确保干燥均匀。一般种子含水量降至10%～15%时即可进行播种。

②播种时要均匀撒播，避免漏播或重播。使用播种机播种时，要提前调试好设备，确保播种均匀；人工撒播时，要按照规定的株距和行距，均匀撒播种子。如果发现漏播或重播，要及时进行补播或调整，确保播种密度均匀一致。

③温室环境控制要精细，特别是夜间温度不宜过低。在温室播种后，要密切关注温度、湿度、光照等环境参数。白天温度控制在20～30℃，夜间温度不低于15℃，根据树种需求进行调整。

④灌溉时避免水直接冲击种子，以免造成位移或损伤。采用喷灌或滴灌等方式进行灌溉，水压要适中，避免水流过急冲击种子。

相关资料

一、播种期

播种期是指播种的季节和具体时间，它不仅直接影响苗木的产量、质量和抗逆性等生产指标，也影响苗木的生长期、出圃时间、土地使用以及抚育措施等生产管理过程。播种期要依据树种特性及气候条件综合考虑，不违农时，适时播种。在我国一年四季均可播种，北方以春播为主。

1. 春播

春季万物复苏，空气温暖，土壤湿润，不易板结，是播种的最佳时间，在生产上应用最为广泛，是很多地区和许多树种的主要播种季节。东北地区基本适宜于春播。此时气候条件好，温度迅速回升，种子在土壤里的时间短、发芽快，可减少播种地的管理工作和鸟、兽、虫等危害，幼苗出土后，可避免遭受低温、霜冻危害。但是也具有节气较短、田间作业紧张、工作量较大的缺点。

依照适时早播的原则，在不致使幼苗遭受晚霜危害的前提下，应尽可能提早播种，特别在干旱时期更为重要。一般当土壤5cm深处的土温稳定在10℃左右或平均气温为5℃时，达到了大多数种子萌发的最低温度，即可播种。在黑龙江大多数地区，春播以4月中下旬至5月上旬为宜。一般先播针叶树种，后播阔叶树种。高燥地方应先播，低湿地方应后播。

2. 夏播

对于夏季成熟而又不易贮藏的种子，如杨树、柳树、榆树等先花后叶，在6月末7月初成熟的种子，当种子成熟时，应立即采下调制后播种。

夏播的苗木生长期短，为了使苗木在冬季到来前充分木质化，提高夏播苗木的产量和质量，应提前进行整地、施肥、作床等工作，争取提前播种，播种后要加强抚育管理工作。

3. 秋播

秋播相当于春播的提前，在土壤中贮藏种子，有与春播相似的优点。具体表现为秋播后种子在土壤中越冬，翌年春季出苗早，幼苗健壮，抗逆性强；成苗率、苗木质量和产量均高。但是也由于秋播到翌年春季幼苗出土前时间长，易受鸟、兽、虫及不良气候条件危害，播种地的管理颇为费工，早春幼苗出土早，易遭晚霜危害。对于大粒难以贮藏的种子或休眠期长的种子，适合在秋末冬初土壤未结冻前播种。播种的具体时间一般在10月中下旬，对长期休眠的种子应适当提早，而短期休眠的种子，应在晚秋播种，以防播后秋季发芽，使幼苗遭受冻害。

为了保证秋播质量，在秋季进入起苗季节后，对要秋播的苗圃地，进行耕作、耙地、施肥，作床后，要进行多次镇压或浇底水，使土壤实沉，秋播地上容易发生板结，所以应选择砂性较大的疏松土壤作为秋播地，来年早春当土壤有冻裂时应用土填平。秋播种子幼苗出土早，应做好防霜工作，发现有缺苗断条的地方，应用经过催芽处理的种子进行早春补播。

4. 冬播

冬播相当于春播的提前和秋播的延续，具有春播和秋播的优点，同时便于安排劳力进行作业，是我国南方的主要播种季节。例如，马尾松、杉木等部分树种，初冬种子成熟后随采随播，不仅发芽时间早，而且扎根深，能够有效提高苗木的生长量和成活率，增强幼苗的抗旱、抗寒和抗病能力。

在实际进行播种时，不管是何种播种季节都需要注意，在风大的天气不宜播小粒和特小粒种子；土壤过湿或土壤干燥，又无灌溉条件的，不宜播已催芽的种子。

二、播种密度

播种密度以苗木密度作为基础。苗木密度是指单位面积（或单位长度）上的苗木数量（株/m^2、株/m)，如落叶松600 ~ 800株/m^2。苗木密度对苗木的产量和质量起决定性作用。苗木密度大，产量就高，反之产量低。但是苗木过密，每株苗木的营养面积小，通风透光不良，培育出来的苗木细弱，叶量少，根系不发达，干物质量小，苗木分化严重，顶芽不健壮，病虫害较多，造林成活率低；苗木过稀，单位面积产量不能得以保证，易滋生杂草，除草费工，消耗土壤水分和养分，给管理上带来一定的难度。只有适宜的苗木密度才能得到壮苗丰产。适宜的苗木密度的实质就是要正确处理苗木产量和质量的关系，达到苗木的产量和质量统一。

确定苗木密度时，要以育苗树种的生物学特性、苗圃地环境条件的好坏、育苗的技术水平、育苗年限等条件为依据。一般来说，针叶树种比阔叶树种的苗木密度要大些；生长速度慢的树种比生长速度快的苗木密度大；土壤、气候条件好，育苗技术水平较高的苗木密度要大些。例如，针叶树种的苗木密度大致为80 ~ 200株/m^{2}或250 ~ 600株/m^2（150万 ~ 360万株/hm^2），阔叶树种大粒种子和生长速度快的树种为9万 ~ 24万株/hm^2，生长速度中等的树种为24万 ~ 60万株/hm^2。此外，还要考虑育苗使用的机器、机具的规格。

苗木密度的确定取决于株、行距，尤其是行距的大小。一般播种苗的行距是8 ~ 25cm，大田式育苗行距50 ~ 80cm。同时，也可以通过控制播种密度来控制苗木密度。

三、播种量

播种量是指单位面积（或单位长度）上所播种子的质量。大粒种子有时用粒数表示，播种量决定播种苗的初始密度，直接影响单位面积上苗木的产量和质量。

播种量太大，不仅费种子，而且出苗过密，间苗费工，由于苗木营养面积小，光照不足，通风不良，使苗木生长细弱，主根深长，侧根不发达，降低了苗木质量。播种量太少，幼苗单独出土困难，产苗量低，由于苗间空隙大，使土壤中水分大量蒸发。而且杂草容易侵入，增加苗木抚育管理用工，提高了成本，特别是针叶树种幼苗过稀时生长不良，容易死亡。

合理的播种量应该是用最少的种子，生产出最高产量的标准苗木。既做到节约用种，又达到合理的苗木密度。如果每一颗种子都能发芽、成苗，这是最理想的。但在生产实践上，每一个树种最适宜的播种量都随种子质量、栽培年限、自然条件和技术措施而变化。如果种子质量好，自然条件适宜，育苗技术水平高，播种量就可以相对减少。否则，就要增大播种量。为了节约种子，要提倡科学计算播种量。

1. 理论播种量

计算公式如下：

$$X=C\times\frac{Am}{PG\times1000^2} \tag{2-1}$$

式中 X——单位面积（或单位长度）实际所需播种量，kg/hm^{2}或g/m^2；

A——单位面积（或单位长度）的产苗量，株/hm^{2}或株/m^2；

m——千粒重，g；

P——种子的净度，%；

G——种子的发芽势，%；

1000^2——常数；

C——播种系数（综合考虑了多种因素的参数，用于调整播种量，以确保种子的成活率和最终产苗量）。

播种系数又称为损耗系数，在生产实践中，会因鸟兽虫、自然条件、抚育管理、苗木自然分化、育苗技术水平等造成损失，致使单位面积产苗量减少，这就必须要增加播种量以补偿损失。同一树种，在不同条件下数值可能不同，通常千粒重在700g以上的大粒种子，播种系数为1；千粒重在3～700g的中、小粒种子，1<播种系数≤5；千粒重在3g以下的极小粒种子，播种系数>5，有些在10～20。

以上公式计算得出的是理论值，生产上还应考虑自然条件下正常的损耗，实际情况下，播种系数还需要适当增大。部分树种播种量及产苗量见表2-2。

表2-2　部分树种播种量及产苗量

树种	作业方式	播种量/（kg/100m²）	产苗量/（株/100m²）
桧柏	低床条播	2.5～3.0	3000～5000
云杉	高床撒播	2.0～3.0	15000～20000
银杏	低床条播或点播	7.5	1500～2000
油松	高床撒播或垄播	10.0～12.5	10000～15000
白皮松	高床撒播或垄播	17.5～20.0	8000～10000
侧柏	高垄或低床条播	2.0～2.5	3000～5000
紫椴	高垄或低床条播	5.0～10.0	1200～1500
榆叶梅	高垄或低床条播	2.5～5.0	1200～1500
国槐	高垄条播	2.5～5.0	1200～1500
刺槐	高垄条播	1.5～2.5	800～1000
合欢	高垄条播	2.0～2.5	1000～1200
元宝枫	高垄条播	2.5～3.0	1200～1500
白蜡树	高垄条播	1.5～2.0	1200～1500
臭椿	高垄条播	1.5～2.5	600～800
香椿	高垄条播	0.5～1.0	1200～1500
茶条槭	高垄条播	1.5～2.0	1200～1500
皂角	高垄条播	5.0～10.0	1500～2000

续表

树种	作业方式	播种量/（kg/100m²）	产苗量/（株/100m²）
栾树	高垄条播	5.0～7.5	1000～1200
青桐	高垄条播	3.0～5.0	1200～1500
山桃	高垄条播	10.0～12.5	1200～1500
山杏	高垄条播	10.0～12.5	1200～1500
海棠	高垄或低床两行条播	1.5～2.0	1500～2000
贴梗海棠	高垄或低床条播	1.5～2.0	1200～1500
核桃	高垄点播	20.0～25.0	1000～1200

2. 单位面积播种行总长度

计算公式如下：

$$L=\frac{100^2 b_1 l}{(b_1+b_2)(l+b_2)g} \tag{2-2}$$

式中 L——每公顷苗床播种行的总长度，m；

b_1——苗床宽度，m；

l——苗床长度，m；

b_2——步道宽度，m；

g——行距，m。

根据实际，按照此公式求得的数据往往不准确，为避免误差存在，可以根据实际情况，以确定好的行距计算出准确的行数，依此得出每个苗床播种行的总长度。最后再求得单位面积上总床数播种行的总长度。另外，田间不可避免地要设置灌溉、排水毛渠，仅计算步道是不能准确得出单位面积总播种行的。

3. 单位面积播种行的总长度

计算公式如下：

$$L=\frac{100l}{b}\times n \tag{2-3}$$

式中 L——每公顷播种行的总长度，m；

l——每垄长度，m（以$1hm^2$计算，这里长度为100m）；

n——每垄行数；

b——垄宽，m；

100——常数（地块宽度）。

此种计算方法适用于大田垄播，对于有些树种要求每垄播双行，播种行是双行的，需要乘以2，否则计算的是垄的总长度，而不是播种行总长度；计算实际面积播种行的总长度，需要乘以实际面积，单位为hm^2。

四、播种方法

目前生产上常用的播种方法有条播、撒播和点播，具体方法因树种特性、育苗技术水平、自然条件而异。

1. 条播

条播是指按一定的距离将种子均匀地按一定的宽度，呈条状播于苗床或垄面上，是应用最广泛的方法，适用于各种中、小粒种子。其优点是：苗木有一定的行间距离，便于土壤管理及苗木保护，便于机械化作业，苗木的行距较大，受光均匀，有良好的通风条件，起苗作业方便，且比撒播省种子。条播的播幅一般2 ~ 5cm，条播播幅与播幅间距的宽度比为1 ：1或2 ：1。行距一般10 ~ 20cm，带距30 ~ 50cm，距离的大小因苗木生长速度和播种机、中耕机的构造而异。纵行条播（与苗床的长边平行），便于机械作业；横行条播（与苗床的短边平行），便于手工作业。

2. 撒播

撒播是指将种子均匀地撒播在苗床或垄面上的播种方法，适用于杨树、柳树、榆树、桦木、落叶松、赤松、樟子松等树种的小粒种子。其优点是：可以充分利用土地，单位面积产苗量较条播高，苗木分布均匀，生长整齐。缺点是：不便于土壤管理工作，苗木密度大，容易造成光照不足，通风不佳，苗木生长细弱，抗性差，播种量大，且不便于机械化。

3. 点播

点播是指按一定的株、行距挖穴播种，或按行距开沟后再按株距将种子播于沟内的播种方法，适用于核桃、板栗、银杏、文冠果等树种的大粒种子。它具备条播的优点，但苗木产量比其他两种方法都少。点播的株、行距应根据树种特性和苗木的栽培年限来决定。大粒种子点播时要注意出芽部位，正确放置种子的位置，应侧放，使种子的尖端与地面平行放置。

五、播种工序

1. 人工播种

人工播种工序一般分为：

①灌底水。在播种前一周，如果土壤干旱，应结合土壤消毒对苗床灌一次透水，土壤消毒用800倍硫酸亚铁溶液。

②筛沙。筛出催芽时种子中的沙子。

③称种。对要播种的种子进行检查，核对所要播种的面积和种子的质量，做到心中有数。

④分种。在播种前应将种子按每床用量等量分开，再将每床用种按每平方米再次分开，做到均匀播种，计划用种。

⑤平整床面。播种前对苗床进行一次平整，使床面平整，土壤疏松。

⑥镇压。播种前如果床面过于疏松，要进行一次镇压，但不要太用力。

⑦覆盖材料准备。覆盖材料可用有机肥、腐殖质土、腐熟锯屑或草炭粉、细沙等，按不同比例配制，注意兴安落叶松、长白落叶松不能用腐熟锯屑当覆盖材料。

⑧播种。播种要求播种量准确，种子要播均匀，并且要做到计划用种。生产中要根据实际，采用适合的播种方法。例如，山杏的种子属于大粒种子，应采取点播的方法。播种量为120～150粒/m^2。播种前将种子放在阳光下晾晒，筛去山杏中的沙子。将已经发芽的种子拣出进行播种。两人分别站于苗床两侧，将种尖向下插入苗床，使种子上部与床面相平。

⑨播后镇压。播种后为使种子与土壤紧密接触，要进行一次镇压。

⑩覆土。用原床土加草炭土按3∶1混合，播后立即覆土，以免土壤和种子干燥，得不到发芽所必须的水分，且易遭受鸟、兽、虫的危害。覆土过厚，透气不良，土温较低，幼芽顶土困难，影响种子萌发。一般大粒种子覆土宜厚，小粒种子覆土宜薄。一般覆土厚度应为种子直径的2～3倍。例如，杨树、柳树、桦木等树种的极小粒种子，播种时可微量覆土或麻面下种不覆土；龙牙楤木、花楸等树种的种子，播种时可覆土0.2～0.3cm，以看不见种子为宜；兴安落叶松、长白落叶松、樟子松、赤松、红皮云杉、黄檗、复叶槭、山荆子、暴马丁香、玫瑰等树种的种子，播种时可覆土1.2～1.5cm；红松、糠椴、北五味子、山梨等树种的种子，播种时可覆土1.5～2.0cm；蒙古栎、文冠果的种子播种时可覆土3cm；核桃楸的种子播种时可覆土5cm。

⑪镇压、覆盖。为使种子与土壤紧密接触，使种子能顺利从土壤中吸取水分，在干旱地区或土壤疏松、土壤水分不足的情况下，覆土后要进行镇压，如对在比较干旱条件下的小粒种子进行盖草处理，保持土壤湿润，防治土壤板结。较黏的土壤不宜镇压，以防土壤板结。对于不黏而较湿的土壤，应待其表土稍干后再进行镇压。镇压后再在上面覆盖一层粗草炭，起到保墒作用。

⑫浇水。播种后立即浇水，以后保持种子层湿润的情况下少浇水。

2. 机械播种

大规模苗圃生产常常采用大田式育苗，采用各种类型的播种器或播种机作业。使用机械播种的方式，下种均匀，覆土厚度一致，多道工序可以一次完成，工作效率高，节省劳力，降低成本，出苗整齐一致，这种方式是今后大规模育苗的发展趋势。

任务四　播种苗苗期管理

任务描述

通过理论学习和实践操作，掌握苗期管理的理论知识与实践技能，包括水分管理、温度控制、光照调节等关键环节，以及播种苗的年生长发育规律。深刻认识到苗期管理在林木苗木生产中的关键作用，以及其对苗木生长周期、产量及品质的直接影响，从而为培养高质量苗木奠定坚实基础。

任务目标

1. 知识目标

①掌握苗期管理的理论知识，包括水分管理、温度控制、光照调节等方面的内容。

②了解播种苗的年生长发育规律，明确不同生长阶段的特点和管理重点。

2. 技能目标

①能够实施有效的苗期管理，包括浇水、施肥、除草及病虫害防治等操作。

②能够运用专业工具进行苗情监测，根据监测结果调整管理措施，以适应苗木生长需求。

3. 思政目标

①通过苗期管理实践，培养耐心细致、持之以恒的品质，树立全程呵护、精心培育的责任意识，确保苗木健康成长。

②在苗期管理过程中，注重生态平衡与资源循环利用，培养绿色发展理念和可持续发展思维，为林业生态保护贡献力量。

任务要求

1. 遵循管理规范

穿戴好防护用品，确保个人安全。确保工具完好，操作时保持平衡，避免失控伤人。搬运使用农药、化肥时，佩戴护目镜和橡胶手套。药剂按说明书配比，专用量具量取，溶液放置安全处，用后包装妥善处理。

2. 规范操作流程

开始操作前，制订详细苗期管理工作计划。计划内容包括各阶段时间节点、管理措施、材料工具准备。水分管理依据土壤墒情和苗木需求，精准灌溉，维持土壤湿度适宜范围。温度控制依据苗木生长习性和季节变化，监测温度，确保适宜。光照调节依据苗木光照需求，测量光照强度，确保适宜。病虫害防治依据农药使用规范，正确选择农药种类和剂型，合理控制用药剂量和施药时间。

3. 环境保护

苗期管理中注重环境保护，合理处理废弃物。农药包装、除草膜等集中收集，统一处理。推广绿色防控技术，优先生物防治、物理防治，减少化学农药使用。合理利用资源，推广资源循环利用模式，如枝叶堆肥处理，制成有机肥，减少资源浪费，实现生态循环。

4. 团队协作

小组合作，根据成员特长合理分工。

操作流程

1. 前期准备

准备灌溉设备、肥料、农药、覆盖物和监测工具。灌溉设备需完好，肥料要配比均衡，农药要高效低毒，覆盖物要干净无害，监测工具要精确。备齐苗期管理工具、标记工具和防护用品，确保设备和化学品使用安全。学习苗期管理相关理论知识，包括播种地的管理、播种苗的抚育管理等方面的要点和方法。

2. 播种地的管理

根据苗木生长阶段和气候条件，适时覆盖或撤除覆盖物。使用地膜或草帘保持土壤湿度和温度，促进种子萌发。逐步撤除覆盖物，避免高温伤害苗木。在早春或高寒地区，采取措施提高土温，促进苗木生长。依据土壤墒情和苗木需求，进行精准灌溉，避免高温时段灌溉。定期松土除草，保持土壤疏松，减少杂草竞争。在多风沙地区，设置防风障保护苗木。采取措施防止鸟类啄食苗木种子和幼苗。

3. 播种苗的抚育管理

出苗期，重点进行水分管理和温度控制，保持土壤湿润，控制土温。幼苗期，加强水分、养分供应和病虫害防治。速生期，大量供应养分和水分，加强病虫害防治和枝叶修剪。苗木硬化期，减少水分和养分供应，提高苗木抗寒能力。

4. 苗木的抚育管理措施

苗木生长初期和高温强光时段进行遮阴处理。进行间苗与补苗，确保苗木分布均匀。定期松土除草，保持土壤疏松。依据土壤墒情和苗木需求，进行精准灌溉和排水。根据苗木生长阶段和养分需求，进行合理追肥。定期进行病虫害监测，及时采取防治措施。对于需要控制根系生长的苗木，进行截根处理。在寒冷地区，冬季来临前进行苗木防寒处理。

注意事项

①避免过度浇水导致根部腐烂。使用土壤湿度计测量土壤含水量，确保土壤湿度低于苗木生长适宜范围下限时再进行浇水。控制浇水量，避免积水。例如，幼苗期的苗木土壤表层5 ~ 10cm处含水量应保持在65%左右，低于60%时浇水，每次浇水量控制在10 ~ 15mm。选择早晨或傍晚浇水，避免高温时段伤害苗木根系。

②记录每日管理活动及作物生长情况，为后期分析提供依据。准备苗期管理记录本或电子文档，记录管理日期、措施（如浇水、施肥、除草、病虫害防治等）、苗木生长情况（如苗高、茎粗、叶色、病虫害发生情况等）、环境参数（如温度、湿度、光照等）。

相关资料

一、播种地的管理

在播种后出苗前要对播种的土地进行管理，目的是为种子适时出土，出土均匀、整齐，保证高发芽率及出苗率创造良好的条件。

（一）覆盖与覆盖物

1. 覆盖的作用

与播种后的覆盖不同，此次覆盖是指在播种地上用作物秸秆、草类、芦苇、腐殖质土、泥炭、苔藓等加以覆盖，以保持土壤水分，防止土壤板结，减少灌水次数，抑制杂草生长，避免烈日照射、大风吹蚀和暴雨击溅，具有调节地温、防治冻害和鸟害的作用。特别是对覆土薄的播种地一定要进行覆盖，使用薄膜覆盖，经常检查膜内温度。

2. 覆盖物

覆盖物以就地取材为原则，但需注意不应给播种地带来杂草种子和病虫害，否则应该处理后再进行覆盖。塑料薄膜覆盖是比较常用的覆盖物，具有省工、效果好、保墒增温的作用，等种子萌发出土时，及时弄烂塑料薄膜，使苗木进行正常的生长。杨树、柳树、桑树、桦木、泡桐、落叶松、云杉等需要覆盖，覆盖厚度应适宜，一般草类或秸秆覆盖厚度以不露地面为度，用腐殖质土覆盖1.0 ~ 1.5cm即可。覆盖后要注意经常检查，防止覆盖物被风吹走。

3. 覆盖物的撤除

当幼苗出土达盛期（出苗数达60% ~ 70%）时，为了避免引起幼苗黄化或弯曲，形成“高脚苗”，要进行覆盖物的撤除。为了防止幼芽遭受环境突变带来的不良影响，撤除最好在傍晚或阴天进行，覆盖物要分期、分批逐次撤除。撤草要分2 ~ 3次进行，第一次撤约1/3，为保墒、保苗可将草放在行间，第二次撤除剩下的1/2，第三次全撤。需要遮阴的苗木，还应立即搭设遮阴棚。用腐殖质土、泥炭、谷壳、锯屑、松针等覆盖物时，由于无碍于幼苗出土和生长，可不必撤除，随中耕将其翻入土壤。

覆盖虽然有诸多好处，但毕竟费工费料，增加成本，一些条件较好，不覆盖不至于影响种子出芽的地区，也可以不覆盖。杨树等树种的小粒种子播后也可不覆盖，但播前苗圃地应灌足底水，播后还应经常喷水，以保持床面湿润。

（二）土壤增温

播种后可以用土面增温剂喷洒播种地，形成一层均匀胶质薄膜，以达到覆盖地面、增温、保墒、抗旱、压碱、抗风、防霜的目的，使种子提前3～5天发芽。

土面增温剂是一种化学覆盖物，其成品为黄色或褐色膏状物，化学性质稳定，成膜物质有效含量30%，加水稀释可成乳状液体，喷洒在苗床上，能在几个小时内形成一层连续均匀的胶状薄膜，这种薄膜不怕风吹、雨淋、日晒，既不影响幼苗出土，又能有效地抑制土壤水分蒸发，减少土壤热量损失。据试验，田间蒸发抑制率达60%～80%，4月晴天中午最大增温10℃左右，薄膜可保持15天左右，能有效抵御低温、寒风、风蚀和干旱的危害。

施用土面增温剂时，应注意整地要细致、平整，还要灌足底水，然后将土面增温剂稀释成6～8倍液，按每公顷1260～1500kg，分两次用喷雾器均匀喷洒床面。最好在风力小的晴天中午喷洒，经阳光照射，一般3h后即可凝固成膜。阴天不宜喷施。喷药后15～20天无须特殊管理，待20天以后再进行播种地的正常管理（如松土除草等）。

（三）灌溉

种子萌发需要一定的水分。生产中播种地必须保持湿润，土壤干燥就必须进行灌溉；一些小粒种子，因覆土较薄，幼芽出土前也必须进行灌溉，否则将因天旱、土干使种子无法发芽出土。

幼苗出土前是否需要灌溉，以及灌水的次数、时间和灌水量，应结合气候、土壤、树种特性和是否覆盖等结合考虑。在气候干旱、土壤疏松、水分不足的情况下要进行灌溉；覆土厚度不足2cm，以及不加覆盖的播种地也要进行灌溉。中、小粒种子播种地，如在播种前已灌足底水，播种后无明显干旱时，可不灌溉。播种地灌溉以滴灌、喷灌和侧方灌溉为好。凡已开始灌溉的苗圃地应持续到幼芽出土为止。

（四）松土除草

幼苗出土前，如因下雨或灌溉造成土壤板结时应进行松土，否则幼苗出土困难。松土通常与除草同时进行。值得注意的是，松土时宜轻、宜浅，不要损伤种子，松土深度应比原覆土厚度浅些，否则易损伤幼苗，除草应做到“除早、除小、除了”。对于出苗期较长的播种地，尤其是秋播的播种地，出苗前进行松土除草十分必要。

（五）防风防沙

播种地有时由于防风林设置不当或苗圃地风沙太大，常常会因风蚀、沙打、沙埋，给幼苗造成灾害。因此，可在播种地周围及中部设置防风障，防风障应与主害风垂直，间距以使风速降至起沙风速以下或不发生风折为准。风季过后，苗木具有一定的抵抗能力时，再分期撤除防风障。

（六）防鸟害

在东北及西北地区，许多针叶树种的种子发芽出土时将种皮带出，易遭鸟类啄食。对于鸟类来说，很多都是需要保护的。因此，生产上应令专人管护或应用现代电声设备模拟驱鸟声响，以驱赶害鸟，保护播种地。

二、播种苗的抚育管理

播种苗的抚育管理是指幼苗出齐至停止生长全过程中对苗木所进行的管理措施。由于苗木生长发育的不同时期，有不同的特点和各种不同的需要。因此，抚育管理措施也有很大差异。

（一）播种苗的年生长发育规律

播种的种子在适宜环境条件下进行萌发长成苗木的年生长发育过程与苗木的生长发育过程相同，只是由于播种苗的特殊性，一般把播种苗的年生长发育过程分为四个时期：出苗期、幼苗期、速生期和苗木硬化期。

1. 出苗期

出苗期是指从种子播种入土开始到幼苗地上部分出现真叶（针叶树种的种壳脱落或针叶刚展开），地下部分出现侧根为止。出苗期的过程就是种子吸水膨胀、萌动到发芽出土。播种后先是胚根生长，同时胚轴延长，继而把上端带子叶的胚芽钩推出地面，胚芽钩在光照环境下开始伸直，叶片扩大、展开，摆脱种皮，叶色由黄色转绿色。

这一时期的特点是幼苗不能自行制造营养，主要靠种子中所贮藏的营养供给其生长发育，十分嫩弱，根系分布很浅，抗性弱，对外界环境条件敏感。出苗期的持续时间因树种、播种期、催芽强度和当年气象条件而不同。通常杨树、柳树等树种的种子1个昼夜即可发芽出土；木麻黄6 ~ 8天；落叶松10 ~ 15天；油茶、油桐30 ~ 35天。夏播要比春播出苗期短，一般树种只要数日至两周即可。催芽较好，气象、土壤条件又好的出芽也快，且整齐。这一时期就是要为种子萌发和幼苗出土创造良好的环境条件，提高场圃发芽率，使发芽快，幼苗出土期短而整齐。为此，必须做到：正确掌握播种期，做到适时播种以防止晚霜的危害；做好种子的催芽，保持土壤湿润、疏松，覆土厚度要适宜，想办法提高土温，并防止土壤板结。有的树种为了防止高温和阳光的强烈照射，在出苗期和幼苗期进行遮阴，使幼小的苗木度过不良的环境。

2. 幼苗期

幼苗期是指自幼苗地上部分出现真叶，地下部分出现侧根，幼苗能自行制造营养物质开始到幼苗的高生长大幅度上升为止。幼苗期一般15 ~ 50天，该时期有进行独立营养的能力，长度可达到15 ~ 20cm，种根的总共根量占全年根量的40%。地上部分生长缓慢，如侧柏高只有2 ~ 4cm，只占全年高生长的1/10。叶形变化比较大。生长初期的持续期因树种和播种期有很大变化。生长迅速的树种常可持续数周，而生长缓慢的则需要2 ~ 3个月。夏播苗需要3 ~ 5周，而春播苗则长达5 ~ 7周。影响苗木生长的主导因子是水分。干旱、涝灾严重影响苗木的生长，决定着苗木的数量。由于苗茎没有充分木质化，急剧变化的外界环境条件容易导致苗木大量死亡，如干旱、涝灾、低温、高温、病虫害等。

这一时期的任务是在保苗的基础上，围绕水分因子，适当地进行蹲苗锻炼，防止低温、高温、干旱、涝灾、病虫的危害，并促进根系生长，给速生期打下基础。主要措施是加强松土除草，适当灌溉，合理间苗，及时追肥，注意病虫害防治。对一些特殊需要的树种，进行必要的遮阴。同时，还要进行间苗，而后进行移栽或补植。

3. 速生期

速生期是指从苗木的高生长大幅度上升开始到高生长速度大幅度下降为止的时期。该时期生长速度显著加快。无论是苗高还是苗茎都是生长最快的时期。这一时期是决定苗木质量的关键时期。外界条件非常适宜苗木生长，如油松、刺槐、紫穗槐、白榆、桑树、香椿、泡桐、杉木等，高生长量约占全年高生长量的60% ~ 90%。这一时期，苗木地上部分发育充分，地下主根加深，侧根庞大，苗木的抗逆性显著提高。速生期的长短因不同树种有差异。一般春播苗木从5月下旬、6月上旬开始，至8月末、9月上旬终止，大约要11 ~ 13周。由于外界环境的影响（炎热而干旱），我国北方各省发现暂缓现象，尤其高度上多出现双峰现象（当温度超过30℃时，光合速率降低，呼吸消耗增加，蒸腾水增加，引起苗木暂时性生理缺水）。这一时期，高生长高峰与茎生长高峰、根系生长高峰呈交错出现。

这一时期是苗木生长最好的时期，也是提高苗木产量和质量的关键时期，因而应加强抚育管理工作，适时追肥、灌水、松土除草，为苗木速生创造良好条件。在后期停止灌溉和施肥，以免引起苗木贪青，影响苗木后期的硬化。

4. 苗木硬化期

苗木硬化期又称为苗木木质化期，是指从高生长速度显著下降，苗木地上部分和根系充分木质化，直到进入休眠的时期。这个时期苗木高生长大幅度下降，高生长量占全年的5%，但地径仍在生长，叶片颜色由绿色变成褐色，落叶，苗木逐渐木质化至形成健壮的顶芽，物质为贮藏状态。有些树种不形成饱满的顶芽，反而枯死，从而导致翌春萌发从侧芽开始，以假二叉分枝或单轴分枝方式进行生长。落叶树种的叶柄形成离层，叶片开始脱落，苗木进入休眠期。这个时期的前期，苗木胸径和根系都继续生长，还可能出现一次生长高峰。1年生播种苗硬化期大约持续6 ~ 9周。

这一时期的中心任务是防止苗木徒长，尽量促进其木质化，特别是针叶树种要形成健壮的顶芽，提高苗木对低温、干旱的抗性。主要抚育管理措施是尽早停止加速苗木生长的各种措施，注意排水，早施钾肥，还要做好苗木的防寒工作。

（二）苗木的抚育管理措施

1. 遮阴

遮阴可削弱光照强度、调节光照时间，实际上是遮日光带来的热能，以免土壤水分受日照大量蒸发，以致苗木缺水，并引起地温高，使苗木地径受高温灼伤。许多针叶树种如杉木、柳杉、水杉等，以及幼苗阶段比较嫩弱的阔叶树种如杨树、柳树、泡桐和桉树等，当幼苗出土并撤除覆盖物后，由于环境急剧变化，可能造成苗木损伤，为缓和这种急剧的变化，降低土温，减轻苗木蒸腾和土壤蒸发，防止高温和日灼危害，需要对幼苗进行遮阴。特别是我国北方干旱地区，降水量少，蒸发量大，春夏之际气温回升过快，适当遮阴是必要的。既便是其他地区，当气温升至30 ~ 45℃时，幼苗光合速率显著下降，甚至完全停止，呼吸作用明显加强，对苗木生长极为不利，也应适当进行遮阴。

遮阴的方法很多，如搭遮阴棚、插阴枝和混播遮阴植物等，都可以对苗木起到遮阴作用。混播遮阴植物、插阴枝，虽都能遮阴，又省工省力，但都难以调节遮阴强度，且遮阴植物常与苗木争夺水分和养分。因此，不如搭设遮阴棚效果好，虽然造价高，管理费工，但透光度和遮阴时间可随需要加以调节，能满足苗木生长的需要，是比较理想的遮阴方法。

遮阴棚形式多样，有斜顶式、平顶式和半圆式等，以平顶式应用较多，这种形式透光均匀，床面空气流通，有利于苗木生长。

遮阴强度和时间应视树种特性和苗圃地条件合理确定。在不影响苗木生长的前提下，遮阴强度可适当降低，时间越短越好。通常遮阴棚透光度以30% ~ 50%较为理想。遮阴时间不要超过3个月，待苗木根茎木质化后，即可拆除。遮阴时间一般以9:00 ~ 16:00为宜，阴雨天或冷凉天气可不遮阴。

2. 间苗与补苗

间苗又称为疏苗，是通过人工把过密的幼苗拔掉一部分，使苗木分布均匀、整齐，以利于通风透光的抚育管理措施。一般播种量总是超过产苗需要的数量，为了苗木分布均匀，保证适当密度即营养面积，并淘汰一部分劣苗，因此需要进行间苗，拔去多余苗木，如落叶松、樟子松、油松等树种的小粒种子密度大时尤其如此。间苗还可淘汰生长不良的苗木，为培养优良壮苗打下基础。

间苗时应坚持“适时间苗、留优去劣、分布均匀、合理定苗”的原则。间苗的时间与次数应由苗木生长速度和苗木抵抗能力来决定。大多数阔叶树种如刺槐、香椿、臭椿、榆树、喜树等，苗木生长快、抵抗力强，可在幼苗出齐后，长出两个真叶时开始间苗，1 ~ 2次间完。大部分针叶树种如杉木、水杉、侧柏、落叶松、油松、黑松等，幼苗生长缓慢、抗性较差，间苗不宜过早，应结合除草，分2 ~ 3次进行。第一次宜在苗木出齐后进行，第二次应在苗木叶片出现重叠时进行，第三次即定苗，时间不应太迟，以免影响苗木生长。定苗数量应根据各地育苗规程所规定的单位面积产苗量来决定，但应适当多于计划产苗量。间苗宜在雨后土壤潮湿时进行，拔苗时不应损伤保留苗的根系，间苗后应及时灌水，使苗木根系与土壤密切接触。

补苗是对出苗不齐的播种行进行补植，以保证苗木分布均匀、整齐，达到计划密度。补植可结合间苗进行，比较理想的是间出多余苗木，补在缺苗断条之处，这样均匀，又能保证单位面积产苗量，一举两得，不过补苗很费工。

间苗与补苗在幼苗出土后约20天即可开始进行，那时苗木小，根系短，侧根少，容易掘苗，叶片小，蒸腾少，容易成活。为了不伤苗，起苗前要充分灌水，用锋利小铲或小刀掘苗，掘出后即放在盛水的苗罐里。掘时要当心，勿伤留床苗及掘出之苗。再用小棒钻孔补植于较稀之处，谨防露白根或窝根埋叶，并适当压实，随即浇水，最好覆些碎草。补植时要剔除弱苗，此工作可陆续进行，直到雨季。在阴天或雨前进行补植较好，忌在晴天进行，必要时可在傍晚移，苗木稍大可以数株成丛带土移，直至根系较长，移植困难才停止，此时约在7月中旬。最后一次间苗，其留苗数量应比规定产苗量约多15%，以备冬季挖苗及越冬损失的补偿。

3. 松土除草

松土除草是苗木抚育管理的基本措施之一。主要目的是疏松土壤、打破板结、增加通气性、减少蒸发、保持水分、清除杂草、减少养分消耗、增加光照，从而为苗木生长创造有利的条件。

松土除草通常结合进行。但撒播育苗则只能用手拔除草。而在天气干旱、墒情不好或土壤板结时，即使无草，也要及时进行松土。正如《齐民要术》所说：“苗出垄，则深锄。锄不厌数，周而复始，勿以无草而暂停。”

松土除草的时间、次数，应根据树种特性、苗圃地的气候和土壤条件、杂草滋生情况来确定。在水分充足的地区，1年生播种苗可进行4 ~ 6次，干旱地区一般6 ~ 8次。在一年当中，春末夏初幼苗弱小，抵抗不良环境的能力差，多松土有利于保苗和促进生长，也有助于抑制杂草的滋生，所以次数宜多，可半月进行一次。除草应注意“除早、除小、除了”。夏季特别是雨季，杂草生长较快，可结合沤肥进行除草；而夏末秋初，杂草结籽前，除草要适时、彻底，以防留下草种，给来年除草增加困难。

松土除草的深度要根据苗木生长发育的时期、根系生长与分布情况而定，做到松土但不伤根。幼苗期根系浅，松土也宜浅，深度2 ~ 4cm即可。随着苗木根系逐渐伸长，松土深度也应逐渐加深。

4. 水分管理

（1）灌溉

水分是苗木的生命，苗木本身就含有很多水分，蒸腾作用、肥料溶化、催过芽的种子都需要水分。同时春天气温高，北方春雨又少，空气干燥，对水分需要更殷切。在温度条件适宜的情况下，给予充足的水分，才能保证种子迅速发芽、顺利出土。大、中粒种子，因覆土厚，只要在播种前灌足底水，掌握量少多次的灌溉方法，采用经过催芽的种子播种，一般原有的土壤水分，就可满足春天发芽出土。小粒种子播种床往往一天要灌水几次，具体灌溉量和次数要根据土壤湿度、苗龄、天气情况而定。土壤湿度以能保持田间最大持水量的40% ~ 60%为宜。每次灌溉湿润的深度一般要达到10 ~ 15cm，土壤追肥后要立即进行灌溉，而且必须灌透，对苗床进行侧方灌溉时，假如一次灌溉不透，要连续灌溉两次。

①灌溉原则。灌溉量以保证主要根系部分湿润为主，如果能掌握好灌溉深度，可以使主要根系分布在一定深度，既有利于挖苗，又保持了根系完整性。例如，表土显得干燥就应灌溉；播种苗出苗前后若天晴要灌溉；苗叶散开而发软是缺水现象，也需要立即灌溉。

②灌溉方法。大、中型苗圃以人工降雨为宜，优点是效率高，灌溉及时，省人力；缺点是远近不匀，有时水滴大对苗木有冲力，土壤也容易板结。也可采用滴灌，其设备和人工降雨差不多，需要有水塔或放在高处的蓄水池。此法不致冲动刚发芽的幼苗，尤其杨树种子刚发芽时根系未入土或入土很浅，其他灌溉方法容易冲动幼苗，而用本法最有利，且对土壤物理性质保持较好，不致使土壤龟裂，苗木吸水匀，省水，不致有地表径流。幼苗出土后可适当灌溉。目前应用的喷灌（应用较多）是“多、快、好、省”的办法，但雾滴要细，使种子处在比较潮润的土壤中即可。滴灌是通过管道把水滴到土壤表层和深层的方法，比喷灌节水30% ~ 50%，春季还可提高地温，但是投资较大。微喷是将滴灌的滴水头换成微喷喷头，使水在管道水压的作用下，以雾状喷向苗床的灌溉方法，具有节水和提高空气湿度的作用。

③灌溉时间。灌溉时间最好为早晨或傍晚，不要在气温最高的中午进行地面灌溉。

若为降温可采用喷灌，在苗木速生高峰过后，立即停止灌溉，即在结冻前6～8周停止灌溉。

④水温及水质。水温过低不适合苗木生长，在气候较冷地区应准备蓄水池，以提高水温。另外，不宜用水质太硬或含有害盐类的水进行灌溉。

（2）排水

排水是指排除因大雨或暴雨造成的苗圃地积水，如果有积水会造成涝灾或引起病虫害，所以在雨季必须要及时排除苗圃地积水，并且在地下水位较高的盐碱严重地区，排水还具有降低地下水位、减轻土壤盐碱含量或抑制盐碱上升的作用。在实际生产中，可以在每个作业区设置排水沟，沟沟相连，直通总排水沟，将积水及时排出，来建立完整的排水系统。

5. 追肥

追肥是指在苗木生长季节施用速效肥，以供应苗木生长发育对养分的大量需要的一项措施，对促进苗木生长发育，提高合格苗的产量和质量具有重要意义。

（1）追肥原则

主要应根据苗木生长期各阶段的特点，来正确选定施肥期和施肥量。各种苗木转入自养阶段以后，最初吸收的养分不多，其中需要氮肥、磷肥比例大些。例如，兴安落叶松出苗后一个月内，如果吸收不到足够的氮、磷，苗高的年生长量就要受到很大的影响。当苗木进入旺盛生长期，需肥量较多，其中以氮的比例最大。例如，2年生以上的红松苗，在苗高速生期内追氮肥、磷肥，促进生长效果明显，而在高生长停止后，追肥效果较差。在苗木停止高生长后，胸径与根系的生长仍持续一段时间，在胸径生长速度下降后，苗木的营养水平大为下降，但此时要求以磷肥、钾肥为主。

苗木是否缺肥，常从苗木的长相、长势加以判断。叶片大小、叶色深浅、节间长短、生长速度、苗高等是苗木长相的主要指标。当土壤缺氮时，苗木矮小瘦弱，叶少而小，呈淡绿色或黄色，老叶枯黄或脱落，侧芽死亡，枝梢生长停滞。苗木缺磷时的生态表现不像缺氮那么显著，通常表现为根系不发达，生长受抑制，叶片为紫红色，灰暗没有光泽，叶片与枝条间的角度小，植株下面的叶片易枯萎脱落，成熟延迟。缺钾时，苗茎柔弱，呈古铜色，往往发生不正常的皱纹，叶缘卷曲，最后焦枯。但是，不同的苗木缺少某些营养元素所表现出的症状常有不同。在环境条件不适于苗木生长时，又常发生类似缺肥症状，故有时易混淆。因此，对于植物的营养诊断应有一定的经验，并要结合土壤性状进行具体分析，才能正确判断。

（2）追肥时间

1年生苗多集中在速生期。第一次追肥宜在幼苗出土后一个月左右，落叶松的第一次追肥通常是在生出2～3层针叶时开始，用速效性氮肥可分3～4次施入，大约每隔半月施一次，以保证苗木在速生期所需要的大量养分。最后一次追肥（氮肥），应在苗木停止生长前一个月施用。对于移植苗和留床苗的追肥时间，又与1年生苗有所不同，容易发根的某些阔叶树种幼苗，如白蜡树苗、杨树插条苗等，在定植后不久施肥就有效果。而针叶树种幼苗如云杉、冷杉等，在移植后施肥有不良影响。对留床苗来说，由于它在土壤中已形成一个完整的根系，在其生长初期进行追肥，会有良好的效果。

（3）追肥肥料种类

追肥施用速效肥，一般以化学肥为主，也可以施人尿、腐熟的人粪尿和厩肥汁、草木灰等。常用的氮肥有尿素、硫酸铵、硝酸铵等，常用的磷肥有过磷酸钙、重过磷酸钙等，常用的钾肥有硫酸钾等。草木灰是碱性钾肥，一般含有5%左右的氧化钾，易溶于水，适用施于酸性土壤。

（4）追肥施用量

应根据树种、苗木生长状况、施用肥料种类以及土壤中矿质养分的总量及其有效性等来确定追肥施用量。一般情况下各种苗木大致有一个比较合适的追肥施肥量。但追肥施肥量并不是固定的，在一定的范围内可随耕作栽培水平的提高而相应变化。

（5）追肥方法

追肥方法可以分为土壤追肥和根外追肥。

①土壤追肥。土壤追肥主要分为撒施、条施、浇灌。撒施就是把肥料均匀地撒在苗床上，浅耙1 ~ 2次盖土；条施是在苗木行间开沟，把肥料施入后盖土。最常用的是浇灌，即把肥料溶解在水中，全面浇在苗床上或行间后盖土，有时也可将肥料随灌溉施入土中。每次追肥后要浇一次水，一方面把苗木茎叶上的肥料冲洗掉；另一方面把肥料冲入土中苗木根系附近，使苗木易于吸收。

②根外追肥。这种方法通过把速效肥溶液直接喷洒在苗木叶片上，让其通过叶子气孔或叶面上角质层逐渐渗入叶片内部，立即可供苗木需要。根外追肥用肥量少、肥效高，可以避免肥料施入土中被土壤吸附和被淋失。因此，它是给苗木补给养料的有效措施之一。在气温升高而地温尚低，苗木地上部分已开始生长而根系尚未正常活动；苗木刚定植、根系受伤尚未恢复；土层干燥又无灌溉条件，影响土壤追肥效果；苗木缺乏某种微量元素而土壤施入该元素无效等情况下进行根外追肥具有很大优越性。

根外追肥的肥料浓度和施用量不宜过大。一般，0.2% ~ 0.5%的尿素，每亩每次施0.5 ~ 1.0kg；0.5% ~ 1.0%的过磷酸钙，每亩每次施1.5 ~ 2.5kg。微量元素肥料浓度可用0.25% ~ 0.50%。施用时最好在肥料溶液中加少量展着剂，使肥料溶液喷在苗叶上能形成一层均匀薄膜，便于苗叶吸收。因气孔多分布在叶片背面，而且叶背角质层较薄，所以喷肥料时，苗叶背面要注意喷到。喷肥料时间以阴天和晴天早晚为宜，这时苗叶上的肥料不会很快干燥，便于吸收。根外追肥，由于叶面喷洒后肥料溶液易干燥，浓度稍高就易灼伤苗木，所以只是作为补给营养的辅助措施，不能完全代替土壤追肥。

6. 病虫害防治

苗木在培育过程中，常常会遭受病虫害，从而影响苗木的质量和产量。病虫害防治必须贯彻“防重于治”的原则。如果苗圃的病虫害发展到严重的程度，不仅增加防治的困难，而且会造成无法挽救的损失。在抓好预防的同时，发现病虫害应及时防治。预防工作主要在于育苗技术抚育措施的提高及改进，使苗木生长茁壮，增强抵抗力。应注意以下几个方面：

①合理耕作。苗圃地要实行秋耕制。育苗地要实行轮作休闲，作床前进行土壤消毒。

②清理苗圃地。消灭苗圃地杂草、中间寄主。将杂草、枯枝落叶清除出苗圃地，进行焚烧或高温造肥。

③合理施肥。粪肥施用前必须充分腐熟消毒。底肥为主，合理追肥，以有机肥为主，氮肥、磷肥、钾肥配合适当。

④适时早播。种子及时催好芽，抢墒适时早播，以使幼苗出土早，生长健壮，增加抗逆性。

⑤密度恰当。通过准备计算播种量，播种均匀，及时间苗。苗木稀密均匀分布，通风，透光良好，营养面积充分，既有利于苗木生长又可减少病虫蔓延。

⑥注意排灌。干旱、涝灾均使苗木生长衰弱，抗逆性差。土壤湿度变化往往影响土温和通气性。土壤含水量太大、干旱、土温高都能导致严重的立枯病。

7. 截根

幼苗截根适用于主根发达的树种，如油松、栎类、核桃等通过截断主根，限制了主根生长，促进了侧根、须根生长发育，并抑制苗木高生长，防止徒长，提高苗木质量，促进苗木充分木质化，给起苗工作创造有利条件。对移植效果不佳的深根性树种1年生苗采用截根留床培育，也可得到与换床培育相似的效果，而较换床培育省工，苗木不缓苗，成活率高。

截根的时间一般在秋季苗木生长后期，即苗木根系生长停止前进行。对于主根发达的核桃楸等阔叶树种苗，可在7月中下旬苗高8～10cm时截根。秋季的截根深度10～15cm。幼苗期的截根深度为8～10cm。截根同时，要间出密度大的树苗，适当移植，成苗则出圃造林，截根后应立即踏实随即灌水。

8. 苗木防寒

苗木遭受寒害主要包括春天的晚霜危害和越冬的寒害，可以通过提高苗木的抗寒能力和采取保护性防寒措施来预防。

（1）防霜害

黑龙江4月下旬至5月上中旬有时发生晚霜危害，在辽宁、吉林则时间相应提前。5月播种苗刚出土不久，苗木幼嫩，含水量多，0℃以下低温，使细胞原生质脱水结冰，损坏细胞组织，以致苗木死亡。

防治方法为傍晚苗圃灌足水，因为水的比热容大，冷却迟缓，结冻时能放出大量潜热，可以提高地温2℃左右。使用熏烟法，烟粒能吸收一部分水蒸气，变成水滴放出潜热，可使苗圃地增温1～2℃，此法用于平地效果最好。将草类、锯屑等放在播种区周围及适当地方，在上风方向多放，先推草，再在草上覆一层湿草，再盖些土，堆高约1m，直径约0.6m，每亩分设3～4堆，当夜间气温降到0℃前，将草堆隔1～2堆点燃1堆，先在上风方向点，要火小烟大，需要时再点其他堆。也可制作防风障，用高粱秆、玉米秆在播种区与害风垂直立埋成行。在行端可顺风向稍斜，风障距离一般为障高10～20倍。若能在迎风面第一床边增设一行效果尤其好。

（2）防寒害

红松、樟子松、油松、云杉等常绿针叶树种幼苗越冬易受寒害，实际上冬季除冻害外还有旱害，因为冬季气温下降至0℃以下，细胞中水分渗透至细胞间隙中后冻结，待天气温暖，冰融化仍能回到细胞中去，但温度高时等不到再渗透入细胞就已蒸发，造成细胞失水，但此时根系尚在冻土中不能吸水，因而失水干枯形成旱害。

防治方法主要可以分为提高苗木抗寒能力和采取保护性防寒措施，具体介绍如下：

①提高苗木抗寒能力。通过对种子进行抗寒锻炼，适时早播延长生长期，生长后期多施磷肥、钾肥，及时停止施氮肥和灌溉，使幼苗在寒冬到来前充分木质化，提高苗木抗寒能力。对某些停止生长较晚的树种，如榆树、桑树，刺槐等树种，在8月可剪去嫩梢或截根，以促进木质化。

②采取保护性防寒措施。保护性防寒措施又分为土埋法、覆雪防寒和覆草防寒。

a.土埋法：用土壤将苗木覆盖起来，一般在土壤结冻前进行。埋土厚度应因树种特性和苗圃地条件而异，一般埋到不见苗梢为宜。翌春撤土时间不宜过早，过早苗木容易遭受生理干旱达不到防寒的目的，过迟则苗木会捂坏腐烂。一般在土壤解冻后苗木开始生长前撤土，撤土后立即进行灌溉。该方法适用于海拔高、气候寒冷、生长期短的地区，适用的树种有云杉、油松、樟子松、核桃和板栗等。

b.覆雪防寒：在11月降雪不融时，用草帘压在积雪床面，既可保持一定湿度，又不致温度下降过低，直到春天化雪再除去草帘，苗圃仍能保持一定时间湿润，此方法在林区降雪较多处用之较宜。既省工而又清洁，防寒效果也好，就是雪要有保证，若雪过多春季解冻前要扫除积雪。

c.覆草防寒：用稻草等盖压在苗床上，厚度以不露苗稍为原则，为了防止草被风刮跑，应在床头钉木椿拴草绳压住覆草，时间与覆土防寒相同。在第一次降雪时，震动覆草，使积雪落入苗间，以免再降雪造成雪压。春季起苗前5～8天撤草，此法保温不及覆土好，在辽宁、吉林可以采用。

项目二　容器育苗

项目导读

容器育苗是一种现代化的苗木培育技术，它通过使用各种容器对树木种子和幼苗进行培育。这种技术在林业生产中具有广泛的应用，可以提高苗木的存活率和生长速度。容器育苗作为苗圃业的发展方向，对苗木及相关产业的发展具有重大的意义。

本项目旨在通过容器育苗的学习，深入理解容器育苗的原理与流程。容器育苗作为一种现代化苗木培育手段，具有显著的生长优势和广泛的应用前景。学习容器选择、基质配制、播种与扦插、苗木管理等关键技术环节，掌握提高苗木质量和适应性的方法。同时，项目强调容器育苗在生态保护和林业可持续发展中的作用，培养对新技术的应用能力与创新思维，为林业生产领域输送专业人才。

任务一　容器育苗的分类

任务描述

通过理论学习和实践操作，理解容器育苗在林木良种基地发展历程中的关键作用，以及其对林业可持续发展的积极贡献。系统学习并掌握容器育苗的基础知识，全面涵盖其定义、显著特点以及在林木良种繁育过程中不可替代的作用。细致学习并掌握由不同材料（如塑料、纸质等）制成的容器，精准剖析它们的特性以及在不同育苗场景下的适用性。深化容器育苗在林业育苗领域独特优势的认知，为实际应用奠定坚实基础。

任务目标

1. 知识目标

①掌握容器育苗的核心概念，剖析不同类型容器的显著特点，包括但不限于材料特性、物理结构、化学稳定性等，并掌握其在不同林木良种基地的适用性。

②分析容器育苗在显著提升苗木质量、大幅提高造林成活率等方面的独特优势，深入挖掘其对林业生态系统稳定性与可持续发展的促进作用，量化分析其在不同林木种类与立地条件下的效益提升幅度。

2. 技能目标

①掌握容器育苗的应用，涵盖种子处理与催芽、精准播种方法以及播后精细化管理等关键环节，能够在实际操作中规范、高效地完成各项任务，确保育苗工作的顺利开展。

②能够对比分析不同材料容器的成本效益比、环境友好性、使用寿命等，探究其在实际育苗生产中的综合应用价值。

③能够结合育苗规模、树种特性、预期效益等多方面因素，制订出科学合理的容器选型方案，为林业育苗项目提供精准的技术支持。

3. 思政目标

①通过深入学习容器育苗的分类与应用，培养严谨的科学规划意识与精准的合理选择能力，牢固树立因地制宜的专业素养。

②在实践过程中，深度关注资源的节约与高效利用，积极培养创新思维与环保意识。

任务要求

1. 遵循管理规范

穿戴好防护用品，确保个人安全。使用工具时，应遵循管理规范，保持专注，避免意外。

2. 规范操作流程

坚持“先规划，后实施”的原则，确保操作流程符合规范。制订容器育苗的工作计划，涵盖种子处理、容器选型等关键环节。选择容器时，考虑树种根系和育苗周期，执行播种操作时，按计划确定播种深度与密度。

3. 团队协作

小组合作，根据成员特点合理分工。

操作流程

1. 前期准备

收集容器育苗的基础知识资料，包括历史沿革、技术革新与概念内涵、容器类型及其特性与适用场景等内容。准备实践操作所需的种子、基质、容器等物资。

2. 实践操作

准备种子和基质，选择合适的容器，执行播种和管理操作。确保种子质量合格，容器选择精准，播种管理规范。

3. 案例分析与实地考察

选取典型容器育苗案例进行深度剖析，前往林木良种基地实地观察容器育苗效果。对比理论与实践差异，汲取成功经验，规避潜在误区。

注意事项

①根据实际情况，科学选择容器材料。

②实践中要明确目标，清晰掌握容器育苗的分类要点。

相关资料

容器内盛有养分丰富的营养土等基质，常在塑料大棚、温室等保护设施中进行育苗，可使苗木的生长发育获得较佳的营养和环境条件。容器育苗在林业生产中应用广泛，可以提高苗木整体质量，节约种子，缩短育苗周期，延长造林季节，并且适合于实行机械化育苗。容器育苗还在增加作物产量、提早采收期和苗木出圃期等方面取得明显效果。

一、容器育苗的分类

容器育苗可按容器材料、容器结构和形状、育苗功能和用途进行分类。

1. 按容器材料分类

（1）塑料容器

塑料容器包括塑料薄膜容器和硬塑料杯。塑料薄膜容器分为有底（袋）和无底（筒）两种，有底容器底部需要打孔以利于排水。硬塑料杯用硬质塑料制成筒状容器，底部设有排水孔，内壁有棱状突起。

（2）纸质容器

纸质容器使用纸材料制成，是近年来应用较多的一种环保型容器。

（3）泥容器

泥容器以泥炭等材料制成，具有良好的透气性和保水性。

（4）无纺布容器

无纺布容器以无纺布或具有网孔状的其他材料制成，内装轻型育苗基质，外包一层薄的纤维网孔状材料。

2. 按容器结构和形状分类

（1）穴盘

穴盘以聚丙烯泡沫或塑料为原料制成，穴格规则排列成一个整体，穴格有不同形状，其数目32～800个，容积7～70mL。

（2）轻基质网袋

轻基质网袋有3.5cm × 8.0cm和（4.5 ~ 5.0）cm × 10.0cm的规格，适用于不同苗龄的树种。

3. 按育苗功能和用途分类

（1）育苗钵

育苗钵适用于各种作物或树木的育苗，根据作物或树木种类和所需苗龄选择不同大小的容器。

（2）育苗盘

育苗盘用于蔬菜等作物的育苗，可以是苗床育苗、营养钵育苗以及苗床与营养钵结合育苗。

（3）控根容器育苗

控根容器育苗是指在特定条件下，用装有基质的控根容器来栽植苗木的一种快速育苗技术，具有育苗周期短、苗木生根量大、移栽成活率高、苗木移栽方便等优势。

二、容器育苗的应用

容器育苗是一种高效的林业育苗技术，它利用各种材质和规格的容器来培育植物幼苗，从而提升生长质量和移栽成活率。这种技术不仅能够精确控制幼苗的生长环境，还便于管理和运输，特别适合现代林业的规模化和集约化生产需求。现将介绍容器育苗的流程。

1. 准备阶段

选择合适的育苗容器，通常选用具有良好透气性和排水性的材料制成的容器，如塑料薄膜容器、硬塑料杯、纸质容器和泥容器等。准备适宜的基质，如腐殖质土、泥炭土等，并确保基质具有肥力、保湿、透气、透水等特性。

2. 种子处理与催芽

对种子进行精选和催芽，以提高种子的发芽率和整齐度。对于有深休眠的种子进行层积催芽，对于强迫休眠的种子可用温水处理。

3. 播种

在已经浇透的育苗容器中放入种子，每个容器内播种粒数都根据种子大小而定。

4. 苗期管理

根据苗木各个发育时期的需求，调整氮、磷、钾的比例和施用量。速生期以氮肥为主，生长后期减少氮肥，增加磷肥、钾肥。适时适量浇水，保持基质湿润；速生期施肥应量多次少；生长后期应控制浇水。病虫害防治参照相关标准进行。

5. 移植

在生长季节，将裸根苗移植到容器内。选择无病虫害、有顶芽的小苗，在早、晚或阴雨天移植。移植后应浇透水，确保根系与基质结合紧实。

6. 其他管理措施

支撑固定，特别是在有大风的地方，以防止苗木倒伏。灌溉要浇透，避免上湿下干。最好利用滴灌的方式进行灌溉。在有风沙害的地区应设风障，干旱寒冷地区要有防寒措施。

容器育苗是一种高效的育苗技术，它在多个领域有着广泛的应用。首先，这种技术能够显著提高苗木的成活率和生长质量，因为它减少了起苗和栽种过程中对根系的损伤。与传统的大田式育苗相比，容器育苗可以节省30% ~ 50%的种子，并且缩短育苗周期，一般只需3 ~ 6个月就能出圃造林。此外，由于容器苗带土移栽，它们对造林地的适应性强，可以在全年大部分时间进行造林，特别是在雨量充沛的地区。容器育苗还适合机械化和自动化操作，因为容器内的营养条件和管理一致，使得苗木生长整齐。这对于工厂化育苗来说是一个巨大的优势。在造林方面，容器育苗可以显著提高造林成活率，尤其是在自然条件恶劣的栽植地和裸根栽植较难成活的树种。这对于加快荒山绿化和速生丰产林的培育具有重要意义。总的来说，容器育苗为林木育苗提供了一种高效、经济、环保的方法，有助于提高造林的成功率和质量，同时也对生态保护和恢复工作起到了积极的推动作用。

任务二 容器育苗的技术要点

任务描述

通过理论学习和实践操作，学习并掌握容器的选择及基质的选择与配制。本任务旨在通过科学的容器选择和基质的选择与配制，显著提高植物的生长速度和健康程度；掌握容器和基质配制方面的林业专业技能，为未来的职业发展打下坚实的基础。

任务目标

1. 知识目标

①了解不同容器的材料、尺寸、透气性和排水性等特性，分析其对植物生长的多维度影响。

②学习基质中各种成分（如有机质、无机质、微生物等）的作用机制和科学配比，了解它们如何影响植物的生长。

③研究不同植物对水分、养分、空气和温度的需求差异，把握这些需求如何具体影响基质和容器的选择。

2. 技能目标

①能够根据理论知识配制不同比例和成分的基质，观察并记录植物在不同基质中的生长情况。

②掌握环境因素（如光照、温度、湿度等）的控制方法，确保实验结果的准确性和可比性。

③能够根据实际应用的效果，收集反馈信息，调整和优化容器和基质的选择与配制方法。

3. 思政目标

①关注容器和基质领域的最新研究成果，不断更新和升级知识体系，培养生态文明建设的责任感。

②增强对林业生态保护的意识，为林业的发展和生态环境的改善贡献力量。

任务要求

1. 遵循管理规范

穿戴好防护用品。在使用剪刀、铲子等工具时，保持高度专注，避免因操作不当引发滑倒、跌倒或工具伤人等意外事故。

2. 规范操作流程

开始操作前，制订详细的育苗计划，内容包括种子处理、基质配比、容器选择、播种时间安排、抚育管理等关键环节。基质配比要根据植物的生长需求，合理调整有机质、无机质和微生物的比例，确保基质的保肥性、通气性和保水性。在执行播种操作时，严格按照计划确定的播种深度与密度进行作业，确保苗木分布均匀，生长空间合理。

3. 团队协作

小组合作，根据成员特点合理分工。

操作流程

1. 前期准备

收集关于容器特性、基质成分及其对植物生长影响机制的理论资料，了解不同植物的生长需求。准备不同材质、规格的容器和多样化的基质原料，确保实验材料的丰富性和代表性。准备可控的实验环境设备。

2. 实践操作

进行容器选择和基质配制实验，详细记录植物生长的各类数据，包括生长速度、根系发育、叶片色泽等。对比不同容器和基质组合下的植物生长表现，分析其背后的科学原理。

3. 数据记录与分析

深入分析实验数据，运用统计学方法处理数据，找出最适合特定植物生长的容器和基质组合。评估不同容器和基质组合的经济成本和环境效益，综合确定最优方案。

注意事项

①根据树种的生长特性和育苗目标，科学精准地选择容器类型。

②详细记录容器育苗的各项数据，确保数据准确无误、真实可靠，为后续的数据分析提供坚实基础。

相关资料

一、容器的选择

在选择育苗的适宜容器时，应综合考虑容器的尺寸、形状、材料、排水性以及耐用性等。容器的尺寸和形状必须能够为植物根系提供充足的生长空间，避免拥挤，其具体尺寸应根据树种和预期生长周期来决定。材料的选择影响着水分和空气的通透性，进而影响根系的呼吸和水分吸收，塑料容器虽然轻便且成本较低，但透气性可能不如陶瓷或木制容器，因而选择时应根据植物的具体需求和环境条件来决定。良好的排水性是防止根系腐烂的关键，所以容器底部应有适当的排水孔。此外，容器的美观性和耐用性也很重要，尤其是在户外使用时，需要能够抵抗强风、暴雨和极端温度等恶劣天气条件。同时，考虑到环保因素，可回收或生物降解材料制成的容器也是一个值得考虑的选项。这些因素共同决定了容器育苗的效果和植物的健康成长，适宜的容器是容器育苗成功的关键。选择正确的容器可以提高苗木质量，增加造林成活率，并降低育苗成本。

1. 容器的尺寸

容器的尺寸应根据植物的生长特性和成年尺寸来选择。一般选择至少是植物根球尺寸2 ~ 3倍的容器，允许适当的根系发育并确保植物有足够的生长空间。

2. 容器的材料

容器的材料对植物的生长也有重要影响。常见的容器材料包括塑料、陶瓷、玻璃等。塑料容器轻便、耐用且价格实惠。陶瓷和玻璃容器则更适合作为装饰性较强的植物容器，但需要注意其质量和透气性。

3. 容器的透气性

林木的生长需要良好的透气性，因而选择容器时要考虑其底部是否有排水孔，以及侧壁的透气性。如果容器没有排水孔，可以在底部打孔以确保多余的水分能够排出。

4. 容器的颜色

容器的颜色对植物生长的影响主要表现在夏季。黑色容器在夏天可能会使介质温度超过48℃，而白色容器可以适当降低介质的温度。但白色容器抗紫外线能力较弱，使用寿命没有黑色容器长。

5. 容器的形状和结构

容器的形状和结构也会影响植物的生长。例如，有些容器设计有凸起的小孔，可以让空气自由地进入，利用空气断根的原理，可以促进根系的生长。另外，有些容器底部有排水孔，可以保证排水的通畅，防止蔬菜根系腐烂或因缺少水分而出现早衰现象。

6. 容器的位置和环境

容器的位置和环境也会影响到植物的生长。例如，在能买到的地方购买有品质保障的防冻盆。此外，石头较重且耐用，很适宜户外摆放，它在多风的花园里不会像塑料和树脂复制品一样被吹翻。

二、基质的选择与配制

容器育苗所用的基质可分为无土基质和以土壤为主的营养土。选择基质时要考虑其在保持水、肥、气、热等方面的表现，以及来源的丰富性和易取材性。基质的选择与配制是容器育苗中非常重要的一环，它直接影响苗木的生长和发育。

1. 基质成分

容器育苗用的基质应因地制宜，就地取材，并具备来源广、成本低、理化性质良好（保水性、通气性、透水性）、质量轻，不带病原菌、虫卵和杂草种子等条件。常用的基质材料包括泥炭、黄心土（生黄土）、火烧土、腐殖质土、珍珠岩、蛭石、树皮、锯屑、腐熟的农作物秸秆、椰糠粉、稻壳灰等，根据培育的树种配制基质，并按一定比例混合后使用。常见基质如下：

①泥炭。泥炭由泥炭类苔藓在酸性的沼泽地条件下形成，具有高阳离子交换量、良好的保水性和通气性、高阳离子交换能力和不易降解等特性。它能够提供苗木生长所需的水分，同时促进植物萌发更多须根，加快对水分和营养的吸收。

②黄心土。黄心土是土层以下的心土，为石灰岩发育的红壤，具有一定的黏性，其pH在4.0 ~ 6.0。黄心土经过打碎过筛后可以使用。它具有明显的发生层次，农业土壤剖面构型为“耕作层—心土层—母质层”。自然土壤表层有未分解或半分解枯枝落叶腐殖质层，其下为黏重、紧实的淀积层，颜色为黄色至棕黄色。黄心土的有机质随植被类型而异，在自然土壤中，由于腐殖质层存在，有机质含量超过5%，但心土层则迅速降低，耕作黄壤随熟化程度提高而增加。

③火烧土。火烧土是土壤被烧后结成的硬块，分裂后就成为一个个小“疙瘩”，它

们的成分一般和周围的土壤差不多，但是有细小的气孔，极其松散，不易沾水；含水量低，易于保持干燥状态；密度较低，透气性好；含有大量矿物质和微生物，有利于植物的生长发育。在使用前，最好将火烧土与其他种植介质混合。

④腐殖质土。腐殖质土是一种富含腐殖质的土壤，具有良好的水分保持能力、透气性和保肥性。腐殖质层是自然土壤中富含腐殖质的表土，以A1表示。土体较为疏松，有良好结构。草原土壤腐殖质含量为5%～10%，厚度达50～100cm。腐殖质是土壤有机质的一种，主要包含乌里敏酸、克里敏、胡敏酸等，其含量比例随土壤而异。腐殖质具有适度的黏结性，能使黏土疏松，砂土黏结，是形成适于植物生长的团粒结构土壤的良好胶结剂。它本身含有多种养料，又有较强的吸收性，能提高土壤保肥性、保水性，也能缓冲土壤pH的变化。

⑤珍珠岩。珍珠岩由灰色火山岩加热至高温时，岩石颗粒经膨化而成。它是一种封闭的轻质团聚体，具有较大的总孔隙度和持水量，但营养含量低、持水量少。珍珠岩能够提高基质的通气性，尤其在扦插繁殖中应用颇为广泛。

⑥蛭石。蛭石的主要化学成分是水合镁铝铁硅酸盐，具有良好的缓冲性能，不溶于水，能吸收大量水分，有相对较高的阳离子交换能力，能蓄存大量养分。蛭石在湿润状态时极易收缩，从而迅速降低通气性。

⑦树皮。树皮具有适宜的通气性和水分保持力。松树皮和阔叶树种的树皮是两种常用的基质，它们含有丰富的氮，已经成功用于多种植物的容器栽培。

⑧锯屑。锯屑是锯木场和其他木制品加工企业的副产品，具有高的碳氮比，适合作为基质。

⑨椰糠粉。椰糠粉由于具有良好的孔隙结构，可以作为一种无土基质应用。

⑩稻壳灰。稻壳灰也可以作为育苗基质的一部分，它能够提供一定的养分并改善基质的物理性质。稻壳灰可以提高土壤肥力，其良好的利用可以避免环境问题。

2. 基质中的肥料

基质可以添加适量基肥，用量按树种、培育期限、苗木规格、容器尺寸及基质肥沃程度等确定。阔叶树种多施有机肥，针叶树种适当增加磷肥、钾肥。有条件的可选用专用缓释肥。常见肥料如下：

①复合肥。复合肥含有两种或两种以上的主要营养元素（氮、磷、钾）。它们能够提供植物生长所需的主要养分，促进植物均衡发展。常见的复合肥有氮肥、磷肥、钾肥，具体比例根据植物需求而定。

②水溶性肥。水溶性肥易溶于水，可以迅速被植物吸收。它们适用于快速补充植物营养，特别是在植物生长旺盛期。水溶性肥的种类繁多，包括氮肥、磷肥、钾肥以及它们的复合品种。

③有机肥。有机肥主要来源于动植物残体，如腐熟的堆肥、鸡粪、牛粪等。这些肥料能够改善土壤结构，增加土壤有机质含量，提高土壤的保水性和保肥性。

④微量元素肥料。植物生长不仅需要大量的氮、磷、钾，还需要一些微量元素，如铁、锰、锌、铜等。这些微量元素对于植物的健康生长至关重要，缺乏时会导致植物生长不良。

⑤缓释肥和控释肥。缓释肥可以缓慢释放养分，释放期长，能够满足植物整个生长期所需营养。缓释肥多数以单体氮肥为主，控释肥则多数为氮、磷、钾复合肥，养分释放规律与植物养分吸收基本同步，能够提高肥料利用率。

⑥长效控释肥。例如，美国生产的爱贝斯长效控释肥，其全氮含量为180g/kg，有效磷含量为80g/kg，全钾含量为80g/kg，肥效9个月。

⑦生物肥。生物肥中含有能够固定大气中氮的微生物，或者能够分解土壤中的有机质、释放养分的微生物。它们能够改善土壤生态环境，促进植物健康生长。

⑧专用肥。专用肥是指针对特定植物或特定生长阶段设计的肥料，如针对苗木生长的专用肥料，它们可能含有特定的营养比例，以满足特定植物的需求。

⑨农家有机肥。牛粪、羊粪、猪粪等在经过适当处理后可以作为农家有机肥使用，提供营养并改善土壤结构。

在容器育苗过程中，合理施肥是确保苗木健康成长的关键。苗期是指播种到苗木出现真叶和侧根的阶段。在这个阶段，苗木主要依赖种子内部的营养物质，因而通常不需要额外施肥。幼苗期，随着苗木出现真叶和侧根，对氮和磷的需求开始增加。这一时期，以氮肥为主，辅以适量的磷肥，可以促进苗木根系的生长和保苗。速生期是苗木生长最旺盛的时期，苗木的地上部分和根系迅速生长，需要大量的水肥。此时，应增加氮肥的用量和次数，并按比例施用磷肥、钾肥，以促进苗木的均衡生长。在苗木木质化的硬化期过程中，为了防止徒长，应停止施肥，以增强苗木的抗性。

容器育苗的追肥时间和次数应根据树种特性和基质肥力来确定。追肥通常与浇水结合进行，将肥料配制成一定浓度的水溶液，通过喷施或灌根的方式进行。前期的肥料浓度不宜过高，以免烧伤苗木。容器育苗的施肥通常将氮、磷、钾等按一定比例混合的肥料配制成水溶液，通过灌水系统进行喷施或灌根。根据苗木的生长阶段，不断调整肥料中氮、磷、钾的比例和施用量。根外追肥，即叶面喷肥，通常每周进行1～2次，以清晨为佳。这种方法用量少、效率高，植物叶片在8h后可以吸收约60%的叶面肥。

容器育苗过程中的施肥时机和方法应根据苗木的生长阶段和需求来确定，以确保苗木健康、均衡地生长。正确的施肥策略可以促进苗木根系发展，增强其对病虫害的抵抗力，并最终提高苗木的质量和成活率。在林业管理中，针对不同土壤类型合理调整施肥量对于促进林木健康生长和维持土壤肥力至关重要。砂土通透性良好，但保水性、保肥性差，需要通过增施有机肥和采取“少量多次”的追肥原则来减少养分流失。黏土虽然保水性、保肥性强，通气性、透水性却差，需要通过勤中耕松土和合理轮作来提升土壤肥力。壤土作为物理和化学性质较为均衡的土壤，施肥时需要结合长效肥与短效肥，以及有机肥与化肥的配合使用。土壤pH对养分有效性影响显著，偏酸性土壤应增补钾、钙，而碱性土壤则应注意磷肥的有效施用。通过土壤分析和植物生长观察，林业管理者可以精确调整施肥量，实现合理施肥，提高肥料利用率，并促进林木健康生长，同时保持土壤的长期肥力。

3. 基质的消毒及pH调节

在林木容器育苗过程中，基质的消毒和pH调节对于确保苗木健康生长至关重要。首先，可以通过物理方法如太阳能消毒和蒸汽消毒来实现基质的消毒，或者采用化学药剂消毒，如使用福尔马林或硫酸亚铁。使用福尔马林消毒时，按照一定比例与水混合后喷洒至基质，覆盖不透气材料数日后使用；使用硫酸亚铁时，按照一定比例翻拌均匀后覆盖，经过一定时间即可播种。其次，基质的pH调节应根据《容器育苗技术》（LY/T 1000—2013），将pH控制在5.5 ~ 8.0。不同苗木对基质的pH要求不同。因此，应根据不同苗木调制合适的基质并及时测定其pH，创造最适合苗木生长的环境。若pH偏低，可加入氢氧化钠、生石灰、草木灰提高pH；若pH偏高，则可加入硫磺粉、硫酸亚铁或硫酸铝等降低pH。在苗木生长期间，通过收集容器底部渗出液并测定其pH，可以进一步调整基质的pH。这些细致的操作步骤对于提高苗木质量和成活率具有重要意义。基质应严格进行消毒，以预防苗木发生病虫害。配制基质时必须将pH调整到育苗树种的适宜范围。

4. 菌根接种

用容器培育松苗时应接种菌根，在基质消毒后用菌根土或菌种接种。

5. 基质配制方法

不同基质的配制方法如下：

①草炭基质配方。草炭：珍珠岩：沙=1：1：1（体积比，下同），草炭：珍珠岩=1：1，草炭：沙=1：1或3：1，草炭：蛭石=（2 ~ 3）：1。

②有机废弃物基质配方。农林有机废弃物，如锯屑、碳化物、蛭石等，也逐渐成为栽培基质发展与应用的主要方向，具有价廉、环保的特点。

③轻基质配方。将泥炭、蛭石、珍珠岩、发酵牛粪、发酵松鳞、发酵木屑、砻糠按不同体积比配制成7种不同配方的基质，每立方米基质施入4 kg控释肥（N：P_2O_5：K_2O=18：6：12）。

④泥炭基质配方。泥炭与锯屑或碳化物与蛭石各占50%；泥炭与蛭石各占50%，是目前国内外应用较广的一种配方；泥炭、蛭石、锯屑或土壤、碳化物、蛭石或土壤、锯屑、蛭石各占1/3。

⑤东北大型草炭矿基质。采用东北大型草炭矿的原料，该原料矿层深厚，有机质、腐殖酸含量高，无毒、无菌、无虫害。这种基质自身疏松透气、吸水保水性强，有机质含量超过60%。

6. 基质质量检测

在配置基质后，应对基质的质量进行检测，包括容重、孔隙度、气水孔隙比、pH等指标，确保基质的理化性质符合苗木生长的要求。具体指标介绍如下：

①容重。基质的容重指单位体积的质量，影响根系发展。适宜的容重有助于根系穿透基质，形成强健的根系结构。一般认为基质的容重在0.20 ~ 0.60g/cm^{3}为宜，特别是在0.50g/cm^{3}左右时，基质育苗效果最佳。

②孔隙度。孔隙度分为总孔隙度、通气孔隙度和持水孔隙度。总孔隙度多在60% ~ 75%，持水孔隙度应大于45%。孔隙度反映了基质持水和容纳空气的能力，对苗木生长至关重要。

③气水孔隙比。理想的气水孔隙比为（1∶3.5）~（1∶1），这反映了基质中空气和水分的比例，对作物根系的呼吸和水分吸收有重要影响。

④pH。基质的pH与混合材料的pH及混合比例有关，也与使用过程中水肥管理有关。pH主要影响基质养分的有效性，特别是微量元素的有效性，也影响基质中微生物的活性。一般而言，pH在5.5 ~ 7.5时对植株生长最为有利。

⑤电导率。电导率的大小可反映基质中可溶性盐浓度的高低，在一定程度上可以反映出基质养分的高低。适宜植株生长的基质电导率为0.50 ~ 2.80mS/cm。

⑥盐分。基质中的盐分过高会影响苗木的生长，适当的盐分可以提供苗木所需的养分，但过高则可能导致盐害。

基质的选择与配制是林木容器育苗中的关键步骤，它需要综合考虑基质材料、肥力、消毒和pH调节等多个因素。目的是为苗木提供一个健康、适宜的生长环境，确保其在最佳条件下生长。这包括选取适合的基质材料以保证良好的保水性和透气性，合理添加肥料以满足苗木的营养需求，进行基质消毒以预防病虫害，以及调节pH以提高养分的有效性。通过这些细致的步骤，可以确保苗木健康成长，提高成活率。

三、容器育苗的其他技术要点

容器育苗除了涉及容器的选择和基质的选择与配制外，还包括环境控制、灌溉与排水、修剪与修根以及除草与病虫害防治等关键技术要点。在环境控制方面，根据树种特性调整温度、湿度等条件，以提供苗木生长的最佳环境，尤其在塑料大棚和温室等保护设施中，苗木能获得更佳的营养和环境条件，从而提高对不同环境的适应性。灌溉与排水是确保苗木健康生长的重要环节，栽植后应浇透水，并根据土壤、基质和品种的生长需求进行适时灌溉；在连阴多雨期要及时排水，生长停止后则应严格控制灌溉。修剪与修根工作旨在保证树干通直健壮和树形树冠的匀称，生长期要及时剥除砧木发出的芽和根蘖，确保嫁接枝、芽的正常生长。除草与病虫害防治则要求在不使用或少使用除草剂的前提下，及时拔除容器内的杂草，并防止松动树根。同时，由于容器苗生长环境的特殊性，对病虫害的防控要求更高，应通过基质消毒、生物防控、定期检查和环境控制等措施来实现。这些技术要点共同构成了容器育苗的核心内容，对于提高苗木质量和适应性具有重要意义。

项目三 无性繁殖育苗

项目导读

无性繁殖育苗是现代生物技术的重要组成部分，又称为营养繁殖育苗。无性繁殖培育的苗木称为营养繁殖苗。无性繁殖能够保持母株的优良特性，并能使植株提前结实，被广泛用于种子园、采穗圃、特种经济林及花卉的苗木繁殖等。

本项目旨在通过无性繁殖育苗的学习，掌握无性繁殖育苗的技术要点，深化对林业生态保护的认识，理解无性繁殖在保护珍稀树种和生态系统多样性中的作用。

任务一 扦插育苗

任务描述

通过理论学习和实践操作，掌握扦插育苗的技术要点，理解扦插各环节中关键因素的控制要点，如插穗选取、激素处理、基质配比、环境调控等，以确保扦插成活率和苗木质量。扦插作为无性繁殖的重要手段，能够高效复制优良种质资源，实现遗传性状稳定的苗木快速繁殖，在林业生产、生态修复及园林绿化等领域具有广泛应用。鉴于不同树种及扦插时期对技术要求的差异，精准把控扦插环节对于培育健壮苗木至关重要，有助于未来在林木种苗生产及园艺领域的实践与创新。

任务目标

1. 知识目标

①掌握扦插的生物学原理，包括无性繁殖特性、植物生长调节物质在生根过程中的

作用等。

②熟悉扦插前准备工作，如采穗母本的培育管理要点、扦插基质的理化性质要求等。

③掌握插穗采集、剪制的技术规范，涉及不同树种插穗的适宜长度、粗度、剪口处理等细节。

④掌握硬枝扦插、嫩枝扦插及根插等各类扦插技术的适用场景、操作步骤与要点。

2. 技能目标

①具备精准判断植物木质化程度的能力，能够根据树种特性与扦插时间要求，选择适宜的插条。

②能够准确筛选符合硬枝扦插标准的插条，剔除病弱、受损及不符合要求的枝条。

③按照技术规格，熟练截取插穗，并对插穗进行分级与分类管理。

④能够规范进行观赏植物硬枝扦插操作，并掌握扦插后的水分、温度、光照、病虫害等管理工作。

3. 思政目标

①在扦插育苗实践中，培养脚踏实地、勤奋钻研的科学精神，增强对林业生产的责任感与使命感，为国家生态建设贡献专业力量。

②树立团队协作意识，通过小组分工配合完成扦插任务，提升沟通协调能力，为未来林业生产团队工作奠定基础。

③贯穿绿色发展理念于扦插育苗过程，注重资源节约，合理利用插穗材料，加强生态保护意识，实现林木种苗生产与环境可持续发展的良性互动。

任务要求

1. 遵循管理规范

穿戴好防护用品，确保个人安全。在使用修剪刀等工具前，务必仔细检查工具的完好性，确保工具能够正常使用且不会对人员造成伤害。操作修剪刀时，刀刃应朝向远离身体方向，切割时施力均匀，避免用力过猛导致刀具失控伤人。使用完毕后，立即清洁工具，并妥善存放于工具箱内，防止意外损伤。

2. 规范操作流程

坚持“先规划，后执行”的原则，严格按照扦插育苗的技术规范和流程进行操作。若要使用化学药剂处理插穗，务必佩戴护目镜和橡胶手套，严格按照药剂的使用说明书进行操作，避免药剂对人体造成伤害。药剂存放应远离食品和水源，确保安全。

3. 团队协作

小组合作，根据成员特点合理分工。

操作流程

1. 前期准备

收集整理树种扦插资料，准备基质、生根剂等物资，规划扦插场地与设备。学习扦插育苗的理论知识，包括插穗选取、剪制、消毒、生根处理等方法，以及不同树种扦插的技术要点。

2. 扦插前准备

对采穗母本进行修剪、施肥、病虫害防治，促进母本枝条充实、芽眼饱满。依据树种特性选取健壮无病虫害的插条，进行插穗剪制，包括长度、切口处理等；对插穗开展消毒，采用适宜浓度的消毒剂浸泡规定时间；实施插穗生根处理，如激素浸泡、药剂处理等；根据不同树种需求进行增温或低温贮藏处理。按扦插树种要求配制基质，考虑通气性、保水性等因素，对基质进行消毒处理，确保基质清洁无菌。

3. 扦插技术

依据树种生长习性与季节确定扦插时间；选择硬枝扦插、嫩枝扦插或根插等方法，规范操作，控制扦插深度、角度与间距。

4. 扦插后管理

根据基质湿度与天气状况，适时适量浇水，采用喷雾、滴灌等方式调节湿度，防止插穗失水与病害滋生。利用温室、地膜覆盖等设施调控温度，满足插穗生根、发芽的温度需求，不同生长阶段灵活调整温度。合理遮阴与补充光照，避免强光灼伤插穗，促进光合作用，依据树种喜光性与生长阶段调节光照强度。定期去除插穗上的病叶、黄叶，促进新叶萌发与枝条伸长，及时抹除不定芽，确保养分集中供应。适时松土改善基质通气性，清除杂草，减少养分竞争与病虫害传播。扦插初期控肥，生根后适量追肥，遵循薄肥勤施原则；加强病虫害监测，采用物理、化学、生物方法综合防治。插穗生根成苗后，逐步锻炼苗木适应外界环境，选择适宜天气与地块进行移栽，确保苗木成活率。

注意事项

①插穗选取要严格执行标准，摒弃病弱、受损枝条，确保遗传品质与成活潜力。

②使用生根剂时遵循说明书，精准把控浓度与时间，过量抑制生根，不足影响效果。

③全程保持操作卫生，工具消毒，防止病菌感染插穗，保障扦插成活率。

相关资料

一、扦插成活的机理

（一）插穗生根的生理基础

植物细胞全能性是指植物体中的每一个细胞，在适宜的条件下，都具有发育成完整植株的潜能。这一特性是扦插的生理学基础。无论是失去根系的茎，还是失去茎的根系，在适当的环境刺激下，均能启动再生机制，分别形成新根或新茎，从而恢复为完整的植株。这一过程的实现，依赖于细胞分裂、分化及组织重建的复杂生理活动。

插穗能否成功生根，是决定扦插成活率的关键。生根过程涉及插穗内部激素的重新分配、营养物质的转运以及伤口的愈合与再生等多个方面。一般而言，插穗带有的芽眼能刺激生长素的合成与运输，促进插穗基部细胞的分裂与分化，进而形成根系。同时，插穗的生理状态（如年龄、成熟度）、环境条件（如温度、湿度、光照、土壤质地及微生物活动）也对生根过程产生重要影响。

（二）插穗生根的主要类型

根据插穗生根部位的不同，可以分为皮部生根类型、愈伤组织生根类型、综合生根类型。

1. 皮部生根类型

皮部生根类型的植物，其插穗通常从周身的皮孔、节等处发出许多不定根。此类插穗的生根方式以皮部生根为主，根原始体或根原基的形成主要位于髓射线的最宽处与形成层的交叉点上。插穗在适宜的生长环境下，随着枝条的生长，形成层进行细胞分裂，与细胞分裂相连的髓射线逐渐增粗，通向髓部，从髓细胞中取得养分，向外分化成钝圆锥形的薄壁细胞群，形成根原始体。当根原始体向外发育时，与其相连的髓射线也逐渐增粗，穿过木质部通向髓部，从髓细胞中取得营养物质。此类插穗的扦插成活一般较为容易，生根较快。这类生根方式多见于一些易生根的树种，如小叶杨、毛白杨及紫穗槐等。

2. 愈伤组织生根类型

愈伤组织生根类型是指插穗在基部形成一层或多层未分化的细胞团（即愈伤组织），随后从这些细胞中分化出不定根。此类生根方式以愈伤组织生根为主，愈伤组织的形成是插穗对环境胁迫的一种适应性反应，通过细胞分裂与分化，为生根提供新的生长点。插穗的生根过程需要经过愈伤组织的分化，首先在插穗下切口的表面形成半透明的、具有明显细胞核的薄壁细胞群，即为初生的愈伤组织。初生愈伤组织的细胞继续分化，逐渐形成和插穗相应组织发生联系的木质部、韧皮部和形成层等组织。最后充分愈合，在适宜的温度、湿度条件下，从愈伤组织中分化出根。此类生根方式需要的时间长，生长缓慢，但适用于一些扦插成活较难、生根较慢的树种，如银杏、雪松、黑松、金钱松、水杉、悬铃木、桧柏等。

3. 综合生根类型

综合生根类型是指插穗既能在皮部直接生根，又能通过愈伤组织产生不定根，二者生根的数量大体相同。这类树种如加杨、旱柳、金边女贞等，其生根机制更为复杂，结合了皮部生根与愈伤组织生根的双重特性。在实际生产中，这类树种对扦插条件的要求更为灵活，但也需要精细管理以优化生根效果。

（三）影响扦插成活的因素

1. 影响扦插成活的内因

（1）树种的生物学特性

不同树种之间的遗传特性差异显著，这种差异直接体现在插穗生根的难易程度上。即使是同一树种的不同品种、同一品种的不同个体，其生根能力也可能存在显著差异。根据插穗生根能力的大小，大致可以分为四类，见表2-3。

表2-3 插穗生根能力类型

类型	特点	代表树种
极易生根类	插穗生根容易，生根快	柳树、青杨派、黑杨派、水杉、池杉、杉木、柳杉、小叶黄杨、紫穗槐、连翘、月季、迎春、金银花、常春藤、卫矛、南天竹、红叶小檗、黄杨、金银木、葡萄、穗醋栗、无花果和石榴
易生根类	插穗生根较容易，生根较快	侧柏、扁柏、花柏、铅笔柏、相思树、罗汉柏、罗汉松、刺槐、国槐、茶、茶花、樱桃、野蔷薇、杜鹃、珍珠梅、水蜡树、白蜡树、悬铃木、五加、接骨木、刺楸、慈竹、夹竹桃、金缕梅、柑橘、猕猴桃
较难生根类	插穗能生根，生根较慢，对扦插的技术及管理水平要求较高	金钱松、日本五针松、青桐、苦楝、臭椿、君迁子、米兰、秋海棠、枣树
极难生根类	插穗不能生根或生根困难	黑松、马尾松、赤松、樟树、板栗、核桃、栎树、鹅掌楸、柿树、榆树、槭树

不同树种生根的难易程度并非一成不变。随着科学研究和技术创新的不断深入，许多原本难以生根的树种在适宜的条件下和先进的繁殖技术辅助下，已能够显著提高生根率，甚至变得易于扦插繁殖。例如，通过全光照自动喷雾扦插育苗技术，赤松、黑松等传统难生根树种的生根率超过80%。同样，对于月季这种易生根的树种中的生根困难的

优良品种，通过调整扦插时期和条件，也能进一步使其生根率超过95%。这些案例表明，插穗生根的难易程度具有动态性，通过科技优化和实践探索，可以不断突破传统认知，实现更高的繁殖效率。

（2）母树及插穗的年龄

随着母树年龄的增加，细胞分生能力降低，内部激素和养分发生变化，抑制物质的含量增加。这使得插穗的生根能力降低，生长也较弱。因此，在选择插穗时，应采自年幼的母树，最好选用1～2年生实生苗上的枝条。例如，水杉1年生母树上采集的插穗生根率较高，而随着母树年龄增大，插穗生根率降低，见表2-4。

表2-4　水杉不同年龄母树采穗扦插成活情况

母树年龄/年	扦插数/株	成活率/%
1	500	92.5
2	500	90.4
3	500	76.5
4	500	65.0
7	500	34.0
9	500	31.0

插穗的年龄也会影响其生根能力。一般来说，1年生枝条的再生能力最强，但具体年龄也因树种而异。例如，杨树类1年生枝条成活率高，2年生枝条成活率低，即使成活，苗木的生长也较差。而水杉和柳杉1年生枝条较好，基部也可稍带一段2年生枝条。对于慢生树种的插穗，如山核桃等可以用一部分2～3年生枝条作为插穗，成活率较高，对于较难生根类树种和极难生根类树种，以半年生或年龄更小的枝条扦插成活率较高。

（3）枝条的部位及其生长发育状况

同一株母树上，着生在不同部位的枝条，发育阶段不同，生活力的强弱也有差异。根颈处及着生于主干基部的枝条，其发育阶段年幼，分生能力强，可塑性大，扦插易生根，成活率高。而树冠部分，由于发育阶段较老，扦插后生根力弱，成活率低，生长也差。一般情况下，离主干越远，分枝次数越多的枝条，生根越困难；树冠内部徒长枝的内部营养物质含量高于一般枝条，生根能力比一般枝条生根能力强；向阳面枝条通常生长健壮，组织充实，叶片茂盛，光合效率高，积累的营养物质丰富，生根能力强于背阴面枝条。

同一枝条的不同部位，生长发育的状况不同，见表2-5。一般来说，枝条下部粗壮，木质化程度好，但芽小且发育不良；枝条上部细弱，木质化程度较差，贮藏的营养物质较少，且根原始体数量也少；枝条的中部，不仅粗壮，且芽饱满，贮藏的营养物质丰富，生活力强，生根、发芽都比较容易，扦插成活率较高。但也有些树种如水杉枝条、梢部育苗成活率比较高；大多数针叶树种插穗，一定要选用带有顶芽的梢部作为插穗。

此外，插穗的粗细及长短对于成活率及苗木的生长也有影响。试验证明，年龄相同的插穗越粗越好，而且要有一定的长度。因此，在生产实践中，应该根据需要和可能，采用适当长度的插穗。

表2-5　1年生毛白杨不同采条部位的插穗生根及生长情况

扦插日期	毛白杨采条部位	平均生根数/条	平均苗高/cm
当年11月下旬	树冠部分枝条	6	50.0
翌年11月下旬	树基部萌生枝	21	80.0
当年3月下旬	树冠部分枝条	9	82.1
翌年3月下旬	树基部萌生枝	25	133.2

（4）枝条营养物质的含量

枝条营养物质的含量，即插穗内部贮藏的养分，是扦插后形成新器官及生长初期所需营养物质的主要来源，当枝条的发育阶段与年龄相同时，枝条的发育及其贮藏营养的状况对扦插成活率影响很大，枝条发育越好，营养物质含量越多，扦插越易成活。实践证明，磷与生根关系密切，如果再加以足量的钾和钙，插穗的营养更丰富，扦插成活率就更高；碳水化合物含量高，生根率也高；枝条中的碳氮比也影响扦插生根，碳氮比大，插穗生根快而多，碳氮比小，则不利于生根，而有利于发芽；硼与根原始体的形成和分化、根的伸长和分枝、根的形状和数量有关，缺硼时根虽能形成，但生长点会枯死，中心柱硬化，皮部组织膨胀屈曲，形成层增殖。因此，在生产中，宜选发育充实、营养丰富而氮肥施用较少的枝条作为扦插种条，并适量供硼将有利于种条生根。另外，枝条粗细、长短不同，贮藏营养物质的数量不同。粗插穗所含的营养物质多，对生根有利。因此，硬枝插穗的枝条必须发育充实、粗壮、充分木质化、无病虫害，同时为了合理利用枝条，应该遵循“粗枝短剪，细枝长留”的原则。

（5）插穗上保留的芽和叶

插穗上的芽和叶通过光合作用不仅能制造一定的营养物质，供应插穗生根的需要，并能生长一定数量的生长激素、维生素等，促进愈伤组织和根原始体的形成，所以扦插时保留一定数量的芽和叶是必要的，这对针叶树种、常绿树种以及各种嫩枝扦插尤为重要。在实际生产中，不同地区或不同树种在保留芽和叶时，应视具体情况而定。一般情况下，阔叶树种剪取插穗时，插穗下切口在靠近芽下剪切，保留2～3片（对）叶；叶片宽大的植物，可以剪除先端部分，留半叶；叶片较小的植物，可以保留叶片的1/3，插穗更容易成活。

（6）母树的起源

一般来说，从实生母树上采集的枝条比扦插起源的母树上采集的枝条生根率高。这是因为实生苗是由种子发芽后形成的幼苗，阶段发育年龄较幼，枝条生长健壮。相比之下，扦插苗是母株发育的延续，阶段发育年龄较老，枝条生长也较瘦弱。这种差异导致了扦插成活率较低。此外，同一树种（品种）的扦插生根率还会受到地理种源的影响。生长最快、对生态环境适应性最强、分布最为广泛的种源，其扦插生根率最高。

2. 影响扦插成活的外因

（1）温度

插穗生根需要一定的温度。不同的树种插穗生根要求的土温不同，大多数树种的最适生根土温是15～25℃，20℃最为适宜。落叶阔叶树种如杨树、柳树等，在较低的土温条件下（10℃左右）就能生根，在春季扦插时，生长和发芽的时间较为一致，但生根的最适宜土温是20℃左右；热带树种、常绿阔叶树种要求的土温较高，变幅较小，一般是23～25℃较为适宜，在夏季或春季温床上扦插时，才容易生根。

插床附近的气温，对扦插也有重要影响，因为气温高，空气饱和差增大，叶面蒸腾加剧，容易造成水分亏缺；而且气温高，呼吸作用增强，消耗养分多，不利于插穗生根。一般土温高于气温3～5℃，对生根极为有利。一般在夏季嫩枝扦插时，土温能得到保证，春季硬枝扦插时土温较低，可在插壤下铺20～50cm厚的马粪以增加土温，促进插穗生根。在温室或塑料大棚中，可在插床内铺设电热丝，以控制适宜的土温。

（2）湿度

湿度包括空气湿度、基质湿度以及枝条本身的含水量，适宜的湿度控制是扦插成活的关键因素之一。尤其是嫩枝扦插，湿度控制更为重要。

空气湿度与扦插成活有密切的关系，尤其对极难生根的针、阔叶树种影响更大。扦插后，在不定根形成前没有根系从土壤中吸收水分，为防止过量蒸腾，导致插穗干枯死亡。应该尽可能使空气湿度保持在80%以上，至少不要低于70%，特别是扦插初期，如有可能，最好维持在90%以上。另外，还应注意避免风吹。为此，育苗地要进行防风和遮阴保护。目前各地推广的塑料薄膜拱棚育苗、塑料大棚育苗，以及全光雾育苗和电子叶间歇喷雾育苗等，都是增加湿度、降低气温和风速、减少蒸腾的好办法，都能提高扦插育苗生根速度和成活率。

扦插时除了要求一定的空气湿度外，基质湿度同样也是影响插穗成活的一个重要因素。一般基质湿度保持在干土质量的20%～25%即可，或将土壤含水量稳定在田间最大持水量的50%～60%。同时还需要密切注意插穗自身的含水量，因为插穗内的水分保持着插穗自身活力，可使插穗易于生根，而且还能加强叶组织的光合作用。插穗的光合作用越强，则不定根形成得越快。当插穗含水量减少时，叶组织内的光合强度就会显著降低，因而直接影响不定根的形成。

当插穗开始逐渐生根时，应及时调整湿度，逐渐降低空气湿度和土壤湿度，这有利于根系生长，并可达到炼苗的目的。

（3）光照

光照对常绿树种及嫩枝扦插很重要。适宜的光照能保证一定的光合强度，提高插穗生根所需要的碳水化合物，同时可以补充利用插穗本身合成的内源生长素，使之缩短生根时间，提高生根率。但另一方面，随着温度的升高，会引起插床干旱，空气湿度降低等不利情况，会增大插穗及叶片的蒸腾强度，加速水分的损失，引起插穗水分失调而枯萎。因此，最好采用全光雾育苗，既能调节空气湿度，又能保证光照，有利于生根。

（4）通气条件

通气条件主要是指插床中的空气状况、氧气含量。插穗生根过程中需要进行呼吸作用，根原始体的形成和发育都离不开氧气。通气情况良好，呼吸作用需要的氧气就能得到充足供应，有利于扦插成活。因此，疏松、透气性好的基质对插穗生根具有促进作用，透气性差的黏重土壤或浇水过多的基质，会使其通气条件变差，氧气供给不足，易造成插穗下切口腐烂，不利于生根或发芽。理想的扦插基质既能保持湿润，又通气良好。不同植物需氧量不同，如杨树、柳树对氧气的需求较少，插入较深仍能成活。而蔷薇、常春藤则要求较多的氧气，要求疏松、透气的基质，扦插深度较浅，有利于生根，扦插过深易造成通气不良而抑制生根。

二、扦插前准备

（一）采穗母本的管理

选择生长健壮、无病虫害、遗传性状稳定且符合育种目标的母树作为采穗源，考虑母树的生态适应性，优先选择适应当地气候、土壤条件的品种，以提高扦插苗的成活率和生长势。在生产中，通常采用以下措施来管理采穗母本。

1. 水肥管理

在采穗前一年至采穗期间，加强水肥管理。合理施用有机肥与复合肥，以促进母树营养生长，提高枝条质量。春季萌芽前和秋季落叶后为重点施肥时期。同时，保持土壤湿润，避免干旱或水涝。根据季节变化及土壤墒情调整灌溉量，确保母树水分需求得到满足。

2. 修剪树形

定期修剪母树，去除弱枝、病枝、虫枝及过密枝，改善通风透光条件，促进枝条健壮生长。对于特定品种的母树，采用适当的整形修剪技术，如自然开心形、疏散分层形等，以优化树体结构，提高采穗效率。

3. 机械处理

在生长季节，对于愈伤组织生根的树种，将植物的枝条刻伤，扩大创口面积，可以增加愈伤组织和插穗生根的范围，以利于扦插成活。

对一些难生根的树种，在生长期采条前，将植物的枝条环剥或绞伤，阻止枝条上部营养物质向下运输，使其光合产物积累于伤口之上，使种条充实，贮藏物质增加，待休眠期采集这些枝条进行扦插，有利于插穗生根。

4. 黄化处理

在已确定采穗枝条时，在采集前对其进行黄化处理。黄化处理是植物扦插繁殖中常用的一种技术手段，通过特定的环境控制，可以促进插穗生根，提高成活率。黄化处理的主要原理是让插穗避光黑暗处理，这样可以抑制枝条中生根阻碍物质的生成，增强植物生长激素等生根促进物质的活性，同时延缓木质化进程，保持组织的幼嫩性，有利于插穗生根。

具体操作方法：将根颈上的萌蘖条及近地面的枝条培土，使其完全避光。其他部分可用有色透明的纸或黑布（黑纸、黑色塑料布）做成套，罩在其上，使其处在黑暗的条件下生长，形成较幼嫩的组织，待其枝叶长到一定程度后，剪下进行扦插，经过一段时间的黄化处理后，剪取已黄化的枝条进行扦插，成活率会有明显的提高。以杨梅为例，黄化后生根率由对照的65%提高到85%，赤松由20%提高到85%，柿树由30%提高到60%，若再用激素处理可达90%。这一数据充分说明了黄化处理对于提高植物扦插成活率的有效性。

（二）插穗的选择与制作

根据插穗的取材部位和种类，可以分为枝插、根插、叶插等。在林木生产中常用枝插、根插。

1. 枝插

根据插穗性质不同，可以分为硬枝扦插和嫩枝扦插。

（1）硬枝扦插

硬枝扦插又称为休眠枝扦插。在树木落叶后与生长前，采用已经休眠的成熟木质化枝条进行扦插，方法简单，成本低，适用于容易萌发不定根的树种，是生产中广泛应用的一种育苗方法。

最好是从采穗圃中1年生的健壮枝条中采集，若无采穗圃，可以选择在生长迅速、干形通直、无病虫害的健壮幼龄母树上采集根系或树干基部发育充实的1～2年生枝条作为插穗，对于容易生根的树种，采穗母树年龄可大些。常绿树种可随采随插，适宜在春季芽萌动前采集，生根率高，不易腐烂；落叶树种在秋季落叶后（秋末冬初）或春季萌芽前采集，此时枝条内营养充足，容易生根。

采集后要及时进行剪制，并且插穗要含有一定数量的根原始体、养分和水分，扦插深度要适宜，扦插方便，节省种条。不同着生部位的枝条，扦插生根情况有差异。一般发育充实的中下部枝条生根率高。插穗的长度、切口形状、芽和叶的保留量，要根据树种生根特性、生长类型、插穗基质及环境的湿度等具体情况而定。

一般长穗插穗长度15 ~ 20cm，要保证插穗上有2 ~ 3个发育充实的芽；单芽插穗长3 ~ 5cm。剪切时上切口距顶芽1cm左右，下切口在节下1cm左右。下切口有平切、斜切、双面切、踵状切等几种切法。一般平切口生根呈环状均匀分布，便于机械化截条，对于皮部生根型及生根较快的树种应采用平切口。斜切口与插穗基质的接触面积大，可形成面积较大的愈伤组织，利于吸收水分和养分，提高成活率；但根系多生于斜切口的一端，易形成偏根，同时剪穗也较费工。双面切口与基质的接触面积更大，在生根较难的植物上应用较多。踵状切即在插穗下端带2 ~ 3年生枝段，常用于针叶树种。

在秋冬或早春采集的枝条或截取的插穗要防止干燥失水，如不立即扦插，应要进行贮藏。在贮藏期间，皮开始软化，应结合分层混沙堆藏进行科学管理。

按照实际需要，插穗可以分为短时贮藏和越冬贮藏。短时贮藏用于来不及迅速扦插的插穗，可置阴凉湿沙埋放。越冬贮藏适用于秋冬季采集、翌春扦插利用的枝条或截制的插穗，多采用窖藏或室外沟藏法。即选择地势高、排水良好的地方挖沟或建窖，坑的长和宽取决于枝条和插穗的数量，在坑底铺5 ~ 10cm厚湿沙，埋在湿沙中贮藏，温度保持0 ~ 5℃。

越冬贮藏时，截制好的插穗可以按每50根或者100根打捆，分层直立放置于沟内；若为贮藏枝条，可以按60 ~ 70cm长度剪截，每50根或者100根打捆，分层平埋。插穗和枝条要标明品种、采集日期及地点等信息。埋藏时，每放一层插穗或枝条，均匀地覆盖一层10cm的湿沙，与之交替铺设，当插穗或枝条放置到距离地面10cm左右时，用湿沙填平，再加土封堆成屋脊状。为了防止沟内枝条发热，在埋藏时要每隔1m左右安放1个通气孔。早春在气温回升时，要注意检查，防止插穗或枝条因温度升高而提前萌发。

（2）嫩枝扦插

嫩枝扦插又称为绿枝扦插或生长期扦插。嫩枝扦插是在植物生长季中，用生长旺盛的幼嫩枝或半木质化的带叶枝条作为插穗来培育苗木的方法。这种方法适用于大多数树种，因为半木质化嫩枝具有薄壁细胞组织多、含水量大、可溶性糖和氨基酸含量多、酶活性高等特点，使得其再生能力较强，易于生根成活。

嫩枝扦插的优点在于，对于一些生根较难、硬枝扦插不易成活或虽较易成活但硬枝插穗不足的树种，嫩枝扦插可以提供一种有效的解决方案。目前，应用较多的树种包括水杉、落羽杉、茶树、雪松、龙柏、油橄榄、枣树、刺槐、银杏等。

嫩枝扦插随采随插，枝条最好选自健壮生长的幼年母树，并以半木质化的幼嫩枝条为最好，内含充分的营养物质，生命力强，容易再生不定根。嫩枝扦插宜在早晨或傍晚光照不强烈时进行，秉承“随采集、随剪制、随扦插、注意保湿”的原则，采条后应注意保湿，剪好的插穗要及时喷水，用湿润材料覆盖或直接放在水桶或水箱中临时保存，在阴凉处迅速制穗。

嫩枝插穗的长度和形状，以及叶片的处理方式，都对其生根和生长效果有重要影响。一般来说，嫩枝插穗的长度在2～4个节间，长度5～20cm，通常比硬枝插穗更短。保留部分叶片可以提供光合作用所需的营养，并促进插穗生根、发芽和生长。为了减少蒸腾耗水，嫩枝插穗下部叶片常被剪除，叶片较小时保留顶端2～4片叶，叶片较大时保留1～2片半叶，叶面积过大，可剪去2/3叶片。下切口可平可斜，上切口要剪成平滑的平面，切好后的插穗，应立即用湿润材料覆盖，以免干燥。

2. 根插

根插是使用植物的根系作为插穗进行的扦插繁殖方法。成活关键是插穗上要长出幼芽，进一步发育为完整植株。此种方法适合枝插生根较难的树种，如香椿、核桃、泡桐、枣树、文冠果。

插穗的最佳采集时间为植物休眠期至早春萌芽前，此时根系养分充足，生命力强。具体月份依树种及地区气候而定，如北方地区多在2～3月进行。一般选择生长健壮的1～2年生苗或幼龄树，也可利用苗木出圃剪下的根系或留在地下的残根。

一般选择长度通常为15～20cm、大头直径0.5～2.0cm、健康无病虫害的根系作为插穗，保留少量须根以提高生根率。一些细短根系，直径0.2～0.5cm，长度3～5cm，根插的插穗上端粗，下端细。剪制时工具应消毒，切口平滑，上端平切，下端斜切，以增加与土壤的接触面积。

（三）插穗处理及基质准备

（1）插穗的消毒处理

在扦插育苗过程中，插穗的消毒是确保成活率和生根效果的关键步骤。在扦插前1～2天可使用浓度为0.5%的高锰酸钾溶液、稀释800倍的多菌灵溶液、2%～3%的硫酸亚铁溶液等进行处理。在实际操作中，插穗的基部要被完全浸入溶液，浸泡具体时间可根据插穗种类、生长状况及环境条件灵活调整。同时在扦插前也应该对基质进行彻底的消毒处理，以杀灭其中可能存在的病原菌和害虫。常用的消毒方法包括物理消毒法（如高温蒸汽消毒、紫外线消毒等）和化学消毒法（如使用多菌灵等杀菌剂溶液淋洒基质）。

（2）插穗的生根处理

针对那些较难生根、极难生根的树种，实施科学的生根处理策略，是显著提升扦插成活率的关键途径。而对于易生根、较易生根的树种而言，虽然并非必须进行生根处理，但采取此类措施往往能进一步优化育苗效果，促进插穗更快、更健壮地生长。下面介绍几种不同的生根处理方法：

①生长素处理。在对插穗进行生根处理时，常用的生长素类药剂包括萘乙酸、吲哚乙酸、吲哚丁酸、2,4−D等。这些生长素可以促进插穗生根，提高扦插成活率。低浓度溶液浸泡插穗下端是常用的处理方法，通常20～200mg/L，浸泡时间6～24h。对于高浓度溶液，通常500～10000mg/L，可以进行快速处理，如几秒钟到数分钟。此外，还可以将溶解的生长素与滑石粉或木炭粉混合均匀，制成粉剂，用湿插穗下端蘸粉扦插；或将粉剂加水稀释成为糊剂，用插穗下端浸蘸；或做成泥状，包埋插穗下端。处理时间与溶液的浓度随树种和插穗种类的不同而异。

②生根促进剂处理。生根促进剂处理也是苗木扦插繁殖中经常使用的措施之一。目前使用较为广泛的有ABT生根粉系列、植物生根剂HL−43、911生根素、3A系列促根粉等。这些生根促进剂可以促进插穗生根，提高扦插成活率。如1g ABT生根粉能处理插穗4000～6000根，生根率可达90%以上，对于低浓度溶液，通常是50～100mg/L，浸泡时间1～5h，高浓度300～500mg/L，快速处理。

③化学药剂处理。一般认为少量的化学药剂处理，能增强新陈代谢，促进插穗生根。常用的化学药剂有高锰酸钾、二氧化锰、硼酸、磷酸、醋酸、硫酸镁、腐殖酸或腐殖酸钠等。例如，高锰酸钾，作为一种强氧化剂，在浓度为0.03%～0.10%（针对硬枝插穗）或0.06%（针对嫩枝插穗）时，能够有效促进插穗的氧化过程，从而增强其呼吸作用，使内部营养物质转化为更易于利用的形式，加速根系初生体的形成。此外，其强氧化性还能有效抑制细菌滋生，起到消毒的作用。

④营养处理。适度应用蔗糖、葡萄糖、维生素处理插穗，能够显著强化其生理机能，促进插穗生根，提高成活率。例如，采用1%～10%的蔗糖或葡萄糖溶液浸泡插穗12～18h，是一种直接为插穗补充营养、提升扦插成功率的有效方法。例如，水杉硬枝插穗用1%蔗糖溶液处理后，成活率大幅提升至93%，远超未处理对照组的35%。维生素往往不单独使用，而是与植物生长素如吲哚丁酸等配合使用，以达到更佳的生根效果。例如，先以低浓度吲哚丁酸预处理柠檬、山茶插穗后，再用维生素B_1溶液浸泡，可显著提升生根率。

⑤生根抑制物质处理。通常利用洗脱处理的方式来对生根抑制物质进行处理，主要包括温水洗脱、流水洗脱及酒精洗脱三种方法。这些方法不仅可以降低插穗中的生根抑制物质含量，而且还可以增加插穗内水分的含量，从而促进生根。温水洗脱是将插穗下

端放入30～35℃的温水中浸泡几个小时或更长时间，具体时间因树种而异，浸泡时每12h换一次水，因为吸水能活化蛋白质，可洗掉一部分生根抑制物质或树脂，植物有机体受伤后，伤口温度高，如果浸泡时间长，容易腐烂。例如，云杉浸泡2h，可部分地清除松脂，有利于切口愈合与生根，成活率可达75%。流水洗脱是利用持续流动的水浸泡插条，时长根据树种特性调整，普遍在24～72h，部分甚至更长，以增强插穗生理活性。酒精洗脱采用1%～3%纯酒精或1%酒精与1%乙醚混合液，浸泡约6h，能显著降低插穗内生根抑制物质含量，显著提升杜鹃、洋蔷薇等植物的生根效率。在处理过程中，需要精确控制温度、时间与溶液浓度，以确保最佳洗脱效果，从而提高植物繁殖的成功率。

（3）增温处理

早春土温较低，插穗在露地苗床生根缓慢，可以做成塑料薄膜温床或在插床上铺设电热丝做成电热温床，加温使苗床介质温度达到适宜温度，并保持适当的湿度，提高扦插的成活率。

（4）低温贮藏处理

将硬枝放入0～5℃的低温条件下冷藏一定时期，少则月余，多则数月，能使枝条内的抑制物质分解转化，有利于插穗生根。

（5）扦插基质的准备

扦插基质应具有良好的质地，能协调水分、空气、温度的关系，满足插穗生根所必需的水分、热量和氧气，而且无病虫害感染，有利于生根。目前生产上常用的有沙、工业炉渣、膨胀蛭石、泥炭、膨胀珍珠岩、石棉以及木炭粉、锯屑、砖屑、苔藓、稻壳等，国外还有的用水藓或椰壳纤维等作为扦插基质。这些基质可以单用，也可以混合使用，构成混合基质。作为特殊的扦插方法，还包括其他一些扦插基质，如水插时有水与培养液等液体基质；雾插时有水汽弥雾状态的气体基质等。在实际生产中，可以根据培育树种的要求、各地自然条件、经营水平和资源（基质来源）状况，选择适合本地具体情况的扦插基质。

三、扦插的技术要点

（一）扦插时间

一般来讲，树种扦插繁殖，一年四季均可扦插，但扦插时间十分关键。实践表明，适宜的扦插时间对于提高生根率至关重要。适宜的扦插时间通常基于植物的生长周期、气候条件以及土壤环境等因素综合考量。同时，环境与树种的差异性也应考虑，不同树种对环境因子的敏感程度不同，因此在制订扦插计划时，应充分考虑这些因素。

落叶树种硬枝扦插，以春季为主，在春季芽萌动前及早进行扦插，生根率较高。北方地区一般选择在土壤开始化冻后，即3月中下旬至4月中下旬进行。此时，气温回升，土壤解冻，有利于插穗生根。虽然秋季也可进行硬枝扦插，但应注意“秋插宜在土壤冻结前随采随插”。在南方温暖地区，由于冬季气温较高，秋插较为普遍。而在北方干旱寒冷或冬季少雪地区，则应采取覆土等保温、保湿措施，以防插穗风干和冻害。

落叶树种的嫩枝扦插，多选在夏季第一次旺盛生长期结束后的稳定时期进行，此时枝条半木质化，内源生长素含量高，生根能力强。具体时间因树种和地区而异，但一般集中在6～8月。

我国南方地区的常绿树种，如桂花、茶花等，多在梅雨季节（6～7月）进行扦插。此时雨水充沛，空气湿度大，有利于插穗生根。

同时，随着科技的进步、设施农业的发展、智能化管理系统的应用，扦插时间和环境得到了更好的控制，可以突破自然条件的限制，实现全年扦插，提高扦插效率的同时还能够确保扦插的成功率。

（二）扦插方法

（1）硬枝扦插

容易萌发不定根的树种可采用硬枝扦插，此种方法简单可行，应用最广。可采用直插和斜插两种方式。直插适用于土壤疏松、插穗较短且易生根的树种。插穗直接垂直插入土壤中，芽眼朝上，此方法操作简便，但需注意保护插穗上部的芽眼，避免插入过深导致芽眼受损。斜插适用于土壤较为黏重或插穗生根较为困难的树种。插穗以45°斜插入土壤中，芽眼朝上斜插有利于插穗与土壤更紧密接触，增加生根面积，同时先发根后长叶，降低回芽概率。务必注意切勿倒插。

扦插深度应根据插穗的长度和树种特性来确定。一般来说，插穗长度在10～20cm，扦插深度约为插穗长度的1/3～1/2。对于落叶树种，春季扦插时通常将插穗上切口芽露出地面，以利于芽的萌发；而秋季扦插则建议全部插入土中，以避免冬季受冻害。在选定的苗床上，按照预定的株、行距（一般株距为10～50cm，行距20～30cm）进行扦插。插穗插入土壤后应轻轻压实土壤，使插穗与土壤紧密接触。随后立即灌水，确保插穗充分吸水。

（2）嫩枝扦插

生根较难，硬枝扦插不易成活或虽较易成活但硬枝插穗不足时，均可应用嫩枝扦插，如水杉、落羽杉、油橄榄、枣树、刺槐、银杏等。可采用直插和斜插两种方式。由于嫩枝较为幼嫩，一般建议采用斜插以增加生根面积和稳定性。斜插角度以45°为宜，确保插穗与土壤紧密接触且芽眼朝上。

扦插时宜浅不宜深，一般为插穗长度的1/3左右。嫩枝扦插应在无风的阴天或晴天的早晨或傍晚进行，也应随采、随剪、随插。一些难生根或生根时间较长的树种，为减轻生根期间管理工作和减少损失，应将嫩枝插穗先在温床或塑料大棚等处集中培养生根，然后再移至大田培育。

（3）根插

能产生根蘖和根部易生不定芽的树种，都可以进行根插，如泡桐、毛白杨、刺槐等树种。

根插以春季为主，可结合春季起苗，将挖掘出来的根系剪截成根段进行育苗；当然也可以选择健壮的中龄母树，从其根系截取种根扦插。在秋季距树干一定距离，挖半圆形沟，掘出直径0.5～3.0cm的侧根作为种根。每株树不宜挖太多根系，以免影响母树生长。出根系后可在沟内施肥、填土，再灌水，以便促生新根恢复生长。有时也可以从采伐后的林地或孤立木中采取种根。随采随插，但泡桐等含水量过大的种根，挖后应晾1～2天，待水分稍散失些后再扦插，可减轻种根霉烂。因为根系也有极性特性，故不可倒插。

四、扦插后管理

扦插后管理对于插穗的生根、成活以及后期的生长至关重要。科学合理的扦插后管理能够有效促进根系发育，增强植物对环境的适应能力，为后续移栽及长期栽培打下坚实基础。

1. 水分与湿度管理

插穗扦插完成后，首要任务是立即灌足第一次水，确保插穗与基质充分接触，促进水分吸收。此步骤对于插穗的初期存活至关重要。应经常检查并保持土壤和空气的湿度，特别是嫩枝扦插，保持高空气湿度尤为重要。扦插初期，空气湿度应保持在95%以上，下切口愈伤组织生出后可降至80%～90%，一般每天喷水2～3次，若气温高，每天喷水3～4次，每次喷水量不能过大，要以降温、增加空气湿度而又不使插穗基质过湿为目的，插穗基质中不能积水，以免插穗腐烂。一般情况下，土壤湿度应维持在田间持水量的60%～70%，空气湿度保持在80%～95%。可采用喷雾、覆盖保湿膜等方式来实现。同时，应确保基质排水良好，防止积水导致插穗腐烂。在雨季或灌溉过量时，应及时排水。

2. 温度管理

对于硬枝扦插，特别是在早春进行时，由于气温回升快于土温，易造成插穗先萌芽后生根，消耗过多养分而降低成活率。因此，需要通过电热温床、温室等设施提高土温，保持土温高于气温3～5℃，以促进生根。在高温或强光条件下，尤其是嫩枝扦插，应进行适当遮阴，以减少插穗蒸腾作用，保持湿度。同时，注意通风，防止温度过高导致插穗死亡。此外，在温室或温床中扦插的插穗，生根展叶后应逐渐开窗流通空气，使其逐渐适应外界环境，提高抗逆性后再移至苗圃地。

3. 光照管理

随着根系的逐渐完善，扦插苗对光照的需求逐渐增加。初期需要遮阴，避免直射阳光；生根后可逐步增加光照强度，直至全光照管理。

4. 叶片与枝条管理

在插穗未生根但地上部分已展叶时，应及时摘除部分叶片，以减少蒸腾作用和养分消耗。当新苗长到15 ~ 30cm时，应选留一个健壮直立的芽作为主枝培养，其余芽应及时去除，以避免养分分散。必要时可在行间进行覆草，以保持水分，防止杂草生长，并防止雨水溅到嫩叶上造成伤害。

5. 松土除草

定期松土除草，保持基质疏松透气，有利于插穗根系生长。同时，松土可减少基质表面蒸发，保持湿度。

6. 营养与病虫害防治

插穗生根前，可每半个月进行一次叶面施肥，以补充插穗所需养分。生根后，则应通过土壤施肥来满足植物生长需求。遵循“薄肥勤施”的原则，避免肥料浓度过高造成烧根。根据插穗生长情况，适时调整施肥量和施肥频率。

定期检查插穗生长情况，及时发现并处理病虫害。可采用物理防治、生物防治和化学防治相结合的方法进行综合防控。对于易发病虫害的树种，可定期喷洒杀菌剂或杀虫剂进行预防。注意按照药剂说明书正确使用，避免药害发生。

7. 炼苗与移栽

插穗生根展叶后，需要经历一段时间的炼苗，使其逐渐适应外界环境。此阶段应逐渐减少遮阴和喷水量，增加光照和通风时间。当插穗生长健壮、根系发达时，即可进行移栽。移栽前要确保基质疏松透气、排水良好，移栽后应加强水分管理，确保植株顺利度过缓苗期。

任务二 嫁接育苗

任务描述

通过理论学习和实践操作，了解接穗和砧木的选择与处理，掌握嫁接时间和方法，枝接和芽接等嫁接技术，深入理解嫁接技术的核心要点，并进行科学的嫁接后管理，培养传统林业技术的传承意识和创新发展能力。

任务目标

1. 知识目标

①掌握嫁接的生物学原理，理解植物亲和力、愈合过程等关键概念对接穗成活的影响。

②熟悉嫁接前后接穗及砧木的准备工作，包括品种选择、生理状态调控等。

③掌握接穗采集、选材、剪截及贮藏的技术要点，了解不同树种的嫁接时机，掌握枝接、芽接等常见嫁接方法的操作流程与适用场景。

2. 技能目标

①能根据嫁接要求精准选择接穗和砧木，考量品种特性、生活力等因素。

②根据造型树砧木和接穗的规格，迅速确定合适的嫁接方法，满足多样化育苗需求。

③熟练进行造型树的枝接和芽接操作，切削接口平整、接合紧密，提升嫁接效率。

④嫁接后规范开展养护管理，涵盖挂牌标记、伤口保护、环境调控等全方位管理。

3. 思政目标

①通过嫁接技术的学习与实践，培养专注、细致、严谨的工匠精神，增强对传统林业技术的传承意识，推动林木种苗产业的创新发展。

②在嫁接育苗过程中，树立质量意识和创新思维，注重技术优化与效率提升，培养责任感和使命感，为林木种业高质量发展提供技术支撑。

任务要求

1. 遵循管理规范

穿戴好防护用品，确保个人安全。确保工具完好，确保嫁接刀锋利、剪枝剪顺畅。操作时，刀具远离身体，用力均匀，使用后清洁并妥善存放。

2. 规范操作流程

制订详细的嫁接工作计划，包括嫁接面积、布局、顺序和接穗用量。考虑树种生长习性和气候条件，选择最佳嫁接时间，计算嫁接密度，确保苗木生长空间和养分。严格按照计划进行嫁接，每完成一道工序后进行自检和互检，定期观察接穗成活情况，记录并及时采取补救措施。

3. 团队协作

小组合作，根据成员特点合理分工。

操作流程

1. 前期准备

收集整理树种嫁接资料，采购接穗、砧木等物资，确定嫁接场地与设备。学习嫁接育苗的理论知识，如砧木和接穗的选择标准、嫁接方法及原理等。

2. 嫁接前准备

依据嫁接目标，挑选健康无病虫害、根系发达的砧木，考虑与接穗的亲和性、适应性，确保砧木能为接穗提供良好生长基础。在优质母树上选取生长健壮、无病虫害、芽眼饱满的枝条作为接穗，按树种特性确定采集时间。将采集的接穗剪截成适宜长度，每段保留2～4个芽眼，切口剪平整，及时用湿布或塑料薄膜包裹保湿，并置于低温、湿度适宜环境保存。准备嫁接工具和材料：备好嫁接刀、剪枝剪、绑扎物、石蜡、消毒剂等工具和材料，确保嫁接刀、剪枝剪等工具锋利好用，绑扎带具备良好韧性，石蜡用于伤口涂抹，消毒剂用于工具消毒。

3. 嫁接技术

依据树种生长习性与季节确定嫁接时间；选择枝接、芽接等方法，规范操作，控制嫁接深度、角度与绑扎松紧度。

4. 嫁接后管理

对接穗进行详细标记，注明树种名称、嫁接日期、接穗来源等信息，便于后续管理和追踪。搭建遮阴棚，为嫁接苗提供适度遮阴，避免强烈阳光直射导致接穗失水，促进愈合和成活。定期仔细观察接穗的生长状况，重点关注芽眼萌发情况和接口愈合程度。若发现接穗未萌发或愈合不良，及时分析原因并进行补接操作，确保整体成活率达标。在接穗愈合生长后，适时、小心地解除绑扎物，防止因绑扎过紧而影响植株正常生长。当接穗萌发且生长稳定后，适时剪除砧木上多余的枝条，集中养分供应接穗生长，促进嫁接苗的茁壮成长。及时去除砧木上的萌芽和接穗上的多余芽眼，减少养分无谓消耗，引导养分集中供应目标芽眼，培育出符合预期的优质枝条和树形。对于一些高价值或易倒伏的嫁接苗，及时设立支柱进行支撑，防止植株倒伏导致接穗受损或生长方向偏离。在寒冷季节来临前，对嫁接部位进行适当培土，提高植株的防寒抗冻能力，保障嫁接苗安全越冬。根据树种的生长特性和预期树形，适时进行整形修剪，培养出优质苗木。同时，加强日常田间管理，包括中耕除草、病虫害防治等，为嫁接苗创造良好的生长环境。

注意事项

①操作过程中保持手部清洁，避免触碰伤口，防止细菌或病菌感染，影响嫁接成

活率。

②详细记录每一步操作，包括嫁接时间、方法、接穗与砧木来源、环境条件等，为后续分析、总结和优化嫁接技术提供翔实依据。

相关资料

一、嫁接的生物学原理

（一）嫁接愈合的过程

嫁接后接穗与砧木愈合形成一体，成为完整植株，能独立地进行营养循环才能嫁接成功。因此，接穗与砧木的愈合便是嫁接成活的关键。嫁接成活主要是依靠接穗和砧木结合部分的形成层有分裂新细胞的作用。当两者受伤并密切结合后，伤面的创伤细胞形成淡褐色的薄膜，对伤口起保护作用。薄膜下的薄壁组织细胞和形成层细胞，进一步分裂形成愈合组织。在营养充分、生活机能旺盛的条件下，愈合组织迅速填充间隙，冲破薄膜隔层，继续分生，使维管束连接，并形成共同的形成层，这样输导组织互相沟通，使两者营养得以交流，即接穗的芽得到砧木根系所供给的养分和水分，便开始发芽和生长，进而成为一个新的植株。

（二）影响嫁接成活的主要因素

1. 影响嫁接成活的内因

（1）接穗和砧木的亲和力

接穗和砧木的亲和力是指接穗与砧木经嫁接而能愈合生长的能力，即接穗与砧木在形态、组织结构、生理代谢和遗传特性上的相同或相近，因而能够互相结合在一起并正常生长发育的能力。它是决定嫁接成活的主要因素。内在亲缘关系又是影响亲和力大小的关键，一般是亲缘关系越近，亲和力越强，嫁接容易成活；而亲缘关系远的，亲和力小或没有亲和力。因此，同种间最易接活，同属间次之，同科间再次之，不同科之间则较困难，但这种情况不是绝对的。产生嫁接不亲和的原因往往是亲缘关系较远，接穗和砧木之间在形态、解剖结构、生理生化特性以及遗传性方面差别太大，以至不能形成一个统一的代谢过程。

亲和力良好，接穗和砧木生长一致，接合部位愈合良好，生长发育正常；亲和力差，虽能成活，但会出现种种不良表现，如“大脚”“小脚”现象。有时即便是成活了，也可能在以后的生长过程中产生不亲和现象，导致死亡。因此，生产中一定要注意选择经过检验并认为有亲和力的树木作为嫁接的接穗和砧木组合，以免造成失败。

（2）接穗和砧木的生活力

具有亲和力的嫁接组合中，接穗与砧木的生活力，也是影响嫁接成功的内在因素，如果接穗与砧木的生活力遭到破坏，会影响接穗的成活。

（3）树种的生物学特性

有些树木并无不亲和现象，但嫁接却不易成活，这可能与其特殊的生长习性有关。例如，树木物候期一致，特别是砧木萌动期稍早于接穗时，嫁接成活率较高；有些树种髓心粗大、1年生枝芽凹陷、不易与砧木密接等，这些都能造成嫁接失败。

（4）接穗和砧木的生理特性

接穗与砧木对水分、养分的吸收和消耗，形成层活动时期等生理活动特性需求相近时，嫁接亲和力强，易成活。某些代谢产物，如酚类（单宁）、树脂、树胶等会影响嫁接愈合。有些树种如核桃楸，体内富含单宁，切伤面的单宁在大气中氧化形成隔离层阻碍愈合，而且还有伤流现象，阻碍接穗和砧木之间的树液交流，抑制伤口细胞的呼吸，使愈合组织难以形成。又如松类枝条含松脂，也会影响砧木切口愈合。

2. 影响嫁接成活的外因

适宜的温度、湿度和良好的通气条件，有利于愈合成活和嫁接苗的生长发育。

（1）温度

嫁接后，接穗与砧木要在一定的温度条件下才能愈合。一般嫁接时最适宜的温度是20～25℃，不同的树种愈合所要求的温度也不同。例如，苹果嫁接以20～25℃为宜；桃树、杏树最适宜温度20℃；枣30℃；葡萄要在5℃以上才能产生愈伤组织，21℃以下愈伤组织生长缓慢，24～27℃生长最多，温度29℃以上时会产生软化愈伤组织，栽植时易受损伤。

（2）湿度

嫁接愈合需要一定的湿度。因为愈伤组织的薄壁细胞既薄且软，不耐干燥。空气湿度降至饱和点以下时，便阻碍愈伤组织的形成。最佳的湿度是保持愈伤组织经常覆盖一层水膜，否则嫁接成活率会降低。但若湿度再大，水汽在创面凝结成水时，可能会引起创面腐烂而影响成活。一般嫁接时的最适宜湿度为80%左右。

（3）光照

光照对嫁接愈伤组织的生长具有抑制作用，在黑暗条件下，愈伤组织生长快，长得多，有利于嫁接成活。因此，嫁接接口应保证遮光，以使接口尽快愈合。劈接法用土埋接口既避光又保温、保湿，容易成活。其他嫁接方法也宜设法使接口避光，以便提高成活率。

（4）氧气

接合部位产生愈伤组织时，由于细胞迅速分裂和生长，需要进行强烈的呼吸作用，因而必然消耗大量的氧气。在保证愈合的情况下，应设法为接合部位提供必要的氧气。

（5）病虫及其他动物危害

嫁接过程中，接穗或砧木感染病害或遭受虫害及其他动物危害会大大降低嫁接成活率，即使已经成活的嫁接苗也会因此而生长衰弱。为了防止发生病虫害，在嫁接前应注意选择无病虫害的接穗和砧木；嫁接后一旦发现病虫应及时防治。对其他危害嫁接的动物，如鼠、家畜等也应注意防护。

3. 嫁接技术要求

接穗和砧木的形成层密接，才能使双方的薄壁细胞形成愈伤组织，产生新的形成层，再生成新的维管组织、木质部和韧皮部。因此，形成层密接是嫁接成活的前提和关键。

由于嫁接材料和嫁接方法不同，接穗和砧木的形成层对接的形式和难度也不一样。要求嫁接人员熟练地掌握嫁接技术，要求“平、齐（准）、严、紧、快”。即削面平滑，削面的斜度和长度适当，双方形成层对准密接，同型组织靠紧，以使二者愈合在一起，操作要快速准确，接口包扎严密，以防接穗表面失水，形成层干燥。

4. 接穗与砧木间的相互影响

（1）砧木对接穗的影响

砧木对接穗的显著影响体现在嫁接树体的大小、树形及寿命上。根据砧木的生长特性，可分为乔化砧和矮化砧两大类。不同的砧木可以使嫁接树体从极矮化到极乔化不等。适当选择砧木可显著改变树形，从直立形变为矮化开张形，且可能影响嫁接树体的寿命。在选配嫁接组合时，应注意到砧木对接穗的影响，从造林目的的需要出发，选择适当的嫁接组合，培养所需要的嫁接苗。

砧木能影响嫁接树体的结实习性，特别是结实量。矮化砧上的接穗往往比乔化砧上的接穗提早结实，且产量更高。这与砧木的生长势和刺激成花能力密切相关。然而，砧木对接穗的遗传性影响较小，一般不影响果实品质，但在某些情况下可能对果实品质产生细微改变。同时，嫁接树体的抗逆性在很大程度上受砧木的影响。不同砧木赋予嫁接树体不同的生态适应性和抗性。例如，以山荆子为砧木的苹果抗寒性、抗旱性强，适于山地栽培；而以海棠为砧木的苹果则能增强对盐碱土的适应性。砧木的生物学特性直接决定了嫁接树体在不同生态条件下的生长表现。

（2）接穗对砧木的影响

接穗的生长势对砧木具有显著影响。生长势强的接穗能刺激砧木生长，使其比未嫁接的同类树体长得更好；反之，生长势弱的接穗则可能抑制砧木生长。试验表明，嫁接树体的生长速度和最终大小主要取决于接穗的生长势。

接穗也在一定程度上影响砧木的抗性。尽管嫁接树体的抗性主要由砧木决定，但接穗在某些特定条件下可能对砧木的抗性产生影响。例如，某些接穗品种可能提高或降低砧木的抗寒性。

二、嫁接前准备

1. 砧木的选择

我国地域辽阔，树种资源丰富，各地都有适合生长的树种，可以根据栽培林木的目的、嫁接树种的特点和栽培条件，选择适宜的砧木进行嫁接。砧木应与接穗有良好的亲和力；对栽培地区的环境条件适应能力强；对接穗的重要性状有良好的影响；来源丰富或繁殖容易；具有特殊需要的性状如矮化、乔化及某种抗性（如抗虫、抗病、耐盐碱、耐干旱或耐水湿等）。通常采用实生繁殖方法培育砧木。主要树种嫁接常用砧木见表2-6。

表2-6 主要树种嫁接常用砧木

树种	砧木	树种	砧木
杉木	杉木	银杏	银杏
毛白杨	加杨、小叶杨	枣树	枣树、酸枣、铜钱树
樟子松	樟子松	火炬松	湿地松
刺槐	刺槐	油橄榄	油橄榄、尖叶木犀榄
柑橘	枳、枸头橙	板栗	板栗、茅栗、麻栎
油松	油松、黑松	广玉兰	玉兰
雪松	油松、黑松	紫叶李	山桃、毛桃
乌桕	乌桕	油茶	油茶
山楂	山里红、野山楂	枇杷	枇杷、石楠
侧柏	扁柏、杜松	丁香	欧丁香
核桃	核桃、山核桃、核桃楸、枫杨	桃树	山桃、毛桃、杏树、中国李、樱桃

根据栽培目的及嫁接树体的生长特点，砧木可以分为永久利用砧木和临时利用砧木。其中，嫁接苗育成之后，需要永久地发挥接穗与砧木亲和力良好、适应性广、抗性强的特点，定植时多将嫁接的接合部位露出地面，防止接穗生根，如柿树、苹果、梨等嫁接苗即如此定植，这些嫁接苗的成龄大树仍然靠砧木的根系维持生活，这种属于永久利用砧木。有些情况下往往不希望（或不需要）永久地发挥作用或者砧木本身不可能长久地发挥作用，起临时过渡的作用，就属于临时利用砧木，这种情况在其他林木良种及果树嫁接苗培育自根苗中也常用到。

2. 接穗的选择与采集

在栽培目的树种或品种时，应选择生长发育健壮、性状典型、丰产稳产、无检疫病虫害的优良植株作为采穗母树。培育用材林、防护林，以中、幼龄树为宜；培育果树、花木则应以成年树为佳，正处于结实期最佳。一般果树、花木、种子园用苗，应从树冠中上部（最好是向阳部位），采取健壮的发育枝；培养用材林、防护林用苗，则应选苗茎或从专用的采穗圃采集种条。当然不得已时也可采用幼树枝条或成龄树的萌蘖条。

作接穗用的种条，一般都应是生长充实、节间较短、芽体饱满的1年生枝条，木质化程度较好的徒长枝也可作种条。嫁接苗发育阶段年幼，生长旺盛。培育果树则应选生长充实，木质化好的发育枝、结果枝或结果母枝，嫁接后结实早，品质好。树种特性不同，嫁接方法不一样，接穗的采集也不一样。落叶阔叶树种用枝接法嫁接，接穗可在落叶后采集，一般不迟于发芽前2～3周；针叶树种春接都在树木萌动前采集；芽接则都是采集当年生枝条，随采随接。

3. 接穗的处理

为防混乱，采集的接穗应于现场捆成捆，做好标签，注明采集地点、时间、树种（品种）、树号、部位及其他有关情况，一式两份捆在接穗上；在生长季节采取的接穗，应立即剪去嫩梢，去叶留柄，保护腋芽不受损伤；捆好后及时用保湿材料包裹，遮阴放置，随接随取，以减少水分的蒸腾，降低生命力。

生长期采集的接穗，随采随嫁接，若来不及嫁接或当时嫁接不完，可混湿沙放阴凉处，嫁接时也要用湿物包裹或放水桶中，以防接穗失水；休眠期采集的接穗，短期贮藏也可放在地窖中低温窖藏。若要长期贮藏，则应在专门的贮藏窖中贮藏。接穗若要长途运输，则应妥善包装。即将接穗放入包装箱（或袋）内，夏季可用湿苔藓填入其中，既保湿又不易发热；冬季调运可填新鲜的湿锯屑。

此外还要注意的是，在嫁接前需要检查接穗生活力，采用当年新梢作为接穗，应看枝梢皮层有无皱缩、变色，芽接要检查是否有离皮现象，若有此现象，则应重新采穗；对于贮藏越冬的接穗要抽样，削好削面插入温度、湿度适宜的砂土中，若10天内形成愈合组织，即可嫁接，否则应淘汰；经低温贮藏的接穗，在嫁接前1～2天放在0～5℃湿润环境中进行活化。经活化后的接穗，最好用水浸12～24h，能够提高嫁接成活率。

4. 准备嫁接工具、绑扎材料、涂抹材料

准备好嫁接所使用的嫁接刀、修枝剪、手锯、盛穗容器和湿布等工具。其中，由于嫁接方法、砧木大小不同，嫁接刀又可分为芽接刀、枝接刀、单面刀片等。为了提高嫁接效率，刀具要求锋利。准备塑料薄膜、蒲草、马兰草等绑扎材料，要根据砧木的粗细和嫁接方法选用合适厚度和长度的材料。准备密封胶、泥浆、工业石蜡等材料用以涂抹嫁接口，形成一层薄膜，可以减少失水，阻挡病菌侵入，促进愈合，提高嫁接繁殖的成

活率。

三、嫁接技术

（一）嫁接时间

凡是生长期，都可进行树木的嫁接工作。因地制宜选择合适的嫁接时期，并根据树种特性，创造适宜成活的环境条件，是保证嫁接成活的重要因素。一般，应在树木形成愈伤组织最有利的气温到来前进行嫁接，在生产中，一般是在春季树液流动后（2月下旬至4月中旬）进行枝接，春季嫁接时，用塑料薄膜包扎，可有效保持一定的湿度和适当的温度，从而提高嫁接成活率；夏季叶芽形成时（5～7月）进行芽接和嫩枝接，此时愈伤组织形成和增殖快，利于愈合；秋季（8月中旬至10月上旬）新梢成熟、养分贮藏多、芽充实饱满，是形成层活动的旺盛时期，树皮易剥离，可进行芽接。

（二）嫁接方法

嫁接方法有很多，一般根据接穗的不同可分为枝接和芽接。

1. 枝接

枝接是指以枝为接穗的嫁接方法，多用于嫁接较粗的砧木或在大树上更换品种。枝接一般在树木休眠期进行，即树木开始萌动而尚未发芽前进行，具有成活率较高、嫁接苗生长快等优点。但是枝接所用的接穗多，砧木粗度要与接穗相匹配，嫁接时间也有一定的限制。枝接可分为劈接、切接、插皮接、舌接、插皮舌接、腹接、靠接、髓心形成层对接和芽苗砧嫁接。

（1）劈接

劈接适用于砧木较粗、接穗较小时使用，是指将砧木劈一个嫁接劈口，接穗削成楔形，插入劈口内的一种嫁接方法，适用于大部分落叶树种。但有些木质纹理不直、劈口不平滑的树种如枣树，易伤流的树种如核桃等不宜采用此法嫁接。劈接的具体操作如下：

①削接穗。从接穗上，选取中段光滑充实，并有健壮芽的部位，截成5～6cm作为接穗，每个接穗应留2～3个芽。然后在下芽3cm左右两侧削成楔形。若砧木粗则为偏楔形，使一侧较厚，另一侧稍薄些；若接穗和砧木粗细相当，可削成正楔形。削面长2～3cm，光滑平顺。

②切砧木。将选好的砧木基部的土、石、杂草清理一下，距地面2～3cm或与地面相平，截断砧木，截口要平滑，以利愈合。在砧木横断面选皮厚、纹理通顺处纵劈一口。若砧木比接穗粗，可在断面1/3处偏劈；若接穗和砧木粗细一致，可在中间劈切。劈口要平滑，深约3cm。注意不要使沙、土落入劈口。

③插接穗。用劈接刀楔部轻轻撬开劈口，把接穗缓缓插入其内，使接穗和砧木的形成层准确对接。若接穗较细，只需要将偏楔形的宽面与砧木劈口的形成层对准即可。较粗的砧木可以插入两个接穗，而接穗和砧木粗度差异较大时，砧木也可劈成十字形劈口，插入四个接穗。应当注意，楔面不要全部插入劈口，外面要留2 ~ 3mm。这样形成层接触面大，有利于分生组织形成和愈合。

④绑扎。插接穗后可用塑料薄膜或麻绳从上往下把接口绑好。注意不要触动接穗，以防形成层错位。若插接穗后接穗和砧木夹得很紧，也可不绑扎。

⑤培土。绑扎之后，应及时用黄泥或石蜡封好接口，再用湿土埋上接合部位，砧木以下部位要埋实，接穗部位宜用松土培埋，以利成活时发芽。

（2）切接

切接适用于直径2cm左右的砧木，是枝接中最常用的一种方法。切接的具体操作如下：

①削接穗。接穗与劈接要求相同。削接穗时，通常要削三刀，第一刀在接穗下端光滑处削2 ~ 3cm的斜面，削时先以30°下刀，削至接穗横断面1/3 ~ 2/5时，再改直刀向下平削；然后再在背面削长0.8 ~ 1.0cm的小斜面，呈60°左右，此为第二刀；第三刀是在接穗上面的芽眼上方0.8 ~ 1.0cm处截下，即成切接接穗。此时，接穗呈一面切面较长，一面切面较短的双切面。

②切砧木。将砧木自根颈3 ~ 5cm处剪去砧干，再选平滑无节处斜削横切面一刀，呈30°左右，再在削过的横切面处垂直下切一个接口，深达2 ~ 3cm。

③插接穗。将接穗切面插入砧木切口中，使长切面向里（砧木心部），紧靠木质部，并使接穗和砧木的形成层对齐、靠紧。若接穗较细，则必须保证一侧形成层对齐、密接。

插接穗后，绑扎、培土等工序与劈接相同。

（3）插皮接

插皮接适用于直径为3cm左右的砧木，是枝接中最易掌握、成活率最高、应用较广泛的一种方法。嫁接要在树液流动后，砧木皮层容易剥离时进行。插皮接的具体操作如下：

①削接穗。选择接穗与劈接要求相同。削切时，在接穗光滑处顺刀削长2 ~ 3cm的斜面，再在其背面下端削长0.6cm左右的小斜面，露出皮层与形成层。

②切砧木。砧木较细，距地面3 ~ 5cm处剪去砧干，在砧皮光滑处，由剪口向下顺干纵切一刀，深达木质部，并顺势用刀尖将皮层左右挑开。假如砧木较粗，皮层易于剥离，可留干嫁接，即在适当部位纵切一刀或不切口而用竹签插入砧木韧皮部和木质部之间，拔出竹签，即形成袋状接口。

③插接穗。将削好的接穗大斜面朝砧木的木质部，插入砧皮与木质部之间。

这种方法也常用于高接，如龙爪槐的嫁接和花果类树木的高接换种等，如果砧木较粗可同时插3～4个接穗，均匀分布，成活后可作为新植株的骨架。切口处要用塑料薄膜（宽1cm左右）绑好，用竹签挑口的，插入后可以不绑扎。然后培土保湿，方法同劈接。

（4）舌接

舌接适用于粗1～2cm且大小、粗细差不多的接穗和砧木。舌接时，插穗和砧木的形成层接触面积大，结合牢固易于成活。低接、高接均可采用。舌接的具体操作如下：

①削接穗。在接穗平滑处削3cm长斜面，再在斜面下1/3处顺穗往上劈一刀，使劈口长约1cm，呈舌状。

②切砧木。在砧木上端削3cm左右的斜面，再在斜面上1/3处顺砧干向下劈一刀，长约1cm，形成与接穗相吻合的舌状纵切口。

③插接穗。将削好的接穗舌部与砧木舌部相对插入，使舌部交叉，互相靠紧，并绑扎。

（5）插皮舌接

插皮舌接具有插皮接与舌接的共同特点，多用于树液流动、容易剥皮、不适合劈接的树种，适用于多种果树，成活率也很高。高接、低接均采用这种方法。插皮舌接的具体操作如下：

①削接穗。在接穗平滑处削5～7cm长的单面马耳形。

②切砧木。将砧木在离地面5～10cm处锯断，选择砧木平直部位，削掉老皮，露出嫩皮。

③插接穗。将削好的接穗木质部轻轻插在砧木的木质部与韧皮部之间，插至微露接穗削面，然后绑扎。

（6）腹接

腹接是指在砧木腹部进行的枝接，又分为普通腹接及皮下腹接两种，常在砧木较细时使用。常用于针叶树种的繁殖，砧木不去头，或仅剪去顶梢，待成活后再剪去接口以上的砧木枝干。

①普通腹接。

a.削接穗：接穗削成偏楔形，长削面长3cm左右，削面要平而渐斜，背面削成长2.5cm左右的短削面。

b.切砧木：砧木切削应在适当的高度，选择平滑的一面，自上而下深切一口，切口深入木质部，但切口下端不宜超过髓心，切口长度与接穗长削面长度相当。

c.插接穗：将接穗长削面朝里插入切口，注意形成层对齐，接后绑扎保湿。

②皮下腹接。

a.削接穗：接穗长削面平直斜削，背面下部两侧向尖端各削一刀，以露白为度。

b.切砧木：皮下腹接即砧木切口不伤及木质部，将砧木横切一刀，再竖切一刀，呈“T”字形切口，切口不伤或微伤。

c.插接穗：撬开皮层插入接穗，绑扎即可。

（7）靠接

靠接是指特殊形式的枝接，有些树木一般嫁接不易成活，可以在生长季将砧木与接穗进行不离体靠接，很容易成活。例如，山茶、桂花、柑橘等就常用此法繁殖。靠接又分为普通靠接、自身靠接、瓶靠接、波状靠接、倒贴皮靠接、辅助靠接、早花接、多砧靠接等。靠接的具体操作如下：

①削接穗和砧木。嫁接前使接穗和砧木靠近。嫁接时，按嫁接要求将二者靠拢在一起。选择粗细相当的接穗和砧木，并选择二者靠接部位。然后将接穗和砧木分别朝结合方向弯曲，各自形成“弓背”形状。用利刀在弓背上分别削1个长椭圆形平面，削面长3～5cm，削切深度为其直径的1/3。二者的削面要大小相当，以便于形成层吻合。

②插接穗与绑扎。将接穗和砧木靠紧，将两个切面对准，使形成层准确对位，用塑料条绑紧，勿使错位。

③剪砧梢与除穗根。由于接穗和砧木各自都有完整的结构，又都能制造营养，所以嫁接后一般10～20天结合部即可愈合。为了使新嫁接树独立生活，应及时将砧木结合部以上部分剪去，把结合部以下的接穗部分除去，使其成为一个独立的嫁接植株。

（8）髓心形成层对接

髓心形成层对接是将接穗形成层和髓心与砧木形成层相贴，接触面积大，整个砧木削面与接穗的髓射线细胞和髓的薄壁细胞组织，在愈伤组织形成中起积极作用，所以容易成活。即使不成活对砧木影响也不太大，仍可以重新嫁接。多用于针叶树种嫁接。髓心形成层对接的具体操作如下：

①削接穗。选择发育良好的枝条作为接穗，保护好其顶芽，然后剪取8～10cm的小枝，顶芽处保留十余个针叶束或2～3个芽，其余全部摘除。然后用利刀从保留的最下面的针叶束或芽处下刀，通过髓心向下逐渐斜削一刀，削去的部分不要太多，以2/5～1/2为度。削面光滑平整。

②切砧木。在砧木一二年生部分，选择比接穗较粗的光滑枝段，摘除针叶，用利刀从上向下通过韧皮部与木质部，切去树皮，露出形成层。注意切削深度要适宜，以水白色形成层露出为度，切面长度、宽度要与接穗切面一致。

③插接穗与绑扎。把接穗切面紧贴在砧木上，上下左右对齐，用塑料薄膜从下往上认真绑扎，当缠到上端切口处，再从上向下缠，然后打结，系牢，以防接口通风。

（9）芽苗砧嫁接

芽苗砧嫁接是指用刚发芽未展叶的芽苗作为砧木的一种嫁接方法。多用于大粒种子嫁接，如油茶、板栗、核桃、桃树、杏树及栎类等树种的嫁接。芽苗组织幼嫩，愈伤能力强，成活力高，但技术操作比较精细，难度较高。芽苗砧嫁接的具体操作如下：

①芽苗砧的培育。将预先处理好的种子放入温室内或温床上，维持适宜的温度，使种子萌发，当第一片真叶即将展开时，即可作为砧木。

②切砧木。将芽苗砧子叶2cm以上的嫩梢切去，于横断面中央纵切一刀，深1.2～1.5cm，但不要切伤子叶叶柄。

③削接穗。取休眠枝或嫩枝，剪取带有2～3个芽的接穗，长约10cm，下部削成楔形。

④插接穗与绑扎。把削好的接穗缓缓插入芽苗砧的接口内，用普通棉线绑扎。注意绑扎不宜太紧，以免勒伤幼嫩的芽苗砧。将嫁接好的植株轻轻放入湿润的蛭石或河沙基质中，维持20～25℃和湿润的环境，不久嫁接体便会愈合成活。然后经过适当的锻炼即可移栽。

2. 芽接

芽接是指用生长健壮枝条上饱满的芽作为接穗进行嫁接的方法。具有节省接穗、操作容易、成活率高、可以培育大量苗木的优点。于春、夏、秋三季皮层容易剥离时嫁接，其中秋季是主要时期。根据取芽的形状和结合方式不同，芽接可分为嵌芽接、“T”字形芽接、块状芽接、芽管接等。

（1）嵌芽接

嵌芽接又称为带木质部芽接。此种嫁接方法不受树木离皮与否的季节限制，且嫁接后接合牢固，利于成活，已在生产实践中广泛应用。嵌芽接适用于大面积育苗。嵌芽接的具体操作如下：

①取芽片。切削芽片时，自上而下切取，在芽的上部1.0～1.5cm处稍带木质部往下切一刀，再在芽的下部1.5cm处横向斜切一刀，即可取下芽片，一般芽片长2～3cm，宽度不等，依接穗粗度而定。

②切砧木。砧木的切法是在选好的部位自上向下稍带木质部削一个与芽片长宽均相等的切面。将此切开的稍带木质部的树皮上部切去下部，留有0.5cm左右。

③插接穗与绑扎。将芽片插入切口使两者形成层对齐，再将留下部分贴到芽片上，用塑料薄膜绑扎好即可。

（2）“T”字形芽接

“T”字形芽接又称为盾状芽接，是目前生产上应用最广的一种嫁接方法，操作简便，成活率高，一般在夏、秋季皮层易剥离时进行，砧木一般选用1～2年生的小苗。砧木过大，不仅皮层过厚不便于操作且接后不易成活。“T”字形芽接的具体操作如下：

①取芽片。芽接前采当年生新鲜枝条作为接穗，立即去掉叶片，留有叶柄。削芽片

时先从芽上方1cm左右横切一刀，刀口长0.8 ~ 1.0cm，深达木质部，再从芽片下方1.5cm左右连同木质部向上切削到横切口处取下芽片，芽片一般不带木质部，芽居芽片正中或稍偏上一点。

②切砧木。砧木距地面10 ~ 15cm，选背阴面光滑无疤部位横切一刀，深度以切断皮层为准，然后从横切口中央切一个垂直口，形成“T”字形切口，切砧木时注意刀不要在砧木上滑动，以免形成层受到破坏。

③插接穗与绑扎。把芽片放入切口，往下插入，使芽片上边与“T”字形切口的横切口对齐。然后用塑料薄膜从下向上一圈压一圈地把切口包严，注意将芽和叶柄留在外面，以便检查成活。对难成活的树种还要涂上接蜡。

在生产中，将“T”字形芽接改进为一点一横芽接。即在砧木所切横口的中央用刀尖轻轻地一点，左右一拨，撬皮层接口，然后把芽片顺接口插入，徐徐推进，砧木皮层也随着芽片的推进而劈裂，直至芽片与上端横切口对齐为止，后绑扎紧即可。这种方法的优点是芽片与砧木的木质部极为紧贴，砧木的皮层包裹芽片也十分紧密，工作效率更高。

（3）块状芽接

块状芽接又称为方块芽接，由于芽片与砧木形成层接触面积大，成活率较高，多用于柿树、核桃等较难成活的树种。但因其操作较复杂，工效较低，不适用于一般树种。块状芽接的具体操作如下：

①取芽片。用“工”字形芽接刀在饱满的芽上下端等距离部位横切一刀，再在芽两侧等距离纵切一刀，深达木质部，撬开芽片一侧的皮层，取下芽片。

②切砧木。在砧木上选择平滑部位，用“工”字形芽接刀先横切一刀，再在两切口中间或一侧纵切一刀，切断韧皮部。

③插接穗与绑扎。用刀尖将砧木切口的韧皮部挑起，把长方形芽片嵌入，注意嵌入芽片时，使芽片四周至少有两面与砧木切口皮层密接。嵌好后用塑料薄膜绑扎，仅露出芽及叶柄。

（4）芽管接

芽管接是指将接穗的芽剥下，制成“芽管”，围接在剥皮的砧木上的嫁接方法。由于接穗和砧木的形成层接触面很大，所以容易成活，生长很快。芽管接的具体操作如下：

①取芽片。选取表皮光滑、充实饱满的芽，在芽上、下0.5 ~ 1.0cm各环切一刀，在芽背面竖切一刀，芽片便可环状剥离接穗木质部，呈管状，即芽管。

②切砧木。砧木距地面2 ~ 3cm，选光滑通直段，将梢截断。纵向将皮层用利刀切数条，长大致如芽管，并将皮留下一部分，其余剥离下来。

③插接穗与绑扎。把芽管套在剥皮的砧木木质部上，使芽管与木质部贴紧，芽管开

口处与砧木上保留的皮相结合。把砧木上剥下的皮向上收起，包住芽管，上、下都用塑料薄膜绑扎，使芽露出即可。

四、嫁接后管理

苗木嫁接后管理工作包括挂牌管理、防晒、检查成活与补接、解除绑扎物、剪砧、抹芽、除萌、设立支柱、培土防寒防旱、整形、日常田间管理。

1. 挂牌管理

挂牌管理是嫁接后管理的重要组成部分，可以明确标识嫁接苗的身份信息，起到防止嫁接品种混杂、培育优质壮苗的目的。嫁接时，同品种接穗放在一起，选择防水、耐候性好的标签纸或铝制、塑料制名牌，记录嫁接苗的品种名称、砧木类型、接穗来源、嫁接日期等关键信息，以便于后续的田间管理、数据记录及总结经验。

2. 防晒

为避免接穗失水，嫁接后若太阳照射强烈要遮阳，其方法有侧面插树枝、套纸袋、搭遮阴棚等。

3. 检查成活与补接

检查成活与补接是嫁接后期管理的重要环节，通过定期观察嫁接部位的愈合情况、接穗的生长状态等，可以及时发现并处理未成活或生长不良的嫁接苗，提高嫁接成功率。

芽接后1周左右检查成活情况，有的2~3周即可检查成活情况，以便及时补接。凡芽体和芽片呈新鲜状态，叶柄一触即落，表示已成活。这是因为已成活的接芽生理活动正在进行，芽体和芽片水分、养分仍能正常供应，所以维持着新鲜状态；由于芽已成活，叶柄便产生离层，所以易与接穗脱离。当发现芽体变黑，芽片萎缩，叶柄触之不易脱落时，则表示嫁接未成活。此时如砧皮尚可剥离，应及时补接。

对枝接和根接一般在接后20~30天，可进行成活率的检查。成活后接穗上的芽新鲜、饱满，甚至已经萌发生长；未成活则接穗干枯或变黑腐烂。若发现没能接活，应从砧木基部的萌发枝中，选留健壮的进行培养，以待秋季或翌春再行补接。

4. 解除绑扎物

对嫁接已成活，愈合已很牢固的苗木，要及时解除绑扎物，以免因绑扎物对植株绞缢，影响营养的运输和生长。春季芽接，一般20天左右可以解除绑扎，但是秋季芽接，当年不能发芽，为防受冻和干缩，不要过早地去掉绑扎物。采用枝接时，宜在新梢长到20~30cm，接合部已生长牢固时，再除去绑扎。过早解除可能使接口被抽干影响成活，而除绑过晚也不利于生长发育。

需要注意的是，许多枝接过程中，都要在砧基或接合部位培土保护，应当注意经常检查，特别是成活后临近萌发时，要及时破土放风，以利于接穗萌发和生长。破土放风应分数次逐渐进行，以防闪苗或抽干。有的嫁接，接合部位套以塑料袋，也应及时撤除。

5. 剪砧

春季芽接和枝接，应在嫁接的同时，剪去接合部位以上的砧木部分；秋季芽接则应在第2年春季萌芽前剪砧。若因某种情况未来得及在嫁接时剪砧或有时需要留砧嫁接，则应在接芽成活后，将接芽以上部分的砧木枝干剪去，以利于接芽萌发和生长。在风害较大的地区，剪砧可晚些或分次进行，以保护新梢。

6. 抹芽、除萌

嫁接成活后，砧木常萌发许多萌芽和萌条，为集中养分供给新梢生长，要及时抹除砧木上的萌芽和萌条，一般要反复多次。但是，当嫁接未成活时，则应从萌条中选留一条直立、健壮的枝条，加强管理，以备补接时应用，其余都要剪除。

7. 设立支柱

在春季风大的地区，为防止接穗新梢风折和接口劈裂，当新梢为20 ~ 30cm时，应靠砧设立支柱，绑扎新梢。有时也可分期剪砧，以砧代柱，将新梢绑在砧干上，以减轻风摇和损伤。待害风季节过后，再剪砧。绑扎新梢时不要太紧、太死，以拢住即可。

8. 培土防寒防旱

在北方地区，嫁接苗与播种苗及其他营养繁殖苗一样，也要经历漫长的冬春干旱，寒冷的休眠期，也易遭受风、霜、雨、雪的侵袭。因此，应注意防寒防旱，特别是嫁接的接合部位尤要注意保护。通常都以培土进行防寒防旱。其方法是以苗圃地土壤顺苗行培土，培土高度以20cm盖住接口为宜。

9. 整形

对于果树和园林绿化用的嫁接苗，要求形成一定的树体结构，塑造一定的树形。因此，嫁接成活后，应注意整形培养。当嫁接苗长到一定高度时，应按照树种特性、栽植地条件、树形类别、培养目的要求进行定干。如果树类树形有疏散分层形、自然开心形、丛状形、匍匐形、棚篱架形、矮化形（自由纺锤形、圆柱形、篱壁形、扇形）等，定干要求各不相同，应分情况酌情剪梢定干。当然大多数果树则往往在果园定植后才进行此项工作。至于园林树木的树形要求则更是多种多样，也应按要求酌情定干。定干后，可按树形要求通过以下方法对树木整形，即抹芽、除蘖、疏枝、短截、攀扎等。将树体塑造成需要的形状。

10. 日常田间管理

当嫁接成活后，根据苗木生长状况及生长规律，应该适时灌水、施肥、松土除草、防治病虫害，促进苗木生长。

任务三　分株育苗

任务描述

通过理论学习和实践操作，掌握分株育苗的科学原理和技术要点，理解其在植物繁殖中的重要作用，以及在种子繁殖困难或生长缓慢的植物中的关键应用价值，为植物资源的可持续利用和生态环境建设提供技术支撑。

任务目标

1. 知识目标

①掌握分株的基本原理，深入学习分株的定义、历史演进、生物学机制及其在植物繁殖体系中的地位与作用，理解其与种子繁殖的互补性。

②把握分株的技术要点，熟练掌握不同植物种类的分株适应性规律，明确分株的最佳时期（如春季萌芽前或秋季休眠期）、分割方法（如根蘖分株、茎段扦插）以及与植物生长周期的协同关系。

③分析分株的优势，同时剖析其在遗传多样性受限、病虫害传播风险等方面的局限性。

2. 技能目标

①能够精准实施母株筛选。

②能够客观对比不同植物分株成效差异。

3. 思政目标

①领悟分株育苗在生物多样性保护与生态系统修复中的关键角色，培养对自然资源的敬畏之心与守护之责，激发主动投身生态文明建设的实践热情。

②理解分株育苗在推动林业与园艺产业低碳循环发展中的战略价值，树立资源高效利用、环境友好型技术推广的职业理想，增强行业使命感与历史使命感。

任务要求

1. 遵循管理规范

穿戴好防护用品，确保个人安全。使用工具前务必接受规范培训，尤其注意分割工具的锋利端与高压浇水设备的操作安全，严防割伤、磕碰及电气事故。遇突发状况应立即启动应急预案，确保人员与设施安全。

2. 规范操作流程

操作流程应严格参照行业规范，关键节点（如消毒处理时间≥15min、分割创面愈合剂涂抹均匀度≥95%）实行双人复查制度，确保技术动作精准达标。

3. 团队协作

小组合作，根据成员特点合理分工。

操作流程

1. 前期准备

收集分株育苗的理论学习资料。准备好相关仪器材料。学习分株育苗的理论知识，包括分株的原理、适用于分株的植物种类及特点等。

2. 实践操作

运用基质改良配方（如草炭土：蛭石：珍珠岩=3：2：1），采用标准化分株器具，完成母株处理、精细分割、智能栽植流水线操作。

3. 案例分析与实地考察

选取典型分株育苗案例，进行实地考察以观察分株育苗效果。

注意事项

①全程穿戴防割手套、护目镜和防滑鞋，确保手、眼、足安全。使用工具前仔细检查，确保剪刀刃口锋利、手柄牢固；铲子铲头无损，手柄无毛刺。

②完成分株操作后，要清理现场，分株残体经粉碎处理后作为有机基质回填苗床，营养液废液经净化达标后排放，确保不留垃圾，恢复环境原状。

相关资料

分株在林业和园艺生产中应用广泛，它可以提高苗木整体质量，节约种子，缩短育苗周期，延长造林季节，并且适用于实行机械化育苗。分株还可以增加作物产量、提早采收期和树木出圃期。

一、分株的概念

分株是一种利用母株的根蘖、匍匐茎、吸芽等器官生芽或生根后，与母株分离而繁殖成独立新植株的无性繁殖方法。这种方法的优点是简便易行、易于实施，其缺点是繁殖系数低和繁殖数量有限，是无性繁殖中最传统、简易的方法之一。

这种方法适用于易生根蘖或茎蘖的树种，如刺槐、臭椿、枣树、珍珠梅、黄刺梅、绣线菊、迎春等树种，由于这些树种分株前大多已具备了完整植株的形态特征，所以成活率极高。

二、分株的操作流程

1. 分株前准备

在进行分株前，应做好充分的准备工作。首先，确保分株工具（如剪刀、刀片、修枝剪等）锋利且干净，最好进行消毒处理（如用酒精擦拭或火焰灼烧）以减少病菌传播的风险。其次，准备好新的培养土和种植容器，确保土壤疏松、透气、排水良好，并含有适量的有机肥作为基肥。

2. 分株时间

一般来说，春、秋两季均可，但分株时间应根据植物的生长习性和气候条件来确定。一般春季开花的植物，宜在秋季进行分株。此时植物进入休眠期，生长缓慢，分株后有利于伤口的愈合和新根的萌发。秋季开花的植物宜在春季进行分株，多在3 ~ 5月进行。春季气温回升，植物生长旺盛，分株后能够快速恢复生长。对于常绿植物而言，分株时间的选择相对灵活，但一般也遵循避免高温和严寒季节的原则。可选择在春季或秋季进行分株，以减少对植物生长的影响。某些植物具有特定的分株时间要求。

3. 分株方法

分株方法多样，因其分离的器官不同可分为根蘖分株、灌丛分株、掘起分株和匍匐茎分株等。分离时机应根据具体植物的生长习性而定，一般在根蘖或茎蘖发育到一定程度时进行。

（1）根蘖分株

易生根蘖的树种，采用断根方式促发根蘖苗，具体操作为将母株的根蘖挖开，露出根系，用利斧或利铲将根蘖株带根挖出，另行栽植。

（2）灌丛分株

将母株一侧或两侧土壤挖开，露出根系，将带有一定茎干（一般1 ~ 3个）和根系的萌株带根挖出，另行栽植。挖掘时注意不要对母株根系造成太大的损伤，以免影响母株的生长发育，减少以后的萌蘖。

（3）掘起分株

将母株全部带根挖起，用利斧或利刀将植株根系部分分成有较好根系的几份，每份地上部分均应有1 ~ 3个茎干，这样有利于幼苗的生长。

（4）匍匐茎分株

金银花、草莓等匍匐茎自然着地之后，可以在基部生根，上部生芽，切离母体可以形成新的植株。

分株时，需要注意工具要锋利，避免较大创伤；注意不要对母株根系损伤太大；对花、灌木而言，时常对母树进行切根或平茬处理；当分株量较大时，按繁殖要求和规格进行分级、分类。

4. 分株后管理

新植株地上部分根据实际情况适当修剪。栽植时栽植深度与原来深度一致，土印与地面相平或略高。

在分株后的一段时间内，新植株根系可能尚未完全恢复或扩展，因而对水分的需求比较敏感。栽后立即浇一遍透水。以后视情况浇第二次、第三次水，要经常保持土壤湿润，但不能积水。遮阴养护数天，待其恢复后再在阳光下栽培管理。成活后及时中耕除草，于7～8月追以氮肥为主的速效肥，促进苗木迅速生长。

三、分株的应用

1. 分株的优势

分株是一种无性繁殖方法，它在林木繁殖和林业生产中具有重要的应用价值。分株不仅有助于快速繁殖和保持遗传稳定性，还能在生态恢复和提高林木质量方面发挥重要作用。

通过分株，可以快速繁殖出遗传性状一致的苗木，这对于保持优良品种的特性至关重要。这种方法可以减少采伐原木的压力，促进森林资源的可持续利用。利用分株技术，可以在较短的时间内大量繁殖出新苗，从而加快林木的更新速度，提高林木资源的再生能力。分株在生态恢复工程中也发挥着重要作用，如草原生态恢复。通过分株，可以快速繁殖草原植被，提高草原覆盖率，改善土壤质量，防治水土流失。分株能够保持母本的遗传特性，这对于选育和繁殖具有特定优良性状的林木品种非常重要。分株操作简单易行，是一种古老的繁殖方法。例如，利用母树的根蘖、匍匐茎、吸芽生根后切离母体培育成新植株的方法，适用于多种林木的繁殖。在某些情况下，如欧李分株，通过特定的处理（如沙培催根再转土培）可以提高分蘖苗的成活率。随着无性繁殖技术的发展，分株作为无性繁殖的一种方法，其应用范围和效率都在不断提高，有助于林业生产的现代化和科学化。

2. 分株的局限性

分株作为一种无性繁殖方法，虽然在快速增加植物数量、保持优良品种特性等方面具有优势，但也存在一些局限性。首先，分株的繁殖系数相对较低，因为它受到母株数量和生长状况的限制。其次，长期进行无性繁殖可能会导致病毒积累和种性退化，影响植物的健康和生长。此外，分株的植株更容易受到环境和病虫害的影响，这增加了管理和保护的难度。技术要求也是一个限制因素，因为不当的操作可能导致繁殖失败，特别是在分株时间的选择、植株的选择和操作方法上。分株还需要植株达到一定的生长状况，这限制了繁殖的灵活性。由于分株是无性繁殖，不涉及基因重组，因此可能会减少遗传多样性，导致种群适应性的下降。对母株的影响也是一个考虑因素，因为分株可能会对母株造成损伤，影响其生长和健康。此外，分株并不适用于所有植物，有些植物难以通过分株进行繁殖，或者分株后的成活率较低。最后，虽然分株相对经济，但在大规模繁殖时，可能需要较多的资源和成本，尤其是对于需要特定土壤和环境条件的树种。因此，在实际应用中，了解这些局限性有助于更好地规划和执行分株育苗的策略，以提高成活率和繁殖效率。

任务四 压条育苗

任务描述

通过理论学习和实践操作，掌握压条育苗的科学原理和技术要点，理解其在植物无性繁殖中的重要作用，尤其是对难以通过种子繁殖或需保持母株优良性状的植物的关键应用价值，为植物资源的可持续利用和生态环境建设提供技术支撑。

任务目标

1. 知识目标

①学习压条的概念，掌握压条的技术要点。

②评估压条在提高苗木质量和保持母株性状方面的优势，以及其局限性。

2. 技能目标

①能够选择合适的枝条进压条育苗。

②能够比较不同植物种类压条后的生长发育情况。

③根据实践经验，提出改进压条的方案，提高繁殖效率和苗木质量。

3. 思政目标

①领悟压条育苗在生物多样性保护与珍稀植物资源扩繁中的关键角色，激发主动投身生态文明建设的实践热情。

②理解压条育苗在推动林业与园艺产业低碳循环发展中的战略价值，增强行业使命感与历史使命感。

任务要求

1. 遵循管理规范

穿戴好防护用品，确保个人安全。使用工具前务必接受规范培训，尤其注意开沟工具的锋利端与高压灌溉设备的操作安全，严防割伤、磕碰及电气事故。遇突发状况应立即启动应急预案，确保人员与设施安全。

2. 规范操作流程

操作流程应严格参照行业规范，关键节点（如消毒处理时间≥15min、覆土厚度误

差不超过 ± 0.5cm）实行双人复查制度，确保技术动作精准达标。

3. 团队协作

小组合作，根据成员特点合理分工。

操作流程

1. 前期准备

收集压条育苗的理论学习资料。准备好相关仪器材料。学习压条育苗的基础知识，包括压条的历史、概念、技术和适用植物种类。

2. 实践操作

准备合适的枝条和基质，选择合适的压条方法，执行压条、生根促进和分离操作。

3. 案例分析与实地考察

选取典型压条育苗案例，进行实地考察以观察压条育苗效果。

注意事项

①使用剪刀等工具时，务必小心谨慎，避免滑倒、跌倒或工具使用不当造成意外伤害。

②完成压条操作后，要及时清理作业现场，确保不留下任何垃圾或杂物。恢复作业区域的原貌，维护环境的整洁和生态平衡。

相关资料

压条在林业和园艺生产中应用广泛，它可以保持母株的优良性状，提高苗木整体质量，节约种子，缩短育苗周期，并且适合于特定植物的繁殖。压条还可以增加作物产量、提早采收期和树木出圃期。

一、压条的概念

压条是指将生长在母株上的枝条埋入土中，或用其他湿润的材料包裹，促使枝条被压的部分生根，再与母株分离，成为独立的新植株的繁殖方法，是许多藤本与灌木类的观赏植物常用的一种繁殖方法。压条与扦插相似，但与扦插相比，压条的枝条在生根前还与母株相连，可以得到源源不断的养分供应，更易生根。压条从起源上讲是扦插的演进，利用了枝条上能长出不定芽与不定根的特性，从操作技术上则是分株的改进。这种方法适合于难生根树种、某些果树及观赏树木，如桑树、樱桃、葡萄、玉兰、桂花等。

二、压条的操作流程

（一）压条时期与枝条选择

休眠期压条在秋季落叶后或早春发芽前，利用1～2年生的成熟枝条进行，多采用普通压条法；生长期压条一般在雨季5～6月（华北地区7～8月）进行，北方常在夏季，南方在春、秋两季，用当年生枝条压条，多用堆土压条法或高空压条法。识别与确认原始压条材料（母株）的来源与品质非常重要。

（二）压条方法

压条方法很多，根据枝条的状态，通常分为地面压条法和高空压条法两种。

1. 地面压条法

地面压条法又分为普通压条法、水平压条法、波状压条法和堆土压条法。

（1）普通压条法

普通压条法是最常用的一种压条方法。适用于枝条离地面比较近而又易于弯曲的树种，如夹竹桃、栀子花、大叶黄杨等。在植物旺盛生长的春季或初夏，将母株上近地面的1～2年生的枝条弯到地面，在接触地面处，挖一条深10～15cm、宽10cm左右的沟，靠母株一侧的沟挖成斜坡状，相对壁挖垂直。将枝条顺沟放置，枝梢露出地面，并在枝条向上弯曲处，插木钩固定。对于珍贵的品种或移植成活率低的树种，可将枝条压入盆中或筐中，待其生根成活后切离母株；对于早熟的树种，可先将母株预先栽入盆中，然后于温室或温床中进行压条；苗圃内专供压条的母株，应给予较大的栽培距离，以便于进行压条工作。其母株栽植时，应将其主干剪短，促其基部多分枝，每次压条宜将枝条剪短，使其发生新梢，以供下次压条用。

（2）水平压条法

水平压条法又称为沟压法、连续压法或水平复压法，适合枝条长、生根能力较强的树种，如葡萄、紫藤、连翘与溲疏等。这种方法的显著优势在于能在同一根枝条上成功培育出多株新植株，极大地提高了繁殖效率。然而，相较于普通压条法，水平压条法在操作上略显复杂，且由于各枝条间的生长力差异，可能导致新苗生长不均衡。此外，过度压条还可能对母株造成一定的衰弱影响。

通常，水平压条法选择在早春时节进行，此时气温回升，有利于枝条生根和新芽萌发。具体操作时，应将选定的长且易生根的枝条水平放置于预先挖好的沟中，确保每个芽节下方都能与土壤紧密接触，以诱导不定根的产生。同时，芽节上方的新芽将在适宜的条件下萌发出新枝，形成完整的植株结构。待新植株生根稳固、长势良好后，再逐一从母株上切离，进行独立栽培。这样一来，一根枝条便能成功培育出多株苗木，实现了高效繁殖的目的。

（3）波状压条法

波状压条法适用于如葡萄、紫藤等枝条长而柔软或具有蔓性特质的树种。在操作中，利用枝条的自然形态，将枝条的弯曲部分（波谷）深埋入土壤中，波峰露出地面，随着时间的推移，压入土壤中的波谷会逐渐产生不定根，待成活后分别与母株切离成为新的植株。

（4）堆土压条法

堆土压条法适用于如贴梗海棠、八仙花、杜鹃等枝条丛生的树种。压条时枝条直立，用苗圃土或腐殖质土压埋枝条基部，促其生根成苗，适用于根株萌蘖的树种。对于嫩枝容易生根的可于6～7月利用当年生半成熟的新枝条埋条，枝条下面的叶应除去，以免在土中腐烂；对于新枝生根较难而需要用成熟枝压条的树种如玉兰等，最好在落叶后或早春发芽前埋压，分离的时期一般多在晚秋或早春进行。

2. 高空压条法

高空压条法又称为高压法、缸（筒）法或中国压条法，适用于树木枝条太高太硬不能被拉下土壤的树种。将选好的枝条，在春季或早夏（3～5月）先刻伤表皮，刻伤部位以下，用塑料布围成圆筒，并紧扎于枝条上，筒内放入湿润的苔藓或肥沃的土壤，作为生根基质，浇水后将圆筒上部也扎紧。注意经常保持生根基质湿润，待生根后即可与母株分离，继续培养成苗。

（三）促进压条生根的方法

促进压条生根的方法多种多样，可以根据具体情况选择合适的技术。首先，可以通过刻痕法或切伤法在压条部位进行刻伤处理，以促进生根。其次，缢缚法通过细铁丝紧绑被压部位，阻断养分传输，促使养分在绑扎处集中，刺激生根。扭枝法通过扭伤或紧缚枝干，阻断韧皮部的筛管，使同化养分集中在压条部位，促进愈合组织形成和不定根的发生。劈开法通过在枝干上劈开裂缝，塞入石子，或进行环状剥皮，促进生根。生长刺激法通过在刻伤处涂抹生长激素，如萘乙酸，刺激根的迅速生出。改良土壤法要求保持土壤适当湿润，冬季覆草保护，避免冻害，并随时检查压条部位，保持土壤湿润。保持湿润是通过定期喷水保持培养土的湿润程度，避免过度浇水导致腐烂。使用生根粉可以撒在划口处，并轻轻按压，使生根粉更好地附着在枝条上，促进生根。最后，选择合适的材料和时间进行压条，选择健康、有活力的枝条，并在气温稳定、空气湿度大、阳光适中的时候进行操作，以提高生根率和成功率。这些方法可以单独使用，也可以结合使用，以达到最佳的生根效果。

（四）压条后管理

在生长期内（尤其是初期），需要注意灌水、遮阴等，防止因环境不适而死亡。压条之后应保持土壤湿润，湿润的土壤环境有利于根系的生长和发育，因而应及时浇水，避免土壤干燥。冬季在寒冷的地区，应覆草以保护植物免受冰霜之害。要随时检查压条是否露出地面，如已露出必须重压，防止风吹摇动而影响生长。留在地上的枝条若生长太长，可适当剪去顶梢，以保持株型美观。同时，要及时中耕除草，有助于保持土壤的通气性和湿度，促进植物的生长。

三、压条的应用

1. 压条的优势

压条作为一种高效的植物无性繁殖方法，拥有诸多显著优势。它能够确保新植株完全继承母株的遗传特性，包括生长特性、抗病性、形态特征等，从而保持植物的遗传稳定性。由于压条过程中枝条与母株相连，新植株可以持续获得营养和水分，这不仅提高了成活率，也加快了繁殖速度，使得压条相较于种子繁殖能更快地获得成熟植株。此外，压条操作简单，成本较低，适合各种规模的苗圃实施，且具有很高的灵活性，可以根据植物的生长特性和环境条件进行调整。压条还能提高繁殖效率，特别是在使用高空压条法时，可以在单个枝条上获得多个新植株。对于那些通过种子繁殖困难或种子难以获得的植物，压条提供了一种有效的繁殖途径。在整个压条过程中，新植株的生长可以直接观察和控制，便于管理和及时采取必要的措施。压条还具有较强的环境适应性，可以在户外和室内多种环境条件下进行，且减少了植物生长初期的病害风险，促进了植物的健康生长。这些优势使得压条在林木繁殖和园艺实践中成为一种非常有价值的方法。

压条在林业领域的应用极为广泛，它主要被用于优良品种的快速繁殖，这对于保持特定树种的优良性状如生长速度、抗病虫害能力等至关重要。作为一种无性繁殖方法，压条确保了遗传物质的稳定性，避免了遗传重组可能带来的变异，对于抗性育种和保持品种纯正具有显著优势。此外，压条在城市绿化、园艺景观快速形成、生态恢复项目中快速恢复本地树种以及保护生物多样性方面也发挥着重要作用。在科学研究中，它为植物生长发育、遗传特性和环境适应性的研究提供了实验材料。教育和培训领域也常利用压条来教授植物繁殖的基本技能。在灾害后，压条能够帮助快速恢复受损的林木资源，加速森林生态系统的恢复。同时，通过苗木的国际运输和交换，压条还促进了全球范围内的林木种质资源保护和利用合作。总体而言，压条不仅提升了繁殖效率，还在生态保护、科学研究、教育培训以及国际合作等多个方面发挥着重要作用。

压条在林木繁殖领域扮演着重要角色，尤其适用于难以通过种子进行繁殖或需要维持特定遗传特征的树种。例如，柳树以其柔软的枝条而闻名，非常适合用普通压条法或波状压条法；橡皮树等榕树品种则因其在环剥处容易生根的特性，成为高空压条法的理想选择；女贞作为一种流行的观赏树种，通过压条能够保持其独特的观赏价值；紫荆通过压条能迅速增加植株数量，尤其是对于那些开花性能优异的品种；山楂和悬铃木也适合压条，前者能保持其果实和观赏特性，后者则因其基部枝条易于接触地面而适合堆土压条法；月桂通过压条能够维持其特有的叶形和果实特性，而黄杨则因其枝条易于塑形，适合支架压条法；山茶，尤其是那些开花性能良好的品种，可以采用高空压条法。这些树种利用压条，不仅能保留其卓越的遗传特性，还能加快繁殖进程，提升繁殖成功率。根据不同树种的特性和环境条件选择恰当的压条方法，可以优化繁殖效果，实现林木繁殖的高效与质量兼顾。

2. 压条的局限性

压条的局限性主要体现在以下几个方面：一是繁殖效率较低，单次操作仅能获得少量新植株，难以满足规模化生产需求；二是适用范围受限，仅适用于枝条柔软、易弯曲且生根能力强的植物（如葡萄、月季），对直立性强或木质化程度高的树种（如松柏类）效果不佳；三是资源消耗大，需要依赖母体长期供应养分，可能削弱母株长势，且生根周期较长（通常需要数月）；四是技术要求高，枝条选择、环剥处理、湿度控制等环节操作不当易导致失败；五是移栽风险大，新生根系脆弱，分离后适应性较差，成活率易受环境波动影响。因此，压条更适用于小规模繁殖或珍稀树种保育，而非高效集约化育苗。

任务五　埋条育苗

任务描述

通过理论学习和实践操作，掌握埋条育苗的科学原理和技术要点，理解其在植物无性繁殖中的关键作用，尤其是在难以通过种子繁殖或需快速繁殖植物中的应用优势，为植物资源的高效繁殖和生态环境建设奠定坚实基础。

任务目标

1. 知识目标

①学习埋条的概念，掌握埋条的技术要点。

②评估埋条在提高苗木质量和快速繁殖方面的优势，以及其局限性。

2. 技能目标

①能够选择合适的枝条进行埋条育苗。

②能够比较不同植物种类埋条后的生长发育情况。

③根据实践经验，提出改进埋条的方案，提高繁殖效率和苗木质量。

3. 思政目标

①通过学习埋条技术，认识到其在植物基因保护中的价值，主动参与植物保护和生

态修复。

②结合埋条在林业和园艺中的应用，理解其技术优势，认识到该技术在减少野生资源依赖和推动产业绿色转型中的重要性，增强通过技术创新实现经济和生态双赢的责任感。

任务要求

1. 遵循管理规范

穿戴好防护用品，确保个人安全。使用工具时要小心谨慎，特别是在开沟、覆土和修剪枝条时，避免因操作不当导致意外伤害。

2. 规范操作流程

严格参照行业规范进行操作。例如，在枝条选择时，应挑选生长健壮、无病虫害的枝条；在埋条时，要确保埋条深度适中，覆土压实，并适时浇水保湿，从而确保埋条育苗的质量和效果。

3. 团队协作

小组合作，根据成员特点合理分工。

操作流程

1. 前期准备

收集埋条育苗的理论学习资料。准备好相关仪器材料。学习埋条育苗的基础知识，包括埋条的历史、概念、技术和适用植物种类。

2. 实践操作

依据植物特性挑选合适枝条，选择合适的基质、方法，进行埋条育苗。

3. 案例分析与实地考察

选取典型埋条育苗案例，进行实地考察以观察埋条育苗效果。

注意事项

①使用剪刀、铲子等工具时，务必佩戴防护手套和护目镜，确保手部和眼部安全。避免滑倒、跌倒或工具使用不当造成意外伤害。

②完成埋条操作后，及时清理作业现场，将剩余基质、剪下的枝条碎屑等分类回收处理，确保不留下任何垃圾或杂物。将土壤恢复至原始状态，避免对环境造成破坏，维护生态平衡。

相关资料

埋条在林业和园艺生产中应用广泛，它可以快速繁殖，保持母株的优良性状，提高苗木整体质量，节约种子，缩短育苗周期。埋条还可以增加作物产量、提早采收期和树木出圃期。

一、埋条的概念

埋条是指将剪下的1年生、生长健壮的发育枝或徒长枝全部平埋于土壤中，使其生根、发芽并最终形成多株小苗的一种繁殖方法，属于枝插繁殖的一种特殊形式。在操作上又与压条相类似，多适用于如杨树、悬铃木、泡桐等皮部易生根的树种。

二、埋条的操作流程

1. 埋条的枝条选择

埋条时，在树木落叶后发芽前的这段时间内采集1年生枝条，在埋条前3～5h内进行浸水催芽。

2. 埋条方法

埋条分为平埋法和点埋法。平埋法是在苗床上，按一定行距开沟，沟深3～5cm，宽4～6cm，将枝条平放沟内，用细土覆盖1～2cm。放置枝条时要根据其粗细、长短、芽的情况等搭配得当，并使多数芽向上或位于枝条两侧。为了防止缺苗断垄，在枝条多的情况下，最好双条排放，并尽可能地使有芽和无芽的地方交错开，以免发生芽的短缺现象造成出苗不均。平埋法切忌覆土过厚，以免影响幼芽出土。点埋法是在一些发芽处不覆土，使芽暴露在外，以利于生长。点埋法的开沟深度，一般3cm左右即可。在沟内放好枝条后，每隔40cm左右，横跨条行堆成长20cm、宽8cm、高10cm左右的长圆形土堆。两块土堆之间的枝条上应有2～3个芽，利用外面较高的温度发芽生长，在土堆处生根。点埋法出苗快且整齐，株距比平埋法规则，有利于定苗，且保水性也比平埋法好。但操作效率较低，较费工。

无论是平埋法还是点埋法，操作时都要确保沟的深度和宽度适中，以免影响枝条的正常生长。放置枝条时要搭配得当，使多数芽向上或位于枝条两侧。点埋法可以不覆土，但要保证土堆的形状和大小适宜，以免影响芽的生长和发育。埋条后要踩实土壤，以防灌水时土堆塌陷。

3. 提高埋条成活率的方法

为了提高埋条的成活率，可以采取一系列措施来确保繁殖的成功。首先，选择健康无病虫害的枝条作为繁殖材料，这些枝条应具有足够的活力和生根潜力。接着，对枝条进行适当的修剪和预处理，比如去除过长的根系和叶，以及在生根激素溶液中浸泡，以减少水分蒸发并刺激生根。选择适宜的季节进行埋条也很关键，早春或晚秋的温和气候有利于枝条生根。准备适宜的土壤环境，确保土壤疏松、排水良好且富含有机质，有助于新根的生长。埋条的深度要适中，保持土壤湿润而不积水，同时控制土温，避免极端温度影响生根。在炎热季节提供适当的遮阴，减少水分蒸发，并定期检查埋条的生根情况，及时处理腐烂或病虫害问题。适当施肥，为新根和新植株的生长提供必要的养分。避免在埋条过程中对枝条造成损伤，并根据树种特性选择合适的埋条方法。最后，在枝条生根后，逐渐减少遮阴和水分，促进新植株适应外部环境。通过这些细致的管理措施，可以显著提高埋条的成活率，确保新植株的健康生长。

4. 埋条后管理

埋条后应立即灌水，保持土壤湿润。一般在生根前每隔5 ~ 6天浇一次水。在埋条生根、发芽前要经常检查覆土情况，扒除厚土，掩埋露出的枝条。幼苗长到10 ~ 15cm高时，结合中耕除草，于幼苗基部培土，促使幼苗新茎基部发生新根，待苗高长到30cm左右时，即进行间苗。当幼苗长到40cm左右时，即可在苗行间施肥，结合培垄，将肥料埋入土中。后期停止追肥，促使枝条木质化，安全越冬。当幼苗长到40cm左右时，腋芽开始大量萌发，应及时除蘖。

三、埋条的应用

1. 埋条的优势

埋条具有显著的优势。首先，它能够确保新植株完全继承母株的遗传特性，包括生长特性、抗病性、形态特征等，从而保持植株的遗传稳定性。由于埋条的枝条在生根前仍然与母株相连，能够持续获得母株提供的养分和水分，这大大提高了新植株的成活率。与种子繁殖相比，埋条可以更快地获得成熟植株，因为它不需要经过种子的发芽阶段。此外，埋条操作简单，不需要复杂的技术设备，适合各种规模的苗圃实施。它还具有很高的灵活性，可以根据植物的生长特性和环境条件进行调整。埋条还具有较强的环境适应性，可以在户外和室内多种环境条件下进行，且减少了树木生长初期的病害风险，促进了树木的健康生长。对于那些通过种子繁殖困难或种子难以获得的树种，埋条提供了一种有效的繁殖途径。综上所述，埋条因其高效、经济和操作简便等优势，在林木繁殖和园艺实践中成为一种非常有价值的方法。

2. 埋条的局限性

埋条虽然在无性繁殖中具有一定的优势，但也存在一些局限性。首先，这种方法并不适用于所有树种，有些树种难以通过埋条生根或者生根速度较慢，限制了其应用范围。其次，埋条的速度相对较慢，从枝条埋入到新植株独立需要较长时间，这对于需要快速繁殖的场合不太适用。此外，埋条需要较多的人工操作，劳动强度大，且需要足够的空间进行枝条埋入，这对空间有限的苗圃或种植区域构成限制。埋条的成功还依赖于适宜的环境条件，如温度、湿度和土壤质量，环境条件不理想时，生根率和成活率可能较低。同时，埋条的枝条如果处理不当，可能会增加病虫害的风险，尤其是在潮湿或土壤条件不佳的情况下。此外，埋条需要一定的技术和经验，对于初学者来说，可能存在较高的失败风险。由于埋条是无性繁殖，新植株与母株遗传上完全相同，缺乏遗传多样性，这可能不利于适应环境变化和应对病虫害。埋条的材料和人工成本可能较高，尤其是在大规模繁殖时，成本效益可能不如其他繁殖方法。最后，埋条通常需要在特定的季节进行，以确保适宜的温度和湿度条件，这限制了繁殖的灵活性。尽管存在这些局限性，通过优化繁殖技术和管理措施，可以在一定程度上克服这些局限性，提高埋条的成功率和效率。

项目四 组织培养育苗

项目导读

组织培养是一种生物技术，通过在无菌条件下培养植株的一小部分组织，在人工控制的环境中诱导其生长和分化，最终形成完整的植株。这项技术在植物繁殖、遗传研究、作物改良以及生物制药领域具有广泛的应用。

组织培养通过精确控制培养基和环境条件，可以实现植物快速繁殖、优良品种的保存与传播、病虫害的防控以及遗传改良。这项技术不仅能够提升植物的遗传品质，满足现代农业对高品质作物的需求，还能实现作物的稳定化、规模化生产，确保种源供应的稳定性和可持续性，为我国农业的可持续发展提供了坚实的技术支持和资源保障。

本项目旨在通过组织培养育苗的学习，掌握组织培养的核心技术，为我国林业的可持续发展提供坚实的技术支持和资源保障。

任务一 组织培养的概念及准备工作

任务描述

通过理论学习和实践操作，可以更深入地理解组织培养中营养供应、培养基选择、无菌环境维持以及激素应用的重要性。学习并掌握组织培养的基本流程，对于确保组织培养的成功和效率至关重要，因为它们直接关系到培养过程的每一个环节，从准备阶段到最终的成果展示。

任务目标

1. 知识目标

①了解组织培养中植物生长所需的基本营养成分及其作用。

②掌握不同类型培养基的特点和适用场景。

③理解无菌环境在组织培养中的重要性及其实现方法。

④学习植物生长调节剂在组织培养中的作用。

2. 技能目标

①根据植物生长需求，配制适合的培养基。

②掌握无菌操作技术，确保组织培养的成功率。

③正确使用植物生长调节剂，促进植物组织的生长和分化。

3. 思政目标

①在实践操作中，培养对生物技术发展的责任感，增强环境保护意识。

②积极参与生物技术实践，为科技进步贡献力量。

任务要求

1. 遵循管理规范

穿戴好防护用品，确保个人安全。严格遵守化学试剂使用规范，正确操作高压灭菌锅等设备，杜绝安全隐患。

2. 规范操作流程

操作前完成实验方案设计与审批，明确各步骤技术参数与操作标准。实施过程中全程记录关键数据，确保每个环节均符合无菌操作规程。

3. 团队协作

小组合作，根据成员特点合理分工。

操作流程

1. 前期准备

收集植物组织培养的理论学习资料，包括植物生长所需的营养成分、培养基的类型和配制方法、无菌环境的维持以及激素的应用。准备所需的化学试剂和营养物质，按照配方精确配制培养基，调整pH至适宜范围，并进行灭菌处理。

2. 无菌操作环境准备

准备无菌操作台（超净工作台），确保所有工具和材料均经过高压灭菌。穿戴无菌实验服、手套和口罩，严格按照无菌操作规程进行实验准备。

3. 激素配制与管理

根据组织培养的目的，选择合适的激素种类和浓度。精确配制激素溶液，确保激素的稳定性和有效性。准备激素贮藏和使用的无菌条件，避免污染。

注意事项

①实验前对操作区域进行全面清洁与消毒，使用75%酒精擦拭台面、地面，并用紫外灯照射30min以上，营造无菌环境。

②严格按照配方精确称量培养基所需试剂，避免因称量误差影响培养效果。对玻璃器皿、接种工具等耗材进行彻底清洗后，采用湿热灭菌法或干热灭菌法处理，灭菌后的耗材应存放于无菌容器中，防止二次污染。

③实验过程中涉及多种化学试剂（如琼脂、植物激素、消毒剂等），应佩戴手套、护目镜等防护用具，严格遵守试剂贮藏与使用规范。熟悉实验室应急设施（如灭火器、洗眼器）的位置及使用方法，一旦发生试剂泄漏、火灾等意外情况，立即启动应急预案。

④详细记录培养基配方、灭菌参数、耗材处理时间等关键信息，建立实验日志。操作前仔细核对所需材料与设备，确保准备工作完整无误，避免因疏漏影响后续组织培养进程。

相关资料

组织培养是一项重要的现代生物技术，它涉及植物细胞、组织或器官在无菌条件下的离体培养，以实现植物的快速繁殖、遗传改良和种质资源保护。在进行组织培养前，必须掌握相关理论知识、准备无菌实验室设施与设备、配制适宜的培养基、精选健康的外植体、进行严格的消毒与灭菌、对操作人员进行无菌操作培训、确保操作安全以及准备记录和标记等关键步骤，以保证培养过程的顺利进行和实验结果的准确性。

一、组织培养的概念

组织培养是指利用植物细胞的全能性，在无菌和人工控制的环境条件下，利用人工培养基对离体的植物器官、组织、细胞及原生质体等进行培养，使其再生细胞形成完整植株的技术。植物的组织培养又称为微繁技术，是一种生物技术手段，它允许植物细胞、组织或器官在无菌条件下生长和分化。随着生物技术的不断进步，组织培养已经成为林业科研和生产中不可或缺的一部分，在促进林木种质资源的保护、杂交育种、单倍体育种、诱变育种与抗性育种、良种繁育等方面发挥着重要作用。这项技术自20世纪初以来得到了迅速发展，已经成为植物生物学、遗传学和农业研究中不可或缺的一部分。

组织培养的核心在于利用离体的植物材料在人工控制的环境中进行繁殖和遗传操作，这不仅极大地促进了植物科学研究进程，也为商业化植物生产提供了新的可能性。

二、组织培养所需的营养条件

组织培养为植物提供必要的营养，以支持其生长和发育。这些营养主要包括以下几个方面：无机营养物是植物组织培养中的基础，包括大量元素和微量元素。大量元素主要有氮、磷、钾、钙、镁、硫，它们对植物生长至关重要，参与构建植物的细胞和组织，以及多种生理生化过程。微量元素包括铁、铜、锌、锰、硼、钼、氯等，它们虽然需求量小，但对植物的健康生长同样不可或缺。组织培养中的植物组织或细胞光合作用较弱，需要外源碳源提供能量。常用的碳源是蔗糖，它不仅提供能量，还有助于维持培养基的渗透压。蔗糖在高压灭菌过程中可能会部分水解为葡萄糖和果糖，这对细胞生长和分化是有利的。B族维生素对外植体的发育有积极影响，常用的有维生素B_1、维生素B_6、生物素、泛酸钙和肌醇等。这些物质在植物的代谢过程中起到催化剂的作用，有助于植物组织健壮生长。生长调节物质包括植物生长素类、细胞分裂素和赤霉素等，它们对植物的生长发育具有重要的调控作用。

三、组织培养所需的环境条件

在组织培养中，为了确保植物细胞、组织和器官能够在离体条件下成功生长和分化，需要精确控制多种环境条件。

温度是组织培养中的重要因素，它决定了呼吸的速度和控制培养组织代谢过程的化学反应。不同植物繁殖的最适温度不同，大多数组织培养在23 ~ 32℃进行，控制在（25 ± 2）℃恒温条件下培养最佳。温度低于15℃或高于35℃时，都会抑制细胞、组织的增殖和分化。

光照强度对培养细胞的增殖和器官的分化有重要影响。光照强度较强时，幼苗生长得粗壮；而光照强度较弱时，幼苗容易徒长。一般培养室要求每日光照12 ~ 16h，光照强度1000 ~ 5000lx，具体植物间有所差别。光质和光周期也对组织培养有影响，一般黑暗条件下利于细胞、愈伤组织的增殖，而光照则利于器官的分化。

组织培养中的湿度影响主要指培养容器内的湿度及培养室的湿度。环境的湿度可以影响培养基的水分蒸发，一般要求70% ~ 80%的湿度，以保证培养物正常生长和分化。过低会造成培养基丧失大量水分，改变培养基中各种成分的浓度，提高渗透压，进而影响培养物的生长分化；过高会造成细菌滋长，导致大量污染。

氧气是组织培养中必需的因素，外植体呼吸需要氧气。需要增加可利用的氧气，并除去释放出来的二氧化碳。在液体培养时，振荡培养是解决液体培养通气问题的好办法。固体培养和液体静置培养都必须有部分组织与空气接触，否则氧气供给不足，导致培养物死亡。

培养基不仅提供植物生长所需的营养，还影响植物的生长速度和分化方向，培养基的组成，包括营养成分、pH、渗透压等，对组织培养的成功至关重要。

四、组织培养实验室

组织培养实验室是专门用于植物细胞、组织和器官培养的科研场所，其设计和构建应满足特定的环境和操作条件，以确保实验的准确性和可靠性。

组织培养实验室是一个可以人为控制室内温度、湿度、光照强度等条件的小型环境实验室。它为组织培养提供必要的环境和条件，包括洗涤灭菌室、准备室（化学实验室）、接种室（无菌操作室）、培养室、缓冲间等，满足组织培养的各种环境需求，是组织培养发挥作用的主要设施。组织培养实验室布局的总体要求是便于隔离、操作、灭菌和观察。完整的组织培养实验室通常包括洗涤灭菌室、准备室、接种室、培养室、细胞学实验室等部分。至少应包括准备室、接种室以及培养室，且按顺序排列，在准备室与接种室之间应留有缓冲空间或建立缓冲间。

1. 准备室

准备室是组织培养实验室中用于前期准备工作的重要区域。在这里，进行药品的贮藏、称量、溶解等操作，确保培养基的配方准确无误。准备室内应有专门的药品柜用于存放各种化学药品和试剂，包括植物生长调节剂、有机附加物、维生素等。此外，器皿洗涤、培养基配制与分装、培养基和培养器皿的灭菌、培养材料的预处理等步骤也在此区域完成。准备室应配备器皿洗涤区、灭菌设备以及必要的实验器具，为无菌操作和培养提供前期的准备工作。

2. 接种室

接种室是进行所有无菌操作的核心区域，其设计和管理必须确保无菌条件。接种室内应配备无菌操作台，为实验操作提供一个局部无菌的环境。此外，还应配备无菌操作设备，包括酒精灯、消毒剂、无菌工具等，以确保操作过程中不受微生物污染。环境控制方面，接种室内的空气应经过高效过滤，以保持空气的洁净度，防止空气中的微生物污染培养物。

3. 培养室

培养室是组织培养过程中植物生长的场所，其环境控制对植物的生长发育至关重要。培养室内应安装恒温设备，以保持适宜的温度，通常在20～28℃，以满足不同植物生长的需求。湿度维持在70%～80%，以减少培养基水分的蒸发，并保持植物组织的水分平衡。此外，光照对植物的光合作用和生长发育有重要影响，培养室应配备可调节光照强度和光质的设备，以模拟自然光环境，促进植物的健康生长。

4. 缓冲间

缓冲间是连接准备室和接种室的过渡区域，其作用是减少外界环境对接种室的干扰。通过在缓冲间更换实验服、鞋子和手套，以及进行必要的表面消毒，可以减少从准备室带入接种室的污染风险。缓冲间还可以设置正压环境，防止外界空气流入接种室，从而降低污染风险。此外，缓冲间作为物品传递的区域，确保所有进入接种室的物品都经过适当的消毒处理，进一步保障无菌操作的安全性。

五、设施设备条件要求

1. 无菌操作台

无菌操作台是组织培养实验室中的核心设备，它用于创建一个局部无菌的工作环境，以进行精确的无菌操作，如图2–1所示。选择无菌操作台时，应确保其配备有高效空气过滤器（HEPA），以确保工作区域内空气的无菌状态。此外，无菌操作台应提供均匀、稳定的层流，以防止微生物污染。紫外线消毒灯是必备的，用于对无菌操作台的台面进行消毒，确保操作前的工作区域无菌。无菌操作台的台面应耐腐蚀、易清洁，通常由不锈钢制成。风机和控制系统也应保证气流稳定，操作简便。

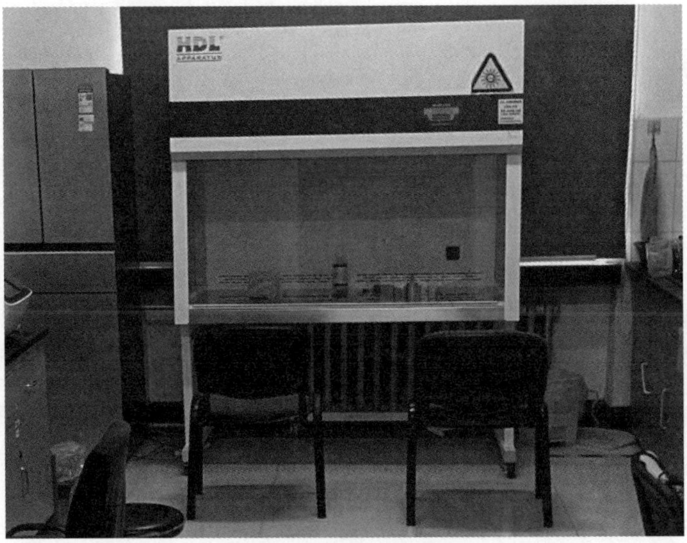

图2–1 无菌操作台

2. 培养室和培养箱

培养室和培养箱用于提供适宜的环境条件，以满足植物组织的生长需求。这些设备应能够精确控制温度，通常在20 ~ 28℃，以及保持湿度在70% ~ 80%，以减少培养基水分的蒸发。光照调节功能是必要的，以模拟自然光环境，提供可调节的光照强度和光质。对于需要特定二氧化碳浓度培养环境的实验，培养箱应具备二氧化碳浓度控制功能。

3. 显微镜和其他观察设备

显微镜和其他观察设备在组织培养实验室中扮演着重要角色，用于观察和记录细胞和组织的生长情况。生物显微镜用于观察细胞、组织切片和活体组织培养。倒置显微镜方便观察培养皿或培养瓶中的样本。荧光显微镜用于观察标记有荧光的细胞或组织。图像分析软件则用于记录和分析显微镜下的图像。

4. 灭菌设备

灭菌设备是确保组织培养实验室无菌条件的关键。高压蒸汽灭菌器用于培养基、培养器皿和其他耐热物品的灭菌。干热灭菌器适用于玻璃器皿、金属工具等不耐湿物品的灭菌。化学灭菌柜用于不能耐高温或高压的物品，如某些塑料制品和橡胶制品。紫外线消毒灯则用于实验室空气和表面消毒。

5. 其他辅助设备

恒温水浴用于需要恒温条件的化学反应或样品处理。离心机用于细胞悬浮液或组织匀浆的分离。pH计用于精确测量和调整培养基的pH。天平和量取设备用于精确称量药品和配制溶液。这些辅助设备的选择和配置应根据组织培养实验室的具体需求和预算进行，以确保组织培养实验室能够高效、安全地运行。

6. 工具和耗材

（1）常用工具

在组织培养实验室中，一系列常用的工具是进行日常实验操作的基础。这些工具包括精细的镊子和剪刀，用于精确操作外植体和处理组织；解剖刀和解剖剪，用于切割和解剖植物材料；移液管和移液器，用于精确量取和转移液体；计量勺和刮勺，用于称量粉末状或小颗粒状的固体物质；烧杯和量筒，用于配制溶液和量取液体；试管和培养瓶，用于装载培养基和植物组织；纱布和滤网，用于过滤溶液和去除杂质。这些工具是组织培养实验室日常工作不可或缺的组成部分。

（2）培养基制备所需的耗材

培养基是组织培养中提供营养的关键，其制备需要特定的耗材。其中，包括培养基粉末，包含所需的大量元素、微量元素、有机物等；蔗糖作为碳源，提供能量；植物生长调节剂，如生长素和细胞分裂素，调节植物生长和发育；琼脂或凝胶，用于固化培养基，为植物组织提供支撑；灭菌容器，如高压蒸汽灭菌器，确保培养基和器具的无菌。这些耗材的选择和质量直接影响培养基的质量和植物组织的生长状况。

（3）外植体处理所需的工具

外植体处理需要专门的工具来确保无菌操作和减少损伤。这些工具包括消毒剂，如酒精、漂白剂等，用于外植体的表面消毒；无菌水，用于清洗外植体和配制消毒剂；无菌纸巾或吸水纸，用于擦拭外植体和吸收多余的水分；切割板，用于在无菌条件下切割外植体；无菌封口膜或封盖，用于密封培养容器，防止污染。正确使用这些工具和耗材对于保持实验的无菌环境和提高实验成功率至关重要。

六、培养基的制备

1. 培养基的种类和选择

在组织培养中，选择合适的培养基对于实验的成功至关重要。培养基不仅提供植物生长所需的营养和生长调节物质，还影响植物的生长速度、形态建成和遗传稳定性。下面对林木生产中常用的培养基种类及其选择依据进行介绍。

（1）MS培养基

MS培养基是1962年由Murashige和Skoog为烟草细胞培养而设计的，因其全面的营养配方而成为应用最广泛的培养基之一。它含有高浓度的无机盐、氮、钾，特别是铵盐和硝酸盐，能够满足组织对营养元素的高需求，特别适合于快速增长的组织，如愈伤组织和细胞悬浮培养。MS培养基由于其高无机盐浓度，不适合生长缓慢或对无机盐浓度要求较低的植物，尤其是对铵盐敏感的植物。MS培养基适用于需要快速生长和高营养需求的植物组织培养，如林木的快速繁殖和遗传改良。这种培养基因其全面的成分而适用于大多数植物细胞、组织和器官的生长和分化。MS培养基的配方能够满足植物组织培养的多方面需求，因而成为实验室中的常备培养基。例如，火炬松、月季等树种的组织培养中，MS培养基被证明是有效的。

（2）B5培养基

B5培养基由Gamborg等人在1968年为大豆细胞培养而设计，其特点是含有较低的铵盐，适合许多木本植物的生长，尤其是那些对铵盐有抑制作用的植物。B5培养基与MS培养基在成分上类似，但在生长素和细胞分裂素的比例上有所不同。这种培养基特别适合于对激素敏感的植物种类，能够促进植物组织的生长和分化。B5培养基在某些特定的植物种类中效果显著，尤其是在需要特定激素比例的情况下，适用于对铵盐敏感的植物，或者需要较低无机盐浓度的植物组织培养，如某些林木的嫩枝培养。

（3）White培养基

White培养基因其无机盐的含量比较低，更适合木本植物的组织培养，尤其是在需要较低无机盐浓度的情况下。这种低盐配方有助于减少某些植物的玻璃化现象，从而提高组织培养的成功率，适用于对无机盐浓度要求较低的木本植物的组织培养，如某些珍贵树种的繁殖。

在选择林木组织培养的培养基时，需要综合考虑多个关键因素以确保实验的成功。

首先，实验目的不同，所需的培养基也不同。例如，若目标是快速繁殖，MS培养基因其高浓度的无机盐和氮、钾而适合快速增长的组织；若涉及特定遗传操作，则可能需要B5培养基。其次，植物种类和生理特点也是重要的考量点，不同植物对外植体的要求和培养基的适应性各异。生长阶段也不可忽视，植物的不同生长阶段可能需要不同的培养基，尤其是未成熟胚或胚轴在体细胞胚胎发生途径中可能需要特定的培养基和激素组合。培养基中的营养成分和激素水平对植物的生长和分化至关重要，MS培养基和B5培养基分别适用于不同的植物和生长条件。此外，培养基的优点和缺点也需要考虑，MS培养基虽然提供全面营养，适合多种植物，但可能不适合对无机盐浓度要求较低的植物；B5培养基适合对铵盐敏感的植物，但可能不适用于需要高氮浓度的植物。实验条件和目标也是选择培养基时必须考虑的因素，不同的目标可能需要不同营养成分和激素水平的培养基。最后，经济和操作因素也很重要，培养基的成本、制备的便利性以及操作的复杂性都可能影响其在大规模生产中的应用。综合这些因素，可以为特定的林木组织培养实验选择最合适的培养基，以提高繁殖效率和保持植物的优良特性。

2. 培养基的制备

在林木的组织培养中，培养基的制备是一个精细且关键的过程，它直接影响到组织培养的成功与否。

（1）称量和溶解

精确的称量是制备培养基的第一步。根据所选培养基的配方，需要准确称量大量元素、微量元素、维生素、植物生长调节剂和碳源等。这些成分通常以粉末形式提供，需要在无菌的容器中称量，以避免污染。称量完成后，将这些成分溶解在一定量的去离子水中。溶解过程中需要不断搅拌以确保所有成分完全溶解。特别是琼脂或其他固化剂，需要在加热的条件下才能完全溶解，因而可能需要将溶液加热至沸腾以确保琼脂完全溶解。

（2）pH调节的重要性和方法

培养基的pH对植物细胞的生长和分化至关重要。大多数植物细胞和组织在接近中性的pH（5.8～6.2）下生长最佳。pH的偏差可能会影响营养的吸收、植物生长调节剂的效果以及细胞的代谢活动。调节pH通常在培养基冷却至室温后进行。可以使用pH计精确测量pH，并使用1mol/L的氢氧化钠或盐酸进行调整。pH调节需要谨慎进行，因为过快的调整可能导致pH的过度变化。

（3）灭菌和存储

培养基制备完成后，必须进行灭菌处理以消除可能存在的微生物污染。最常用的灭菌方法是高压蒸汽灭菌，通常在121℃下保持15～20min。对于热敏感的培养基成分，可能需要使用过滤灭菌。灭菌后的培养基应存放在无菌条件下，直到使用。未分装的培养基可以存放在黑暗、阴凉的地方，避免光照和温度变化对培养基成分的影响。对于已经分装到培养容器中的培养基，通常需要在无菌环境内进行，以确保整个操作过程的无菌状态。

七、植物生长调节剂的添加

在组织培养过程中，植物生长调节剂的添加是调控植物生长与发育的关键环节。植物生长调节剂涵盖了生长素与细胞分裂素，它们在植物细胞的分裂、分化、生根及发芽等关键过程中扮演着至关重要的角色。

1. 生长素和细胞分裂素的作用

生长素是一类重要的植物激素，在植物生长和发育中扮演着多种角色，包括促进细胞伸长、分裂和分化。它们影响植物的向光性和向重力性，控制分生组织向导管组织的分化，并促进叶芽的发育和分布。生长素的一个显著作用是诱导细胞分裂、伸长，以及愈伤组织的形成。此外，生长素还参与顶端优势的调控，即顶芽的生长抑制侧芽的生长，是一类促进细胞伸长、分裂和分化的植物激素。它们在组织培养中的主要作用包括促进根系的形成、细胞的伸长、愈伤组织的形成以及影响顶端优势。常见的生长素包括吲哚乙酸、萘乙酸、2,4–D等。

细胞分裂素是另一类重要的植物激素，它们促进RNA的合成，刺激组织中蛋白、酶的活性，并减缓叶的衰老，促进有丝分裂。细胞分裂素刺激分生组织分化成根系和芽，对于组织培养的烟草髓或茎切段，细胞分裂素可使已停止分裂的髓细胞重新分裂。它们在植物体内合成的部位主要是根尖。细胞分裂素的另一个重要作用是延缓蛋白质和叶绿素的降解，延迟衰老，是一类促进细胞分裂、诱导芽的形成并促进其生长的植物激素。常用的细胞分裂素包括6–苄基腺嘌呤（6–BA）、激动素（KT）、玉米素（ZT）等。

2. 常见植物生长调节剂的种类和浓度

在组织培养中，植物生长调节剂的种类和浓度需要根据具体的植物种类和培养目的来确定。常见植物生长调节剂的种类和浓度见表2–7。

表2–7 常见植物生长调节剂的种类和浓度

种类	使用浓度
2,4–D	常用于诱导愈伤组织的形成和生根，浓度一般在0.1～10.0mg/L
萘乙酸	促进生根和抑制芽的形成，浓度通常在0.01～1.00mg/L
吲哚乙酸	促进细胞分裂和伸长，在0.01～10.00mg/L
6–苄基腺嘌呤	促进芽的分化和生长，常用浓度0.1～10.0mg/L
激动素	诱导芽的形成和促进细胞分裂，使用浓度为0.1～10.0mg/L
玉米素	促进细胞分裂和芽的形成，但由于其高温灭菌易受破坏，使用较少，浓度也在0.1～10.0mg/L

3. 添加方法

植物生长调节剂的添加通常在培养基冷却至室温后进行。首先，需要将植物生长调节剂配制成母液，将100mg的植物生长调节剂加入100mL容量瓶中，配制成1mg/mL的原液。然后，加入25mL的溶剂（如95%酒精）以溶解粉末。待粉末完全溶解后，添加双蒸水或超纯水至刻度值。最后，将1.0mL的原液加入1L培养基中，使最终浓度达到所需的浓度。

生长素和细胞分裂素的比例对组织培养过程中脱分化和再分化的影响至关重要。当生长素高于细胞分裂素时，主要诱导植物组织脱分化和根原基的形成，这是因为生长素促进细胞分裂和愈伤组织的形成，而较低的细胞分裂素水平则抑制了芽的形成。当细胞分裂素的效应高于生长素时，主要诱导植物组织再分化和芽原基的形成。细胞分裂素促进细胞分化，诱导组织生根、发芽。生长素和细胞分裂素共同调控着植物器官的分化。它们的比例和顺序可以影响细胞的分裂和分化。例如，先使用细胞分裂素可以促进细胞分裂和分化，而先使用生长素则可能导致细胞分裂但不分化。这种比例关系在组织培养中被广泛应用，以控制植物器官的分化方向。

植物生长调节剂的添加是组织培养中的一个重要环节，需要根据具体的培养目标和植物种类来选择合适的种类和浓度。正确的添加方法能够确保培养基中的植物生长调节剂发挥最佳效果，从而促进植物组织的成功培养。

任务二　外植体的选择、消毒及接种

任务描述

通过理论学习和实践操作，开展植物组织培养中外植体的选择、消毒及接种关键技术的学习。本任务聚焦外植体选择的科学依据，包括植物生理特性、组织部位与分化能力等因素；规范外植体消毒处理流程，从预处理到药剂选用及时间把控；强化精准接种操作训练，确保外植体在无菌环境下安全植入培养基，为后续组织培养的成功与高效奠定基础。

任务目标

1. 知识目标

①了解外植体选择的标准和类型。

②掌握外植体消毒的流程和方法。

③学习外植体接种的技术和注意事项。

2. 技能目标

①根据标准选择适合的外植体。

②执行外植体的消毒流程，减少污染。

③精确进行外植体的接种操作。

3. 思政目标

①通过对外植体选择、消毒及接种技术的学习，培养科学精神和责任感，增强对生物技术发展的责任感和使命感。

②强化生物安全和环境保护意识，在实验操作中注重无菌操作和废弃物处理，减少对环境的污染。

任务要求

1. 遵循管理规范

穿戴好防护用品，确保个人安全。严格遵守化学试剂使用规范，杜绝安全隐患。

2. 规范操作流程

严格遵循外植体消毒流程，精准控制消毒剂浓度与处理时间，既要确保彻底灭菌，又要避免过度处理损伤外植体活力，留存处理过程影像记录备查。在无菌操作台内规范执行无菌接种操作，熟练掌握镊子、接种环等工具的使用技巧，保证外植体在培养基上的接种位置、角度精准，单次接种污染率应控制在5%以内。

3. 团队协作

小组合作，根据成员特点合理分工。

操作流程

1. 前期准备

收集关于优良种质选择标准、外植体消毒流程等理论资料。准备外植体消毒所需的消毒剂、无菌操作台等。

2. 外植体选择

选择生长健壮、无病虫害的植株作为外植体来源，注意植物的生长季节和发育阶段，选择适宜的部位。同时，考虑器官的生理状态、发育年龄、材料大小及来源的丰富性，确保外植体的种性特征优良。

3. 外植体消毒

深入学习外植体消毒流程，选择合适的消毒剂并配制合适浓度。严格按照相关规定回收和处理使用过的消毒剂，确保操作安全和环保。外植体的切割和准备应在无菌操作台内完成，确保无菌条件。

4. 接种操作

在无菌操作台或接种箱内进行外植体的预处理和修剪，确保操作全程无菌。接种完毕后，管口应在火焰上灼烧数秒，确保密封和无菌状态。讨论并总结操作过程中的注意事项和关键点。

注意事项

①规范使用工具与试剂，避免不同材料、试剂间相互污染，确保实验材料的纯净。

②严格执行无菌操作流程，从实验前的无菌操作台、工具灭菌，到操作中的无菌手法、酒精灯火焰保护，每个步骤都不容疏漏，保障实验数据真实有效。

③实验全程遵循安全规程，规范使用各类化学试剂与仪器设备；妥善分类处理废弃物，对有毒有害试剂、污染耗材进行专业处置，践行绿色实验理念。

相关资料

组织培养在林业领域的应用十分广泛，它允许植物细胞、组织和器官在无菌条件下进行离体培养，以实现快速繁殖、遗传改良和种质资源保护。在这一过程中，精心选择外植体、严格的消毒程序和精确的接种技术是确保培养成功的关键。首先，选择外植体时应考虑其健康状态、遗传背景和生物学特性，以确保材料的质量和培养的成功率。其次，外植体的消毒是防止微生物污染的重要环节，常用的消毒剂包括酒精、升汞和次氯酸钠，每种消毒剂都需要根据外植体的特性精确配制和使用。最后，接种过程中，外植体被转移到无菌培养基上，这一步骤要求在无菌条件下进行，以避免任何形式的污染。整个操作过程中，操作人员应穿戴适当的个人防护用品，并进行细致的记录和标记，以追踪培养过程和结果。这些细致的准备工作和操作步骤是实现组织培养在林业领域成功应用的基础。

一、外植体的选择标准

在林木的组织培养过程中，外植体的选择是至关重要的第一步，它直接影响到培养的结果以及后续的增殖和生根。在选择林木外植体时，应遵循以下标准：

①优良种质的选择。选择性状优良的种质或特殊的基因型，以及生长健壮、无病虫害的植株作为外植体来源，以提高培养成功的概率和实用价值。

②适当的时期。注意植物的生长季节和生长发育阶段，大多数植物应在开始生长或生长旺季采样，此时材料内源激素含量高，容易分化，成活率高，生长速度快，增殖率高。

③适宜的部位。组织培养几乎在植物体的各个部位都获得了成功，包括茎尖、茎段、皮层及维管组织、髓细胞、表皮、块茎的贮藏薄壁细胞、花瓣、根系、茎、子叶、鳞茎、胚珠和花药等。不同种类的植物以及同一植物的不同器官对诱导条件反应不一

致，因而需要根据植物特性选择合适的部位。

④器官的生理状态和发育年龄。一般认为，生理年龄小的幼嫩组织较生理年龄大的成熟衰老组织具有较高的形态发生能力。随着组织年龄的增加，器官的再生能力逐渐减弱甚至完全失去再生能力。

⑤材料大小的选择。建立无菌材料时，材料大小根据不同植物种类而异。一般选取培养材料的大小为0.5 ~ 1.0cm。材料太大易污染，材料太小，多形成愈伤组织，甚至难以成活。

⑥外植体来源的丰富性。为了建立一个高效而稳定的植物组织离体培养体系，需要丰富并容易获得的外植体材料。

⑦外植体的易消毒性。应尽量选择带杂菌少的器官或组织，降低初代培养时的污染率。一般地上组织比地下组织消毒容易，1年生组织比多年生组织消毒容易，幼嫩组织比老龄和受伤组织消毒容易。

⑧明确种性特征。选择具有明确种性特征、种质纯度高、无杂合现象的植株作为取材植株，确保培养出的植株具有优良性状的基础。

⑨观察遗传稳定性。在选择外植体时，需要观察其遗传稳定性、花色、果型、长势等性状表现，以确保培养出的植株能够保持母株的优良性状。

⑩选择健壮无病虫害的植株。应在长势健壮且无病虫害的植株上选择正常发育的器官或组织作为外植体材料。这些器官或组织的代谢旺盛，再生能力强，接种后更容易培养成功。

二、外植体的类型和特点

外植体的选择要考虑不同植物的生理特点、遗传因素等，同时，选用哪一种外植体进行植株再生，与其发生途径有极大关系。不同的发生途径对最佳外植体有一定的要求，这也因植物种类的不同而有差异。外植体选择与发生途径应同时考虑，将二者有机地结合起来，才能建立正确有效的组织培养技术体系。现介绍不同外植体的类型和特点。

1. 带芽的外植体

带芽的外植体包括茎尖、侧芽、原球茎、鳞芽等。这类外植体的培养目的可以是促进茎轴伸长或促进腋芽生长，以产生丛生芽。这类外植体产生植株的成功率高，且很少发生变异，容易保存材料的优良特性。

2. 由分化组织构成的外植体

由分化组织构成的外植体包括茎段、叶、根系、花茎、花瓣、花萼、花粉、胚珠、果实等。这类外植体大多由已分化的细胞组成，需要经过脱分化诱导出愈伤组织，再分化出芽或胚状体，然后形成新植株。这类外植体形成的后代可能有变异。

3. 茎尖

茎尖不仅生长速度快，繁殖率高，不容易发生变异，而且茎尖培养是获得脱毒苗木的有效途径。因此，茎尖是组织培养中最常用的外植体。

4. 节间部位

对于大部分果树和花卉等，新梢的节间部位是组织培养的较好材料。新梢的节间部位不仅消毒容易，而且脱分化和再分化能力较强，也常用作组织培养的材料。

5. 叶片和叶柄

叶片和叶柄取材容易，新出的叶片细菌较少，实验操作方便，是组织培养常用的材料。尤其是近年在植物的遗传转化中，以叶片为试验材料的报道较多。

6. 其他

种子、根系、块茎、块根、鳞片、花粉等也可以作为组织培养的材料。但是，不同种类的植物以及同种植物不同的器官对诱导条件的反应是不一致的。

三、外植体的消毒流程

在消毒前，需要选取健康、无病虫害的外植体。剪取时要保证无菌操作，避免污染。一般选取植物新鲜、幼嫩的部分作为外植体。剪取后的外植体需要用无菌水或酒精进行清洗，多次清洗以去除表面的杂质和细菌。在清洗时，应注意不要损伤外植体。外植体的消毒流程，包括消毒剂的选择和配制、消毒剂的回收和处理、外植体的切割和准备。

1. 消毒剂的选择和配制

（1）酒精消毒

70%～75%的酒精是最佳的消毒浓度，因为浓度为95%的酒精或无水酒精会使菌体表面蛋白质快速脱水凝固，形成一层干燥膜，阻止了酒精的继续渗入，杀菌效果大大降低。酒精能够迅速杀灭大部分细菌和真菌。酒精消毒的时间需要严格控制，一般不超过1min，以避免对外植体造成伤害。酒精消毒后，外植体应立即进行后续处理，包括用无菌水冲洗和晾干，以减少污染的风险，并及时接种到培养基上。

（2）升汞消毒

升汞又称为氯化汞，是一种有效的消毒剂，能够杀灭细菌、真菌和病毒等微生物。但由于其高毒性，使用时需要格外小心。通常配制浓度为0.1%的升汞溶液。配制时，需要在化学通风柜中进行，以确保操作人员的安全。将预处理和预消毒后的外植体浸泡在浓度为0.1%的升汞溶液中。消毒时间一般为5～10min，具体时间根据外植体的种类和大小而定。升汞消毒后，立即用无菌水反复冲洗外植体，以去除残留的升汞溶液。冲洗次数一般为3～5次，每次冲洗时间不少于30s，以确保彻底清除残留的消毒剂。

由于升汞具有高度毒性，操作时应在化学通风柜中进行，并穿戴适当的个人防护用品，如实验室防护眼镜、耐化学品手套和实验服。避免直接接触皮肤和吸入升汞蒸气。操作过程中应使用工具（如镊子）来处理外植体，避免直接用手接触消毒剂。

（3）次氯酸钠消毒

次氯酸钠消毒是一种广泛应用于水处理、医疗、食品加工等领域的消毒方法。次氯酸钠是一种无机物，具有漂白和消毒的作用。它在水中水解生成次氯酸，次氯酸分解产生新生态氧，具有很强的氧化性，能使菌体和病毒的蛋白质变性，从而达到消毒的效果。次氯酸钠具有刺激性，对皮肤和黏膜有刺激作用，接触后可引起炎症、灼伤等。因此，在接触次氯酸钠时应保护皮肤和眼睛。次氯酸钠不燃，具有腐蚀性，可致人体灼伤，具有致敏性。次氯酸钠应贮藏在阴凉、干燥、通风良好的地方，远离火源和热源，避免阳光直射。贮藏容器应密封良好，以防挥发和泄漏。

次氯酸钠原液中的有效氯含量一般在10%～20%。通常使用0.5%～1.0%的次氯酸钠溶液进行外植体消毒，并根据下列公式进行计算。

需配制消毒剂的原液用量=配制消毒剂中的含氯量×配制消毒剂量　　（2–4）

消毒时可采用喷洒、擦拭或浸泡等方式。对于大面积区域，建议使用喷雾器均匀喷洒；对于小件物品或精细表面，建议采用软布或海绵蘸取溶液轻轻擦拭；对于需要深度消毒的物品，可考虑浸泡方式。消毒时间10～30min，以确保有效杀灭细菌、病毒等微生物。

（4）漂白粉消毒

漂白粉消毒是一种常用的组织培养消毒方法，漂白粉的有效成分是次氯酸钙，消毒效果很好，对环境无害。由于漂白粉易吸潮散失有效氯而失效，因而需要密封保藏。在使用时，通常将漂白粉配制成饱和溶液，用于外植体的消毒。将预处理和预消毒后的外植体浸泡在漂白粉饱和溶液中，消毒时间一般为10～15min。消毒时要不断搅动，使植物材料与消毒剂充分接触。

2. 消毒剂的回收和处理

对于使用过的消毒剂，需要进行回收和处理。特别是对于一些有毒的消毒剂（如升汞），需要严格按照相关规定进行回收和处理，以防止对环境造成污染和对人体造成伤害。

3. 外植体的切割和准备

在组织培养中，外植体的切割和准备是一个关键步骤。

（1）切割工具的消毒

切割工具的消毒分为以下两种：

①浸泡消毒。切割工具，如刀片、剪刀、镊子等，在使用前应浸泡在70%酒精中进

行消毒，通常需要浸泡0.5 ~ 1h。

②火焰消毒。使用前，将工具在火焰上灼烧，以确保在高温下杀死可能残留的微生物。灼烧后的工具需要冷却后再使用，以免高温损伤外植体。

（2）材料准备

外植体在切割前应先在清水下冲洗，去除泥土等大颗粒杂质。

（3）切割大小

根据培养目的和外植体的生长特性，将外植体切割成适当大小，一般以便于操作和接种为宜。

（4）无菌操作

切割过程应在无菌操作台内完成，确保无菌条件，防止外植体在切割过程中受到污染。

（5）切割工具

使用锋利的刀片或剪刀进行切割，以减少对植物组织的损伤。

（6）切割速度

切割动作要迅速，以减少外植体暴露在外界的时间，降低污染风险。在切割过程中，避免对材料施加过大压力，以免损伤组织。切割完成后，外植体应立即用无菌水冲洗，以去除可能残留的消毒剂和切割过程中产生的碎屑。切割后的外植体应尽快转移到培养基上，以减少暴露在空气中的时间，降低污染风险。在切割不同外植体时，要重新消毒工具，避免交叉污染。通过以上步骤，可以确保外植体的切割和准备过程既科学又卫生，为后续的组织培养打下良好的基础。正确的切割和消毒程序对于提高组织培养的成功率至关重要。

四、外植体的接种

外植体的接种是组织培养中至关重要的环节，它涉及将经过表面消毒处理的材料切割后转移到无菌培养基上。

首先，外植体在接种前需要进行预处理，包括去除不需要的部分，并在无菌操作台或接种箱内进行修剪。接着，将外植体在流水下冲洗，以去除表面的污物和部分微生物。之后，使用70%酒精对外植体进行表面浸润，通常处理时间为30s左右，这一步骤称为浸润灭菌。随后，使用适当的消毒剂如升汞或次氯酸钠进行表面灭菌处理。灭菌后，用无菌水对外植体进行反复冲洗，以去除残留的消毒剂。

接种过程中，使用火焰消毒过的工具，如刀片、剪刀、镊子等，对外植体进行适当的切割。切割好的外植体被放置到无菌的培养基上，这一步骤需要在无菌操作台上进行，以保持无菌操作。接种完毕后，管口需要在火焰上灼烧数秒，若使用棉塞，塞好后，包上包口纸，包口纸里面也要过火，以确保无菌。在接种过程中，要经常灼烧接种器械，防止交叉污染。除了茎尖、茎段要正放（尖端向上）外，其他材料的放置方法尚无统一要求。

接种完成后，外植体应放置在适宜的培养条件下，如温度、光照等，以促进生长和发育。同时，对接种的外植体进行详细记录和标记，包括日期、材料类型、培养基成分等，以便于后续工作。

通过遵循这些步骤和注意事项，可以有效地进行外植体的接种，确保组织培养的成功。正确的切割和消毒流程对于提高组织培养的成功率至关重要。外植体接种后的生长观察是组织培养中的一个重要环节，它帮助我们了解外植体在培养基上的生长和发育情况。根据植物种类和培养条件的不同，生长观察的时间点也会有所差异。

在接种后的第7天左右，大部分外植体会开始形成愈伤组织，这些愈伤组织通常呈白色，柔软且质地均匀。这是外植体对培养条件反应的一个关键指标，标志着外植体开始适应培养环境并开始生长。随后，在大约第21天，部分愈伤组织会开始分化出芽，这一阶段的芽分化率约为30%，这是组织培养中再生植株的初步步骤。在接种后的4～6周，可以观察并记录愈伤组织或者丛生芽的诱导率，这是评估组织培养结果的重要指标。至于生根情况，大约在20天后，外植体会开始分化生根，理想的不定根长度在1cm左右，洁白且均匀、整齐，这是植株成功移植的关键因素。

植物的组织培养生长周期相对较短，通常20～30天为一个周期。这个周期包括了愈伤组织的形成、芽的分化以及生根等关键生长阶段。然而，具体的观察时间点需要根据实验设计和植物材料的特性来确定，以确保能够准确捕捉到外植体生长的每一个重要时刻。通过这些细致的观察，可以优化培养条件，提高组织培养的成功率，并最终实现植物的快速繁殖和遗传改良。

任务三　组织培养环境条件的控制及炼苗与移栽

任务描述

通过理论学习和实践操作，理解并掌握控制组织培养环境条件的关键技术，以及炼苗与移栽的最佳时间。通过精确控制环境条件，如温度、湿度、光照和气体交换，为组织培养提供最佳生长环境。同时，学习如何通过炼苗和移栽，将组织培养得到的植株顺利过渡到自然环境中，提高其成活率和适应性。

任务目标

1. 知识目标

①了解组织培养中环境条件控制的重要性及其对植物生长的影响。

②掌握炼苗与移栽的基本理论和操作技术。

③能够根据植物种类和生长特性，调整环境控制参数和炼苗移栽方法。

2. 技能目标

①精确控制组织培养环境的温度、湿度、光照和气体交换条件。

②执行有效的炼苗程序，增强组培苗的抗逆性和适应性。

③熟练进行组培苗的移栽操作，确保移栽过程的高成活率。

3. 思政目标

①培养对生物技术应用的责任感，特别是在植物的组织培养领域，确保技术应用的科学性和伦理性。

②深化生态保护意识，增强对生态保护和可持续发展的认识，激发在生态文明建设中的积极性和创新精神。

任务要求

1. 遵循管理规范

穿戴好防护用品，确保个人安全。使用设备时要小心谨慎，避免因操作不当导致意外伤害。

2. 规范操作流程

严格按照组织培养环境条件的控制及炼苗移栽的技术规范和流程进行操作。确保实验操作的规范性和数据的可靠性，为组织培养的成功提供保障。

3. 团队协作

小组合作，根据成员特点合理分工。

操作流程

1. 前期准备

收集关于温度、湿度、光照和气体交换的控制技术的理论学习资料。准备用于环境控制的设备，如光照培养箱、湿度控制系统等。

2. 实践操作

逐步将组培苗从无菌环境过渡到自然环境，增强其对外界环境的适应性。执行炼苗操作，包括逐步增强光照、降低湿度、控制温度和增加通风。将组培苗从培养基转移到生长基质中，进行移栽操作。注意保护根系，确保移栽后的植物能够顺利生长，减少移栽过程中的损耗。

3. 案例分析与实地考察

选取典型组培苗案例进行分析，实地考察组织培养环境条件的控制及炼苗与移栽的效果，总结成功经验和存在的问题。

注意事项

①在配制培养基和操作的过程中，务必小心谨慎，避免交叉污染。

②严格遵守无菌操作规程，确保实验的准确性和可靠性。

③移栽后应密切观察植物生长状况，及时调整养护策略。

相关资料

组织培养是一种在严格控制条件下进行的生物技术，它允许植物细胞、组织和器官在无菌条件下进行离体培养。这项技术在林业领域的应用对于实现植物的快速繁殖、遗传改良和种质资源保护具有重要意义。环境条件的控制是确保组织培养成功的重要条件，通过模拟和优化自然生长条件来促进植物细胞的生长和分化，同时防止污染。炼苗与移栽的目的在于使组培苗适应自然环境，提高其抗逆性和成活率，为林业生产和生态恢复提供健康植株。

一、组织培养环境条件的控制

组织培养要求特定的环境和化学条件来支持植物组织的生长和发育。下面介绍组织培养所需的条件及其控制方法。

1. 温度

温度是组织培养中的关键因素，组织培养的温度通常在20～28℃，其中26～27℃被认为是最适合大多数植物组织生长和分化的温度。然而，不同的植物种类和不同的组织可能需要特定的温度范围，因而具体的最适宜温度可能会有所不同。例如，一些植物可能需要略低于20℃，而其他植物可能需要高达30℃来促进某些生理过程。在实际操作中，研究人员会根据所培养植物的具体需求来调整温度。

2. 光照

在组织培养中，光照是一个重要的环境条件，它对植物细胞、组织和器官的生长和分化有显著影响。光照条件包括光照强度、光质和光周期等方面。

（1）光照强度

光照强度对培养细胞的增殖和器官的分化有重要影响。林木植物组织培养的不同时期对光照强度有不同要求。诱导阶段，光照强度相对较低，一般为1000～2000lx，因为此阶段细胞主要进行脱分化，对光合作用的需求较低，适当降低光照强度有利于细胞无序分裂、形成愈伤组织。分化阶段，光照强度需提高至2000～3000lx，以满足芽的分化和生长所需的光能进行光合作用，合成生长物质。生根阶段，对于易生根植物，光照强度可适当降低至1500～2000lx，有助于根的生长；而难生根植物则可能需要维持2000～3000lx的较高光照强度，并结合激素和营养条件促进生根。

（2）光质

光质对愈伤组织诱导、培养组织的增殖以及器官的分化都有明显的影响。不同波长的光对植物的生长发育有不同的影响，如红光和蓝光对植物生长的影响不同。红光对植株的节间伸长有抑制作用，能够促进分蘖以及增加叶绿素、类胡萝卜素、可溶性糖等物质的积累。红光和蓝光的不同比例对植物生长的影响也不同，如红光与蓝光为3：1时，适合某些植物愈伤组织的增殖。红光更有利于植物的形态建成和光合作用，而蓝光则对植物的向光性、叶绿素合成和光周期反应有重要作用。在组织培养中，红光和蓝光的不同组合可以影响愈伤组织的诱导、增殖和芽分化。

（3）光周期

组培苗培养时需要选用一定的光暗周期进行组织培养，最常用的周期是16h光照和8h黑暗。对短日照敏感的品种的器官或组织，在短日照下易分化，而在长日照下产生愈伤组织。

综上所述，组织培养的光照范围因植物种类和生长阶段的不同而有所差异，但一般光照强度在40～100lx，光照时间通常采用16h光照和8h黑暗的周期。这些条件为组织培养提供了适宜的光照环境，有利于植物的生长和发育。

3. 湿度

在组织培养中，湿度控制是至关重要的环境条件之一，对植物的生长和发育有着显著影响。一般而言，培养室的相对湿度应维持在70%～80%，这有助于保持培养基的湿润状态，避免因干燥而导致培养基失水、干裂，从而影响培养物对营养物质的吸收。如果湿度过低，培养基容易干裂，而湿度过高则容易引起封口膜长霉，造成污染。在理想的条件下，培养容器内的相对湿度可以达到100%，这通常通过使用加湿器或调整通风系统来实现。

此外，在光自养培养中，通过调节容器内的湿度和二氧化碳浓度，可以使植物生长的环境更接近自然状态，从而改善幼苗的玻璃化现象，提高幼苗的质量。因此，精确控制湿度对于组织培养的成功至关重要，它不仅影响着植物的生长和发育，还直接关系到培养物的健康状况和培养成功率。通过维持适宜的湿度条件，可以为组织培养提供一个更加理想的环境。

4. 气体交换

在组织培养中，气体交换是一个至关重要的环境条件，它直接影响植物的光合作用和呼吸作用，进而影响植物的生长和发育。为了维持有效的气体交换，通常需要调整通风量，这可以通过使用透气膜来实现，以增大气体交换率，排除有害的乙烯，并引入外界的二氧化碳，改善组培苗的生长环境。此外，光照条件和培养环境中的二氧化碳浓度的调整也是促进外植体光自养微繁殖生长、降低组织培养成本和简化组织培养流程的重要措施。在光自养培养中，通过利用植物的光合作用能力，结合调整光照条件、二氧化碳浓度和湿度，可以减少培养基中蔗糖的浓度，进一步降低培养成本。同时，植物在不同光环境下的叶片气体交换的生态适应特点，如光饱和点、日平均净光合速率、气孔导度日平均值等，都是衡量植物对气体交换响应的重要指标。因此，通过精确控制气体交换率，可以优化植物的生长环境，提高组织培养的效率和质量，这对于组织培养的成功至关重要。

为了精确控制这些条件，组织培养实验室配备了先进的设备和仪器，如无菌操作台、培养箱、显微镜和物联网云平台等。无菌操作台是保证实验过程无菌的关键设备，内部配备紫外灯用于灭菌。培养箱提供恒温、恒湿的环境，确保细胞和组织能够稳定生长。显微镜用于观察细胞和组织的生长状态及形态变化。物联网云平台通过手机App远程调控室内温度、湿度等环境参数，实现智能化管理。通过这些条件控制方法，可以为组织培养提供一个适宜的环境，促进培养物的健康生长和发育。在实际操作中，还需要根据具体情况和需求进行灵活调整和优化，确保组织培养实验室的环境条件满足培养要求。

二、炼苗与移栽

为确保组培苗顺利从无菌环境过渡到自然环境，通过炼苗将组培苗从无菌环境过渡到自然环境，通过移栽将组培苗从培养基转移到生长基质中，从而提高组培苗的成活率和生长质量。

1. 炼苗

炼苗是组织培养中使试管内培养的幼苗逐步适应外界环境条件的关键步骤，对于提高植物的成活率和后期生长至关重要。炼苗的主要目的是让长期在无菌、恒温、恒湿、光照可控的环境中生长的幼苗逐渐适应自然环境中的光照、温度、湿度和空气流通等条件。这个过程有助于增强幼苗的抗逆性，使其在移栽后能够更好地抵抗病虫害和不良环境的影响。此外，炼苗还能促进根系的发展，为移栽后的生长发育打下良好的基础。

（1）炼苗的具体方法

炼苗的具体方法介绍如下：

①逐步增强光照。炼苗初期，应避免直接暴露在强光下，可以先在散射光下进行，然后逐渐增加光照强度，直至幼苗完全适应自然光照。

②逐渐降低湿度。试管内的湿度通常较高，炼苗时需要逐渐降低湿度，让幼苗适应较低湿度的环境。

③温度控制。炼苗过程中，应保持适宜的温度，避免温度过高或过低对幼苗造成伤害。

④通风。逐渐增加通风，让幼苗适应外界的气流变化。

⑤逐步移出试管。在炼苗的最后阶段，可以将幼苗从试管中移出，放置在无菌的培养皿或培养箱中，进一步适应外界环境。

（2）炼苗的注意事项

环境变化应该是渐进的，避免剧烈变化导致幼苗受到冲击。在炼苗过程中，需要密切观察幼苗的生长状况和反应，及时调整炼苗条件。炼苗期间，由于幼苗的抵抗力较弱，应注意防止病虫害的发生。炼苗过程中，保持幼苗和环境的清洁是非常重要的，以减少病菌的侵染。炼苗期间，要根据幼苗的需要合理浇水，保持适宜的土壤湿度。炼苗是一个细致且需要耐心的过程，它对于提高组培苗的成活率和后期生长具有重要意义。通过炼苗，可以确保幼苗在移栽后能够顺利生长，减少损失。

2. 移栽

移栽是植物栽培中一个至关重要的环节，它涉及将植物从一处移植到另一处的过程。

（1）移栽前准备

在移栽前，首先要选择一个合适的时间，春季或秋季通常是大多数植物移栽的最佳时机，因为这时土壤湿润，有利于植物生长。移栽前一周左右，应停止浇水，使土壤微干，便于植株从原盆中取出。同时，对植物进行修剪和消毒，剪掉发黄干枯的根系，并浇灌一次多菌灵消毒水，以防感染病害。此外，还需要准备必要的工具和材料，如铲子、水桶、水管、肥料等，确保移栽能够顺利进行。

（2）移栽过程

移栽过程中，首先要挖掘植物的根系。在挖掘前要淋湿土壤，以免损伤植物。挖掘时应将土壤全部挖出来，并尽量保留完整的根系。在移动植物到新位置时，要注意保护其根系不被破坏，在转移途中避免晃动。同时，在新位置种下后也要浇透水，帮助其恢复生长。根据苗木的大小，可以采用穴植法或沟植法进行人工移栽，或者使用机械辅助移栽，如挖坑机械，挖好坑后，可以人工栽植，小苗可裸根，大苗可带土球移栽。移栽如图2-2所示。

图2-2 移栽

（3）移栽后管理

移栽后管理同样重要。首先，要确保植物在移栽后的几天内土壤保持湿润，但要避免过度浇水，以免导致根系腐烂。其次，要提供适当的阳光和气温。在寒冷的冬季，可以考虑移栽到室内或使用保护措施。此外，根据植物的品种和需求，定期施肥和修剪也是必要的，以促进植物的健康生长。最后，要密切关注植物的生长情况，如果发现有异常，如叶片枯萎、生长缓慢等情况，要及时采取适当的措施。通过以上工作，可以确保植物在移栽过程中受到最小的影响，并快速适应新环境，健康生长。

项目五 其他育苗技术

项目导读

温室育苗是一种在人工控制环境条件下进行的林木繁育方法，它通过精细调节温室内的温度、湿度、光照等关键环境因素，为林木生长和发育提供最适宜的条件。这种技术特别适合于那些对环境条件有特殊要求的树种，能够有效地缩短苗木的育苗周期并提升苗木的整体质量。

工厂化育苗是一种高效的现代育苗技术，它通过在人工控制的最佳环境条件下，利用科学化、机械化、自动化的技术手段，实现了优质苗木的规模化生产。

本项目旨在通过温室育苗和工厂化育苗的学习，掌握温室育苗和工厂化育苗的核心技术，为我国林业的可持续发展提供支持。

任务一 温室育苗

任务描述

通过理论学习和实践操作，理解温室育苗的核心技术，了解温室的类型及结构、建造材料的选择，掌握温室育苗的基本原理、操作流程，学会通过调整环境条件（如光照、温度、湿度）和激素水平来促进外植体的增殖和生长，为将来从事林业现代生产打下坚实基础。

任务目标

1. 知识目标

①理解温室育苗的基本原理，包括环境控制对苗木生长的影响。

②掌握温室育苗的关键技术要点，如温度管理、湿度调节、光照控制等。

③了解温室育苗在现代林业和园艺中的应用及其对提高苗木生产效率和质量的贡献。

④认识到温室育苗在可持续发展和生态保护中的作用。

2. 技能目标

①能够独立操作温室环境控制系统，进行温度、湿度和光照等条件的调整。

②掌握温室育苗的具体步骤，包括种子选择、土壤准备、播种、移栽等。

③能够对温室内苗木的生长状况进行观察和评估，并根据需要进行适当的管理。

④学会解决温室育苗过程中可能出现的问题，如病虫害防治、营养失衡等。

⑤培养数据分析能力，通过对温室育苗效果的评估，优化育苗方案。

3. 思政目标

①理解温室育苗在节能减排和可持续发展中的作用，培养环保意识。

②强化责任感和使命感，认识到作为林业科技工作者在推动林业现代化中的责任。

③鼓励在温室育苗中探索新方法、新技术，激发创新精神。

④通过小组合作学习温室育苗，增强集体协作能力，培养团队合作精神。

任务要求

1. 遵循管理规范

穿戴好防护用品，确保个人安全。使用工具时要小心谨慎，避免因操作不当导致意外伤害，特别是在使用剪刀、铲子等工具时，要注意正确的操作姿势和方法，防止意外发生。

2. 规范操作流程

严格按照温室育苗的技术规范和流程进行操作。在播种前，要对种子进行严格筛选和预处理，确保种子质量；在育苗过程中，要定期监测环境条件和植物生长状况，及时调整管理措施，确保育苗质量和效果。

3. 团队协作

小组合作，根据成员特点合理分工。

操作流程

1. 前期准备

收集温室育苗的理论学习资料，准备温室育苗所需的种子、基质、播种设备、环境控制设备等物资。学习温室育苗的基础知识，包括历史、概念、技术和适用植物种类等。

2. 实践操作

选择合适的温室环境，执行播种、环境控制和管理操作。在实践中，要严格按照操作流程进行，确保每个环节的质量和效果。

3. 案例分析与实地考察

选取典型温室育苗案例进行分析，总结成功经验和存在的问题。同时，组织实地考察，观察温室育苗的实际效果，学习先进的育苗技术和管理经验，拓宽视野，为小组实践提供参考和借鉴。

注意事项

①定期检查温室内的温度、湿度和光照条件，确保环境稳定。使用温度计、湿度计、光照强度计等设备进行实时监测，及时调整设备以维持适宜的育苗条件。同时，要注意通风换气，保持温室内的空气新鲜，防止病虫害的发生和蔓延。

②详细记录温室育苗的全过程，包括种子信息、播种日期、环境参数、管理措施和植物生长状况等，确保数据的完整性和准确性。定期对记录的数据进行分析，评估育苗效果，优化育苗工艺，为今后的温室育苗工作提供科学依据。

相关资料

温室育苗在林木培育中应用广泛。它不仅提高了苗木的成活率和生长速度，还实现了苗木的反季节栽培，满足了市场对全年苗木的需求。温室环境的封闭性有助于控制病虫害的传播，减少农药的使用，从而生产出更健康、更环保的苗木。此外，温室育苗也为苗木的科学研究和教学提供了理想的实验场所，可以进行各种育苗技术的研究和示范。随着智慧温室的应用与推广，温室育苗还被用于生态餐厅、展示观光、科研实验、示范推广等。温室育苗大棚自动化控制系统的应用，不仅提高了农业生产效率，还对推动林业现代化和保护环境生态带来了显著效益。

一、温室的类型及结构

1. 按温室材质分类

（1）玻璃温室

玻璃温室以其卓越的透光性和良好的保温性而著称，特别适合对光照和温度要求较高的树种。它们通常采用单层或双层中空玻璃建造，耐久性高，使用寿命长。然而，玻璃温室的建造成本相对较高，特别是使用高质量玻璃时，而且玻璃的质量对温室骨架结构的要求更高，增加了建造成本。此外，相比其他材料，玻璃易碎，存在一定的安全隐患。

（2）塑料薄膜温室

塑料薄膜温室以其低成本、建造方便和良好的保温性而受到青睐。可以根据不同的气候条件选择不同厚度和类型的塑料薄膜，具有很高的灵活性。但是，塑料薄膜的耐用性相对较差，易老化，需要定期更换，且抗风能力较弱。随着时间的推移，塑料薄膜的透光性也会逐渐降低，影响苗木的光合作用。

（3）PC板温室

PC板温室使用PC板（聚碳酸酯板）作为覆盖材料，以其高透光性和出色的抗冲击性而受到欢迎。PC板比玻璃轻，安装方便，安全性高，保温性也不错。PC板具有高透光率，可与玻璃相媲美，同时具有较高的抗冲击强度。它耐弱酸，但不耐强酸、强碱，需要加涂层UV来增强其耐候性。缺点是成本较高，需要定期清洁和维护。

（4）纤维增强塑料（FRP）温室

纤维增强塑料温室以其轻质、耐腐蚀和抗老化的特性，特别适用于沿海和腐蚀性较强的地区。它们提供了良好的使用寿命，但相比玻璃和PC板，纤维增强塑料的强度较低，不适合承受重压，透光性也一般，可能影响苗木生长，且成本相对较高。

（5）阳光板温室

阳光板温室使用聚碳酸酯中空板作为覆盖材料，具有良好的透光性和保温性，质量轻，抗冲击性好，适合多种苗木生长。然而，阳光板的成本高于普通塑料薄膜，长期暴露在紫外线下可能会出现黄变和透光率下降的问题，安装要求也较高，需要精确的框架结构。

2. 按温室用途分类

（1）生产温室

生产温室主要用于农作物或花卉的生产，如蔬菜温室和花卉温室等。生产温室的目的是实现农作物或花卉的全年生产或季节性生产，通过控制环境条件来提高农作物或花卉的质量和产量。它们的优点在于高效率的生产能力和农作物质量的提高，但这也意味着需要较大的初期投资和专业的技术支持。生产温室的建设和运营成本相对较高，但它们能够带来丰富的产出，适合商业化农业生产。

（2）试验温室

试验温室专门用于科学实验，包括科研教育和人工气候室等。试验温室能够提供精确的环境控制，适合进行植物生长研究、品种改良和环境控制实验。它们的优点在于能够满足科学研究的严格要求，但这也导致设计和建造成本较高，需要专业的操作和维护人员。试验温室的价格通常较高，因为它们需要特殊的设备和精密的控制系统。

（3）商业零售温室

商业零售温室用于花卉等植物的批发和零售，提供适宜的生长环境的同时，方便顾客选购。商业零售温室的优点在于能够展示和销售花卉，增加销售额，但需要考虑顾客的购物体验，可能需要更多的空间和设施来展示和销售产品。商业零售温室的价格因规模和设施的复杂性而异，但通常需要较大的初期投资来建设适宜的展示和销售环境。

（4）观赏温室

观赏温室主要用于种植观赏植物，如植物园中的造型温室和热带雨林温室等。观赏温室不仅提供观赏价值，还具有教育和科研功能。它们的优点在于提供观赏和教育价值，吸引游客和学生，但建设和维护成本高，需要专业的园艺和管理人员。观赏温室的价格通常较高，因为它们需要特殊的建筑和环境控制技术。

3. 按温室功能分类

（1）种植温室

种植温室在林业中扮演着至关重要的角色，主要用于花卉、蔬菜和林木育苗。种植温室通过精确控制温度、湿度和光照等环境条件，为花卉、蔬菜和苗木提供了最佳的生长环境，从而提高它们的产量和质量。种植温室使得反季节栽培成为可能，增加了农民的经济收入。然而，种植温室的建设和维护需要较大的初期投资，并且对技术支持和日常管理有较高要求。

（2）科研教学温室

科研教学温室是高等院校和科研机构进行科研试验的重要场所。科研教学温室能够对各种环境因素如温度、湿度等实现精确控制，为科研人员提供了一个理想的实验环境。科研教学温室对于推动农业科技进步和新品种开发具有重要作用，但它们需要较大的设备投资和运营成本，且需要专业人员进行操作和维护。

（3）检验检疫温室

检验检疫温室为需要隔离试种的对象，如可能存在危险病虫害的种子、苗木等，提供可控的安全环境。检验检疫温室能够防止病虫害的扩散，保护林业生产安全，并且为病虫害研究提供了一个隔离环境。虽然它们的建设和运营成本较高，需要严格的管理和监控，但它们在保障林业生产安全方面发挥着重要作用。

（4）生态餐厅温室

生态餐厅温室结合现代农业和城市服务业，以绿色植物为主，配以花、草、假山等，为人们提供绿色食品及悠闲舒适的环境。生态餐厅温室不仅提供了一个独特的餐饮体验，还能结合观赏和餐饮，增加经济效益。然而，生态餐厅温室的建设和维护成本较高，需要考虑顾客体验和植物养护，它们是现代农业与服务业结合的一个新兴产物。

二、温室的设计原则

在设计温室时，首先要考虑的是生态适应性原则。这意味着温室设计必须充分考虑当地的气候特征，包括温度范围、降水量和日照时数，以确保温室内的环境条件能够模拟自然生长条件，满足苗木对温度、湿度和光照的需求。同时，土壤、水质和空气质量也是设计时需要考虑的重要因素。功能性原则要求温室设计根据苗木的具体需求规划合理的空间布局。这包括种植区、灌溉系统、肥料存储和施用区以及病虫害防治区等。考虑到苗木的不同生长阶段，温室应设计可调节的环境控制系统，以适应不同阶段的生长需求。经济性原则强调在设计温室时选择性价比高的材料和技术，以降低初期投资和长期运营成本。这涉及选择耐用且维护成本低的材料，以及能效高的加热和冷却系统，从而实现成本效益最大化。耐久性原则要求温室结构能够承受极端天气条件，如强风、大雪和冰雹等。因此，材料选择和结构设计必须考虑耐久性和抗老化性，确保温室能够长期稳定使用。节能性原则提倡温室设计充分利用自然光照和热量，减少人工照明和加热的需求。通过优化温室的朝向和屋顶角度，可以最大化地利用太阳能，减少能源消耗。自动化和智能化原则随着智能技术的发展而变得尤为重要。温室设计应集成传感器、自动化控制系统和物联网技术，实现对温室内环境的实时监控和精准管理，提高生产效率和作物质量。灵活性和扩展性原则要求温室设计能够适应生产需求的变化，如增加种植面积、改变种植布局或升级设备。这要求温室结构和布局具有一定的灵活性，以适应未来的发展。安全性原则要求温室设计遵守建筑安全规范，确保结构稳固，防止倒塌等安全事故。同时，设计应考虑到工作人员的安全，提供安全的工作环境。环境友好性原则强调温室设计应减少对环境的负面影响，如减少化学肥料和农药的使用，采用循环水系统，以及使用可再生能源，实现可持续发展。操作便利性原则要求温室内部设计考虑到工作人员的操作便利性，包括合理的通道宽度、足够的工作空间和便捷的工具存放，提高工作效率。最后，应急和灾害应对原则要求温室设计考虑到应对突发事件和自然灾害的能力，如设置紧急出口、消防设施和灾害预警系统，以保护人员安全和减少财产损失。

遵循这些原则，可以确保温室设计既满足植物的生产需求，又具有良好的经济效益和环境效益，同时也为工作人员提供安全舒适的工作环境。

三、温室建造材料的选择

1. 结构材料

（1）镀锌钢管

镀锌钢管因其表面镀锌处理，具有良好的耐腐蚀性和耐候性。镀锌钢管强度高，耐用，且成本相对较低。然而，镀锌钢管的耐热性相对较差，且在极端温度下可能会膨胀或收缩。

（2）铝合金

铝合金轻质且强度高，具有良好的导电性和优异的耐腐蚀性。铝合金通常用于航空航天、汽车制造等领域。缺点是成本较高，且相对于钢结构，其耐热性较差。

（3）热镀锌钢材

热镀锌钢材因其镀锌层厚，具有镀层均匀、附着力强、使用寿命长等优点。热镀锌钢材能够提供更好的耐候性和耐腐蚀性。不过热镀锌钢材的成本相对较高。

2. 隔热材料

（1）岩棉

岩棉具有优良的保温性，能够有效减少温室内外温度差异。它还具有良好的防火性能，但缺点是质量较重，安装不便，且对环境和人体健康可能存在潜在风险。

（2）泡沫塑料

泡沫塑料质量轻，易于安装和塑形，具有良好的保温效果。然而，它可能不具备岩棉的防火性能，并且在高温下可能会释放有毒气体。

（3）保温被材料

保温被材料一般由多层材料构成，包括保温主芯材、防水层和面层等。其中，保温主芯材对温室的保温性影响较大。保温被材料外设PE黑膜可以显著提高冬季日光温室的增温效果。然而，保温被材料需要考虑其抗拉强度和抗变形能力，以及与面层的组合使用。

在选择温室材料时，需要根据实际情况和需求进行合适的选择，以确保温室内的温度和湿度处于适宜状态，促进植物的生长和发育。

四、温室的建造技术

1. 基础设计

温室的基础设计应考虑埋置深度、基础类型及其构造要求，以确保基础抗拔力和基础沉降缝的处理。在林业中，温室常用于育苗和种植，因而基础设计必须能够承受温室内土壤、植物以及灌溉系统的质量。此外，由于苗木对土壤条件有特殊要求，基础设计还应考虑土壤的排水和通风。

2. 骨架结构

温室的骨架结构通常由拱架、纵梁及连接件等组成。拱架可以用钢筋或钢管焊接成桁架结构，也可以直接用钢管或冷弯型钢弯制而成。在林业温室中，骨架结构需要有足够的强度和耐久性，以支撑覆盖材料的质量和可能的雪载。

3. 覆盖材料安装

温室的覆盖材料安装应根据不同材料的特性进行。例如，玻璃的安装结构需要考虑其质量和透光性；聚碳酸酯板的设计与安装应考虑其抗冲击性和耐候性；塑料薄膜的安装与使用则应考虑其轻便性和经济性。在林业温室中，覆盖材料的选择尤为重要，因为它们直接影响到苗木的光照和温度条件。

4. 开窗系统

温室的开窗系统设计包括齿轮齿条开窗系统和卷膜开窗系统，以实现温室的通风和降温。在林业温室中，开窗系统不仅用于调节温室内的温度和湿度，还有助于控制苗木的蒸腾作用和光合作用，从而影响苗木的生长和发育。

5. 电气设计

温室的电气设计包括供电系统、低压配电系统、温室控制系统等，以确保温室内部设备的稳定运行。电气设计还应考虑到温室的特殊环境，如湿度控制和温度变化对电气设备的影响。在林业温室中，电气设计可能需要支持复杂的环境控制设备，如自动灌溉系统和气候控制设备。

温室的建造是一个复杂的工程，结构稳定性是设计中的首要考虑因素。温室的耐久性受材料耐老化性和主体结构承载能力的影响。例如，钢结构温室的使用寿命超过15年，而竹木结构简易温室的使用寿命为5～10年。为了增强温室的稳定性，连栋温室钢结构框架的设计需要考虑柱与柱的相互作用，以及层稳定系数。此外，温室结构及其构件必须具有足够的稳定性，在允许荷载作用下不得发生失稳现象。

材料的耐久性不仅关系到温室的使用寿命，也是影响其经济性的重要因素。透明材料的耐久性除了与自身的强度有关外，还体现在材料透光率随时间的衰减程度。钢结构温室的主体结构一般采用薄壁型钢，需要采用热镀锌表面防腐处理，以增强耐腐蚀性。对于木结构或钢筋焊接桁架结构温室，必须保证每年进行一次表面防腐处理。环境控制是温室设计中的关键。温室环境控制策略主要包括温室控制和温室模型，通过监测温室内的环境参数，并根据植物的需求进行调整，以满足适宜植物生长的需求。智能控制方法，如模糊控制、解耦控制、神经网络等，被用于平衡温室内不同环境因素的相互作用。

温室的建造需要考虑成本效益。虽然热镀锌钢材的成本相对较高，但其耐久性使得长期维护成本降低。此外，智能温室大棚的建设可以实现水肥精准化管理，降低劳动强度和生产成本。夏季降温技术对温室尤为重要。自然通风、遮阳、湿帘风机、水膜降温系统、喷雾降温等方式已被开发研究，以适应不同温室的需求。正压通风降温系统通过湿帘蒸发降温提供冷源，对管道风机、送风管等关键结构进行优化设计，以实现快速降温和通风换气。电气设计是确保温室内部设备稳定运行的重要组成部分。《温室电气布线设计规范》（JB/T 10296—2013）规定了温室内强电与弱电电线与电缆的布线原则、安装要求、检查验收。

温室的建造技术需要综合考虑基础设计、骨架结构、覆盖材料安装、开窗系统以及电气设计等多个方面，以确保温室高效运行和植物健康成长。这些因素共同决定了温室的性能和效率，对于提高林业生产的质量和产量至关重要。

五、温室的环境调控技术

1. 温度调控

温度调控直接影响植物的生理活动，包括光合作用、蒸腾作用和呼吸作用，这些活动共同决定了植物的生长速度和健康状况。每种植物都有其特定的最适生长温度范围，适宜的温度条件能够促进植物的健康生长，而过高或过低的温度都可能对植物造成生长抑制甚至伤害。昼夜温差对植物生长也至关重要，白天较高的温度有助于增强光合作用，而夜间较低的温度有助于降低呼吸作用，减少能量消耗，从而提高植物的生长效率。温度的波动还会影响植物的生物钟，进而影响其生长周期和开花等生理过程。适当的温度调控不仅能提高植物的生长效率，增加产量，还能帮助植物应对极端温度压力，避免因温度过高或过低造成的伤害。因此，通过精确的温度控制，可以为植物创造最佳的生长发育条件，这对于提高温室生产的经济效益具有决定性意义。

（1）升温技术

太阳能储存系统加温技术通过在白天储存热能并在夜间释放，可以有效提高温室内地温1 ~ 2℃。这种技术主要利用显热储存方式，即通过储热材料的热容量，升高或降低材料的温度来储存或释放热量。常见的储热材料包括水、土壤、砂石及岩石等。例如，德国汉堡生态村的设计中，采用了一个大储水罐作为储存太阳能的设备。这种技术成本低廉，技术成熟，是利用太阳能的有效方式。

电热加温技术通过电热线或电热器直接加热，适用于需要快速升温的情况。在电热加温技术中，PTC（Positive Temperature Coefficient）热敏电阻因其恒温发热的特性被广泛应用，其原理是PTC热敏电阻加电后自热升温使阻值进入跃变区，保持恒温加热。PTC热敏电阻具有热转换率高、受电源电压影响极小的优点，在中小功率加热场合具有优势。

水暖加温技术通过热水循环系统传递热量，适合大面积温室使用。水暖分为水地暖和暖气片两种形式，水地暖以温度不高于60℃的热水为媒介，在加热管内循环流动，加热地板，通过地面以辐射和对流的传热方式向室内供热。水暖系统舒适性好，且占用层高，但制热速度较慢。

暖风加温技术通过热风炉产生的热风进行加热，适用于需要迅速升温的场合。这种技术以热空气直接暖和温室，是目前较为先进的加温技术。小型暖风机简单且便宜，而大型温室则需要专门设置锅炉加热空气，然后通过暖风机送入室内。

（2）降温技术

自然通风降温技术通过利用建筑物内外空气的密度差引起的热压或室外大气运动引起的风压来引进室外新鲜空气，从而达到通风换气作用。这种技术不消耗机械动力，在适宜的条件下又能获得巨大的通风换气量，是一种经济的通风方式。自然通风降温技术在一般的居住建筑、普通办公楼、工业厂房中有广泛的应用，能经济有效地满足室内人员的空气品质要求和生产工艺的一般要求。

遮光降温技术通过在温室的外部设置遮阳网减少进入大棚内部的热量来达到降温的目的。在保证植物生长光照要求的前提下，遮阳网反射的太阳辐射越多，降温效果越好。理想情况是遮阳网将多余的太阳辐射全部反射出去，达到最佳降温效果。

湿帘风机降温系统由纸质多孔湿帘、水循环系统、风扇组成。未饱和的空气流经多孔、湿润的湿帘表面时，大量水分蒸发，空气中由温度体现的显热转化为蒸发潜热，从而降低空气自身的温度。风扇抽风时将经过湿帘降温的冷空气源源不断地引入室内，从而达到降温效果。

屋面洒水降温技术是一种有效的降温方式，特别适用于夏季高温天气，以降低室内温度，提高居住或工作的舒适度。喷雾降温系统通过高压将水雾化成微小的水雾颗粒，这些颗粒在空气中蒸发，带走热量，降低室内温度。

室内喷雾降温技术利用水蒸发潜热大的特点，大量吸收空气中的热量，然后将潮湿空气排出，从而达到降温的目的。这种技术可以迅速降低室内温度，提高舒适度。

（3）保温技术

优化温室结构，如加厚温室墙体，可以显著提高温室的保温性。例如，增加墙体厚度，可以减少热量通过传导散失，保持室内温度稳定。墙体内填充材料的选择对保温系数有显著影响。此外，增强采光设计可以最大化地利用太阳能，减少额外的加热需求。

多层覆盖技术通过使用多层覆盖材料，如塑料薄膜和保温被，以增强温室的保温效果。这种技术通过在温室内部增加额外的隔热层，减少热量散失，尤其在夜间效果显著。对于宽度为8m的大棚，建议盖内膜，内膜和外膜之间的间隔最好在25cm以上，这确保了内膜和外膜之间的空气隔绝，并减少了空气对流和隔绝热量散失的作用。

覆盖地膜可以减少土壤水分蒸发，降低空气湿度，同时具有一定的保温效果。覆盖地膜可以减少地面的热辐射损失，保持土温，尤其在冬季对植物生长尤为重要。

行间覆草增温技术通过在植物行间覆盖秸秆或腐熟有机肥，可以白天蓄热，夜晚放热，提高温室温度。这种方式利用有机材料的热容量，夜间释放热量，减少温度波动，为植物提供稳定的生长环境。

增设防寒沟通过在温室外围增设防寒沟并填充保温材料，如聚苯板，可以增强保温效果。防寒沟可以减少地面冷空气对温室内的影响，同时填充材料的热容量可以吸收和释放热量，保持温室内温度稳定。

增加覆盖棉帘厚度，普通温室大棚覆盖棉帘厚度一般在2～3cm，若将覆盖棉帘厚度增加到5cm，可有效提高3～5℃。

“两垄三膜”全膜覆盖的核心技术是改普通单垄双行栽培为双垄单行栽培，行距随不同栽培植物调整，起宽窄行，在窄行之间做成浅沟，沟上用一幅膜架设地膜小拱棚，地膜边缘门压在两行植物的一侧，在两行植物的另一侧分别覆两幅地膜，形成“两垄三膜”全膜覆盖。该方式提高地温效果明显，通过有效提高地温来提高温室温度。

更换架膜材料通过用铁丝代替竹竿、竹片来架撑农膜，用塑料绳代替竹竿作为攀缘物，能有效减轻遮光度，可使温室的光照强度增加10%以上，温室温度提高1～2℃，植物的光合效率得到明显改善。

大棚植物全都起垄栽培，高垄表面积大，白天接受光照多，从空气中吸收的热量也多，因而升温快。但垄不宜过高、过宽，一般以高15～20cm、宽30cm左右为宜。

2. 湿度调控

湿度调控在林木温室育苗中扮演着至关重要的角色，土壤湿度对植物生长至关重要，它直接影响根系对土壤中营养物质的吸收效率，从而影响植物的整体生长状况。适宜的土壤湿度有利于根系的发育，确保根系能够充分扩展以吸收更多的水分和养分。空气湿度对植物的生理活动有着显著影响，包括蒸腾作用和气孔的开合，这些生理过程对植物的水分平衡、光合作用和养分转运等至关重要。湿度的不当会影响这些生理活动的正常进行，进而影响植物的生长和健康。湿度水平与植物病害的发生密切相关。过高的湿度往往会导致病虫害的滋生，增加病虫害管理的难度和成本，而适当的湿度控制可以降低这一风险。湿度对植物生长预测也有重要影响。研究表明，维持在最佳相对湿度水平附近可以促进植物生长，而偏离这个水平则可能对生长产生不利影响。温室内的湿度调控是保证植物生长速度、品质和产量的关键因素之一。通过有效的湿度管理，可以优化作物的二氧化碳吸收，减少温差，提高植物的产量和质量，从而提升温室生产的经济效益。湿度调控对于温室育苗的重要性不容忽视，它直接关系到植物的生长健康和生产效率。因此，采取合理的湿度调控对于提高温室作物的产量和质量具有重要意义。

（1）增湿技术

喷水增湿装置通过在温室内安装喷头或喷雾系统来实现。当基质的含水率低于预设的最低数值时，系统会自动或手动启动，向空气中喷水以增加室内湿度。这种装置的优点是可以快速响应湿度变化，并且可以根据需要精确控制喷水量。喷水系统可以是定时的，也可以是根据传感器数据实时调节的，以保持恒定的湿度水平。此外，喷水增湿装置还可以帮助降低室内温度，尤其是在炎热的夏季。

雾化系统通过将水雾化为极细小的水滴，使其更容易蒸发，从而增加空气湿度。这种系统通常使用高压泵或超声波技术来产生雾气。雾化系统的优点是不会显著增加室内温度，这对于需要控制温度的植物尤为重要。此外，雾化系统可以实现非常精细的湿度控制，因为它可以通过调节雾化强度来精确控制加湿量。雾化系统也可用于降温，尤其是在炎热的天气，通过蒸发冷却效果为植物提供更舒适的生长环境。

湿帘系统又称为蒸发冷却系统，是一种常用的温室升湿和降温技术。它由一个水帘和一个或多个风扇组成。水帘被水均匀湿润，当风扇吹过湿帘时，空气通过湿帘的空隙，水分蒸发，吸收热量，从而降低空气温度并增加湿度。湿帘系统的优点是降温和升湿效果显著，尤其适用于高温干燥的气候条件。湿帘系统还可以减少病虫害的发生，因为它可以减少空气中的粉尘和病原体。此外，湿帘系统相对节能，因为它利用蒸发冷却的原理，而不是机械制冷。

（2）降湿技术

通风换气是调节温室湿度最基本和最常见的技术之一。通过打开温室的通风口或使用换气扇，可以有效地将温室内湿润的空气排出，引入外部干燥的空气，从而降低室内湿度。这种技术的效果受到通风口的大小、数量、位置以及外部气候条件的影响。在高温高湿的季节，增加通风次数和时间可以更有效地降低湿度，同时也有助于减少病虫害的发生。

除湿机是一种通过冷凝作用降低空气湿度的设备。在湿度过高时，除湿机通过吸入潮湿空气，使其通过冷却的蒸发器，空气中的水分凝结成水滴并被收集，而干燥的空气则被重新释放到温室中。除湿机适用于湿度需要精确控制的环境，尤其是在多雨或潮湿的季节。它们可以独立控制湿度，不受外部气候条件的影响，但需要消耗电能。

覆盖地膜是一种简单有效的降湿技术。地膜可以减少土壤水分的蒸发，从而降低空气的相对湿度。地膜还可以减少土壤表面的水分蒸发，保持土壤湿度，同时减少因蒸发导致的水分损失。这种技术对于控制土壤水分和降低空气湿度都非常有效，尤其是在干旱地区。

科学灌溉是通过改进灌溉方式来减少土壤水分蒸发，进而降低空气湿度的技术。传统的漫灌方式会导致大量的水分蒸发，而滴灌或渗灌则能够更精确地将水分直接输送到植物根系，减少水分的浪费和蒸发。滴灌系统可以减少水的蒸发和流失，同时降低温室内的湿度，减少病虫害的发生。这种技术不仅有助于降低湿度，还能提高水资源的利用效率。

（3）保湿技术

多层覆盖是一种常用的保湿技术，通过在温室内部增加额外的覆盖层来减少热量和水分散失。常用的覆盖材料包括塑料薄膜、保温被（如棉被或泡沫板）等。这些材料可以有效地隔绝外界冷空气，减少夜间热量的流失，同时降低水分蒸发，保持室内湿度。在寒冷季节，多层覆盖可以显著提高温室的保温性，维持适宜的生长温度和湿度。

覆盖地膜是一种经济有效的保湿技术。在植物行间或周围铺设地膜可以减少土壤水分的蒸发，保持土壤湿度，同时减少杂草的生长。地膜还可以反射阳光，增加土温，促进植物根系的发展。此外，覆盖地膜有助于保持土壤结构，减少因灌溉或雨水冲刷导致的土壤板结。

在植物行间覆盖秸秆、稻草或其他有机材料，可以减少土壤直接暴露在空气中，从而降低水分蒸发，保持土壤湿度。此外，还可以改善土壤结构，增加土壤有机质含量，提高土壤肥力。覆草还有助于调节土温，减少温度波动，为植物根系提供一个稳定的生长环境。

起垄栽培是一种通过改变土壤表面形状来保持土壤湿度的技术。通过将土壤堆高形成垄，增加了土壤的表面积，使得更多的阳光能够照射到土壤上，从而提高土温。温暖的土壤有助于减少水分蒸发，保持土壤湿度。此外，起垄栽培还可以改善土壤排水，减少根系病害的发生。

3. 光照调控

光照是光合作用的基础，直接影响植物能量的获取和生长发育。适当的光照强度能够促进植物的光合作用，增强生长速度和生物量积累。光照不仅影响整体生长速度，还调节植物各部位的生长平衡，如强光抑制茎秆伸长，促进木质化和韧皮部发育，而弱光影响光合作用和生长速度。光照通过影响植物激素水平和防御机制，实现植物对光照的适应和利用，如调节生长素的极性运输，影响植物形态建成。温室光照环境可以在满足植物生长需求的同时降低成本，提高生产效率和经济效益，增加产量。光照调控能够实时监测和调节温室内光照条件，保证植物始终处于最佳生长状态，提高光能利用效率。通过光照调控，为不同光照需求的植物提供适宜的生长环境，优化生长条件，满足阳生植物和阴生植物的不同需求。光照调控有助于植物系统性适应光强变化，维持植物碳氮平衡，对植物生长和发育起着重要作用。光照调控对植物温室生长具有至关重要的作用，它不仅影响植物的基本生理过程，还直接关系到产品的产量和质量，以及温室生产的经济效益。通过科学合理的光照调控，可以有效提高植物的生长效率和产品质量，增加温室生产的经济效益。

（1）增加光照

合理设计温室结构是提高透光率的基础。这包括选择适合的温室方位，通常以南北向为佳，最大化地利用日照；设计合理的屋面坡度，优化光线的入射角度；减少温室棚面龙骨的数量和表面积，减少对光线的遮挡；选择高透光率的覆盖材料，如PC板、玻璃或特定的塑料薄膜。这些设计因素共同作用，可以显著提高温室内的光照强度。

保持覆盖材料表面干净，覆盖材料表面的灰尘和污垢会降低透光率。定期清扫覆盖材料表面，可以减少这些污染物对光线的吸收和散射，从而提高透光率。在多尘环境中，可能需要更频繁的清洁以保持最佳透光效果。

减少覆盖物内表面结露，覆盖材料内表面的结露会形成水滴，这些水滴会折射和吸收光线，降低透光率。通过改善温室的通风条件，可以减少结露的产生。通风不仅可以带走温室内多余的湿气，还可以降低温室内温度，减少结露的可能性。

延长光照时间，通过调整覆盖物的揭盖时间，可以延长温室内光照的时间。在保证温度的前提下，尽早揭开覆盖物（如早晨）和延后覆盖（如傍晚），可以增加温室内光照时间，提高光照强度。

采用地膜覆盖或挂反光幕（板），地膜覆盖可以减少土壤表面水分的蒸发，降低空气湿度，从而减少结露，增加地面反射光。挂反光幕（板）是一种有效的增加光照强度的方式，特别是在光照不足的季节。反光幕（板）可以反射地面和墙面的光线，增加植物下部的光照强度，改善光照分布，促进植物均匀生长。

（2）控制光照

合理密植是指根据植物的生长习性和光照需求，合理安排种植密度。过密的种植会导致植物之间相互遮阴，影响光合效率，而种植过稀则可能导致土地资源的浪费。种植行向的安排也会影响光照分布，南北行向通常被认为是最佳的，因为它允许植物均匀地接收来自东西的光线，减少阴影区域。合理的密植和行向安排可以确保植物均匀受光，提高光能利用率。

选用耐弱光品种，不同植物品种对光照的需求和响应不同。在光照条件不理想的温室环境中，选择耐弱光品种可以保证植物在光照不足的情况下也能正常生长。耐弱光品种通常具有较高的光合效率和较强的适应性，能够在低光照条件下维持生长活力。选择耐弱光品种可以减少因光照不足导致的生长发育问题。

遮光技术主要用于控制过强的光照，尤其是在夏季或光照强烈的地区。使用遮光材料，如遮阳网或遮光膜，可以减少进入温室的直射光，降低温室内的温度，同时减少植物的蒸腾作用，保护植物免受强光灼伤。遮光材料可以根据光照强度和植物需求进行选择，不同的遮光率适用于不同的植物生长阶段。正确使用遮光技术可以改善植物的生长发育条件，提高产量和品质。

（3）调整光质

有色膜技术通过改变透射光的光谱组成来调整光质，以满足特定植物的需求。在农膜中添加转光剂可以实现透过光光谱的转换，将紫外光或黄绿光转换成光合作用所需的蓝紫光及红橙光。这种转换可以增加叶片叶绿素的含量和叶片面积，促进植物生长。

人工补光技术主要用于在自然光照不足的情况下，通过电光源提供特定光谱的光照，以促进植物的正常生长和开花。LED光源因其体积小、质量轻、寿命长、波长特殊、光效率高、能耗小等优点，在人工补光技术中得到广泛应用。人工补光技术可以控制光照的强度、光质和光周期等参数，以促进植物的光合作用和生长发育。例如，通过提供红光和蓝光的特定比例，可以优化植物的光合作用，提高产量和品质。

（4）改善光照分布

定期清扫和擦拭棚膜，保持棚膜清洁是提高光照分布均匀性的重要措施。棚膜上的灰尘和污垢会降低透光率，影响光照的均匀分布。定期清扫和擦拭棚膜可以减少这些污染物对光线的吸收和散射，从而提高透光率，确保温室内光照分布的均匀性。

植株管理通过整枝、打杈、插架等措施可以改善植物内部的光照分布。合理的植株管理可以减少植物之间相互遮阴，确保每株植物都能获得充足的光照。

4. 气流调控

气流调控可以在植物周围创造适宜的空气流动量，这对于植物的生长至关重要。适当的空气流动有助于植物的蒸腾作用和气体交换，从而提高根系的吸水能力，改善光照和光合作用。通过气流调控，可以提高温室内部气候的均匀性，这对于保持植物生长环境的稳定性和一致性非常重要。均匀的气候条件有助于植物的均匀生长，提高植物的整体质量和产量。气流调控有助于维持温室内高水平的二氧化碳浓度，这对于植物的光合作用至关重要。高二氧化碳浓度可以提高光合速率，从而提高植物的生长速度和产量。气流调控可以实现低能耗除湿，无论幕布是打开状态还是关闭状态。这有助于控制温室内湿度，减少病虫害的发生，同时降低能源消耗。通过优化气流，可以减少能源的使用和排放，实现更环保和可持续的温室生产。

气流调控系统可以提供实时的植物状态信息，帮助种植者更好地理解植物的需求，并及时调整管理措施，以优化生长条件。适当的气流可以减少植物疾病的发生，因为气流可以帮助分散病原体，减少其在植物间的传播。气流调控通过优化温室内的气候条件，有助于提高产量和质量。有效地降低温室内有害气体的浓度，如乙烯和其他挥发性有机化合物，这些气体在高浓度下会对植物造成伤害。良好的气流调控有助于有害气体排出，减少对植物生长的负面影响。光合作用是植物生长的基础，而二氧化碳是进行光合作用的必要原料之一。气流调控可以确保温室内二氧化碳的充足供应，尤其在密闭环境中，二氧化碳的消耗会导致其浓度下降，影响光合效率。通过补充新鲜空气，可以维持或提高二氧化碳浓度，从而增强光合作用。对于结实苗木，气流调控有助于果实的均匀着色和成熟，提高果实的品质和市场价值。适当的空气流动可以减少果实表面的湿气，降低病害风险，同时促进果实内部糖分的均匀分布。适当的气流调控可以增强植物对环境变化的适应能力，提高植物的抗逆性。植物在适度的风速下生长，可以增强其茎秆的强度和韧性，提高对恶劣天气条件的抵抗能力。气流调控有助于均匀分布温室内的温度和湿度，为植物提供更均匀的生长环境。这对于确保植物整体质量和生长速度的一致性至关重要，尤其是在大面积的温室栽培中。良好的气流调控可以减少对额外加热和冷却系统的依赖，提高能源效率。通过自然通风减少能源消耗，可以降低温室运营成本，实现可持续生产。

气流调控在植物温室生长中扮演着至关重要的角色，它不仅直接影响植物的生理活动和生长效率，还关系到植物的产量、品质、植物健康和温室的可持续性。因此，合理规划和优化温室的气流调控系统对于提高温室生产效率具有重要意义。

（1）空气流通

自然通风是一种利用自然力量（如风力和温差引起的空气流动）来交换温室内外空气的方法。通过开启温室的侧窗或顶窗，可以在没有额外能源消耗的情况下促进空气流动和热交换。这种技术简单易行，能够有效地降低温室内的温度和湿度，尤其在春、秋两季温度适中时效果显著。自然通风还可以带来新鲜的空气，补充二氧化碳，有助于植物的光合作用。

强制通风是通过机械手段（如风机）来加速温室内外空气交换的过程。使用风机和通风管道，可以更有效地控制空气流动，尤其在炎热的夏季或密闭的空间中效果显著。强制通风可以迅速降低温室内的温度，减少病害的发生，同时排出有害气体和多余的湿气。这种技术可以根据需要调节通风量，实现更精确的环境控制。

X-AIR通风系统是一种先进的温室气候控制技术，它通过模拟自然气流，从温室的上方输送空气至植物，实现均匀的空气分布和气候条件。这种技术可以提供连续、均匀的通风，减少植物间的温差，提高植物的均匀性和品质。X-AIR通风系统通常包括风扇和特殊的空气分布管道，能够根据温室内的温度、湿度和二氧化碳浓度自动调节通风强度，以维持最佳的气候条件。

（2）空气净化

空气过滤是一种重要的空气净化技术，主要通过在通风系统中安装过滤器来实现。这些过滤器能够有效减少灰尘和污染物的进入，保持空气的清洁。具体来说，空气过滤可以去除空气污染物，有效缓解室内空气质量的恶化。过滤器通常分为不同的效率等级，包括初效、中效和高效过滤器。初效过滤器主要用于捕集5μm以上的尘埃粒子，保护中效过滤器，延长其使用寿命。而高效过滤器则能够捕捉更小的颗粒，对粒径≥0.3μm的颗粒物净化效率很高。通过这样的过滤系统，可以显著提高温室内的空气质量，为植物提供一个更加健康的生长环境。

纱窗防护是另一种常见的空气净化技术，特别适用于林木温室。通过使用纱窗，可以有效地防止昆虫进入温室内部，同时允许空气流通，减少病虫害的传播。纱窗的设计允许空气自由通过，从而实现自然通风，这对于没有空调的空间或温和的天气尤为重要。此外，一些特殊的防雾霾纱窗还能通过微孔精密过滤、电子吸附和涡流抛射等技术，把雾霾阻隔在室外。这种纱窗的薄膜上布满了肉眼看不到的分子级小孔，这些小孔只允许分子通过，而PM2.5等细小颗粒物会被薄膜挡住，无法进入室内。因此，纱窗不仅能够防止昆虫的侵入，还能提高室内空气的清洁度，对于林木温室来说是一种简单而有效的空气净化方法。

（3）二氧化碳、氧气管理系统

二氧化碳是植物进行光合作用的重要原料之一。在温室环境中，由于植物的呼吸作用和光合作用，二氧化碳浓度可能会降低，从而影响植物的生长。二氧化碳补充系统的作用就是在二氧化碳浓度不足时，向温室内注入额外的二氧化碳，以增强植物的光合作用。二氧化碳可以通过多种方式补充，包括燃烧天然气、液化石油气或使用二氧化碳发生器。有些系统甚至可以从工业废气中回收二氧化碳来使用。现代温室通常配备有传感器和控制系统，能够实时监测二氧化碳浓度，并自动调节补充量，确保植物始终处于最佳的光合作用状态。

氧气是植物进行呼吸作用所必需的。虽然空气中的氧气通常足够植物使用，但在密闭或高密度种植的温室环境中，氧气水平可能会下降，影响植物的健康和生长。通过安装氧气监测设备，可以实时跟踪温室内氧气浓度，确保植物有足够的氧气进行呼吸作用。如果监测到氧气水平过低，可以通过调整通风系统来增加氧气流入，或者减少二氧化碳补充，以保持氧气和二氧化碳的平衡。

气肥技术是指通过精确控制二氧化碳和氧气浓度，来提高作物的产量和品质的一种现代农业技术。通过精确控制二氧化碳和氧气浓度，可以最大化提高作物的光合效率，同时减少呼吸作用的消耗，从而提高作物的生长速度和产量。气肥技术还可以帮助优化温室内的微环境，通过调整气体浓度来应对不同的气候条件和植物生长阶段的需求。使用气肥技术可以提高作物的产量和品质，增加农民的经济效益，同时也有助于提高作物对环境变化的适应能力。

5. 土壤调控

土壤调控对于温室内植物栽培至关重要，它不仅能够提升植物的产量和质量，还有助于维护土壤健康、减少资源浪费，并促进环境的可持续性。土壤调控通过精确控制土壤的温度、湿度和养分，为植物创造了最佳的生长条件，从而提高了生长效率。此外，这项技术通过优化土壤微生物群落结构，有助于减少温室气体排放，对抗全球气候变化。土壤碳循环的管理也是土壤调控的一部分，其通过增加土壤中的有机质含量，可以提高土壤的碳储存能力，减少温室气体排放。同时，温室的土壤调控还包括对土壤水分、空气湿度和有害气体的管理，这些因素直接关系到植物的生长环境和产量。通过这些措施，温室的土壤调控不仅提高了植物的生长效率，还有助于节能和提高能源利用效率，是实现植物栽培可持续发展的关键技术之一。

（1）土壤肥力管理

增施有机肥或生物有机肥对土壤肥力的提升具有重要作用。有机肥富含有机质，能够改善土壤结构，增加土壤的孔隙度和透气性，提高土壤的保水性和保肥性。它们还能增加土壤中有益微生物的数量，促进土壤团聚体的形成，从而增强土壤的稳定性和耕性。此外，有机肥还能减少养分固定，提高养分的有效性，对提高土温和稳定生态环境也有积极影响。

测土配方施肥则是另一种科学的土壤肥力管理技术。这种技术通过评估土壤的养分状况，根据植物的具体需求制订个性化的施肥方案，实现精准施肥。这样做不仅能提高肥料的利用率，还能提高植物的产量和品质，同时减少化肥过量使用对土壤环境的负面影响，保护土壤结构和生态环境。

（2）土壤结构和耕作

合理轮作是一种有效的植物种植管理技术，通过定期改变不同植物的种植位置，可以增加土壤的肥力，防止病虫害的发生，提高植物的产量和品质。轮作的基本原则包括多样性原则、循环利用原则、病虫害防控原则和土壤养分平衡原则。其中，土壤养分平衡原则通过合理轮作安排避免某些养分的积累和缺乏。

深翻土壤是改善土壤结构的重要措施，它通过耕作层土壤的深翻，调整土壤结构，增加降水的蓄纳能力，提高土壤蓄水量，降低土壤容重及紧实度，提高水分利用率及作物产量。深翻能够打破犁底层，增加耕层土壤的孔隙度，提高水分的入渗能力，从而提高土壤含水量。此外，深翻还田通过影响微生物活性，促进腐殖质的形成，进而增强土壤结构的稳定性。深翻秸秆还田对土壤物理结构的改善具有积极作用，特别是使土壤容重变轻，破碎系数变小，使土壤疏松，通透性改善。

（3）土壤pH

当土壤酸性过大时，可以通过添加石灰来中和土壤中的酸性物质，提高土壤pH。石灰的种类包括石灰石粉、生石灰和熟石灰等。施用石灰的方法包括土壤测试、计算用量、均匀施用和深耕混合。石灰中的碳酸钙或氧化钙与土壤中的酸性物质反应，中和多余的氢离子，从而提高土壤pH。

有机肥含有丰富的有机酸，可以在土壤中产生酸性环境，进而降低土壤pH。适当施用有机肥可以改善酸性土壤，使其向中性或微酸性的方向转变。施用有机肥还能提高土壤的缓冲性能，与土壤中腐殖质含量密切相关。

绿肥植物具有较高的生物碱含量，可以中和土壤中的酸性物质，从而调节土壤pH。选择合适的绿肥植物进行种植，可以有效改善土壤pH，并提高土壤肥力。

对于碱性土壤，可以通过施用硫磺粉、硫酸铝或硫酸亚铁等物质来降低土壤pH。这些物质可以与土壤中的碱性物质发生化学反应，降低土壤的碱性程度。合理的灌溉管理也可以用来调节土壤pH。例如，常浇一些硫酸亚铁或硫酸铝的稀释水，可以使土壤增加酸性。根据土壤pH及肥力状况等，合理配施化肥。酸性土壤可选施碳酸氢铵等碱性肥料，磷肥则选施钙镁磷肥。碱性土壤选施易溶性酸性肥料，如氯化铵、过磷酸钙等。

（4）病虫害防治

病虫害防治是生产中的关键环节，尤其对于土传病害的管理和土壤消毒处理至关重要。土传病害是由土壤中的病原微生物引起的，它们对植物构成严重威胁。为了防治土传病害，可以采取改进栽培方法、提高植物抗病性以及合理利用嫁接技术等措施。这些方法有助于增强植物对病害的抵抗力，并减少病害的传播。

土壤消毒处理是控制土传病害的另一种有效手段，包括化学消毒法、毒土法、熏蒸法、太阳能消毒法、蒸汽消毒法、微波消毒法和厌氧消毒法等。化学消毒法通过喷洒或灌溉化学农药来杀灭病菌；毒土法则将农药与土壤混合后施用；熏蒸法则利用熏蒸剂注入土壤中进行消毒；太阳能消毒法利用高温季节的自然热量；蒸汽消毒法则使用蒸汽提升土温；微波消毒法依靠微波的穿透性杀灭菌虫；厌氧消毒法通过创造缺氧环境来抑制病原菌的生长。这些技术不仅能有效控制土传病害，还能减少农药的使用，保护环境和人体健康，是现代农业可持续发展的重要组成部分。

（5）盐分控制

以水除盐通过灌溉大量清水来冲洗土壤中的盐分，从而降低土壤盐分浓度。这种技术的核心在于“盐随水来，盐随水去”的理论，即通过控制土壤水分蒸发来减少土壤表层的盐分积聚。在实际操作中，可以通过滴灌等精准灌溉技术来实现土壤盐分的有效控制，这种技术不仅可以降低土壤盐分，还能提高植物产量。例如，在全球范围内的荟萃分析中发现，滴灌相较于漫灌可以显著降低土壤盐分并提高植物产量。

盐生植物能够在高盐土壤中生长并吸收部分盐分，从而改善土壤性质。中国拥有400多种盐生植物，这些植物不仅能在高盐土壤中生长，还能降低土壤盐分，改善土壤结构。在林木领域，通过种植耐盐性较强的林木品种，可以有效地吸收土壤中的盐分，减少盐渍化问题，同时提高土壤的生产力。生物改良是指利用盐生植物对盐碱地进行治理。盐生植物作为先锋植物，凭借其超强的耐受力在盐碱地扎根生长，其根系在生长过程中疏松土壤，吸收并囤积盐分。当这些植物枯萎后，它们残留的生物量可以增加土壤有机质，提高土壤的肥力和结构，从而降低土壤盐分。

（6）有机质和微生物管理

有机质和微生物管理是可持续发展的重要组成部分，它们对于改良土壤结构、提高土壤肥力以及增强植物的抗逆性具有重要作用。

沼气渣和沼气液是沼气工程的副产品，它们含有丰富的有机质和腐殖质，能够有效改良土壤结构和理化性质，增强地力。沼气渣中含有大量的氮、磷、钾等速效养分，同时具有丰富的有机质和腐殖质，能够明显改良土壤结构，增强肥力，是速效迟效兼备的优良肥料。沼气液和沼渣中还富含促进植物生长的微量元素和小分子腐殖质，易于被植物吸收。此外，沼气残余物通常偏碱性，可以改良酸性土壤，对于缓解全球土壤面临的酸化问题具有重要意义。

减少化肥的使用量，施用生物菌肥是调控土壤环境、恢复土壤活性的有效技术。生物菌肥能够通过自身所含有的微生物分泌生理活性物质，起到固氮、解磷、解钾、分解土壤中的其他微量养分的作用，提高化肥和有机肥的利用率，改善土壤的理化性质。生物有机肥是一种新型环保高效的功能性肥料，它不仅结合了有机肥和化肥的优点，而且还具备微生物菌肥的特点，活化土壤中的养分元素，增加植物的养分吸收，提高植物的产量和品质。此外，生物有机肥中含有的微生物可以更好地分解农业废弃物产生的营养物质，既能解决农业废弃物造成的环境污染问题，又能改善植物生长。

6. 气候模拟

DALSEM AIR半封闭温室是一种集成了硬件、自动化系统和数据集成的创新温室技术。它通过数据驱动的种植策略，利用温室生成的数据、植物生理学和人工智能算法来定义最佳生长条件，提高产量并减少资源使用。此外，DALSEM AIR半封闭温室利用环境物理特性，根据数据驱动种植策略产生最佳室内条件，同时最大限度地减少能源消耗。

环境控制系统能够模拟不同的气候条件，包括温度、湿度和光照，以满足特定植物的需求。它通过控制温度和湿度，以及管理空气流动和二氧化碳浓度，为植物提供最佳的生长环境。

CFD（Computational Fluid Dynamics）技术用于数值模拟不同外界条件及通风布局下的温室内流场分布，进行结构优化设计，是进行温室物理结构设计和环境调控参数优化的强有力工具。

耦合模拟技术将温室微气候模拟与植物生长、病虫害发生等模型耦合，建立综合的温室管理系统。

人工智能技术利用人工智能技术优化数值模拟参数和控制温室微气候，实现更精准的气候控制。

这些系统和技术的应用，使得现代温室能够为植物提供一个更加稳定和优化的生长环境，从而提高植物的产量和质量，同时降低能源消耗和生产成本。

六、温室育苗的操作流程

温室育苗是一种在控制环境下进行的植物繁殖技术，它通过精确调节温度、湿度、光照等关键环境因素来促进植物的生长和发育。操作流程首先从前期准备开始，包括规划温室布局和准备育苗盘、土壤、肥料、种子等必要材料。接着，进行土壤准备，选择适合的土壤介质并进行消毒处理，同时对种子进行预处理，如浸泡、消毒、破壳等。播种时要求均匀分布种子，并按照推荐的播种深度和密度进行。环境控制是温室育苗的关键，需要调整温室内的温度、湿度和光照，使用通风系统和遮阳网来控制这些条件。灌溉和施肥也需要根据植物的生长阶段和营养需求定期进行。生长监测、病虫害防治以及移栽准备是育苗过程中的重要步骤，苗木生长到一定阶段后，需要将其从育苗盘移栽到更大的容器或田间，并在移栽后继续进行抚育管理，包括灌溉、施肥和病虫害防治。最后，根据植物的生长周期和目标用途确定收获时间，并进行收获。整个过程中，数据记录和分析对于改进未来的育苗流程至关重要。温室育苗的操作流程需要根据具体的植物种类和生长条件进行调整，以确保植物的健康生长和高质量生产。

七、温室育苗的应用

1. 温室育苗的优势

在林木生产中，温室育苗主要用于快速繁殖优良品种，调整生长季节，以及在不利气候条件下保护苗木。通过精确控制温度、湿度和光照，温室环境能够促进林木种子的萌发和幼苗的早期生长，使得苗木能够全年生产，延长了种植和收获的时间窗口。此外，温室育苗还有助于病虫害的管理，减少了农药的使用，提高了苗木的健康状况和生态安全性。在研究和教育方面，温室提供了一个理想的环境，用于研究林木的生长特性和进行林业教学活动。对于城市绿化和生态保护项目，温室育苗使得在有限的空间内进行大规模苗木生产成为可能，同时也支持了濒危树种的保护和恢复工作。随着全球气候变化和环境挑战的增加，温室育苗在林业可持续发展中的作用越来越重要，它不仅提高了林业生产的效率和经济效益，还有助于实现林业资源的可持续管理和利用。

温室育苗在林木培育中具有几个显著特点。首先，它能够提供精确控制的环境条件，包括温度、湿度、光照和通风，这些条件对苗木的生长至关重要。通过物联网技术，温室环境监控变得更加自动化和智能化，有助于培育出更优质的苗木。其次，温室育苗可以缩短苗木的生长周期，提高苗木的存活率和生长速度。此外，温室条件下培育的苗木质量通常更高，因为它们受到的外界环境影响较小，且起苗时受害风险降低。经济效益方面，温室栽培能够提前或延后上市，甚至实现周年供应，从而获得更高的市场价格和效益。智能控制系统的应用使得温室管理更加精准和高效，自动化管理进一步提高了生产效率。

温室育苗在林业领域的应用至关重要，它为多种林木的繁殖和栽培提供了一个可控的环境，从而提高了苗木的生长质量和成活率。例如，松树和冷杉作为重要的针叶树种，不仅在木材生产中占据重要地位，也是园林绿化的优选，温室育苗能够促进种子的快速萌发和幼苗生长，尤其是在寒冷地区。杨树以其快速生长的特性，成为造纸和家具制造的重要原料，温室育苗加速了杨树的繁殖过程，并提高了苗木的一致性和质量。桉树作为速生树种，在纸浆和木材生产中广泛应用，温室育苗有助于提高桉树的生长速度和适应性。落叶松和云杉等耐寒树种，适合在较冷的气候中生长，温室育苗为它们提供了适宜的生长环境，尤其是在春季和秋季。橡树和桦木等硬木树种，用于家具和建筑材料，温室育苗有助于这些苗木在早期生长阶段抵御不利环境条件。这些树种通过温室育苗技术的应用，不仅可以提高繁殖效率和苗木质量，还可以增强苗木对环境变化的适应能力，为林业的可持续发展提供有力支持。

2. 温室育苗的局限性

温室育苗虽然在控制环境条件、提高生长速度和产量方面具有显著优势，但也存在一些局限性。首先，温室的建造和维护需要较大的初期投资，包括建设费用、环境控制设施和技术培训等，这导致育苗成本较高。其次，温室内的气候控制是一个复杂的多因子耦合过程，易受外部气候环境的干扰，增加了环境控制的难度。此外，温室育苗可能会面临病虫害防治难度增加的问题，尤其是随着全球气温升高，一些病虫害的扩散加大了防治的挑战。技术设备的限制也是一个问题，部分育苗基地缺乏先进的技术和设施，无法进行高效的温室育苗活动。能源利用效率低和设施局限性，如墙体占地面积大、对土质有要求、容易被雨雪冲刷等问题，也影响了温室的使用效果和寿命。安全性问题，如使用玻璃作为覆盖材料的温室存在易碎风险，以及保温问题，冬季需要增加保温设施，这些都增加了温室的运营成本。材料老化问题，如阳光板连栋温室中阳光板透光效率随时间降低，老化后需要更换，也是温室育苗的一个局限性。最后，大型温室大棚占地面积大，土地利用率低，对于小规模农业生产者来说可能不适用。这些局限性需要在实际应用中予以考虑，并通过技术创新和管理优化来克服。

任务二　工厂化育苗

任务描述

通过理论学习和实践操作，掌握工厂化育苗的核心原理、关键技术和广泛应用，理解工厂化育苗如何促进产业现代化，提升产业链竞争力，为将来从事相关领域工作打下坚实基础。

任务目标

1. 知识目标

①掌握工厂化育苗的基础理论，包括种子萌发、幼苗生长的生物学过程，以及环境控制对植物发育的影响。

②学习工厂化育苗的历史沿革、现状以及未来发展趋势，认识其在现代农业中的地位。

③了解如何通过精确控制温度、湿度、光照、通风和营养供给等环境因素，优化苗木生长条件。

2. 技能目标

①能够使用现代化育苗设备和工具，包括自动化播种机、环境控制系统以及其他相关机械。

②培养根据植物生长需求调整和优化环境条件的能力，确保苗木健康生长。

③通过收集和分析育苗过程中的数据，如生长速率、成活率等，来调整育苗策略，提高效率。

3. 思政目标

①通过工厂化育苗的学习，强化对生态保护和可持续发展的认识，促进绿色发展理念。

②激发对科技创新的兴趣和热情，鼓励在实际工作中不断探索和应用新技术，推动产业升级。

任务要求

1. 遵循管理规范

穿戴好防护用品，确保个人安全。同时，注意设备的正确操作和维护，避免因操作不当引发安全事故。

2. 规范操作流程

制订合理的工厂化育苗计划，确保操作流程符合规范。

3. 团队协作

小组合作，根据成员特点合理分工。

操作流程

1. 前期准备

准备所有必要的设备和工具，包括自动化播种线、环境控制系统和监测设备，确保设备正常运行。学习工厂化育苗的理论知识，了解其生产流程、技术要点和优势。

2. 实践操作

对种子进行预处理，如消毒、浸泡和催芽，以提高萌发率和生长一致性。讨论不同预处理方法的适用性和效果。根据植物生长需求，调整温室内的温度、湿度、光照和通风条件，创造最佳生长环境。学习环境控制技术，确保参数精准调控。在控制环境下进行播种，并监控幼苗的生长情况，及时调整管理措施。记录生长过程中的问题及解决方法。

3. 数据记录与分析

记录生长数据和环境参数，分析生长趋势，为后续的育苗工作提供科学依据。讨论数据分析在优化育苗流程中的作用。定期评估苗木的生长状况和质量，根据评估结果调整育苗策略。总结经验教训，完善育苗计划。

注意事项

①确保所有操作人员都经过适当的培训，了解设备操作和育苗技术的最新进展。

②制订应急计划，以应对可能的电力中断、设备故障或其他不可预见的情况。

相关资料

工厂化育苗作为现代技术进步的结晶，融合了生物技术、环境控制技术和自动化技术，实现了苗木生产的高效与可控性。这一技术显著提升了繁殖效率，降低了成本，为林业产业带来了可观的经济效益。它打破了传统育苗的季节性限制，使得苗木生产能够在任何时间、任何地点进行，极大地增强了生产的灵活性。通过精确控制资源使用，如水分和营养，工厂化育苗提高了资源利用效率，减少了浪费，为可持续发展做出了贡献。随着科技创新的不断推进，工厂化育苗也在不断进化，尤其是物联网技术的应用，使得远程监控和智能化管理成为可能，进一步推动了科技的发展，保护了自然资源，减轻了对环境的影响。

一、工厂化育苗的概念

工厂化育苗通过使用先进的育苗设施和设备，在人工控制的环境条件下进行苗木的规模化生产。工厂化育苗是指在人工创造的最佳环境条件下，采用科学化、机械化、自动化等技术措施与手段，进行批量生产苗木的一种先进生产方式。它通过现代生物技术、环境调控技术、施肥灌溉技术、信息管理技术等贯穿于苗木生产过程，以现代化、企业化的模式组织苗木生产和经营，实现苗木的规模化生产。

工厂化育苗是一种高效的现代育苗技术，它通过在人工控制的最佳环境条件下，利用科学化、机械化、自动化的技术手段，实现了苗木的规模化和批量化生产。这种育苗技术具有显著的优点，包括节约土地资源、提高生产效率、缩短育苗周期、集约化管理、提高秧苗素质、降低劳动强度、节省能源和成本、提高苗木成活率等。其特点主要体现在人工控制环境、轻质基质的使用、穴盘育苗技术、高效生产，以及环境控制的机械化、自动化、集约化、规模化、专业化、标准化等方面。工厂化育苗使得苗木培育过程中形成良好的根系，提高了苗木的成活率，并且通过育苗基质和营养液等科学配方，实现了水肥管理和环境控制的机械化和自动化，从而确保了苗木的质量和一致性。这种技术的应用不仅提高了林业生产的效率和质量，而且推动了农业产业结构的调整和升级，促进了农业现代化的进程。

二、工厂化育苗的工艺流程

工厂化育苗的工艺流程涵盖了从基地准备到出苗与运输的全过程。首先，基地准备包括土壤改良和地块选择，以确保为苗木提供适宜的生长环境。接着是基质配制或营养液准备，为种子提供必要的营养。种子处理是关键步骤，包括清洗、消毒、浸泡和催芽，以提高种子的发芽率和生长活力。

播种环节通过精量播种机实现，确保种子分布均匀并节约用种。环境控制阶段，利用温室配套的自动控制系统精确调控温室内的温度、湿度和光照，满足不同苗木的生长需求。病原控制措施的实施，保障苗木免受病虫害的侵害。成苗标准确定后，苗木达到一定大小和健康程度即可出圃。

出苗与运输阶段，将符合标准的苗木进行出圃和运输，准备进行下一步的种植或销售。对于需要嫁接的苗木，工厂化嫁接育苗环节可以提高嫁接效率和成活率。整个工厂化育苗过程中，经营与管理也是不可忽视的一环，涉及成本控制和市场销售等。通过这些工艺流程，工厂化育苗实现了苗木生产的规模化和标准化，提高了苗木的质量和生产效率。

三、工厂化育苗的设施

工厂化育苗的设施是实现林木工厂化育苗的关键组成部分，它们为苗木提供了适宜的生长环境和条件。

温室是工厂化育苗中不可或缺的重要设施，主要为苗木提供一个可控的生长环境。在我国北方地区，普遍使用节能型日光温室，因为其具有良好的采光保温性，还能够降低能耗和生产成本。长江流域及南方地区则多采用塑料大棚进行育苗，塑料大棚虽然保温性稍差，但在气候温和的条件下是一种优选类型。温室的设计需要考虑当地的气候条件，以确保苗木能够在适宜的温度和湿度条件下生长。

播种车间是工厂化育苗的另一个核心区域，其占地面积根据育苗数量和播种机的体积而定，一般面积为100m^{2}左右。播种车间主要放置精量播种流水线和一部分基质、肥料、育苗车、育苗盘等。车间要求有足够的空间，便于播种操作，使操作人员和育苗车快速顺畅出入，不发生拥堵。同时要求车间的水、电、暖设备完备，不出故障。

催芽室是一种自动控温、控湿的育苗设施，专供种子催芽出苗，是工厂化育苗的必备条件。催芽室的面积依据育苗面积而定，北方多在日光温室内设置催芽室，优点是节能、简易、成本低，缺点是容易出现高温烧苗现象，要采取遮阴通风措施。催芽室室温保持在28～30℃，相对湿度保持在85%～90%。催芽室内主要设备有烘箱、冰箱、种子发芽箱、育苗盘架、育苗盘和加热装置。

控制室是工厂化育苗过程中对温室环境条件，如温度、光照、湿度、水分、营养液灌溉实行有效监控和调节的关键场所。控制室通常配备有计算机管理系统，可以实时监控和调节温室内的温度、湿度、光照等环境参数，确保苗木在最佳的生长条件下生长。通过控制室的智能管理，可以实现对整个育苗过程的精准控制，提高苗木的质量和生产效率。这些设施共同构成了工厂化育苗的基础，通过精确控制苗木生长的各个环节，确保了苗木的质量和生长速度，为林木的规模化生产提供了有力保障。

四、工厂化育苗设备

工厂化育苗设备主要包括环境控制系统和生产设备两大类。

1. 环境控制系统

（1）加温设备

加温设备用于冬季或低温环境下保持育苗温室所需的温度。常见的加温设备包括燃油热风炉、电加热线等，这些设备用来确保秧苗根部温度在适宜的范围内。

（2）保温设备

温室内设置遮阴保温帘和侧卷帘，入冬前四周加装薄膜保温，以减少热量流失，保持室内温度。

（3）降温排湿系统

在夏季或高温、高湿环境下，通过外遮阳网、大功率排风扇以及天窗和侧墙的开启或关闭来降低温室内的温度和湿度。在干燥地区，还可以通过湿帘风机设备降温升湿。

（4）补光系统

在自然光照不足时，通过配置高压钠灯等人工光源补充光照，以满足苗木光合作用的需求。

（5）控制系统

控制系统由传感器、计算机、电源、监视和控制软件等组成，对加温、保温、降温、排湿、补光和微灌系统实施准确而有效的控制。

2. 生产设备

（1）穴盘精量播种设备和生产流水线

穴盘精量播种设备和生产流水线包括基质破碎机、基质搅拌机、自动装盘机、精量播种机、传送带等，用于完成拌料、育苗基质装盘、刮平、打洞、精量播种、覆盖、喷淋全过程，提高播种效率和精度。精量播种机通过电脑控制播种量，能够实现98%以上的播种精度，这有效保证了播种的均匀性和准确性。气吸式播种器工作时由高速风机产生负压，传给排种单体的真空室。在真空室负压作用下吸附种子，并随排种盘一起转动。当种子转出真空室后，不再承受负压，从而实现单粒播种。

现代精量播种机采用电控系统，如STM32单片机作为核心，对测速雷达、电机转速、传感器等数据进行实时读取并进行相应逻辑运算和信号处理，以控制各个部件执行相应的工作。这种电控系统支持调整株距，异常情况报警，实现分段播种控制，避免重播、漏播。许多精量播种机采用PID闭环控制，通过直流无刷电机配套减速器增大扭矩，控制方式大多采用PID闭环控制，控制器设计简单，控制原理已较为成熟。这种控制方式可以根据精量播种机作业速度的变化自动调整排种器转速，实现快速快播、慢速慢播，达到播种量均匀一致的目的。为了提高速度反馈信号的精度，采用多传感器信息融合等技术对速度信号进行补偿，确保在其中一种传感器故障或受干扰状况下仍能保持测速精度。针对田间作业时的漏播情况，设计补种装置，根据传感器采集到的漏播情况，通过算法分析补种位置，及时启动补种系统装置，实现实时补种。

随着智能导航、精准控制和信息采集等智能化技术的发展，精量播种技术也在不断进步。例如，一些系统能够根据信息决策变量播种，实现高速、高精度精量播种。通过上述技术特点和工作原理，精量播种机能够显著提高播种效率和精度，减少种子损伤和浪费，节约成本，为苗木生长提供良好的基础。

（2）喷灌设备

根据苗木的生长速度、叶片大小以及环境的温度、湿度等，对供水量和喷淋时间进行调节，保证苗木健康生长。喷灌设备能够根据周围环境情况给种子提供水分，并兼顾营养液的补充和喷施农药。喷灌设备可以实现水肥一体化，即在灌溉过程中，随水配制一定浓度的肥料溶液喷施，这样可以提高水肥利用率，改善土壤环境，提高作物品质。喷灌技术具有良好的节水效果，尤其适用于大面积的苗木种植。喷灌技术的节水效果可以达到30%以上，这对于工厂化育苗中水资源的节约尤为重要。喷灌技术能够更好地控制田间的含水量，维持土壤湿度在最适合苗木生长的状态，从而提升苗木的光合效率和产量。

喷灌系统可以分为固定式喷灌系统、移动式喷灌系统和半固定式喷灌系统。固定式喷灌系统的管道支管和干管埋入地下，适合灌溉次数少或灌溉面积小的农田；移动式喷灌系统则适合面积较大的田地，方便移动作业，投资成本相对较低。现代喷灌设备通常配备有自动化控制系统，能够根据传感器收集的实时数据（如土壤湿度和空气温度、湿度等）自动调节灌溉时长和水量，确保在不同气候和土壤条件下灌溉的准确性和效率。

在工厂化育苗中，微喷灌系统通过小喷头喷洒细小水珠进行灌溉，适用于幼苗灌溉、温室作物以及对水量要求非常精细的农作物，能够显著减少水分的蒸发损失，提高灌溉的均匀性。喷灌设备几乎适用于各种土壤和气候条件，尤其在西北、东北、华北各地和云贵高原等地的农牧业区均有应用。通过上述方式，喷灌设备不仅提高了育苗的效率和质量，还有助于实现节水和增产的目标。

五、育苗辅助设备

1. 苗床

苗床是工厂化育苗中用于放置穴盘的基础结构，通常为框体结构，分为固定式苗床、移动式苗床和升降式苗床，以适应不同的育苗需求和空间利用。

固定式苗床又称为简易苗床，单层结构，通常高度不可调整。它们由立柱、横杆、边框、网片组合而成，床面一般铺设钢丝网。固定苗床的支架通常采用热镀锌钢管，边框则可能采用铝合金或镀锌板，以增强其耐腐蚀性和耐用性。固定式苗床安装简单，成本较低，结实耐用，适用于不需要频繁移动或调整高度的场合。

移动式苗床的设计允许苗床在温室内部移动，以便于操作和空间的最大化利用。这些苗床的标准高度通常为0.75m，可以根据需要进行微调，宽度和长度则根据温室的具体尺寸和用户需求定制。移动式苗床的网格通常为130mm × 30mm（长 × 宽），采用热镀锌材料，具有高防腐性能和良好的承重能力。移动式苗床的特点包括手动驱动、操作简单、移动方便，边框为铝合金材质，能在潮湿环境下长期使用。它们可以向左、右移动300mm，使温室的使用面积达到80%左右，并且设有限位防翻装置，防止由于偏重引起的倾斜问题。

升降式苗床通过升降机能够带动苗床进行高度的调整，使苗床获得均匀的光照，便于幼苗的生长。这种苗床特别适合于需要根据不同生长阶段调整苗床高度的情况。例如，随着植物的生长，可能需要降低苗床以便于管理和收获。升降式苗床可以手动或自动控制，通过液压或机械方式实现升降功能。这种设计可以提高苗床的作业效率和灵活性，尤其是在多层栽培系统中，升降式苗床可以有效地解决多层运输的问题。

这三种苗床各有特点，适用于不同的温室栽培需求，用户可以根据具体的栽培条件和管理需求选择合适的苗床类型。

2. 穴盘

穴盘是工厂化育苗中用于盛放育苗基质和种子的容器，常见的穴盘材质为塑料，国际通用的穴盘规格有多种孔穴数，如50孔、72孔、98孔等，孔穴的形状分为圆锥体和方锥体，直接影响成苗的速度和质量。

3. 种苗转移车

种苗转移车包括穴盘转移车和成苗转移车，用于将完成播种的穴盘从播种区转移到催芽室，以及将成苗从育苗区转移到种植区。穴盘转移车的高度和宽度应根据穴盘的尺寸、催芽室的空间和育苗数量来确定，而成苗转移车则采用多层结构，根据商品苗的高度确定放置架的高度。

4. 灌溉和施肥设备

工厂化育苗中必须有高精度的喷灌设备，要求供水量和喷淋时间可以调节，并能兼顾营养液的补充和喷施农药。喷灌设备可以有效地提高灌溉水的利用效率。据统计，喷灌水均匀度为80% ~ 90%，利用率为60% ~ 85%。

5. 二氧化碳施肥设备

在一些高级的工厂化育苗系统中，还会配备二氧化碳施肥设备，以提供苗木光合作用所需的二氧化碳，促进苗木生长。

6. 物料存放与前处理场所

该场所用于存放基质、穴盘等物料，基质使用前需要进行适当的处理，以确保育苗基质适宜苗木生长。

7. 水肥一体化设备

水肥一体化是将灌溉与施肥融为一体的农业新技术，通过可控管道系统供水、供肥，使水肥相融后，通过管道、喷枪或喷头形成喷灌、均匀、定时、定量，喷洒在苗木发育生长区域。

8. 智能喷灌控制系统

智能喷灌控制系统集成了现代信息技术、传感器技术、自动控制技术及灌溉技术的智慧林业解决方案。通过布置农田中的各类传感器实时监测土壤水分状况、气候条件及苗木生长需求，并通过无线或有线方式传输至智能灌溉管理平台，实现按需灌溉、精准灌溉。

这些辅助设备共同构成了工厂化育苗的物理基础，通过它们的协同工作，可以实现苗木生产的规模化、标准化和自动化，从而提高育苗效率和质量。

六、工厂化育苗的应用

1. 工厂化育苗的优势

工厂化育苗在林业领域的应用带来了革命性的进步。这种技术通过在受控环境中精确调控生长条件，实现了苗木的快速、大规模生产，极大地提高了林木育苗的效率和质量。由于环境条件如温度、湿度和光照可以全年无休地保持在最适宜的状态，工厂化育苗突破了自然条件的限制，使得苗木生长不再受季节影响，实现了全年连续生产。这不仅保证了苗木生长的一致性，还提高了成活率，降低了因自然条件波动带来的风险。

工厂化育苗还使得病虫害管理更为高效，减少了农药的使用，提升了苗木的生态安全性，这对于保护森林生态系统和生物多样性具有重要意义。此外，通过集成自动化播种、水肥一体化系统和智能监控系统等先进技术，工厂化育苗大大降低了劳动强度，提高了资源利用效率，减少了水和肥料的浪费，符合林业可持续发展的要求。

工厂化育苗的灵活性和适应性也使其能够快速响应市场需求，为林业提供多样化的苗木选择，增强了林业产业的市场竞争力。同时，这一技术为林业科研和技术创新提供了理想的实验平台，推动了林木育苗的进步。总之，工厂化育苗为林业的现代化、高效化和可持续发展提供了强有力的支持，是实现林业资源优化配置和生态保护目标的关键技术之一。

2. 工厂化育苗的局限性

工厂化育苗虽然在林业和园艺领域带来了显著的效率提升和质量控制，但也存在一些局限性。

首先，工厂化育苗需要较高的初始投资，包括昂贵的建设成本和先进的设备购置费用。其次，维持设施的运营需要持续的能源和资源投入，这可能导致较高的运营成本。此外，工厂化育苗对技术和管理水平要求较高，需要专业的操作人员和持续的技术培训。环境控制的依赖性也带来了风险，系统故障如电力中断或设备故障可能严重影响整个生产过程。工厂化育苗的高密度环境可能增加病虫害的传播风险，需要严格的生物安全措施。无性繁殖可能导致遗传多样性减少，影响种群的适应性和长期生存能力。市场风险也是一个考虑因素，供应过剩可能导致价格波动和销售困难。在土地资源有限的地区，建立大规模的育苗工厂可能面临空间限制。工厂化育苗设施的建设和运营可能会对周围环境造成影响，包括水资源的消耗和废物的排放。最后，某些树种可能不适应工厂化育苗的环境条件，或者工厂化条件下生长的苗木可能需要额外的时间来适应自然环境。

这些局限性需要通过技术创新、改进管理和制定合理的政策来克服，以实现工厂化育苗在林业和园艺产业中的可持续发展。

项目六 苗木规模化培育

项目导读

苗木规模化培育对推动林业生态建设与产业发展意义重大。它能高效提供大量优质苗木，助力森林面积扩大、质量提升及生态系统稳定，发挥森林水土保持和气候调节功能；同时满足市场对规模化苗木的需求，降低成本、提高生产效率，推动林业产业升级和地方经济增长；还为社会提供优质绿化资源，改善人居环境。

本项目旨在通过苗木规模化培育的学习，掌握大苗培育的核心技术与要点，培养解决问题的能力，以及严谨认真的科学态度。同时，紧密结合思政教育，将爱岗敬业、生态保护等理念融入教学环节，激发对林业行业的热情与责任感，为林业产业培养既具备扎实专业技能，又拥有良好职业道德和生态意识的复合型人才，推动林业生态建设与产业发展迈向新高度。

任务一 移植苗培育

任务描述

通过理论学习和实践操作，掌握移植苗培育的基本技术，学习苗木选择、移植准备、移植技巧及抚育管理等关键环节，为未来从事相关工作奠定坚实基础。

任务目标

1. 知识目标

①理解苗木移植的意义和成活的基本原理。

②掌握移植苗培育的技术。

2. 技能目标

①能够熟练完成苗木移植的技术操作。

②能够独立完成苗木的挑选与分级。

3. 思政目标

①通过移植苗培育的学习与实践，培养吃苦耐劳、严谨细致的专业素养，增强在林业生产中的实践能力和创新意识。

②在移植苗培育过程中，树立生态保护意识，践行“绿水青山就是金山银山”的理念，减少移植过程中的资源浪费和生态破坏。

③通过移植苗培育的实际应用，培养服务林业生产、助力乡村振兴的责任感，推动林业现代化和可持续发展。

任务要求

1. 遵循管理规范

穿戴好防护用品，确保个人安全。

2. 规范操作流程

制订合理的移植苗培育计划，确保操作流程符合规范。

3. 团队协作

小组合作，根据成员特点合理分工。

操作流程

1. 前期准备

准备好适合移植的苗木、肥料、农药等。根据苗木种类和生长特性，选择生长健壮、无病虫害的苗木。准备好起苗工具（如铲子、锄头）、移植工具（如移植铲、定植器）、修剪工具（如剪刀、锯子）、测量工具（如卷尺、测树仪）以及灌溉设备等。对器具进行检查和调试，确保其性能良好。学习移植苗培育的理论知识，包括移植苗栽培年限与移植季节的选择、移植密度的确定方法、移植技术要点以及移植后管理措施等。

2. 确定移植苗栽培年限与移植季节

根据苗木的生长速度和培育目标，确定合适的栽培年限。一般来说，大多数苗木在幼苗期或休眠期进行移植，如春季土壤解冻后、秋季苗木落叶后。同时，考虑当地的气候条件和苗木的生物学特性，选择适宜的移植季节，以提高苗木的成活率。

3. 确定移植密度

根据苗木的种类、规格、生长速度以及培育目标，合理确定移植密度。移植密度过大会影响苗木的生长空间和通风透光条件，导致苗木生长不良；密度过小则会浪费土地资源。可通过计算苗木的冠幅、根系大小等因素，确定合适的株、行距。

4. 移植技术

①移植用地的准备。对移植用地进行清理，去除杂草、石块等杂物。然后进行土壤改良，根据土壤的肥力和质地，施加适量的有机肥和化肥，改善土壤结构和肥力。同时，进行整地，将土地平整、耙细，作成合适的苗床或垄，确保排水良好。

②起苗与苗木分级。使用合适的起苗工具，小心地将苗木从原育苗地挖出，尽量避免损伤苗木根系。起苗后，对苗木进行分级，按照苗木的高度、地径、根系状况等指标，将苗木分为不同的等级，以便进行合理的移植和管理。

③修剪。对苗木进行修剪，去除病弱枝、损伤枝和过密枝，保留健壮的枝条和根系。修剪时，要注意切口的平整，避免造成新的损伤。对于根系过长或受损的部分，也要进行适当的修剪，以促进根系的恢复和生长。

④移植。按照确定的株、行距，将分级后的苗木移植到准备好的移植用地上。移植时，要注意苗木的栽植深度，保持与原育苗地的深度一致，避免栽植过深或过浅。将苗木放入栽植穴中，扶正苗木，然后填入土壤，轻轻压实，确保根系与土壤紧密接触。

⑤移植后的抚育管理。包括追肥、病虫害防治、松土除草、灌水、扶苗、平整苗床、抹芽、除萌等。

注意事项

①在起苗、移植和修剪过程中，尽量避免损伤苗木根系。

②浇水要适量，根据土壤湿度和苗木生长需求进行浇水，避免积水或干旱。

③定期检查苗木的生长情况，包括苗木的成活率、生长速度、病虫害发生情况等。及时发现问题并采取相应的措施进行调整和处理，确保苗木健康生长。

相关资料

移植用地是指将苗木从原来的育苗地挖出，按照一定的株、行距培育移植苗的苗圃地，又称为移植区。一般大规格苗木、部分园林绿化苗木及一些珍稀树种，常用移植法育苗。移植到新的育苗地继续培育的方法，也称为换床。经过移植的苗木称为移植苗。

移植苗具有苗木高大健壮、根系发达、质量大大好于未移植苗的优点。其抗逆性、造林成活率、成林速度和生长速度都会有较大的提高。将移植苗用于果树栽培，可以提早结实，增加产量；将移植苗用于用材林造林，则成林早、产量高。一些种子稀少的珍贵树种，先在较好的条件下密播，集约管理，培育出苗后，再扩大移植，可以保证每粒种子都成苗，做到省种、省工，节约经费，降低成本。而在某些风沙严重的苗圃地，播种小粒种子不易成功，也可用上述方法，先在条件较好的地方播种，待苗出齐可以移植时移至移植用地栽培，不仅能突破出苗关和保苗关，还能用较少的投资生产出需要的苗木。

一、移植苗栽培年限与移植季节

1. 移植苗栽培年限

苗木移植后的栽培年限，因树种特性和经营目的与要求而异。一般，生长迅速的树种，移植一次，培育1～3年，即成大苗，可以用于造林。生长缓慢的树种、观赏树木和造型苗，往往要移植数次，培育多年。

2. 移植季节

根据苗木成活的原理，最适宜的移植季节和时间，应适合苗木保湿和愈合生根的温度和水分。春、夏、秋三季均可移植，南方冬季温暖地区也可冬季移植。但总的来说，春季和秋季是移植的适宜季节。

（1）春季移植

北方地区可在春季移植，且以早春苗圃地解冻后立即移植为宜。因为此时树液尚未流动，芽还没有萌发，蒸腾作用弱，且气温低，土壤湿度大，移植后发根早，成活率高。移植时应注意树种发芽规律，早发芽的应先移，晚发芽的宜后移。

（2）秋季移植

冬季无低温冻害，春季没有冻拔和干旱危害的地区，可在秋季移植。因为此时根系尚未停止活动，移植后能提早恢复伤口，吸收营养。北方秋季移植宜早，当叶柄形成离层，叶片可以脱落时，落叶树种即可开始移植；常绿树种则可在胸径生长高峰过后移植。

（3）夏季移植

常绿树种可在夏季移植。北方则宜在雨季来临时移植。南方以梅雨初期移植较理想。不要在雨天或土地泥泞时进行移植，因为这种情况下根系无法伸展，土壤也易板结，会影响移植苗的生长和发育。

（4）冬季移植

若需要在冬季移植苗木，则需要用切割机来切开苗木周围冻土层，切成正方体的冻土球；若深处不冻，还可稍放一夜，让其冻成一块，即可搬运移植。例如，东北农业大学冬季起苗边挖边冻，苗木成冻土球再移植，成活率达100%。南方气候温暖、湿润、多雨、土壤不冻结，可在冬季移植。冬季移植成本较高。

二、移植密度

移植密度取决于树种的生长速度、苗冠大小、根系发育特征、苗圃地的气候和土壤等自然条件、栽培目的、栽培年限、出圃时合格苗的标准以及作业方式等因素。其中，以栽培目的和栽培年限为主要因素。

1. 栽培目的对移植密度的影响

苗木移植都有明确的目的性。例如，落叶乔木，以养干为目的时，应适当密植，不仅可以多出苗，而且在林木群体发育中，由于争光、争空间，可使苗木向上生长，树干高且直立。移植密度小时则易生侧枝，树干弯曲、低矮。若以养冠为目的，则应加大株、行距，促使侧枝形成，养成树冠。常绿树种以不使郁闭为宜，否则冠形将变坏。

2. 栽培年限对移植密度的影响

栽培年限与移植密度呈负相关。即栽培年限越长，移植密度应该越小；反之，则应加大移植密度。生长快的树种应是2～3年移植一次。第1年稍显稀疏，第2年合适，第3年经适当修剪仍能维持生长，年末或来春即达起苗造林规格。生长慢的树种，可进行两次移植。第1年稀些，第2年合适，第3年郁闭，第4年可移植第二次，以后再培育2～3年即可出圃造林。对于造型树培育，应留有充足的空间，使树冠得以按要求生长，并为整形管理提供方便。

为了便于机械化作业，株、行距应与机具相配合，便于顺利通行和作业。若是床式育苗，针叶树种小苗一般株距6～15cm，行距10～30cm；阔叶树种小苗一般株距12～25cm，行距30～40cm；芽苗和幼苗移植的株、行距可更小些。若是大田式育苗，针叶树种小苗每垄移2～3行，行距5～10cm，株距10cm左右，两垄间中心距70～80cm；阔叶树种小苗每垄移1～2行，株距20～50cm，行距10～20cm（双行），单行行距即是垄距；针叶树种、阔叶树种大苗，一般采用平作，株距50～80cm，行距80～100cm。行距过小不便于松土、施肥、除草、喷药等工作，也不利通风透光。大田式育苗，根据机械化的需要，行距可加大。如果进行第二次移植，株、行距应再扩大。移植后的苗木密度应比计划产苗量多出5%～10%，以备抚育时对损失苗木进行补植。

三、移植技术

1. 移植用地的准备

移植前应先划定移植用地。移植用地的准备主要是指整地、施肥、耙地、平整、作床等。应该注意的是，移植用地一旦移植苗木后，数年间将无法全面整地，其他措施也将因苗圃地苗木生长而实施困难。因此，整地要深、要细，基肥要施足，苗床要设置好，并合理地配置好道路及排灌系统。

2. 起苗与苗木分级

移植育苗，先要将原育苗地的苗木起出。起苗时应注意保护苗木根系、苗木枝干和枝芽，切勿使苗木受伤。如果需带土移植的则应事先浇水，然后在土壤湿度适宜时掘苗，并将土球包好移植。

起苗之后，将苗木按粗细、高矮进行分级，以便分别移植，使移植苗整齐，生长均匀，减少分化。分级时，要将无顶芽的针叶树种苗木及受病虫害的苗木剔除。

3. 修剪

栽植前应修剪过长和劈裂的根系，一般针叶树种根长保留12～15cm，阔叶树种保留15～25cm。切口要平滑，不劈不裂。为了减少蒸腾失水，提高成活率，一些常绿树种侧枝可适当短截。

苗木修剪应在遮阴棚内进行，严禁将苗木曝晒、吹风。剪截后的苗木和栽不完的苗木应及时假植，以防干燥，降低成活率。

4. 移植

移植方法因苗木大小、数量、苗圃地情况而不同。主要的方法有穴植法、沟植法、孔植法等。但不管什么方法，均要求苗木根系舒展、深度适宜、不伤根、不损枝芽、覆土要踏实。同时还要求移植成活率高，苗木栽植整齐划一。

（1）穴植法

穴植法是按一定株、行距定点挖坑栽植的方法，适用于大苗、带土移植苗及成活困难的苗木移植。按照计划密度，预先标出栽植点，栽植穴的直径和深度应大于苗木的根系。栽植深度以略深于原土印为宜，一般可略深2～5cm。回土时混入适量的底肥，然后填一部分肥土，将苗木放入坑内，再回填部分肥土，之后轻轻向上提一下苗木，踩实松土，再填满肥土，浇足水。栽后，较大的苗木要设立支架固定，以防苗木被风吹倒。

（2）沟植法

沟植法适用于根系较发达苗木的移植，适用于移植小苗。先按规定的行距开沟，深度大于苗木根系长度，再把苗木按要求的株距排于沟内，然后覆土踏实。栽植时要使根系舒展，严防根系卷曲和窝根。栽植深度一般比原土印深2～3cm。栽植后要及时灌透水，2～3天后再灌一次，并要及时进行中耕。

（3）孔植法

孔植法又称为缝植法，适用于小苗和主根细长而侧根不发达的树种。移植时先按一定的株、行距画线定点，然后在点上用打孔器打孔（缝），深度比苗木根系稍深一点，把苗木放入孔中，而后压实土壤。此法简单易行，工效高，但根系容易变形。采用孔植法时，最好要有专用的打孔机，以提高工作效率。

不管使用哪种方法，苗木移植前要注意天气情况，应避开高温、低温和大风，最好在阴天进行。移植时要注意使根系舒展，不能有卷曲和窝根现象，深浅要适宜，栽植深度一般应比原土印略深，以免灌水后土壤下沉而露出根系，栽植后覆土要踏实，使根土密接，防止倒伏。从起苗到栽植，要注意保持根系湿润。栽不完的苗木应选择阴凉处假植。

四、移植后的抚育管理

苗木移植后的抚育管理除了追肥、病虫害防治、松土除草等日常管理之外，还包括灌水、扶苗、平整苗床、抹芽和除萌。

1. 灌水

苗木移植后，最易因缺水、干旱而死亡，因而移植后要立即进行灌水。特别是春天及旱季，更应马上灌水。但第一次灌水，水量不要太大，水的流速也不宜太大，以免冲倒苗木。5～7天后进行第二次灌水，这次水量要大，灌足灌透，以利成活。若天气干旱，5～7天后可进行第三次灌水，然后便转入正常抚育和养护。

2. 扶苗

移植后第一次灌水，苗木易于倒伏，在第二次灌水前应及时扶正。否则，几天后苗木根系生长则难以扶正，且苗干也可能会弯曲，从而降低苗木质量。

扶苗时，可先将苗木根系处的土壤掘出，轻轻扶正苗干，对齐行间和株间方向，然后再覆土踏实。

3. 平整苗床

苗木移植后，经2～3次连续灌水，苗床可能凹凸不平，应及时整平。通常可结合中耕耧平床面，以便以后排灌和施肥。

4. 抹芽和除萌

移植后，萌芽力强的阔叶树种，可能发生萌芽和根蘖，为减少养分消耗，保证苗干通直无节和健壮生长，应注意抹去多余的萌芽，剪除根蘖。

任务二 大苗培育

任务描述

通过理论学习和实践操作，掌握大苗培育的关键技术，学习大苗培育的全过程，包括苗木选择、移植、养干、整形修剪及后期管理等环节，为未来从事相关工作奠定坚实基础。

任务目标

1. 知识目标

①掌握大苗养干技术。

②掌握整形修剪技术。

2. 技能目标

①能够进行大苗培育。

②能够进行当地主要培育树种的整形修剪。

3. 思政目标

①通过大苗培育的学习与实践，培养科学规划和系统思维能力，增强其对林业生产的责任感，厚植“三农”情怀，助力林业高质量发展。

②在大苗培育过程中，树立生态保护意识，践行可持续发展理念，注重资源节约与高效利用，减少对环境的影响。

③通过大苗培育的实际应用，培养服务社会、推动乡村振兴的责任感，同时激发其创新精神，为林业现代化发展贡献力量。

任务要求

1. 遵循管理规范

穿戴好防护用品，确保个人安全。使用工具时要小心谨慎，避免因操作不当导致意外伤害，特别是在使用斧子、锯子等锋利工具进行修剪时，要注意正确的操作姿势和方法，防止意外发生。

2. 规范操作流程

制订合理的大苗培育计划，严格按照大苗培育的技术规范和流程进行操作。在移植前，要对苗木进行仔细检查和筛选，确保苗木的质量和健康状况；在养干和修剪过程中，要根据苗木的生长特性和景观需求，制订科学合理的管理方案和技术措施，确保大苗培育的质量和效果。

3. 团队协作

小组合作，根据成员特点合理分工。

操作流程

1. 前期准备

准备所需的苗木、工具、设备和物资，如苗木标签、移植工具、修剪工具、肥料、农药等，确保所有工具和设备完好无损、功能正常。学习大苗培育的理论知识，如大苗培育的技术要点、管理措施等。

2. 确定移植苗栽培年限与移植季节

根据树种的生长习性和当地气候条件，确定最佳的移植苗栽培年限和移植季节，确保苗木在移植后能够迅速适应新的生长环境，减少移植对苗木生长的影响。

3. 确定移植密度

合理规划移植用地的株、行距，根据苗木的生长速度和最终规格要求，确定合适的移植密度，确保苗木在生长过程中有足够的空间发展根系和树冠。

4. 大苗培育技术

通过合理的施肥、灌溉和修剪等措施，促进苗木主干的生长，使其达到所需的粗度和高度。定期对苗木进行观察和测量，及时调整管理措施，确保主干的笔直生长。根据苗木的生长状况和景观需求，对树冠进行修剪并塑造造型。掌握修剪的时间、方法和程度，去除病枝、弱枝和冗余枝条，塑造优美的树形，提升苗木的观赏价值。选择合适的栽植方法，如穴植法、沟植法等，确保苗木在栽植过程中根系舒展并与土壤充分接触。栽植后及时浇水、培土和支撑，保证苗木的稳定性。

5. 大苗后期管理

加强大苗后期管理，包括浇水、施肥、除草、病虫害防治等。定期对苗木进行生长状况评估，根据评估结果及时调整管理措施，确保大苗的健康生长。

注意事项

①在操作过程中，尽量避免损伤苗木根系，特别是在移植和修剪时，要小心谨慎，减少根系的损伤。对裸根苗要及时进行保湿处理，防止根系失水干枯。

②浇水要适量，根据苗木的生长阶段、土壤质地和气候条件，合理控制浇水量和浇水频率。避免积水导致根部腐烂，同时也要防止土壤过干影响苗木生长。

③定期检查苗木的生长情况，包括树干的生长势、树冠的形状、叶片的颜色和数量等。根据检查结果及时调整管理措施，如调整施肥量、修剪程度、灌溉频率等，确保苗木的健康生长。

相关资料

一、移植密度及次数

绿化用的大苗，阔叶树种可用1～2年生播种苗或营养繁殖苗进行移植培养。生长快的苗木，每隔两年移植一次，经1～2次移植，即可出圃。重点绿化工程和易遭破坏的地段，或要求很快发挥绿化效应的地方造林，常需要更大的苗木，需要经两次以上移植，花费5～6年，甚至更长时间。

生长缓慢和根系不甚发达的树种，如银杏、桧柏、白皮松、侧柏、油松、七叶树等，一般要移植2～3次，每次移植培育2～5年，常需要6～10年或十几年才能养成出圃。

一些需要在苗圃进行特殊造型培育的苗木，移植次数和花费的时间可能更多些。一般条件下，第一次移植落叶树种行距50～100cm，株距40～50cm；针叶树种行距30～50cm，株距15～30cm。第二次移植行距100～150cm，株距80～100cm为宜。

二、大苗培育技术

培养大苗除了要求生长快外，在移植培养过程中，还要求通过修剪、整形，将苗木塑造成所期望的树形。合理的修剪可以调控树木生长，控制树干的高低、枝条的方位和疏密，使树木生长快、树干直、树形美。造型则主要是培养树干和基本树形，给出圃苗木确定好树形的骨架基础，减少定植以后整形的难度。一般培养3～4年以下的苗木，不需要或很少需要修剪，主要是整形；3～4年以上的大苗需要整形，更需要修剪，以防枝条丛生密集、干枯，不能正常开花结实，病虫害严重，失去观赏价值。

1. 大苗养干

养干是指培育苗木主干和改善苗木干形所采用的技术措施，其决定着树木的通直度和观赏价值。一般养干的方法包括密植养干、平茬养干、接干养干三种。

（1）密植养干

密植养干是指通过增加单位面积内的栽植密度，利用树木的向光性，促使主干快速生长并抑制侧枝发育的方法。在幼苗期，树木的顶端优势强盛，可以通过适当密植，配合水肥管理来加速苗木高生长，形成通直主干。需要注意的是，密植不能过度，否则会影响树冠发育。常用做法是当主干达到一定高度后，要及时抽稀，留床的苗木扩大了株距，根系不受影响，有利于苗木快速生长，提早成苗。

（2）平茬养干

平茬养干是指在春季发芽前进行平茬处理，有效地刺激树木重新萌发新芽，促进其生长的方法，适用于移植后干形不直，长势不旺的萌芽力强的阔叶树种。进行平茬处理时，注意不要伤害到根系，以免影响树木的生长。同时也需要适当的施肥和浇水，以促进主干生长。

（3）接干养干

在苗木培育的实践中，面对顶梢芽不充实或受损的情况，常采用接干养干的方法来恢复和促进主干生长。通常在休眠期，从顶梢下方20 ~ 30cm处，精心挑选一个饱满的芽进行短截，待其萌发后，通过适当的扶正，使新梢直立向上生长，接替原顶梢继续向上延伸主干。对于柳树、毛白杨等易弯曲的树种，则在弯曲处下方选择一个强壮的芽进行短截换头，新梢萌发后会呈现出强劲的向上直立生长势，有效矫正主干的弯曲。在进行连续接干时，要特别留意留芽的方向，确保每次留芽的方向与前一次相反，以引导主干稳定生长。

2. 树冠修剪及造型

（1）修剪的时期

根据苗木的生长期和休眠期，树木修剪的时期可以分为休眠期修剪和生长期修剪。

休眠期修剪的时间一般在树木落叶后至春季萌芽前，具体时间因地区气候差异而异，多在12月至次年4月，适用于大多数落叶树种及部分常绿树种。此时树木处于休眠状态，树液流动缓慢，修剪造成的伤口易愈合，且修剪后养分损失少，对树体影响小。需要注意的是，应避免在极端寒冷天气进行修剪，以防伤口受冻。

生长期修剪的时间主要在树木生长旺盛期，一般为4 ~ 10月，视树种和地区气候而定，适用于快速生长的树种及需要频繁调控树形的观赏树木。修剪能及时去除徒长枝、竞争枝、过密枝和病虫枝，促进树体通风透光，调节营养分配，加速伤口愈合。需要注意的是，修剪量不宜过大，以免削弱树势；修剪后需要加强水肥管理，促进恢复。

（2）修剪的原则

修剪时，应遵循“从整体到局部，由下到上，由内到外，去弱留强，去老留新”的基本操作原则。修剪程度需要根据树龄来调整，幼苗应轻剪，以免干扰树冠的形成，而老树则可以适当重剪，尤其是枯枝、弱枝较多的情况下，甚至可以进行更新修剪。修剪的程度也因树种而异，不同树种因其独特的生长特性和形态要求，会有不同的修剪量。例如，枝叶茂盛的黄杨修剪量相对较小，而石楠、椤木石楠的修剪量则较大。一般而言，落叶树种比常绿树种更能承受修剪，灌木也比乔木更能承受修剪。修剪的时机同样重要，休眠期的修剪强度通常大于生长期，休眠期常采用疏枝与短截结合的方式，而生长期则主要进行抹芽、摘心、扭曲、疏花、疏蕾等操作，修剪强度相对较小，以减轻树体的养分消耗。特别是为了避免产生大伤口，更提倡在生长期进行修剪，或以夏剪为主，辅以冬剪。对于那些伤流严重且耐寒性较差的树种，休眠期的修剪应在早春发芽前的20天进行，特别是复叶槭、乌桕、核桃、四照花、枫杨等树种，这一点需要特别注意。

（3）整形修剪的技术要点

①整形的技术要点。整形是修整苗木整体形态的关键步骤，可以维持树势的均衡、塑造美观的树形，并确保良好的开花结实性状。在整形过程中，需要注意以下几个技术要点：

a.调整分枝的角度：对于着生角度较小的、过强的枝条，通过修剪可以改善其着生角度，削弱其生长势，从而调整枝条的生长方向。实践中，除了拉绳、木棍支撑等物理调节方法外，还应注重剪口芽的选择与保留。对于强枝，剪口芽留在内侧，促使新生侧枝内向生长，在树冠内因空间与光照限制逐渐减弱生长势；而对于弱枝，剪口芽则置于外侧，鼓励新生枝条向外伸展，增强其生长势。这样，既塑造了均衡美观的树形，又促进了苗木的整体健康生长和开花结实性能。

b.根据枝条的强弱进行差异化修剪：对于生长势过强的枝条，可以进行重剪，以促使剪口下的侧芽同时萌发，分散营养，从而削弱原有枝条的生长势。而对于生长势较弱的枝条，则应进行轻剪，以促使剪口芽萌发，保持树冠上各部位枝条的生长势均衡。

c.注意更换中央领导枝或中央主枝，以防止树冠中空，压低开花结实的部位，并改变树冠的外貌。在树势较弱时，为了促使树冠中下部的侧芽或隐芽萌发，形成丰满的树冠，可以锯掉乔木类树种的中央领导枝或中央主枝，这种做法被称为“换头”。

d.处理辅养枝及竞争枝：树冠中的辅养枝（除树干、主枝、中央领导枝和3年生以上的大侧枝外）应尽量保留，以充分利用树冠空膛，增加叶片面积。这有利于形成花芽、开花结实以及促进树体的生长。当两根较大的侧枝从母枝上同时生出并平行向前生长时，它们会相互竞争。在整形时，应选留一根生长正常的枝条，而剪掉另一根，以保持局部树势的平衡。

②修剪的技术要点。在修剪过程中，需要注意以下几个技术要点：

a.维护树木的基本株形，需要及时清除已枯死的枝条。适当疏剪主要枝干上平行伸展的重叠枝条。树冠过于拥挤时，选择性地剪除部分左右对称枝和放射状枝，以保持树冠的均衡与通透。剪除向树体内侧伸展的逆向枝，以减少内部空间的占用，促进空气流通。根据需要修剪直立枝与下向枝、交叉枝与内膛枝。交叉枝易导致养分分配不均和光照受阻；内膛枝则影响通风透光。及时去除干生弱枝与萌蘖，以促进主干和主要枝条的健壮生长。修剪徒长枝与蛙股枝，维持树形的整洁与美观。

b.疏枝修剪：从整体株形考虑，将会影响植株的整体美观和生长势的过密枝、不需要枝或弱枝剪除，对于粗大的枝条，应使用锯子进行大透剪；对于中等密度的枝条，可采用中透剪的方法；对于小枝，则可使用剪刀进行小透剪。修剪时，从枝条的基部进行修剪，确保剪口平整，避免撕裂树皮或留下残桩，并且注意保留适当的枝条分布和密度，以保持植株的均衡和美观。

c.短截修剪：为了刺激枝条的侧芽萌发和生长，调整植株的株形结构，促进花芽的形成和开花，通常选择生长旺盛、有潜力的枝条，使用锋利的剪刀或锯子在外芽的上方进行截断，确保剪口平整、光滑。修剪后应及时清理剪下的枝条和落叶等杂物，保持植株的整洁和卫生。对于生长势过弱或病虫害严重的枝条，则不宜进行短截修剪。

三、不同种类大苗培育技术

1. 落叶乔木大苗培育

落叶乔木大苗需7 ~ 8年培育可达到要求，规格要求：具有高大通直的主干，主干高2.0 ~ 3.5m，胸径5 ~ 15cm，树冠完整紧凑匀称，具有强大的须根。培育时，以养干和养冠为主要任务。

（1）养干

对于如杨树、白蜡树、香椿等顶芽明显的高大乔木，移植一年后，冬剪主要提高分枝点，疏剪上部竞争枝，使树冠占树高的1/2，使树木显得高大雄伟。对于如柳树等顶芽较弱的速生乔木，生长势很旺，冬剪可适当提高分枝点，疏除上部竞争枝，对主、侧枝进行短截。若移植后生长势减弱，冬剪时可在饱满芽处短截，更换主枝，次年再延长树干；对于如元宝枫等上梢软、枝条对生、树干易弯曲的乔木，为培养直干，初移时可加大密度，多留细小侧枝，疏剪粗大侧枝，或行重短截，以利苗干加速向上生长，养成通直树干。2 ~ 3年后再进行第二次移植，培养树冠。对于如杜仲等树干不易长直的乔木，移植后可先使地上部分多生枝，以养树根。第2年秋季进行截干，来年再加强水肥管理，使其萌发徒长枝，养成较直的树干。

（2）养冠

对于国槐、元宝枫、馒头柳等乔木，多顺其自然，只剪除较强的竞争枝，以防双头和偏冠发生。树干养成后，结合第二次移植，在2.0 ~ 2.5m处定干，然后选留方向均匀的3 ~ 5个主枝养成骨干枝，至第2年在30cm处短截，促发二次枝，构成基本树形。对于龙爪槐等乔木，主要是扩大树冠及调整枝条分布。

对于苹果、梨等乔木常培养成中央领导干形，定干高度60 ~ 80cm，基部三大主枝，分枝高度50 ~ 60cm。第二层两个主枝，距第一层100cm。第三层一个主枝，距第二层50 ~ 60cm，每个主枝上着生3 ~ 4个侧枝。对于桃树、李树等乔木，常培养成开心形，定干高度40 ~ 60cm。定干后，于发芽前选留5 ~ 6个发育饱满、角度合适的芽，其余全部抹去。第2年冬剪时选三个角度合适、长势均匀的枝条作为一级主枝，其余的全去掉，形成三个主枝。下一年在每个主枝上再选留两个二级主枝及一个侧枝。第3年再在二级主枝上选留1 ~ 2个三级主枝，最后形成6 ~ 9个主枝构成的开心形基本树形。

2. 落叶丛生灌木大苗培育

落叶丛生灌木大苗需2 ~ 3年培育可达到要求，规格要求：每丛分枝3 ~ 5枝，枝粗1.5cm以上，具有单干或无干，具有丰满的灌丛和强大的须根。例如，锦带花、连翘、太平花、山梅花、玫瑰等灌木，多修剪为多干灌丛式。栽植时剪去苗干，使地表萌生3 ~ 5个枝条，其余除掉。秋后，将枝自30cm处短截，来年便形成多干式灌木。在培育过程中，注意每丛所留主枝数量，不可留得太多，否则易造成主枝过细，达不到应有的粗度。多余的丛生枝要从基部全部清除。丛生灌木不能太高，一般1.2 ~ 1.5m即可。

紫薇、丁香、木槿、连翘、金银木、太平花等丛生灌木在一定的栽培管理和整形修剪措施下，可培养成单干苗，观赏价值和经济价值都大大提高。培育的方法是选健壮最粗的枝作为主干，主干要直立，若有的主枝易弯曲下垂，可设立柱支撑，将枝干绑在支柱上，将其基部萌生的芽或其他枝条全部剪除。培养单干苗要在整个生长季经常剪除萌生的芽或多余枝条，以便集中养分供给单干或单枝生长发育。

3. 落叶垂枝类大苗培育

落叶垂枝类大苗需2 ~ 3年培育可达到要求，规格要求：主干胸径达5 ~ 10cm，具有圆满匀称的馒头形树冠，树干直立，有强大的须根。

对于榆叶梅、碧桃、紫叶李、黄栌等灌木多修剪为单干圆头形，移植后，第1年先养单干，冬季在40 ~ 60cm处定干。第2年选留3 ~ 5个方位适宜的芽，余者全部抹除。冬季主枝留30cm短截，使分生二次枝，培养为单干圆头树形。生长季节注意清除接口处和砧木树干上的萌发条。

4. 攀缘植物大苗培育

攀缘植物大苗需3年左右培育可达到要求，规格要求：生长旺盛，枝蔓发育充实，腋芽饱满，具有2 ~ 3个主蔓，苗干基部直径在1.5m以上，有强大的须根。

对于紫藤、地锦、凌霄等攀缘植物，自然状态下其主干匍匐生长，为提高观赏价值，可设支架使其攀缘生长或利用建筑物四周或围墙栽植小苗来培养大苗。出圃前应先养好根系，留3 ~ 5个枝蔓，以备上架。立架，按80cm行距栽水泥柱，栽深60cm，上露150cm，桩距300cm。桩之间横拉3道铁丝连接各水泥桩，每行两端用粗铁丝斜拉固定，把1年生苗栽于立架之下，株距15 ~ 20cm。当爬蔓能上架时，全部上架，随枝蔓生长，再向上放一层，直至第三层为止。培养3年即成大苗。

5. 常绿乔木大苗培育

常绿乔木大苗需8 ~ 20年培育可达到要求，规格要求：树高3 ~ 6m，树形丰满，保持各树种特有的冠形，苗干下部树叶不出现脱落，主枝顶芽发达。

（1）轮生枝明显的常绿乔木大苗培育

对于油松、华山松、白皮松等常绿乔木，轮生枝特征显著，有明显的中心主梢与主干，每年主梢向上延伸一节时，会伴随一轮分枝的生成。这类树种在幼苗阶段，生长较为缓慢，节间长度有限。然而，随着树龄的增长，生长速率显著加快，每节年生长量可达数十厘米。由于这些树种极度依赖其主梢的生长，一旦主梢受损，整株苗木的培育价值将大打折扣。因此，在整个培育过程中，对主梢的保护显得尤为重要。

在育苗中，通常采用分阶段移植与管理的方法。首先，1年生的播种苗会再留床养护1年，待其根系稳固后，于第3年进行首次移植，此时苗高15 ~ 20cm，并保持50cm的株、行距以促进其生长。接下来第4 ~ 6年是快速生长期，其间不进行移植，第6年时苗高可达50 ~ 80cm。随后，因生长空间受限，于第7年以120cm的株、行距进行第二次移植。第8 ~ 10年再次进入快速生长期，苗高可增至1.5 ~ 2.0m。至第11年，进行第三次移植，并扩大株、行距至4m × 3m，以适应苗木的进一步生长。从这一年开始，直至第15年，为持续快速生长期，其间不再移植，但每年要从树干基部修剪一轮分枝，以集中养分促进主干的高生长。经过这样的精心管理，最终可培育出高度达到3.5 ~ 4.0m的高品质苗木。注意从第11年开始，每年从基部剪除一轮分枝，以促进高生长。

（2）轮生枝不明显的常绿乔木大苗培育

例如，桧柏、侧柏、龙柏、铅笔柏、杜松、雪松等常绿乔木，幼苗期的生长速度比轮生枝明显的常绿树种稍快。因此，在培育大苗时有所不同。1年生播种苗或扦插苗可留床保养1年（如侧柏等生长快的也可不留床）。第3年移植时苗高约为20cm，株、行距可定为60cm × 60cm。第4 ~ 5年快速生长2年，第5年时苗高1.5 ~ 2.0m。第6年进行第二次移植，即生长速度较快的常绿树种可3年进行一次移植。株、行距定为150cm × 130cm。第7 ~ 8年快速生长2年，苗木高度可达3.5 ~ 4.0m。在培育的过程中要注意剪除与主干竞争的枝梢，或摘去竞争枝的生长点，培育单干苗。同时，还要加强水肥管理，防治病虫草害，促使苗木快速生长。

6. 常绿灌木大苗培育

常绿灌木大苗需7年左右培育可达到要求，规格要求：株高1.5m以下，冠径达50～100cm，生长势旺盛，分枝多，基部枝叶丰满，具有一定造型的冠形或灌丛的大苗。

对于大叶黄杨、小叶黄杨、冬青、火棘、沙地柏、铺地柏、千头柏、花柏、桧柏、侧柏、龙柏及扶芳藤等常绿灌木，广泛应用于绿篱、孤植、组团造型、色彩带与色块营造中，需要具备良好的造型、冠形或冠丛结构。

此类苗木主要通过扦插与播种两种方法进行繁育。1年生幼苗高度约10cm，次年即可进行首次移植，建议株、行距设置为50cm × 30cm，以促进其初步生长。随后，第3～4年为快速生长期，其间无须移植，通过合理的水肥管理与修剪措施，苗高与冠径可迅速增长至25cm。此阶段应特别注意短截修剪，以促进多分枝形成，修剪频率根据地域差异调整，南方地区因生长迅速可修剪五次，北方则建议修剪三次，每月至少修剪一次。进入第5年，为进一步优化苗木质量，应进行第二次移植，株、行距扩大至100cm × 100cm。第6～7年，侧重于树冠的培养与造型塑造，通过生长季节的适时剪截，增加分枝数量，使株高与冠径均超过60cm，满足更高级别的景观需求。

在柏树类造型植物的培养过程中，需特别关注播种幼苗的形态分离现象，优选枝叶浓密的个体作为造型材料，而枝叶稀疏者则不宜采用。为提升苗木质量与造型成功率，推荐采用优良品种进行无性繁殖。此外，鉴于单株造型树冠形成周期较长，当前多采用多株合植技术，如黄杨可3～4株合植，桧柏则建议3株合植，以加速冠径形成。合植初期，株、行距应适当加大，若定植初期设为60cm × 60cm，第二次定植则扩大至120cm × 120cm，以确保植株有足够的生长空间与良好的通风透光条件。

四、大苗栽植方法

1. 深耕细整与施足底肥

栽植前，需要对土壤进行深耕细整，深度一般不少于30cm，以打破土壤板结，改善土壤结构，提高土壤通气性和保水保肥能力。施足底肥，以有机肥为主，如腐熟的农家肥、厩肥等，结合适量复合肥，均匀撒施于土壤中，并翻耕混入土层，为苗木生长提供充足的养分。

2. 定点挖穴

按照预定的株、行距进行定点，使用专业工具挖出栽植穴。栽植穴的大小应根据根系的大小和土球直径确定，一般应比土球直径大30～50cm，深度比土球厚度深20～30cm。挖穴时，应将表土和心土分开堆放，以便后续回填时先填表土，再填心土。

3. 苗木处理与栽植

栽植前，对苗木进行适当修剪，去除病弱枝、重叠枝和过密枝，以减少蒸腾作用，促进根系生长。裸根苗栽植时，应将根系舒展，不窝根、不打辫，栽植深度以较根系深栽3～5cm为宜。带土球苗栽植时，应确保土球不散，轻轻放入栽植穴中，回填土壤并踏实。栽植时，穴底先垫放部分表土和有机肥，再回填表土至根系上方，扶正苗木，确保根直、干直、行直，然后踏实土壤，使根系与土壤紧密接触。

4. 及时灌水与覆土

栽植后立即灌一次透水，使土壤充分湿润，有利于根系恢复生长。2～3天后再次灌水，确保苗木成活。灌水后，根据土壤沉降情况，适时进行覆土，以保持栽植深度适宜，覆土深度以超过根系1～2cm为宜。

五、大苗后期管理

大苗后期管理与一般苗木管理大体相同，但由于培育周期长，株、行距较大，要求逐株精细化管理。在此过程中，中耕除草、合理灌溉、适时追肥、病虫害防治及科学的整形修剪等措施均不可或缺。特别是处于速生期的大苗，必须确保及时、足量的水分供给与营养均衡的追肥，以激发其生长潜力，加速干径与冠幅的增长。同时，鉴于其较大的生长空间，更要加强病虫害的监测与预防，确保每株苗木都能在健康的环境中茁壮成长，最终达成高质量的大苗培育目标。

项目七 苗木出圃

项目导读

苗木出圃是培育苗木的最后一个环节，也是至关重要的一个环节。一定要严格按照相关操作规程进行操作，以确保苗木的质量和数量。出圃工作做得如何，直接影响到苗圃的苗木产量和经济效益。

本项目旨在通过苗木出圃的学习，掌握全流程技术要点和规范标准，深入理解起苗、分级、统计、检验与检疫、包装与运输、贮藏等关键步骤的操作方法，还能依据不同苗木的特性和造林绿化需求，确定科学合理的出圃规格标准。同时，通过参与苗木调查，精准把握苗木质量和数量，使其能够在实际工作中高效地进行苗木调配与供应，为后续的造林绿化工作提供坚实的保障。

任务一　苗木质量评价

任务描述

通过理论学习和实践操作，掌握苗木质量评价的关键技术，通过科学的评价方法，确保苗木能够安全、健康地移出苗圃，为后续的销售或移植奠定良好基础。

任务目标

1. 知识目标

①理解出圃苗木的合格标准。

②掌握不同的苗木调查方法。

2. 技能目标

①能够筛选出圃苗木。

②能够独立完成苗木调查工作。

3. 思政目标

①通过苗木质量评价的学习与实践，培养严谨细致的专业素养和一丝不苟的敬业精神，增强对林业生产质量把控的责任感。

②熟悉苗木质量评价的国家标准和行业规范，树立质量优先的职业操守，培养诚信服务和规范操作的职业素养。

任务要求

1. 遵循管理规范

穿戴好防护用品，确保个人安全。

2. 规范操作流程

制订合理的苗木质量评价计划，确保操作流程符合规范。

3. 团队协作

小组合作，根据成员特点合理分工。

操作流程

1. 前期准备

准备苗木评价所需的材料，包括测量工具（卷尺和卡尺）、记录表格、标记标签、数据记录设备等，确保材料齐全且符合要求。准备所有必要的器具，如测量仪器、数据采集设备、统计软件等，确保设备正常运行。学习苗木质量评价的理论知识，包括生长指标测量方法、健康状况评估标准、质量等级划分依据等。

2. 现场调查

前往苗木培育基地或种植区域，对苗木进行实地调查。记录苗木的基本信息，包括树种、苗龄、生长环境等。

3. 生长指标测量

测量苗木的关键生长指标，如地径、苗高、根系长度、根系完整性和枝叶发育情况等，确保数据的准确性和完整性。

4. 健康状况评估

检查苗木的健康状况，包括病虫害情况、叶片颜色、有无损伤等，记录异常情况并拍照留存。

5. 数据记录与分析

准确记录调查数据并进行整理，分析苗木的生长指标和健康状况，计算生长指标的平均值、标准差等统计参数，为质量评价提供数据支持。

6. 质量等级划分

根据行业标准或项目要求，对苗木进行质量等级划分。例如，将苗木分为优、良、中、差四个等级，明确各等级的划分标准。

注意事项

①操作时轻拿轻放，避免损伤根系、枝干及顶芽；测量地径时使用软尺或卡尺，防止树皮刮伤。根系完整性检查后，及时覆土或包裹保湿，防止根系失水。

②避开高温、大风或极端天气进行评价，避免苗木因环境胁迫导致数据偏差。优先选择清晨或傍晚时段操作，减少蒸腾作用对苗木状态的影响。

相关资料

苗木质量的优劣，不仅体现出育苗工作的成效，而且直接影响人工造林的质量。为了不断总结经验，可以给人工造林提供更多的优质壮苗，确切地对苗木的质量进行评估。这是苗木出圃前的准备工作之一。

一、苗木标准

1. 出圃苗木的合格标准

为保证造林苗木具有优良的品质，确定苗木出圃的具体规格，应了解苗木品质的各项指标。

（1）具有一定苗高和根径

优质壮苗首先应具有一定高度。苗木茎干要粗壮而直，上下均匀，无徒长现象。根径是指苗木根颈部位的直径（地际直径）。苗龄与苗高相同的苗木，根径越粗，质量越好。径高比是指苗木的根径与苗高之比，能反映苗木的质量。同一树种同龄苗木的径高比越大，说明苗木茎干越粗壮，木质程度好，造林成活率高。

（2）具有发达的根系

苗木的根系包括主根、侧根和须根，根系发育状况指主根长度、侧根条数及根幅大小。发达的根系是指主根达到一定长度，且粗壮不弯曲，侧根和须根多，根幅大。根系发达的苗木，造林后成活率高。但主根过长又会给栽植造成困难，容易窝根。适宜的主根长度因树种和年龄而异，一般针叶树种实生苗的主根长不应小于15 ~ 20cm，阔叶树种实生苗的主根长不应小于20 ~ 25cm。

（3）有适宜的茎根比

茎根比是指苗木地上部分与地下部分鲜重之比，表明苗木茎叶与根系生长的均匀程度。苗木质量大，说明苗木生长健壮，组织充实，贮藏营养物质多。然而，地上部分与地下部分的质量又要协调平衡。一般茎根比较小，说明苗木地上部分与地下部分发育均衡，苗木质量好。

（4）无病虫害和机械损伤

苗木出圃的根系应发育良好，起苗时机械损伤轻，根系的大小适中，可依不同苗木的种类和要求而异。另外，要求病虫害很少，尤其是带有极大病虫害危害性的苗木必须严禁出圃。以防止定植后病虫害严重，生长不好，树势衰弱，树形不整等而影响绿化效果。

（5）具有饱满的顶芽

对于萌芽力弱的针叶树种，要具有饱满的顶芽，且顶芽一定要没有开始萌芽。

在生产上评定苗木质量时，对以上各项苗木品质指标，必须加以综合考虑，还应结合生理指标加以评估。例如，苗木的含水率、化学成分、光合面积、光合速率、呼吸强度、根系的再生能力等。此外，若能将生理、生化和形态指标结合起来，采用红外线和荧光光谱仪等先进设备测定有关数据，综合评估苗木质量就比较准确了。然后，按相关育苗规程要求，结合各地苗圃的实际情况，制定出不同种类苗木出圃的规格标准。

2. 苗木等级标准

根据《主要造林树种苗木质量分级》（GB 6000—1999），苗木的质量等级将综合控制条件、根系、地径和苗高，确定合格苗的数量指标。以上数量指标中有任一指标达不到国家或省级标准中对应树种的Ⅱ级苗指标要求的，为不合格苗，不允许用于造林，应予以淘汰或再培育。达到要求的以根系、地径、苗高指标分级。分级时首先看根系指标，以根系所达到的级别确定苗木级别。

合格苗分为Ⅰ级、Ⅱ级两个等级，可出圃造林，主要用地径和苗高两项指标的尺寸表示。应用标准时，苗高20cm以下的苗木，苗高、地径两项指标中，有一项不达标准即降一级；苗高20cm以上的苗木，衡量苗木的质量以地径为主，如苗高为Ⅰ级，地径属Ⅱ级，则列为Ⅱ级苗，苗高属Ⅱ级，地径属Ⅰ级，则列为Ⅰ级苗。

3. 苗龄表示

苗龄包括从播种、扦插或嫁接到出圃所经历的时长，苗木实际生长的年龄，也就是苗龄。

（1）苗龄计算方法

苗龄是根据苗木主干的年生长周期计算的，即经历1个年生长周期作为1个苗龄单位。苗木地上部分从开始生长到当年停止生长，算完成了1个年生长周期，称为1年生；完成2个年生长周期，称为2年生，以此类推。移植苗的苗龄，包括移植前的年龄，组培苗的苗龄从炼苗移栽的时间开始计算。

（2）苗龄表示方法

苗龄用阿拉伯数字表示，第一个数字表示播种苗或营养繁殖苗在原地的年龄；第二个数字表示第一次移植后培育的年数；第三个数字表示第二次移植后培育的年数，数字间用短横线间隔，各数字之和表示苗龄，称几年生。例如，1–0，表示1年生播种苗，未经移植；2–2，表示4年生移植苗，移植1次，移植后继续培育2年；2–2–2，表示6年生移植苗，移植2次，每次移植后各培育2年；0.2–0.8，表示1年生移植苗，移植1次，0.2年移植后培育0.8年；$2_{(3)}$–1，表示2年的干，3年的根系，移植一次的插条、插根或嫁接移植苗。

二、苗木调查

苗木调查是对苗木的数量、质量进行客观的测量，以便获得单位面积上准确可靠的产量和质量数据。这项工作非常重要，其为制订生产计划和调拨、供销计划提供依据，是实现苗木标准化的重要环节。

1. 苗木调查时间

一般在苗木停止生长后出圃前进行苗木调查，即苗高、根径生长停止之后进行。落叶树种要在落叶前进行调查。在调查前，首先查阅育苗技术档案，并进入到生产区进行实际踏查，以便划分调查区和确定调查方法。凡是树种、品种、育苗方式等都相同的苗木，可以划为一个调查区。

2. 苗木调查方法

（1）标准地法

标准地法是指在育苗地上均匀地每隔一段距离选出一块面积为1m²的标准地，其调查面积总和应等于规定的标准地面积，在每块标准地上调查苗木数量和质量（苗高、地径等），其中除苗木数量必须每苗调查外，苗高和地径可不进行每苗调查。计算出每平方米苗木的平均数量和各等级苗木的数量，再推算全生产区的苗木总产量和各等级苗木的数量。此种方法适用于苗木数量大的撒播育苗区。

（2）标准行法

标准行法是指在要调查的苗木生产区中，每隔一定行数（如5的倍数）选出一行或一垄作为标准行。把全部标准行选定后，在标准行上再随机选出一定长度的地段，在选定的地段上测量苗木质量和数量，并计算调查地段苗行的总长度和每米苗行上的平均苗木数，以此推算出每亩的苗木质量和产量，进而推算出全生产区的苗木产量和质量。此种方法适用于移植苗区、嫁接苗区、扦插苗区、条播苗区、点播苗区。

（3）准确调查法

准确调查法是指逐株调查苗木数量，逐株或抽样调查苗高、地径（或胸径、冠幅），计算其平均值，以掌握苗木的数量和质量。有些小型苗圃为了精确了解情况，可以对准备出圃的苗木逐株进行苗木调查。此种方法适合于珍贵树种苗木、针叶树种苗木、苗木数量不多的育苗区。一般对地径在5～10cm的大苗都采用这种方法，以便出圃。

（4）抽样调查法

为了保证苗木调查的精度和减少工作量，可采取抽样调查的方法。

事先要拟定计划，做好充分的准备。按照抽样调查的有关要求，合理划分调查区，确定样地，进行苗木调查。然后进行统计分析和判断。

①划分调查区。根据培育的树种、苗龄、育苗方式、繁殖方法、密度和生长情况划分不同的调查区。在同一调查区内，树种、育苗方式、繁殖方法、密度、生长情况等应基本一致。当调查区内苗木密度和生长情况差异显著，而且连片有明显界限时，其面积占调查区面积10%以上，则应划分成两个调查区（好的、差的）分别进行调查。

②测量面积。调查区划分后，在同一调查区内，将全部苗床（或垄）按顺序进行统一编号，以便抽取样地。测量调查区总面积（包括水渠和步道）。

③确定样地。苗木调查要设置样地，样地就是在调查区内抽取有代表性的一定面积的地段。样地形状多样，长的称为样段（或样行），方的称为样方，实际调查中条播以样段、撒播以样方为宜。

样地的大小取决于苗木密度。在调查区内选择接近苗木平均密度的地段，一般以平均株数（20～50株苗木）所占面积为样地面积，针叶树种播种苗多以30～50株来确定样地面积。为了保证调查结果的可靠性，具有较高的精度，样地要均匀地分布在调查区内，才具有代表性。

样地数量的多少主要取决于苗木生长的整齐程度及苗木密度的变动大小。若苗木生长参差不齐，或苗木密度变动幅度较大，则样地数量适当增加；相反，则样地数量可适当少些。样地数量应适当，样地多工作量大，样地少数据少，精度低。

④苗木调查。先统计样地内苗木株数，得到总株数，再确定需测株数。一般需测60～200株，才能达到95%以上的精度。通常苗木生长整齐，株数可少些，60株即可；生长不太整齐的可多些，要测100株以上。株数确定后，再确定抽样间隔数量，即隔多少株测量一株。抽中测量的苗木，用卡尺测地径（距地表1cm左右处），单位为厘米，有效数字为小数点后两位数；高度以卷尺测量（从地面到顶芽），单位为厘米，取整数或一位小数。

⑤统计分析。将所测量的数据汇总，再分别对产量（株数）、质量（地径及苗高）进行统计计算。样地内苗木调查结束后，首先计算精度，当计算结果达到规定的精度（可靠性为90%，产量精度为90%，质量精度为95%）时，才能计算调查区的苗木产量和质量。

⑥得出结论。将上述抽样调查与统计分析结果汇总，判断是否达到规定的要求，说明所得结果的精度，为总结育苗经验提供依据。

任务二　苗木出圃技术

任务描述

通过理论学习和实践操作，掌握苗木出圃全过程，包括起苗、分级、统计、检验与检疫、包装与运输、贮藏等。为了保证出圃工作的顺利进行，必须做好准备工作，了解苗木的质量和数量。

任务目标

1. 知识目标

①理解苗木出圃的基本原则和流程。

②掌握不同种类苗木的出圃时机与方法。

③学习苗木分级标准和包装技巧。

2. 技能目标

①能够独立完成苗木的起挖、修剪和包装工作。

②正确使用各种出圃工具和设备。

③有效进行苗木的分类、标记和记录。

3. 思政目标

①扎根林业领域，树立爱岗敬业的职业操守，积极投身生态强省建设，成为林业生

态保护和可持续发展的积极倡导者与坚定践行者。

②培育责任意识与协同合作精神，助力苗木出圃技术的稳步提升。

任务要求

1. 遵循管理规范

穿戴好防护用品，确保个人安全。使用工具时要小心谨慎，避免因操作不当导致意外伤害，特别是在使用铲子、剪刀等工具进行起苗和修剪时，要注意正确的操作姿势和方法，防止意外发生。

2. 规范操作流程

制订合理的苗木出圃计划，严格按照苗木出圃的技术规范和流程进行操作。在起苗前，要对苗木进行仔细检查和筛选，确保苗木的质量和健康状况；在分级和包装过程中，要按照苗木的分级标准和包装要求进行操作，确保苗木的品质和市场价值。

3. 团队协作

小组合作，根据成员特点合理分工。

操作流程

1. 前期准备

准备起苗工具、包装材料等物资，检查设备运行状态，确保起苗和运输工作顺利进行。学习苗木出圃的理论知识，如苗木分级标准、检验方法、包装与运输要求等。

2. 起苗

根据苗木特点选择起苗方式，注意保护根系，确保苗木完整性和健康。

3. 苗木分级

制定分级标准，按规格和质量对苗木进行分类，淘汰不合格苗木，保障出圃苗木质量。

4. 出圃苗木统计

记录苗木种类、数量、等级等信息，建立档案，便于管理和追溯。

5. 苗木检验

对出圃苗木进行质量检验，检查外观、病虫害和根系状况，确保符合标准。

6. 苗木包装与运输

选择合适的包装材料，合理安排运输，确保苗木在运输过程中安全、无损伤。

7. 苗木贮藏

准备适宜的贮藏设施，定期检查苗木贮藏状况，确保苗木安全度过休眠期。

注意事项

①起挖时尽量保持根系完整。

②修剪时要遵循“轻剪重留”的原则。

③包装时要紧密但不过紧，以免压伤苗木。

④标记要清晰，信息要准确无误。

相关资料

一、起苗

起苗又称为掘苗，就是把苗木从苗圃地上挖起来，是苗木出圃的重要环节。起苗操作技术对苗木质量影响很大，一株经多年培育而又生长得很好的苗木，往往会由于起苗操作不慎，使根系受伤过重或只带很少的主、侧根，栽植后成活率变低，优良苗木变成废苗，给苗圃的经济收益造成损失。

1. 起苗时间

起苗时间原则上要在苗木的休眠期，落叶树种从秋季开始落叶到翌年春季树液开始流动以前都可进行起苗，最好是随起苗随栽植，容易成活。北方大多常绿树种在春季或雨季进行起苗，而南方则在秋后或梅雨季节进行。此外，休眠期也可进行起苗。起苗时间的确定，要根据当地土壤、气候条件，结合树种的生物学特性和经营上的要求等综合考虑。

（1）春季起苗

针叶树种、常绿阔叶树种以及不适于长期假植的根系含水量较多的落叶阔叶树种的苗木适宜春季起苗，随起苗随栽植。春季起苗宜早，以免延误整地、施肥、作床等一系列工作。起苗应在芽苞尚未开放之前完成，若芽苞已经开始活动则不能起苗，否则将大大降低造林成活率。一般春季起苗从土壤化冻15 ~ 20cm时开始，苗木萌动前结束。先起萌动早的苗木，后起萌动晚的苗木，先起原圃换床苗木，后起上山造林苗木。

（2）秋季起苗

大多数树种均可在秋季起苗。秋季起苗一般应在苗木的休眠期进行，即从秋季落叶后到春季树液流动前起苗。具体起苗时间应根据树种的造林特性与造林时期酌情确定。

从生物学观点看，苗木地上部分停止生长后，地下部分才逐渐停止生长，秋季起苗时根系受伤部分能在霜冻前恢复，而为翌春的生长创造有利条件，特别是春季萌动早的落叶松、桦木等，更为重要的是秋季起苗还可延迟地上部分的萌动时间。从经营观点上看，秋季起苗时间比春季长，劳力易安排，可以进行秋翻地，以利改良土壤，减少病虫害，翌春及时开展春季作业。

秋季造林的苗木，应在落叶后起苗，最好随起苗随栽植，以便霜冻前根系能恢复创伤，第2年春提前萌动、生长，有利于提高造林后的成活率。起苗顺序应按造林需要和树种特性合理安排，通常先起落叶早的，如黄檗、水曲柳、核桃楸等，后起落叶晚的，如落叶松、杨树、柳树等。起苗后可栽植，也可假植。

此外，春季干旱风大的西部、西北部地区，有时进行雨季绿化。因此，常绿针叶树种苗木可在雨季起苗，随起苗随栽植。在比较温暖，冬天土壤不结冻或结冻时间短，天气不太干燥的地区，冬季也是植树的适宜时期，可随起苗随栽植。

2. 起苗方法

（1）人工起苗

人工起苗分为裸根起苗和带土球起苗。

裸根起苗适用于落叶树种大苗、小苗和常绿树种小苗的起苗。大苗裸根起苗要单株挖掘。挖苗前先将树冠拢起，防止碰断侧枝和主梢。然后，以树干为中心按要求的根幅画圆，在圆圈外挖沟，切断侧根。挖到一半深时逐渐向内缩小根幅，挖到要求的深度时缩小至根幅的2/3，使土球呈扁圆柱形。达到深度要求时，将苗木向一侧推倒，切断主根，抖落泥土，将苗木取出，并修剪被劈裂和过长的根系。1～2年生针叶树种小苗，可用锹或起苗镢自苗床或垄的一端挖掘，将苗起出，然后顺苗床或垄向前挖掘，起出所有的苗木；阔叶树种和多年生针叶树种大苗，起苗时，应用镐先将周围的土刨松，找出主要根系，然后按要求长度，剪断苗木根系，起出苗木。起出的苗木要抖落根上的泥土，集中放在遮阴处或用湿物覆盖遮阴，以免苗木失水和根系干枯。

带土球起苗适用于较大的针叶树种和多数常绿阔叶树种、珍贵树种及少数落叶阔叶树种，它们的根系不发达，或须根很少，或发须根的能力弱，而蒸腾量却较大，故移植较难成活，应带土球起掘。挖苗前先将树冠拢起，防止碰断侧枝和主梢。然后以树干为中心按要求的根幅画圆，在圆圈外挖沟，切断侧根。挖到一半深时逐渐向内缩小根幅，挖到要求的深度时缩小至根幅的2/3，使土球呈扁圆柱形。一般土球半径为根颈直径的5～10倍，高度约为土球直径的2/3。达到要求的深度后用草帘或草绳包裹好，将苗木向一侧推倒，切断主根，将苗木取出。土球直径在30cm以下，可不用草绳打包，而仅用蒲包、稻草或麦秆包扎即可。

此外，在东北地区可利用冬季土壤结冻层深的特点进行冰坨起苗。冰坨起苗的做法与带土球起苗大体一致。在入冬土壤结冻前进行，先按要求挖好土球，挖至应达到的深度时暂不取出，待土壤结冻后再截断主根将苗木取出。冰坨起苗，运途不远时可不包装。

（2）机械起苗

对于一些大、中型苗圃，有起苗设备的单位，可用“U”形犁或专门的起苗机起苗。机械起苗质量好，省工，效率高。

不论哪种方式起苗，必须保证起苗质量。要特别注意起苗工具要锋利，苗木根系要完整，不伤根，不劈裂。一般针叶、阔叶树种实生苗的起苗深度为20～30cm，扦插苗为25～30cm。同时，还应保护好苗干和枝芽，特别是针叶树种，务必不要碰伤顶芽。应避免在干燥、风天或雨露未干时起苗，以防根系失水过多而风干，或使茎叶挂上泥土，影响呼吸，以及由于践踏使土壤结构遭到破坏。土壤大干时，可在起苗前2～3天适当灌水，待土壤适于耕作时再起苗，这样可减少根系受损伤，并提高工作效率。

二、出圃苗木的分级

苗木分级又称为选苗。即按照苗木质量标准，将起出的苗木进行分级。苗木之所以需要进行分级，是由于培育的苗木，在生长发育方面发生分化，如果将生长发育不一致的苗木，不经分级就运去造林，则影响造林质量，苗木分级可使造林后林相整齐，分化较慢，抚育管理方便。

（1）小规格苗木

根据《主要造林树种苗木质量分级》（GB 6000—1999），根据苗高、地径、根系情况（根长、大于5cm侧根数量和根幅）以及综合控制指标进行分级。合格苗分为Ⅰ级和Ⅱ级两个等级，由地径和苗高两项指标确定，在苗高与地径不属于同一级别时，以地径所属级别为准。

①合格苗。合格苗是指达到质量分级标准要求的苗木，具体又可再分为Ⅰ级苗、Ⅱ级苗。

②不合格苗。不合格苗是指达不到质量分级标准要求，但仍有培养价值的苗木。

③废苗。废苗是指既达不到质量分级标准要求，又无培养价值的苗木。例如，断顶针叶树种苗木、病虫害和机械损伤严重的苗木等。

在背风遮阴处，能保持低温和湿润的室内条件最理想，分级速度要快，尽量减少苗木根系裸露的时间，以防止失水，分级后立即包装或贮藏。

（2）中、大规格苗木

在生产上，中、大规格苗木通常选择干径、土球直径、枝下高、苗高、冠径、分枝数（或侧枝层数）作为苗木的分级质量指标。但不同类型的苗木其分级的指标、标准不同，目前尚无统一分级标准，只有一些地方制定了分级标准，且只规定了苗木质量要求，不划分等级，见表2–8。

表2-8　苗木质量要求

苗木类型	苗木质量要求
乔木类	乔木类以干径、苗高、冠径、主枝长度、分枝点高和移植次数为规定指标；具有主轴的应有主干，主枝3～5个，主枝分布均匀；落叶大乔木慢生树种干径5cm以上，速生树种干径7cm以上；落叶小乔木干径3cm以上；常绿乔木树种高2.5m以上；高接乔木嫁接时间应在3年以上，接口平整、牢固
灌木类	丛生型灌木要求灌丛丰满，主、侧枝分布均匀，主枝数不少于5个，主枝平均高度1m以上；匍匐型灌木要求应有超过3个达到0.5m以上的主枝；单干型灌木要求具有主干，分枝均匀，基径在2cm以上，苗高1.2m以上；绿篱（植篱）用灌木类要求冠丛丰满，分枝均匀，下部枝叶无光秃，苗龄3年生以上
藤本类	藤本类要求分枝数不少于3个，主蔓直径应在0.3cm以上，主蔓长度应在1m以上
竹类	竹类以苗龄、竹叶盘数、土坨大小和竹秆个数为规定指标；母竹为2～5年生苗龄；散生竹类苗木要求大、中型竹苗具有竹秆1～2个；小型竹苗具有竹秆5个以上；丛生竹类苗木每丛竹具有竹秆5个以上

三、出圃苗木的统计

为了正确计算苗木总产量和等级苗产量，分级时将苗木每50～100株扎成一捆，然后分级统计数量，以便为造林提供准确的苗木信息。或者采用称重的方法，由苗木的质量折算出其总株数。大苗逐株清点数量。

为防混乱，苗木分级打捆后，应随即挂上标签，注明树种、苗龄、总数、捆数、本捆株数、起苗时间等内容，以便调运、贮藏时核对。

四、苗木检验与检疫

为了防止病虫害的传播与扩散，起苗后至包装运输之前，应对苗木进行检验、检疫。在进行苗木销售时，必须具有苗木检验证、苗木检疫证、苗木产地标签（包括苗木类别、树种或品种名称、产地、质量指标、苗木生产许可证或经营许可证编号等信息）。

1. 苗木检验

凡出圃苗木，均应该进行苗木检验，并具有苗木检验证。起苗后，苗木检验要在一个苗批内进行，采取随机抽样的方法。成捆苗木先抽样捆，再在每个样捆中各抽10株，不成捆的苗木直接取样株。一般的造林苗木按照《主要造林树种苗木质量分级》（GB 6000—1999）规定的方法进行检测，园林绿化大苗可参照地方标准进行检测。如果在同一批苗木中，低于该等级的苗木数量超过5%，应进行复检，符合规定要求后，可填写苗木检验证。

2. 苗木检疫

需要向外县调运的苗木要经过检疫并具有苗木检疫证。常用的检疫方法有筛选法、解剖法、灯光透视法、染色法、比较法、洗涤法、切片法、分离培养法、隔离苗圃法等多种。检疫时，应严格遵守操作规程，勿使任何检疫对象漏检。

检疫时如发现检疫对象，应及时划出疫区，封销苗木，并及时采取措施就地进行消毒、熏蒸、灭菌，以扑灭检疫对象。对于未发现检疫对象的苗木，应发放苗木检疫证，准予运输。

五、苗木包装与运输

1. 苗木包装

苗木起苗分级后，都要运往造林地。在调运过程中，不论远近都需要妥善包装。苗木包装的目的是防止苗木干燥，不使苗木在运输过程中受到损伤或降低苗木质量，包装良好的苗木也便于搬动和运输。因此，要做好这道工序，并根据造林需要做到随取苗、随包装、随运输。

（1）包装前根系的处理

如果运途较长，运输时间超过1天，需要在包装前，对根系进行处理。可以将苗木根系蘸上泥浆，使其总是处在潮湿的包裹之中，不与干燥的空气直接接触；也可以使用吸水剂浸蘸苗木根系，可吸收其自身质量数百倍的水分，包裹苗木根系后，其水分大部分能被苗木根系吸收，又不会蒸发散失，可使长途运输苗木免受干燥的危害。吸水剂的水分被利用完后，通过降水、灌溉又可继续吸水，而且吸水力很强，可较长时间供应苗木生长需要。这种用吸水剂处理的苗木造林成活率高，生长好。此外，还可以用抑制蒸腾的物质喷洒苗木枝干和苗木根系，以堵塞气孔和皮孔，减少蒸腾耗水，以保持苗木体内的水分。抑制蒸腾的物质主要包括石蜡乳剂及一些脂肪酸、高碳酸、环氧酸等。

（2）包装材料

常用的包装材料有草包、麻袋、草片、蒲包、塑料袋、集装箱、纸箱等。

（3）包装方法

包装方法可分包装机包装和手工包装。对于小的裸根苗，一般先将湿润物（如苔藓、湿稻草和麦秸等）放在包装材料上，然后将苗木根对根地放在上面，并在根系间加些湿润物，如此放置到适宜的质量后（20～30kg），将苗木卷成捆，用绳子捆住，捆时不要过紧，以利于空气流通。在每捆苗木上挂上标签，标明树种、苗龄、苗木数量、苗木等级和苗圃名称。

对于针叶树种和大部分常绿阔叶树种，因有大量枝叶，蒸腾量较大，而且起苗时损伤了较多的根系，起苗后和定植初期，苗木容易失去体内的水分平衡，以致死亡。因此，这类树木的大苗起苗时要求带上土球。带土球的大苗应单株包装。为了防止土球碎散，以减少根系水分损失，挖出土球后要立即用塑料膜、蒲包、草包和草绳等进行包装。小土球和近距离运输可用简易的四瓣包扎法，即将土球放入蒲包或草包上，拎起四角包好。大土球和较远距离的运输，可采用橘子式、井字式、五角式等方法包扎。对特殊需要的珍贵树种有时用木箱包装。包装时同样要在外面附上标签。

2. 苗木运输

（1）容器苗运输

容器苗运输必须带容器一起运输，为保证运输途中无损伤，应将容器小心码放，苗木要装载整齐，防止互相挤压，可配备具有分层层架结构的专门运输车运输。

（2）裸根苗运输

裸根苗运输需要在车的底板上用草袋等材料铺垫，以免擦伤干皮，碰坏苗木根系。小规格苗木直接捆好装车。装车不宜过高过重，压得不宜太紧，以免压伤苗木枝条和苗木根系；苗梢不准拖地，必要时用草绳围拴吊拢起来。草绳与苗木接触部分，要用蒲包垫好，以防伤损干皮；装裸根乔木时应苗木根系朝前，苗梢向后，顺序排码；长途运苗最好用苫布将苗木根系盖严、捆好，这样可以减少苗木根系失水。

（3）带土球苗运输

带土球苗运输时，2m高以下的苗木，可以直立装车；2m高以上的苗木，则应斜放，或完全放倒，土球朝前，苗梢向后，并立支架将苗冠支稳，以免行车时苗冠晃摇，造成散坨。土球规格较大，直径超过60cm的苗木只能放1层；小土球则可放2～3层。土球应相互紧靠，还应用木块、砖头支垫，以防土球晃动。土球上不准站人或压放重物，以防压伤土球。

苗木运输途中，必须要有专人在苗木运输中跟车押运，并带有当地检疫部门的苗木检疫证。运输工具要求清洁、牢固。运输途中要注意检查，防止苗木干燥发热，宜用席子、麻袋、草帘、塑料膜之类的东西盖在苗木上。在运输期间要检查包内的湿度和温度，如果包内温度高，要把包打开通风，并更换湿草以防发热。如果发现湿度不够，可适当喷水。中途必须停车时，应及时向苗木泼些清水，以保持湿润和降低温度。苗木运抵目的地后，应立即拆包进行假植或栽植，并尽快组织造林。但如果运输时间长，苗木根系较干时，应先将苗木根系用水浸一个昼夜后再假植或栽植。

六、苗木贮藏

起苗后如不能立即栽植或运到林地后不能立即栽植或当时栽植不完，必须将苗木暂时集中起来进行贮藏，最大限度地保持苗木的生命力。主要的贮藏方法有假植、窖藏、坑藏、垛藏和低温贮藏。这里主要介绍最为常用的两种方法。

1. 假植

假植是将苗木根系用湿润的土壤进行暂时的埋植，目的是保护苗木根系免于被风吹日晒而干枯、失水，降低造林成活率。

假植分为临时假植和长期假植。起苗后不能及时运出苗圃或运到目的地后未能及时栽植，需进行临时假植。临时假植时间一般不超过10天。秋天起苗，假植到第2年春栽植的称为长期假植，也称为越冬假植。

假植时，选择遮阴、背风、排水良好、便于管理和不影响春季作业的地段，挖东西向的假植沟，沟深视苗木大小而定，一般35～45cm。沟向一侧倾斜，把待假植的苗木单株或成小捆排在假植沟内，使苗梢向南。然后用湿土将苗木根系及下部苗干埋好，踏实，再覆些松土即可。越冬假植应在苗木上覆盖稻草、麦秸等，以保湿、保温。

假植的要点是“疏排、深埋、实踩”。如果苗木根系有失水现象，可先将根系浸水一天，再假植。如果土壤干燥，假植前后可以灌水以增加土壤湿度。但浇水不宜太多，以防苗木烂根。风沙严重或环境空旷的苗圃，为防风沙、干旱侵袭，可用秸秆覆盖或设防风障，加以防护。为了便于造林时起苗和运输，假植地每隔一定距离可留出适当的步道。假植树种较多，数量较大的苗圃，应在每段假植沟头插牌标明树种（品种）、苗龄、苗木数量、起苗时间、假植日期等，以便于管理和调运。假植期间应注意经常进行检查。发现覆土下沉，说明填土不实，出现空隙，应及时培土，以防透风。春季化冻时，要及时清扫积雪，以防雪水浸苗。春季不能及时造林时，应采取措施降温，以防苗芽萌发。

2. 低温贮藏

为了更好地保证苗木安全越冬，延迟苗木翌春发芽的时间和延长造林季节，可以把苗木放在能维持较低温度的场所，进行低温贮藏。可利用气温较低的房舍、地窖、冰窖和其他冷藏设备贮藏苗木。低温贮藏苗木，关键是控制适宜的温度、湿度和通气条件。一般温度应保持在0～3℃，最高不超过5℃。湿度应保持在85%～90%，这样既适于苗木休眠，又不致使苗木干枯，还不会造成冻害，以达到安全越冬的目的。

模块三

苗圃建立

项目一 苗圃项目筹备阶段

项目导读

苗圃是具有一定面积且满足培育苗木目的的土地，以及具有能够通过采用多种技术途径达到繁育和经销各种苗木的生产企业或单位。苗圃的建立是林木速生丰产的重要环节。苗圃建立的好坏直接影响苗木的产量、质量与成本。

本项目旨在通过苗圃规模化培育的学习，理解苗圃建设的重要性及其在林业生产和生态建设中的核心作用，了解苗圃的特色定位与科学规划、苗圃地的选择和区划技术，掌握苗圃建设的关键环节。同时，注重培养爱岗敬业精神和生态保护意识，积极参与生产管理，增强社会责任感。

任务一 苗圃的特色与定位

任务描述

通过理论学习和实践操作，探究苗圃的特色植物种类，明确苗圃的功能发挥与经济效益。从市场需求出发，结合植物生长习性，提出合理的苗圃定位与发展策略，为后续苗圃建设和管理奠定坚实基础。

任务目标

1. 知识目标

①了解不同规模苗圃的优缺点，学习如何根据市场需求和地理条件确定苗圃规模。

②了解常见绿化树种、珍稀树种的生长习性，掌握市场对苗木种类、规格的需求动态，为苗圃定位提供依据。

2. 技能目标

①能够根据苗圃的特色植物种类、地理位置、市场供需状况，制定科学合理的苗圃定位和发展策略，包括短期生产计划和长期发展规划。

②掌握实地调研的方法和技巧，能够收集、整理和分析与苗圃相关的数据，如土壤肥力、气候条件、市场需求等。

3. 思政目标

①通过苗圃定位的学习，培养科学决策和系统思维能力，增强对林业产业发展的责任感，厚植“绿色发展”理念，助力林业现代化建设。

②在苗圃特色打造中，树立创新意识和市场导向思维，践行“生态优先、产业兴旺”的发展理念，培养服务社会、推动乡村振兴的职业使命感。

任务要求

1. 遵循管理规范

穿戴好防护用品，确保个人安全。

2. 规范操作流程

制订合理的计划，确保操作流程符合规范。

3. 团队协作

小组合作，根据成员特点合理分工。

操作流程

1. 前期准备

准备好调研所需的工具和材料，如测量工具、相机、笔记本、问卷等，确保设备可用。收集并学习苗木生产相关的知识资料，研究当地市场需求和政策导向，了解行业动态和趋势。

2. 案例分析

分析典型苗圃的案例，总结成功经验和失败教训，提炼可借鉴的定位和发展策略。

3. 筛选适销树种

根据市场需求和苗木生长习性，筛选出适销对路的树种，合理搭配，形成产品特色。制定长短线结合的生产策略，确保苗圃的短期经济效益和长期发展目标相结合。

注意事项

①确保信息来源的可信度，在资料收集过程中，优先选择权威、可靠的资料来源，如政府发布的统计数据、行业报告、学术文献等，确保所用信息准确、真实。

②在分析过程中，充分考虑苗圃所在地的现实状况，包括自然条件、社会经济条件、政策环境等，避免仅限于理论探讨，确保提出的苗圃定位与发展策略具有可操作性。

③将收集到的资料进行有序的归纳和分类，按照不同的主题或用途进行整理，方便后续研究与教学应用，提高工作效率。

相关资料

一、确定苗圃的规模

各地标准不一，且苗圃建设的规模首先应由所投资金来决定。《林木种苗工程项目建设标准》划分标准规定如下。

1. 小型苗圃

小型苗圃面向一个县（市、区）和一般工程项目，依托大、中型苗圃和良种基地提供的新品种和良种，定量生产苗木。总面积12 ~ 24hm^2，育苗面积10 ~ 20hm^2，以专业化或特色化育苗为主，重点培育乡土树种、珍贵树种或经济林苗木。纳入地方保障性苗圃体系，优先获得财政补贴和技术指导，适合区域性特色种苗培育及试验性种植。

2. 中型苗圃

中型苗圃面向一个市、州或重点生态项目，生产优质苗木，并具有一定的调控功能和示范作用。总面积25 ~ 48hm^2，育苗面积21 ~ 40hm^2，运用先进技术、管理经验和良种繁育中心的原种繁殖材料，按规模化要求组织生产。需建立标准化生产流程，苗木出圃前经第三方质量检测，合格率≥90%，满足地方生态工程和绿化项目的规模化苗木供应。

3. 大型苗圃

大型苗圃面向一个省、自治区、直辖市或重点生态工程，批量生产优质苗木，具有区域调控作用和示范、试验功能。引进国内外科研成果、新技术和新品种，按规模化、工厂化要求组织生产。总面积49 ~ 72hm^2，育苗面积41 ~ 60hm^2，配备机械化作业设备和智能监测系统承担区域化良种繁育和商品苗生产核心功能。

4. 特大型苗圃

特大型苗圃面向全国和较大的重点生态区域，批量生产优质苗木，对全国苗木生产进行宏观调控。应引进国内外先进技术、繁殖材料和管理经验，按产业化、工厂化要求组织生产经营，生产和管理技术与国际接轨。总面积>72hm^2，育苗面积>60hm^2。

二、确定苗圃的种类

1. 按建设标准划分

（1）现代化苗圃

现代化苗圃是指采用先进信息技术（物联网、区块链）、智能装备（自动化灌溉系统、环境调控设备）及现代管理模式，实现种苗生产全程数字化、精准化、标准化的新型苗圃。重点配置智能温室、LED 补光系统、基质消毒生产线等设施，具备远程监控、数据化管理及全产业链追溯能力。

（2）机械化苗圃

机械化苗圃是指以机械作业为主要生产方式，配备整地、播种、扦插、施肥、喷药、起苗等全程机械化装备，实现育苗环节机械化率≥80%的专业化苗圃。重点配置精量播种机、扦插机器人、无人机植保系统等设备，显著提升生产效率与标准化程度。

（3）专业化苗圃

专业化苗圃是指聚焦特定苗木类型（如珍稀树种、经济林苗木、绿化观赏苗）或专项技术（如容器育苗、组培快繁），具备独特技术优势与市场定位的苗圃。需满足《林木种子生产经营许可证管理办法》中专项资质要求，形成差异化核心竞争力，如专注于红豆杉扦插育苗的专业化基地。

（4）一般苗圃

一般苗圃是指以常规技术开展苗木生产，主要培育乡土树种、普通绿化苗或经济林苗木，设施设备配置满足基本育苗需求的苗圃。生产规模通常≤200亩，生产环节以人工或半机械化作业为主。

2. 按苗圃培育苗木的用途或任务分类

（1）森林苗圃

森林苗圃是指以培育营造用材林所需苗木为主要任务的苗圃。森林苗圃一般面积较大，育苗树种较单纯，注重所育苗木的速生与优质，且多数靠近造林地，多培养材质优良的用材树种苗木供就近造林需要。

（2）防护林苗圃

防护林苗圃是指以培育营造防护林用苗为主的苗圃。防护林苗圃育苗的树种较复杂，而且特别注重培育苗木的抗逆性。苗圃地面积一般较大，且多靠近造林地，立地条件一般都不如森林苗圃。

（3）园林苗圃

园林苗圃是指以培育城市园林绿化所需苗木为主要任务的苗圃。园林苗圃面积多数较小，但所育苗木种类繁多，苗圃地多靠近城镇，立地条件和经营条件多高于森林苗圃和防护林苗圃。

（4）果树苗圃

果树苗圃是指以培育果树苗木为主要任务的苗圃。由于多数果树应用嫁接苗栽植建园，所以先要培育砧苗，并在苗圃内嫁接。因此，果树苗圃通常立地条件较好，经营条件也高于森林苗圃。

（5）特用经济林苗圃

特用经济林苗圃是指专门培育特用经济树种的苗圃或以培育特用经济林为主的苗圃。例如，专门培养桑树苗木、油茶苗木等。苗圃地立地条件较好，经营强度较高。

（6）实习实验苗圃

实习实验苗圃主要是指供科学实验所用的苗圃。苗圃的生产计划主要依从于科学研究的需要，所培育的苗木种类繁多（每种数量不一定很多），试验设计复杂，育苗方法多样，实施的难度较大。实习实验苗圃多靠近研究单位，立地条件与经营条件较好，技术较强。

（7）综合性苗圃

综合性苗圃是指一种具有多种经营内容的苗圃。综合性苗圃面向社会需要，既培育用材林苗木，又培育防护林苗木、园林绿化苗木、果树苗木和特用经济林苗木；既为城市培育商品苗木，又独立或与科研教学部门协作进行一定的科学试验，同时还兼做试验、示范、推广工作。

3. 按苗圃使用年限的长短分类

（1）固定苗圃

固定苗圃又称为永久性苗圃，它是连续在一个地方多年（几年、十几年，甚至更长）进行苗木培育的苗圃。固定苗圃的特点是经营时间长、面积大、培育的苗木种类多。其优点是劳力固定，经营集约，技术力量强，便于机械化作业，能有计划地大量生产苗木，有利于开展科学研究工作，能培养技术人员和技术工人，不断提高育苗技术水平。

（2）临时苗圃

临时苗圃是指在接受大批量育苗合同订单需要扩大生产用地面积时设置的苗圃，或为短期完成某一特定地区造林任务而设置的苗圃。当造林任务完成或市场对苗木需求减少时，便停止育苗作业而改作他用。临时苗圃的特点是经营时间短（一般1～3年），面积小，所培育的苗木较单纯。其优点是可以做到就地育苗，就地造林，苗木适应造林地环境，无须长途运输，造林成活率较高；育苗工作简单，投资少，成本低，适于群众性育苗活动。其缺点是不具备固定苗圃的优点；有些苗圃地设置偏远，管理粗放，苗木产量低，质量差。

临时苗圃根据设置地点不同，又可分为林间苗圃和山地苗圃。林间苗圃是设置在林间较大空地上的苗圃，用以培养林地补植和采伐迹地更新造林用苗。山地苗圃是设置在荒山、森林迹地或林缘外的苗圃，主要是培育荒山造林、采伐迹地更新造林用苗。

4. 按苗圃育苗树种数量划分

（1）专类苗圃

专类苗圃是指专门培育某一植物类群或具有特定功能苗木的苗圃，如彩叶树种苗圃、耐盐碱苗木苗圃、药用植物苗圃等。聚焦目标植物的生态适应性研究与定向培育，配套专项技术规程。

（2）综合苗圃

综合苗圃是指具备多品类苗木生产（如林木种苗、花卉、果树苗木）、科研示范、技术培训等复合功能的苗圃。分区设置生产区、科研区、展示区，配备组培实验室、苗木检测中心等设施，形成“产－学－研－销”一体化体系。

此外，苗圃还可以按苗木规格分为大苗经营苗圃、小苗经营苗圃、大小苗木混合经营苗圃、地方特色苗木兼其他品种经营苗圃；按苗圃的功能分为以零售为主的苗圃和以批发为主的苗圃；按苗木种植方式分为地栽苗圃和容器栽培苗圃。

三、确定树种及品种

以调查市场需求及行业需求为依据，在充分了解园林苗木地域性分布特征的基础上，突出树种的特色，不断引进开发新的、优良的园林苗木品种，不断更新原有的苗木产品结构。

四、苗木生产长短线结合

苗木生产要考虑长短线结合的问题，即根据树种的生长特性和生长周期，合理规划苗圃的种植区域，确保每个树种都能得到适宜的生长环境。长线产品是指市场上绿化、美化热销的不可缺少的苗圃品种，如苗圃中大规模生产的乔木，这种树种具有占地面积大，在圃时间长，资金周转慢，相对投入成本高的特点，对于小型苗圃来说难以经营。短线产品是指苗圃中繁殖养护周期短、技术简单的苗圃产品。长短线结合意味着在规划苗圃时，既要考虑短期内的苗木生产需求和市场供应，又要兼顾长期内的树种选择和生态平衡。

任务二　苗圃地的选择

任务描述

通过理论学习和实践操作，掌握苗圃地选择的关键原则和规划布局方法，从自然条件、社会经济条件等多方面综合考量，选择适宜的苗圃地，为培育优质苗木提供保障。

任务目标

1. 知识目标

掌握苗圃地选择的条件，学习苗圃地选择的关键要素，包括土壤质地、水源条件、气候环境、地形地貌、交通便利性以及周边生态环境等，理解这些条件对苗木生长的影响。

2. 技能目标

①具备实地考察和评估土地适宜性的能力，能够综合考虑各种自然和社会经济因素，选择出适合建设苗圃的土地，并能够进行初步的规划布局。

②能够对苗圃地的自然条件和社会经济条件进行综合评估，撰写评估报告，为苗圃建设提供科学依据。

3. 思政目标

①通过学习苗圃地选择的科学方法，培养严谨细致的专业素养和吃苦耐劳的精神，增强对林业生产的责任感。

②在苗圃地选择中，树立生态保护意识，践行“绿水青山就是金山银山”的理念，助力乡村振兴和生态环境改善。

任务要求

1. 遵循管理规范

穿戴好防护用品，确保个人安全。特别要注意野外环境中的潜在危险，如崎岖地形、野生动物等。使用工具时要严格遵守操作规程，避免因操作不当导致意外伤害。

2. 规范操作流程

坚持“先调研、再评估、后决策”的原则，确保操作流程符合规范。具体而言，先收集和分析相关资料，再进行实地调研，之后根据调研结果进行苗圃地的综合评估，最后根据评估结果进行决策。

3. 团队协作

小组合作，根据成员特点合理分工。

操作流程

1. 前期准备

准备相关资料和工具，如土地适宜性评估报告、地形图等。学习苗圃地选择的相关知识，包括自然条件、社会经济条件等方面的要求。

2. 案例分析

选取典型苗圃地的选择案例进行分析，总结成功经验和存在的问题。

3. 苗圃地的选择

根据目标树种和经营方向，选择合适的地理位置，考虑地形、土壤、水源、气候等因素，确保土地肥沃、水源充足、排水良好。评估交通便利性、劳动力资源、市场距离等，确保苗圃运营的经济性和可持续性。

注意事项

①现场核实地形、土壤、水源等自然条件，确保符合苗木生长需求。

②观察苗圃地周边生态环境，如植被类型、野生动物活动情况等，避免在生态脆弱或受保护的区域建设苗圃。

③结合苗圃的长期发展规划，评估苗圃地的扩展潜力和适应性，确保苗圃在未来的发展中有足够的空间和资源。

相关资料

苗木培育是一种高度集约经营的生产过程，苗圃地的选择直接影响苗木产量和质量以及苗木生产成本。特别是固定苗圃，由于经营年限长，若苗圃地选择不当会给生产带来不可弥补的损失。因此，选择苗圃地要十分慎重，要从各个方面进行综合分析。

一、确定苗圃地的位置

苗圃地的位置代表着特定的自然环境，体现着一定的经营条件。苗圃地的位置一经选定，其经营条件和自然条件以及即将采取的多项技术措施在很大程度上便已确定。因此，确定苗圃地的位置十分重要。苗圃地的位置确定要注意以下几个方面的问题：

①苗圃地要设在造林地中心或尽可能靠近造林地。这样可以缩短苗圃地与造林地的距离，减少运苗过程中失水而降低苗木质量。同时，因苗圃地环境与造林地基本一致，造林后苗木容易成活，有利于幼树的生长。

②苗圃地应设在交通方便的地方，以便于苗木出圃和育苗物资的运入。在城市附近设置苗圃地，交通方便；乡村的苗圃地（苗木基地）距离城市较远，为了方便快捷运输苗木，应当选择在等级较高的省道或国道附近设置苗圃地。

③苗圃地最好设在距居民点较近的地方，以便于解决季节性临时用工和住房等问题。

④苗圃地最好选在有电力供应，靠近林业专业机构的地方，以便于采用先进的育苗技术，及时获得技术指导，开展科学试验活动。

⑤苗圃地应远离工业污染源，防止工业污染对苗木生长产生不良影响。

⑥苗圃地建立也必须考虑苗木供应的区域。将苗圃地设在苗木需求量大的区域内，往往具有较强的销售竞争优势。即使苗圃地的自然条件不是十分优越，也可以通过销售优势加以弥补。

二、苗圃地选择的条件

1. 自然条件

自然条件对苗木生长的影响是各种自然因子综合作用的结果。各因子间相互联系、相互影响、相互制约。在一定条件下，某一因子可能起主导作用，其他因子处于次要地位。

（1）土壤条件

土壤是苗木赖以生存和生长发育的基础，苗圃地土壤的质量直接影响苗木的质量和产量。苗圃地土壤的质量决定着育苗所采取的技术措施、经营方式、资金和劳力投入、育苗成本等，关系到育苗任务的结果。因此，选择苗圃地土壤十分重要。

①土壤结构。团粒结构的土壤通气性和透水性良好，且温热条件适中，有利于土壤微生物的活动和有机质的分解，土壤肥力较高，土壤地表径流少，灌溉时渗水均匀，有利于种子发芽出土和幼苗的根系发育，同时又便于土壤耕作、除草松土和起苗作业。

②土壤质地。选择较肥沃的砂质壤土、轻壤土和壤土为好。砂土、重黏土和盐碱土均不宜作为苗圃地。砂土贫瘠，表面温度高，肥力低，保水性差，不利于苗木生长。重黏土结构紧密，透水性和通气性不良，温度低，平时地表易板结或龟裂，雨后泥泞，排水不良，也不利于幼苗出土和根系发育。较重的盐碱土，因盐分过多，对苗木易产生严重的毒害作用，影响生长，甚至造成苗木死亡。

③土壤pH。土壤pH过高或过低都不利于苗木生长。土壤pH过低，会降低土壤中磷和其他营养元素的有效性，不利于苗木生长；土壤pH过高也会降低磷、铁、硼、锌、锰等元素的作用，促进有害微生物的繁殖，给苗木生长带来危害。各种树木对土壤pH也有不同的适应性。一般针叶树种苗木适宜的土壤pH为5.0～7.0，多数阔叶树种苗木适宜的土壤pH是6.0～8.0。建圃时可根据主要育苗任务选择适宜的土壤。

④土层厚度。一般50cm以上的肥沃土壤，才能满足苗木根系的良好发育。

（2）气候条件

区域气候条件决定苗圃地与用苗地的距离，原则上应具有相近的气候条件。微气候条件往往由地形地势引起，直接影响苗圃地的选择，也与后期苗圃地的生产管理措施的制定密切相关。原则上应不能选择为今后苗木培育带来极端限制的气候条件，如冻拔、日灼、霜害等。因此，应选择气候条件比较稳定、灾害性天气很少发生的地区。

（3）病虫害和植被情况

要进行病虫害调查。了解苗圃地及周边的植物感染病害和发生虫害的情况，若该处病虫害曾严重发生，并且未能得到治理，则不宜作为苗圃地，尤其对林木有严重危害的病虫害应格外警惕。苗圃地是否生长着某些难以根除的灌木地的杂草，也是需要考虑的问题之一。如果不能有效控制苗圃地的杂草，对育苗工作将产生不利影响。

（4）水文条件

水分是苗木生长的必需因子。苗圃地应有充足的水源条件以供灌溉，特别是在干旱地区更为重要。苗圃地最好设在靠近河流、湖泊、池塘和水库的地方，若无自然水源，就应打井灌溉。

苗圃地的地下水位不宜过高或过低。地下水位高会使根系发育不良，苗木徒长，使苗木在硬化期不能充分木质化，还可能影响土壤通气，导致根系发育不良或腐烂。有些地区还可能引起土壤盐渍化。地下水位过低，毛管水上升不到土壤表层，地下水不能补充土壤表层，苗木无法利用。适宜的地下水位，因土壤质地而异。砂土中土壤黏粒含量少，毛管水上升高度低，而黏土中土壤黏粒含量多，毛管水上升高度高。适宜的地下水位高度是：砂土1.0 ~ 1.5m；砂壤土1.5 ~ 2.0m；轻黏壤土2.5m左右。

此外，灌溉用水的水质要符合要求，天然水含盐量不得超过0.15%，城镇污水灌溉必须执行国家和当地政府的环境保护法。

（5）地形地势、坡向

固定的大型苗圃地最好选在排水量好的平坦地或1° ~ 3°的缓坡地上，在华北、云贵高原较难，可放宽到5°，如果大于5°就要采用梯田。坡度太大容易引起水土流失，冲走肥料和种子，不利于灌溉和机械化经营。如果土壤黏重或在多雨的地方，为了利于排水，可以选择坡度为3° ~ 5°的缓坡地。

如果因为条件限制，只能将坡度较大的地方作为苗圃地时，除应进行水平耕作或修筑水平梯田外，还要注意由于地形、坡向、坡度的变化引起的其他生态因子的变化，而影响苗木的生长发育。在北方气候干旱寒冷，秋季又易遭受西北风危害的地方，以开阔度大的东西向沟的阳坡中下部为宜，且东南向最好，因其温度高，昼夜温差幅度小，冻拔和霜害较轻。若没有灌溉条件，可以选择在北向或东北向。在高山区应选在南向或东南、西南向。造林地和育苗地海拔不能相差太大。

温暖绝对防风的谷地不宜作为苗圃地，因为其微气候影响苗木的木质化，并使苗木提早发芽，容易遭受晚霜危害，容易发生病虫害（如红蜘蛛、蚜虫、金龟子等）。低洼地上容易遭受冷空气的侵袭，一般不将低凹地作为苗圃地，如果非常必要，也必须设置密集的绿篱防护林带阻挡冷气流入侵。

另外，在河滩或湖滩上设置苗圃地时，应选历年最高水位以上的地段。

2. 社会经济条件

社会经济条件包括周边苗圃业现状及客户需求与市场潜力，当地社会经济发展状况，苗木培育与经营的历史、经验，可能的技术资源与需求途径等。

项目二　苗圃规划设计及技术档案的建立

项目导读

在生态文明建设持续推进的当下，林业在维护生态平衡、促进经济可持续发展方面的地位愈发关键。苗圃作为林业种苗的重要生产基地，其科学合理的规划设计与完善技术档案的建立，对保障苗木质量、提升林业生产效益意义重大。

本项目旨在深入理解苗圃规划设计的整个过程，涵盖从场地勘察、功能区划分到基础设施规划的各个方面，并掌握建立技术档案的技巧，为苗木生产提供精确的数据支持和决策依据。

任务一　苗圃规划设计

任务描述

通过理论学习和实践操作，对拟定的具有苗木生产潜力的土地开展全面规划，并对育苗生产工艺、服务设施等进行技术设计，实现苗圃规划设计。其核心目的在于依据所育苗木的特性，科学合理地进行布局，充分挖掘土地利用价值，妥善安排基础设施建设与投资，在降低投资成本的同时，为培育多品种、高质量的苗木筑牢根基，进而最大程度提升苗圃的经济效益与社会效益。

任务目标

1. 知识目标

①掌握苗圃规划设计的基本原则。

②掌握苗圃地面积的计算方法。

2. 技能目标

①掌握调查技术，包括病虫害和植被状况调查、土壤调查及气象资料的收集。

②能够正确规划苗圃生产用地及辅助用地。

③能够编写苗圃设计说明文本。

3. 思政目标

①通过苗圃规划设计的学习，培养科学规划和系统思维能力，增强对林业生产全局性和前瞻性的认识，厚植专业素养。

②在规划设计中，注重生态保护和资源利用的平衡，践行可持续发展理念，为生态文明建设贡献智慧。

③通过苗圃规划设计的实际应用，培养服务社会、服务林业产业的责任感，助力乡村振兴和林业现代化发展。

任务要求

1. 遵循管理规范

穿戴好防护用品，确保个人安全。

2. 规范操作流程

制订合理的苗圃规划设计计划，确保操作流程符合规范。在规划阶段，要充分收集和分析相关资料，进行科学论证和方案比选；在实施阶段，要严格按照规划设计方案进行建设，确保规划设计的科学性和合理性得以体现。

3. 团队协作

小组合作，根据成员特点合理分工。

操作流程

1. 前期准备

准备规划设计所需的材料，如图纸、设计软件等。收集苗圃选址和适宜性论证资料，听取上级机关及有关单位对拟建苗圃的要求和任务。

2. 苗圃规划设计

苗圃总平面规划→苗圃用地区划→苗圃生产技术设计。

3. 苗圃设计说明文本的编写及设计图的绘制

设计说明文本的编写→设计图的绘制。

注意事项

①在进行土壤采样时，避免交叉污染，确保样本具有代表性。

②使用测量工具时，注意操作规范，防止损坏设备或造成人身伤害。

③规划时应充分考虑生态平衡与可持续发展，避免过度开发。

相关资料

一、苗圃规划设计的前期准备工作

苗圃规划设计工作正式开展之前，应向委托设计单位接收苗圃规划设计任务委托书，委托书中要明确进行规划设计的地点、范围、完成任务的期限及有关要求。会同有关单位组成领导机构，组建规划设计队伍，收集文字、图面材料，并进行仪器、表格、文具、经费、食宿、交通、通信等准备工作。

1. 明确要求和任务

听取上级机关及有关单位对拟建苗圃的要求和任务。

2. 苗圃选址和适宜性论证

苗圃地确认后，应该从社会经济、土壤、水源气候条件，以及灾害性因子等方面进行全面调查和综合分析。

3. 资料收集

由设计人员会同施工和经营人员到已确定的苗圃地范围内进行实地踏勘和调查访问工作，大致了解苗圃地的现状、历史、地势、土壤、植被、水源、交通、病虫害以及周围的环境，提出改造各项条件的初步意见，具体资料收集参考《林业苗圃工程设计规范》（LYJ 128—1992）。

（1）基础资料的收集

了解苗圃地现状、地权地界、历史、地势、土壤、植被、水源、交通、病虫害、有害动物，以及周围环境、自然村落等情况，并提出规划的初步意见。

（2）气象资料的收集

物候期、早霜期、晚霜期、晚霜终止期、全年及各月份平均气温、绝对最高和最低气温、土壤表面及50cm土深的最高温度和最低温度、冻土层深度、年降水量及各月份分布情况、空气温度、主风方向、风力等，苗圃地的特殊小气候等情况。

（3）病虫害和植被状况调查

调查苗圃地及周围植物病虫害种类和感染程度。对与园林植物病虫害发生有密切关系的植物种类，尤其需要进行细致调查，并将调查结果标注在地形图上。

（4）土壤调查

土壤调查包括土层厚度、土壤结构、松紧度、新生体、pH、盐酸反应、土壤质地、石砾含量、地下水位等。采样后进行室内分析，全面了解苗圃地土壤性质，在地形图上绘出土壤分布图。

土壤调查采用土壤剖面调查，应在苗圃地内有代表性的地方设多个调查点，一般可按1～5hm^{2}设置1个剖面，但不得少于3个。每个点挖1个土壤剖面，剖面长1.5～2.0m，宽0.8m，深至母质层（最浅1.5m）。依据土壤剖面确定土壤类型及各层土壤的特征及性质。

每个剖面记载剖面位置及编号（用草图标示位置）。记录海拔、坡度、地下水位。按层次记载土壤颜色、质地、结构、湿度、结持力、石砾含量、植物根系分布及整个剖面形态特征等，并确定其土壤的土类、亚类、土种名称。

每个调查点都需要采集土样，进行室内土壤理化性质分析。分析指标包括pH、有机质、全氮、有效磷、有效钾、水解酸、盐基饱和度、吸湿量等。一般苗圃地土壤以团粒结构和质地较肥沃的砂壤土、壤土或轻黏壤土为宜。苗圃地土壤应根据调查结果进行作业区的区划，并根据需要提出土壤改良工程项目。

4. 圃址勘测

平面图是进行苗圃规划设计的依据。测量圃址范围内及外部道路，比例尺要求1∶500～1∶2000，等高距20～50cm。对设计直接有关的山、河、湖、井、道路、房屋、坟墓等地形和地物应尽量绘入。

二、苗圃规划设计

苗圃规划设计最核心的工作是在野外调查和相关资料收集的基础上，对苗圃进行总体规划设计，即初步设计。苗圃规划设计应根据主管部门批准的可行性研究报告进行，内容包括苗圃总平面规划和苗圃工程设计。

1. 苗圃总平面规划

苗圃总平面规划应根据自然地形、生产工艺、功能区划以及与外部衔接等要求，因地制宜地做好苗圃地面积的计算和苗圃区划，这是做好生产、减少消耗、美化圃容、提高土地利用率的重要环节之一。

（1）苗圃地面积的计算

在土地资源紧张的情况下，根据育苗生产任务，合理地安排育苗用地对于做好土地利用规划，杜绝可耕地资源的浪费十分重要。苗圃地面积的大小应与其担负的任务相适应。苗圃地的总面积包括生产用地面积和辅助用地面积。

①生产用地面积的计算。

生产用地是指直接用于育苗的土地，包括播种育苗区、无性繁殖育苗区、移植育苗区、试验区、果树苗木培育区、采穗圃、工厂化育苗区等地。它根据各树种苗木生产任务、单位面积产苗量以及所采取的轮作制来确定。

生产用地面积应根据计划培育苗木的种类、数量、规格要求、出圃年限、育苗方式、轮休或休闲等因素以及各树种的苗木单位面积产苗量来综合进行确定。

按式（3−1）计算某树种的生产用地面积。

$$A=\sum_{i=1}^{n}\frac{N\times a}{E_i}\times\frac{B}{C} \tag{3-1}$$

式中　A——某树种的生产用地面积，hm^2；

N——每年需要该树种的苗木数量，株；

a——苗木培育年数；

E_i——该树种单位面积产苗量，株；

n——树种数量；

B——轮作区的区数；

C——该树种每年育苗所占轮作区数。

培育2年以上的移植苗，其生产用地面积，用上述公式分播种育苗区和移植育苗区计算，然后相加即可。在确定生产用地面积时，上述公式的计算结果是理论数字，实际上应考虑到在抚育、起苗、贮藏和运输等过程中，还可能会受到损失。因此，计划每年苗木生产数量应适当增加3%～5%，生产用地面积也应相应地增加。这种算法以每年的育苗任务都相同为前提，实际上很少有这种情况。因此，育苗面积的计算一般还是比较粗略的。

分别计算出各树种的生产用地面积，再将这些面积汇总，即得总的生产用地面积。

②辅助用地面积的计算。

辅助用地是指苗圃除生产用地之外，用于间接服务育苗生产需要的用地，包括道路系统、排灌系统、建筑物、场院、防护林带等所占土地。我国《林业苗圃工程设计规范》（LYJ 128—1992）规定：大型苗圃的辅助用地不应超过苗圃总面积的25%；中、小型苗圃的辅助用地面积不应超过苗圃总面积的30%。

③总面积的计算。

总面积等于生产用地面积加上辅助用地面积。但在实际规划设计过程中，由于涉及征地与土地产权等问题，总面积常常在规划之前已经确定，很少有完全根据育苗生产需要来确定总面积的情况。因此，总面积的计算主要是根据所培育苗木种类的常用育苗方式、苗圃地的区位特点、水源和土壤肥力状况等区划出各生产区，以及其他辅助用地，然后再测算各种用地面积后汇总。

（2）苗圃区划

苗圃的地点和面积确定之后，为了合理布局，充分利用土地，便于生产和管理，必须进行苗圃区划。苗圃区划应当最大限度地实行机械化作业并便于灌溉，苗圃内道路既要少占面积又要与排灌沟协调一致，并要尽量减少苗圃内的运输并缩短排灌系统的长度。

在苗圃区划前，首先测量苗圃地，绘出比例尺为1：500～1：2000的平面图，并注明地势、水文、土壤情况。然后，根据生产任务、各类苗木的育苗特点、树种特性、所需面积和苗圃地的自然条件等综合考虑。

苗圃区划的原则：土地利用规划应便于苗圃育苗生产和经营管理；苗圃区划应综合考虑苗圃地的各种自然条件和培育树种的生物学特性及生态习性的要求，进行作业区区划；苗圃区划应与所设计的育苗生产工艺与经营管理水平一致；生产区宜南北向，且有比例适当的长度与宽度。一般作业区大型苗圃或机械化程度高的现代化苗圃长200～300m为宜，中型苗圃或畜耕为主的苗圃以50～100m为宜；作业区宽度以长度的1/2或1/3为宜。在排水良好的地区可宽些；反之，则窄些。

2. 苗圃工程设计

（1）生产用地区划

苗圃的生产用地因苗圃的种类不同而有差异。一般，苗圃的生产用地包括播种育苗区、无性繁殖育苗区、移植育苗区、大苗培育区等，具体区划要点见表3-1。

表3-1 苗圃的生产用地及其区划要点

苗圃的生产用地	区划要点
播种育苗区	播种育苗区即培育播种苗的生产区。技术要求较高，管理精细，投入人力较多，应选择自然条件和经营条件最好的地段。人力、物力、生产设施均应优先满足播种育苗要求。要求有较好的水、肥、气、热条件，在选址时要考虑地势平坦、土壤肥沃、管理方便的地段
无性繁殖育苗区	无性繁殖育苗区即培育扦插、嫁接、压条、分株等营养繁殖苗的生产区。管理精细，要满足扦插、嫁接、压条、分株等育苗工艺条件，一般对土壤的物理性质要求较高，应考虑土层厚、土壤质地疏松而不干燥的地段。 培育硬枝扦插苗的地段，要求土层深厚，土质疏松而湿润。培育嫁接苗需要先培育砧木播种苗，要选择与播种育苗区相当的地段。嫩枝扦插育苗需要插床、遮阴棚等设施，可将其设置在设施育苗区。压条和分株育苗繁殖系数低，育苗数量较少，可利用零星分散的地块育苗
移植育苗区	移植育苗区即培育各种移植苗的生产区。由播种育苗区、无性繁殖育苗区中繁殖出来的苗木，需要进一步培养成较大的苗木时，则应移入移植育苗区中进行培育。依规格要求和生长速度的不同，往往每隔2～3年还要再移几次，逐渐扩大株、行距，增加营养面积。因此，移植育苗区占地面积较大。一般可设在土壤条件中等、地块大而整齐的地方。同时也要依苗木的不同习性进行合理安排。移植苗已具备对不良环境的一定抗性，规划设计可选择在土壤条件相对较差的地块
大苗培育区	大苗培育区即是培育苗龄较大、根系发达，经过整形有一定树形，能直接用于园林绿化的各类大规格苗木的生产区。大苗培育区苗木的株、行距大，占地面积大，栽培年限长，出圃规格高，根系发达，适应性强，对加速实现城市绿化效果意义重大。大苗出圃时，常常需要带土球出圃。因此，大苗培育区一般选择土层较厚、地下水位较低、地块整齐且便于出圃与运输的地段
采穗圃（采条母树区）	采穗圃（采条母树区）即为获得优良的种子、插条、接穗等繁殖材料而设置的生产区。在一些无性繁殖育苗较多的苗圃，为提供优质繁殖材料，往往在苗圃边缘地段设置采穗圃。采穗圃一旦设立，往往会在相当长时间内固定下来。由于采穗圃的性质是生产种条，因此在苗圃区划时还是纳入生产区范畴。采穗圃占地面积较小，可利用一些零散地块，以及防护林带和沟、渠、路的旁边等处
试验区	试验区即为培育、驯化由外地引入的树种或品种而设置的生产区。应根据苗圃开展科学实验的要求，在便于观察和管理的场部附近，选择有一定小气候条件的地块进行适应性驯化栽培。一般大型苗圃都会进行苗木技术推广，开展科学实验研究，因此设立试验区
设施育苗区	通过必要的设施提高育苗效率，已成为许多园林苗圃提高苗木质量与市场竞争能力的重要技术与途径。因此，按照各苗圃的具体任务和要求，可设立温室、温床、大棚、遮阴棚、喷灌与喷雾等设施，以适应环境调控育苗的需要。大棚温室要求地势平坦，如坡度绝不能大于1%，要尽量避免在向北面倾斜的斜坡上建造温室群。玻璃温室要求地基必须稳固。对于进行有土栽培的温室，要求土层深厚，肥沃，排水良好。同时，温室还要求有稳定的水源、电力和供热条件。因此，苗圃规划设计时，一般都将其安排在场部附近

（2）辅助用地区划

辅助用地区划是指苗圃的管理区建筑用地和苗圃道路系统、排灌系统、防护林带、防护栏、场部等土地的区划。苗圃的辅助用地面积按国家规定，要控制在总面积的20%～25%。

①道路系统区划。苗圃中的道路系统是连接各耕作区与开展育苗工作有关的各类设施的动脉。设置苗圃道路网时，以保证车辆、机具和人员的正常通行，既要通达苗圃的每一部分又要少占土地为原则。一般设有一、二、三级路和环路，具体可见表3-2。

表3-2　道路系统区划要点

一级路	一级路是指苗圃内部和对外运输的主要道路，又称为主干道，多以办公室、管理区为中心（一般在苗圃地的中央附近）。每一个苗圃内部可根据具体情况设置一条或相互垂直的两条主干道。通常宽6～8m，其标高应高于耕作区20cm
二级路	二级路又称为副道，通常与一级路相互垂直，与各耕作区相连接。一般宽3.5～4.0m，其标高应高于耕作区10cm
三级路	三级路是与二级路相连、沟通各耕作区的作业路，又称为步道或作业道，一般宽1～2m
环路	在大型苗圃中，为了车辆、机具等机械回转方便，可依需要设置环路，一般4～6m

在设计苗圃道路系统时，要在保证管理和运输方便的前提下尽可能节省用地。中、小型苗圃可不设二级路，但一级路不可过窄。一般苗圃中道路的占地面积，不应超过苗圃总面积的7%～10%。

②排灌系统区划。苗圃需要有完善的灌溉系统，以保证水分对苗木的充分供应，排灌系统包括水源、提水设备、引水设备、排水系统，具体见表3-3。

表3-3　排灌系统区划要点

水源	主要有地面水和地下水两类。地面水指河流、湖泊、池塘、水库等，以无污染又能自流灌溉最为理想。一般地面水温度较高，与耕作区土温相近，水质较好，且含有一定养分，利于苗木生长。地下水是指泉水、井水，其水温较低，宜设蓄水池以提高水温。水井应设在地势高的地方，以便自流灌溉。同时，水井要均匀分布在苗圃各区，以便缩短引水和送水的距离
提水设备	目前多用提水工作效率高的水泵。水泵规格的大小应根据土地面积和用量的大小确定。若安装喷灌设备，则要用5kW以上的高压潜水泵提水
引水设备	引水设备分为地面明渠引水和暗管引水两种形式。灌溉网由主渠、支渠、毛渠和必需的灌溉机械组成。喷灌和滴灌也是苗圃中常用的一种灌溉方法。喷灌省水，灌溉均匀又不使土壤板结，灌溉效果好。喷灌分固定式和移动式两种。移动式喷灌分为管道移动和机具移动两种。滴灌通过滴头，将水直接滴入植物根系附近，省水，是十分理想的灌溉设备
排水系统	为了排除雨季苗圃内积水和灌溉剩余尾水，苗圃应设置排水沟。排水沟常设在苗圃中地势低洼的地方，多位于道路两侧。方向和灌溉沟垂直，无论是明沟还是暗沟都应有0.4%的比降，形成主渠、支渠、毛渠配套的排水网

③防护林带区划。有风、沙危害的地区，结合苗圃用地设计防护林带，防护林带宜与道路网配合规划。需要考虑栽植树种、种植结构等。小型苗圃在主风方向垂直设一条防护林带；中型苗圃在四周设防护林带；大型苗圃除四周设主防护林带外，在内部干道和支道两侧或一侧设辅助防护林带。一般主风方向与防护林带（至少一条）垂直，偏角不应超过30°，防护林带的防护范围是树高的15～17倍。主林带宽3～5m，株距1.0～1.5m，行距1.5～2.0m；辅助防护林带多为1～4行乔木。林带的结构应以乔、灌木混交半透风式为宜，占地面积一般为苗圃总面积的3%～5%。近年来，国外为了节省用地和劳力，已有用塑料制成的防风网防风，其优点是占地少而耐用，但投资多，我国少有采用。

④防护栏区划。在村庄周围或野外（尤其山区）建设苗圃容易受到人、畜、野兔、獾等侵害，造成苗圃地践踏、苗木损伤等。因此，应设置篱笆。具体可见表3-4。

表3-4 防护栏区划要点

活篱笆	活篱笆是指苗圃地周围栽植的苗木，建议选用具有以下特点的植物：一是常绿树种，如侧柏等，能提供持久的防护；二是生长速度快的植物，能够迅速形成屏障，如沙棘；三是萌芽力强的植物，以便于定期修剪和维护，保持篱笆的整齐和密度；四是一些有刺的植物，可增强防护效果，如枸杞
死篱笆	死篱笆形式多样，可用垒石或用2m高的树干等打入地下1/4，用尼龙网或铁丝网围起来，或用竹子、树枝、条子编成篱笆

根据周围不同的情况，同一个苗圃可设置不同形式的篱笆，即几种形式混合使用。若在南侧，用尼龙网等透光篱笆，北侧用防风障式的篱笆等。

⑤场部区划。场部包括房屋建筑和苗圃内场院等部分。房屋建筑主要包括办公室、宿舍、食堂、仓库、种子贮藏室、工具房、车库等；苗圃内场院主要包括运动场、晒场、堆肥场等。苗圃管理区应设在交通方便、地势高燥的地方。苗圃管理区占地面积一般为苗圃总面积的1%～2%，大型苗圃一般设在苗圃的中心位置；中、小型苗圃的一些生活场所也可在苗圃外适宜的地点建设。

区划完成后，根据区划的结果绘制苗圃平面图，一般选择1：2000的比例尺。苗圃平面图要表示各类苗木生产区、作业区，以及道路、水井、灌溉和排水渠、建筑物、场院、防护林等位置，并用不同颜色绘制，要标注出比例尺、方位和图例。

（3）苗圃的景观设计

随着经济社会的发展，苗圃由原来一个单独育苗的地方转变为现在的企业形式，其内涵也在不断变化。苗圃使人们在追求经济收入的同时，也把眼光转到了精神追求上，这体现在苗圃的景观设计上。

苗圃的景观设计和传统意义上的园林设计有相似性，也有区别。苗圃和其他景观设计的不同之处在于苗圃本来就是一块绿地。景观方面的设计要把苗圃现有的资源整合进去。景观的空间设计和立面设计都要和苗圃的总体布局对应。景观绿化树种的选择要注意不要和苗圃内种植的树木相克，否则会易引发病虫害。

（4）苗圃的生产技术设计

生产苗木是苗圃的主要目的，苗圃的生产技术设计应是苗圃规划设计的核心，必须包括产品方案、育苗工艺及优良育苗材料的生产设计。

产品方案的设计主要涉及苗圃所培育的主要树种、苗木类型、出圃苗龄型、苗木产量等。育苗工艺的设计具体应针对苗圃内的苗木产品，包括主要培育树种的生产流程，关键技术环节与技术要点，肥料、物料、药料等生产资料的种类、数量与使用方法，育苗生产作业所用机械设备的类型与用量，劳动力的使用、数量与来源等。设计时，育苗技术措施接近的同类树种的育苗工艺设计可以归并。优良育苗材料是苗圃培育优质壮苗的前提，苗圃的生产技术设计必须确定各育苗树种繁殖材料的来源途径。必要时，应建立优质种质资源收集圃和为苗圃无性繁殖提供插穗或接穗等的采穗圃，并进行其布局与种植技术的规划设计。

三、苗圃设计说明文本的编写及设计图的绘制

1. 设计说明文本

在苗圃规划设计的整个过程中，每一个阶段都要出一个设计说明文本，对这个阶段的设计理念、思想、方法进行文字说明，便于进行评估论证和下一个阶段的工作。

设计说明文本主要叙述的是苗圃建设单位、法人代表、该地区的经营条件和自然条件等，提出苗圃规划设计的指导思想、设计依据与设计原则，苗圃建设的主要经济技术参数等。还包括对苗圃的重点土木工程、主要树种的育苗工艺等进行说明，对单项建设项目的设计依据、设计思路、具体内容、技术参数与经济技术指标、投资概算等进行具体的解释。一般分为总论和设计两个部分。

总论部分主要叙述苗圃的经营条件和自然条件，并分析其对育苗工作的有利和不利因素，以及相应的改造措施。经营条件包括苗圃所处位置，当地的经济、生产、劳动力情况及其对苗圃生产经营的影响，苗圃的交通条件，电力和机械化条件，周边环境条件，苗圃成品苗木供给的区域范围，对苗圃发展展望，建圃的投资和效益估算。自然条件包括地形特点、土壤条件、水源情况、气候条件、病虫草害及植被情况。

设计部分包括苗圃地面积的计算、苗圃区划说明、育苗技术设计。苗圃地面积的计算包括各树种生产用地面积的计算和辅助用地面积的计算。苗圃区划说明包括作业区的大小、各育苗区的配置、道路系统的设计、排灌系统的设计、防护林带及防护栏的设

计、管理区建筑的设计、设施育苗区温室和组织培养实验室的设计。育苗技术设计包括培育苗木的种类、培育各类苗木所采用的繁殖方法、各类苗木栽培管理的技术要点、苗木出圃技术要求。

此外，设计说明文本还包括项目建议书阶段的《项目建议书》，可行性研究阶段的《可行性研究报告》，设计任务书阶段的《设计任务书》，初步设计阶段的有关初步设计的文件，如《初步设计说明书》《初步设计设备材料表》《初步设计投资概算》，施工图设计阶段的《施工图设计说明》，施工准备阶段的《施工文件》《开工报告》，施工阶段的《竣工报告》，竣工验收阶段的《竣工验收报告》。另外，还需要将设计过程中的各项技术参数以及经济核算的过程及结果等内容按规范的统计表形式汇总成册，可以清晰展示设计的具体内容，以备验收时核查。

2. 设计图

为了对各个阶段的设计有一个比较直观的认识，并方便后期组织施工，各个阶段的设计过程都有相应的设计图。设计图主要集中在可行性研究阶段、初步设计阶段和施工图设计阶段。

可行性研究阶段的设计图比较粗糙，没有进行细部的测量，只是给出了项目的方位图。在初步设计阶段，育苗技术设计就应当达到施工标准。

初步设计阶段的设计图和设计文件要求多样。建筑方面要求标明建筑的定位轴线、轴线尺寸和总尺寸、建筑标高和总高度，以及与技术工种有关的一些定位尺寸，在设计中应标明主要的建筑用料和构造做法；机构专业的图纸需要提供建筑结构的布置方案图、初步计算说明和结构构件的断面基本尺寸；育苗方面要提供土壤质地分析图、土壤现状分析图、土壤厚度分析图、坡度和坡向分析图、育苗地现状图、水域图、功能区划分图、道路系统图、灌溉系统图、排水系统图、土壤整治与改良图，其中道路系统图、灌溉系统图和排水系统图要按照行业标准实行图纸的绘制。

施工设计阶段的设计图应提供所有构件的详细定位尺寸及必要的型号、数量等资料，还应绘制工程施工中所涉及的细部详图。其他各专业则应提交相关设计文件，协同调整各专业的设计以达到完全一致。

任务二　苗圃技术档案的建立

任务描述

通过理论学习和实践操作，掌握苗圃技术档案的建立方法，从而科学指导生产经营活动，有效进行劳动管理，为苗圃的持续发展提供数据支持。

任务目标

1. 知识目标

①掌握苗圃技术档案建立的方法，学习如何系统地收集、整理和归类苗圃生产、试验和经营管理中的各类数据和资料，包括文字记录、图表、照片、电子文档等。

②了解建立苗圃技术档案的基本要求，掌握苗圃技术档案的准确性、完整性和规范性要求，了解苗圃技术档案的保管、检索和利用方法。

2. 技能目标

①具备实际操作能力，按照要求建立和管理苗圃技术档案，确保资料的系统性和可用性。

②能够使用各种工具和方法进行数据记录，如使用电子表格、数据库软件等，并能够对数据进行初步分析，为苗圃管理提供决策支持。

3. 思政目标

①通过学习苗圃技术档案的建立，培养实事求是、严谨细致的工作态度，增强对林业生产数据记录和分析的能力。

②在苗圃技术档案建立中，树立科学规划和可持续发展的理念，掌握苗圃生产全过程的记录与分析方法，为林业现代化和生态文明建设提供数据支持。

③通过苗圃技术档案的实际应用，培养服务林业生产、助力乡村振兴的责任感，推动种苗产业高质量发展。

任务要求

1. 遵循管理规范

穿戴好防护用品，确保个人安全。

2. 规范操作流程

制订合理的苗圃技术档案建立计划，确保操作流程符合规范。

3. 团队协作

小组合作，根据成员特点合理分工。

操作流程

1. 前期准备

准备建立技术档案所需的工具和材料，如档案夹、记录表格等。学习苗圃技术档案的基本要求和内容。

2. 案例分析

选取典型苗圃技术档案进行分析，总结成功经验和存在的问题。

注意事项

①测量时动作轻柔，避免对苗木造成伤害。

②照片拍摄应清晰，构图合理，确保信息识别无误。

③数据录入时要细心核对，避免错误。

相关资料

一、建立苗圃技术档案的基本要求

建立苗圃技术档案时，应注意：

①对苗圃生产、试验和经营管理的记载，必须长期坚持，实事求是，保证资料的系统性、完整性和准确性。

②在每一生产年度末，应收集汇总各类记载资料，进行整理和统计分析，为下一年度生产经营提供准确的数据和报告。

③应设专职或兼职档案管理人员，专门负责苗圃技术档案工作，人员应保持稳定，若有工作变动，要及时做好交接工作，以免工作间断和档案流失。

二、建立苗圃技术档案的内容

1. 苗圃基本情况档案

苗圃基本情况档案主要包括苗圃的位置、面积、经营条件、自然条件、地形图、土壤分布图、苗圃区划图、固定资产、仪器设备、机具、车辆、生产工具，以及人员、组织机构等情况。

2. 苗圃土地利用档案

苗圃土地利用档案以作业区为单位，主要记载各作业区的面积、苗木种类、育苗方法、整地、土壤改良、灌溉、施肥、除草、病虫害防治，以及苗木生长质量等基本情况。

3. 苗圃作业档案

苗圃作业档案以日为单位，主要记载每日进行的各项生产活动，劳力、机械工具、能源、肥料、农药等使用情况。

4. 育苗技术措施档案

育苗技术措施档案以树种为单位，主要记载各种苗木从种子、插穗、接穗等繁殖材料的处理开始，直到起苗、假植、贮藏、包装、出圃等育苗技术操作的全过程。育苗技术措施档案见表3–5。

表3-5　育苗技术措施档案

树种：＿＿＿＿＿＿　苗龄：＿＿＿＿＿＿　育苗年度：＿＿＿＿＿＿

<table>
<tr><td colspan="8">育苗面积：　　种条来源：　　繁殖方法：</td></tr>
<tr><td colspan="8">种条品质：　　种条贮藏方法：</td></tr>
<tr><td colspan="8">种子消毒催芽方法：　　前茬：</td></tr>
<tr><td rowspan="2">整地</td><td colspan="3">耕地日期：　耕地深度：</td><td colspan="4" rowspan="2">使用工具和方法：</td></tr>
<tr><td colspan="3">作床时间：　苗床面积：</td></tr>
<tr><td>项目</td><td>时间</td><td colspan="2">种类</td><td colspan="3">用量</td><td>方法</td></tr>
<tr><td>施基肥</td><td></td><td colspan="2"></td><td colspan="3"></td><td></td></tr>
<tr><td>土壤消毒</td><td></td><td colspan="2"></td><td colspan="3"></td><td></td></tr>
<tr><td>追肥</td><td></td><td colspan="2"></td><td colspan="3"></td><td></td></tr>
<tr><td rowspan="4">育苗</td><td colspan="2">播种量：</td><td colspan="2">播种时间：</td><td colspan="2">播种方法：</td><td>覆土厚度：</td></tr>
<tr><td colspan="2">扦插密度：</td><td colspan="2">扦插时间：</td><td colspan="2">扦插方法：</td><td>成活率：</td></tr>
<tr><td colspan="2">砧木：</td><td colspan="2">嫁接时间：</td><td colspan="2">嫁接方法：</td><td>成活率：</td></tr>
<tr><td colspan="2">移植苗龄：</td><td colspan="2">移植时间：</td><td colspan="2">移植方法：</td><td>成活率：</td></tr>
<tr><td>覆盖</td><td colspan="4">覆盖物：</td><td colspan="3">覆盖起止时间：</td></tr>
<tr><td>遮阴</td><td colspan="4">遮阴物：</td><td colspan="3">遮阴起止时间：</td></tr>
<tr><td>间苗</td><td colspan="4">间苗时间：</td><td colspan="3">留苗密度：</td></tr>
<tr><td>项目</td><td colspan="7">时间</td></tr>
<tr><td>灌水</td><td></td><td></td><td></td><td></td><td></td><td></td><td></td></tr>
<tr><td>中耕</td><td></td><td></td><td></td><td></td><td></td><td></td><td></td></tr>
<tr><td rowspan="3">病虫害防治</td><td>名称</td><td colspan="2">发生时间</td><td>防治日期</td><td>药剂名称</td><td>浓度</td><td>方法</td></tr>
<tr><td></td><td colspan="2"></td><td></td><td></td><td></td><td></td></tr>
<tr><td></td><td colspan="2"></td><td></td><td></td><td></td><td></td></tr>
<tr><td>出圃</td><td colspan="7">日期：　　起苗方法：　　贮藏方法：</td></tr>
<tr><td colspan="8">育苗新技术应用情况：</td></tr>
<tr><td colspan="8">存在问题及改进意见：</td></tr>
</table>

5. 苗木生长发育档案

苗木生长发育档案以年度为单位，定期采用随机抽样法进行调查，主要记载苗木生长发育情况。苗木生长发育档案见表3-6。

表3-6 苗木生长发育档案

<table>
<tr><td colspan="5">树种：</td><td colspan="4">苗木种类：</td><td colspan="4">育苗年度：</td></tr>
<tr><td colspan="3">开始出苗</td><td colspan="3"></td><td colspan="3">大苗出苗</td><td colspan="4"></td></tr>
<tr><td colspan="3">芽膨胀</td><td colspan="3"></td><td colspan="3">芽展出</td><td colspan="4"></td></tr>
<tr><td colspan="3">顶芽形成</td><td colspan="3"></td><td colspan="3">叶变色</td><td colspan="4"></td></tr>
<tr><td colspan="3">开始落叶</td><td colspan="3"></td><td colspan="3">完全落叶</td><td colspan="4"></td></tr>
<tr><td colspan="5">育苗面积：</td><td colspan="4">种条来源：</td><td colspan="4">繁殖方法：</td></tr>
<tr><td rowspan="2">项目</td><td colspan="12">生长量</td></tr>
<tr><td>月 日</td><td>月 日</td><td>月 日</td><td>月 日</td><td>月 日</td><td>月 日</td><td>月 日</td><td>月 日</td><td>月 日</td><td>月 日</td><td>月 日</td><td>月 日</td></tr>
<tr><td>苗高</td><td></td><td></td><td></td><td></td><td></td><td></td><td></td><td></td><td></td><td></td><td></td><td></td></tr>
<tr><td>地径</td><td></td><td></td><td></td><td></td><td></td><td></td><td></td><td></td><td></td><td></td><td></td><td></td></tr>
<tr><td rowspan="10">出圃</td><td>级别</td><td colspan="4">分类标准</td><td colspan="4">单位面积产量</td><td colspan="3">总产量</td></tr>
<tr><td rowspan="3">I级</td><td colspan="2">高度</td><td colspan="2"></td><td colspan="4" rowspan="3"></td><td colspan="3" rowspan="3"></td></tr>
<tr><td colspan="2">地径</td><td colspan="2"></td></tr>
<tr><td colspan="2">冠幅</td><td colspan="2"></td></tr>
<tr><td rowspan="3">II级</td><td colspan="2">高度</td><td colspan="2"></td><td colspan="4" rowspan="3"></td><td colspan="3" rowspan="3"></td></tr>
<tr><td colspan="2">地径</td><td colspan="2"></td></tr>
<tr><td colspan="2">冠幅</td><td colspan="2"></td></tr>
<tr><td rowspan="3">III级</td><td colspan="2">高度</td><td colspan="2"></td><td colspan="4" rowspan="3"></td><td colspan="3" rowspan="3"></td></tr>
<tr><td colspan="2">地径</td><td colspan="2"></td></tr>
<tr><td colspan="2">冠幅</td><td colspan="2"></td></tr>
<tr><td>其他</td><td colspan="12"></td></tr>
</table>

填表人：

6. 气象观测档案

气象观测档案以日为单位，主要记载苗圃所在地每日的日照长度、温度、降水、风向、风力等气象情况。苗圃可自设气象观测站，也可抄录当地气象台的观测资料。

7. 科学试验档案

科学试验档案以试验项目为单位，主要记载试验目的、试验设计、试验方法、试验结果、结果分析、年度总结和项目完成的总结报告等。

8. 苗木销售档案

苗木销售档案主要记载各年度销售苗木的种类、规格、数量、价格、日期、购苗单位及用途等情况。

模块四

北方主要造林树种种苗生产

项目　北方主要造林树种种苗生产各论

项目导读

以北方4种主要造林树种为载体，掌握北方主要造林树种的种苗生产技术，其中包含种子处理、播种、苗期管理以及病虫害防治等关键环节。

本项目旨在通过北方主要造林树种种苗生产技术的学习，掌握种子处理、播种育苗、苗期精细管理以及病虫害有效防治等技术。在学习过程中能够积累宝贵的实践经验，为日后投身林业工作或在林业领域继续深造筑牢根基，进而更好地为北方地区的生态建设与林业产业发展贡献力量。

任务一　红松种苗生产

相关知识

学名：*Pinus koraiensis* Sieb. et Zucc.

科属：松科，松属

别名：果松、朝鲜松、海松

分布：产于我国东北长白山区、吉林山区及小兴安岭爱辉以南；朝鲜、日本也有分布。在小兴安岭南坡的天然林中，除部分地区有红松纯林外，大多与其他针叶树种、阔叶树种混生成林。在不同的立地条件下组成不同的林型。在长白山区及吉林山区海拔500～1100m地带组成以红松为主的针阔混交林，海拔1000～1600m地带则组成以红松为主的针叶树混交林。

一、基本知识

红松是我国东北地区重要的珍贵用材树种之一，是东北小兴安岭及长白山林区的主要森林组成树种，以其高大挺拔的树干、优质的木材特性和丰富的经济价值而闻名。红松树干通直，木材轻韧，纹理通直，不易翘裂，耐腐力强，出材率高，富含树脂，具有芳香，抗压力强，是优良的建筑、桥梁、造船、车辆、枕木、电杆等用材。树皮可提取单宁；松针可制作松针油；种子含油量超过70%，既是营养价值高的食品，也是重要的工业油料。

二、种子生产技术

（一）种实成熟特性

红松花单性，雌雄同株，雄球花多数，生于新梢基部密集成穗状；雌球花3～4朵着生于新梢顶端。雌雄球花常分别着生于不同的新梢。6月开花；翌年9月球果成熟。球果圆锥状长卵形，长9～14cm，直径5～8cm，具短柄。球果初为青绿色，成熟时转为褐绿色，果鳞干燥，稍稍张开，露出种子，但不易脱落，果鳞先端伸长向外反卷。每个种鳞含2枚种子。种子形大，倒卵形或倒楔形，微近三棱形，淡红褐色，长1.2～1.7cm，宽0.8～1.2cm，种皮坚硬。

红松的天然林一般在80～100年开始结实，寿命可达300年，结实延续期较长。在200年以上的红松林中，大量结实现象十分普遍，但结实力最强、种子品质最好的时期通常是从190年开始。相比之下，人工林的红松生长速度更快，8年生幼树就有个别植株能结实，20～30年时普遍结实。人工林的球果比天然林大，种子质量也更好，千粒重显著高于天然林。

红松的结实频率受林分特点和立地条件的影响显著。林分密度小、阳光充足、土壤湿润肥沃且排水良好的地方，结实量高，种子粒大饱满；反之，林分密度大、光照不足或土壤条件差的地方，结实量低，种子质量也较差。在同一株树上，树冠顶端的结实量多且质量好，中下部则相对较少且质量差，阳面结实量高于阴面。

（二）采种

红松球果大而沉重，成熟时易被风吹落，应在大量落果前从树上摘取，免致鸟兽危害，采种期可从种实成熟持续到大雪前的两个月左右，第2年春季积雪融化时也可继续采种。采种方法多采用人工上树，用长杆打落球果，然后在地面收集。采种过程中必须注意不能折枝，以免损害树木正常生长，更不能碰掉幼果，以免影响来年的结实。

（三）调制与贮藏

采集球果后，摊开在通风、干燥的地方，摊晒4～6天，待多数果鳞与种子开始分离时，用木棒敲击或使用红松球果脱粒机进行脱粒，经筛选、风选等方法清除果鳞、秕粒及其他杂质，纯度要求不低于95%。天然林球果出种率13%～14%，人工母树林球果出种率可达30%。选好的种子还要充分晾晒，当种子含水量降到9%时，即可装铁桶，在通风干燥、低温（4℃）的种子库或地下库中贮藏。红松种子千粒重差异很大，大粒种子为600g左右，中粒种子350～400g，小粒种子270g。

三、苗木生产技术

（一）播种育苗

我国红松以天然林为主。人工栽培仅80多年的历史，主要靠有性繁殖，固定苗圃或山地临时苗圃播种育苗均可。

红松幼苗出苗时，种子下胚轴延长，子叶露出地面以上，出土萌发。子叶针形，微弯，横切面呈三角形，长3.2 ~ 5.0cm，直径约1.5mm，先端尖，微有锯齿，上面两侧有气孔线，下面无，绿色。上胚轴不明显。初生叶线形或线状披针形，长1.0 ~ 2.0cm，宽约1mm，先端有尖头，边缘有锯齿，上面有白粉气孔线，下面无或仅先端微具一条白粉气孔线。初生叶生出10片左右，即封顶越冬。翌年春从初生叶腋芽中，抽出5针一束针叶。下胚轴圆柱形，较粗肥，长4.0 ~ 6.5cm，直径3.5 ~ 4.0mm，根颈处最粗。主、侧根均发达，褐色。

红松苗期耐阴，顶芽活动较早，不怕春霜。当年不分枝，苗期生长缓慢，一般采用3年生换床苗上山造林。幼苗有二次高生长现象，特别是2年生以上的苗木更为普遍，除早霜到来较早的山区外，第二次生长新梢均能越冬。但是幼苗针叶、顶芽抵御冬季大气干旱能力弱，第2年春季，针叶变黄，顶芽枯槁，甚至全株死亡。幼苗对土壤肥力水平要求不高，不耐水淹。健壮幼苗根系都有根瘤及菌根。

1. 播种地准备

（1）苗圃地选择

苗圃地要避免设在风口，根据红松幼苗的生理特性，选择土层深厚、质地疏松、肥沃湿润且排水良好的壤土或砂壤土。这些土壤条件能提供适宜的生长环境，并增强保水、保肥能力。

（2）土壤改良

若必须在黏重土壤上育苗，要事先进行土壤改良，如深翻和施加有机肥，以创造适宜的土壤环境。

（3）整地与施肥

播种前进行整地和施肥是不可或缺的工作。整地后，将苗圃耙平作苗床，苗床呈南北向，矩形，边长一般80 ~ 100cm，高度10 ~ 15cm，或者苗床与苗圃过道的相对高度保持在10 ~ 20cm，栽培人员可以根据育苗地现场情况灵活设计，但要保证苗床之间的距离在50 ~ 60cm。整体上，苗床四周与苗圃过道尽量保持垂直。

秋季翻耕深度应达到18 ~ 24cm，春季则减至10 ~ 15cm，以促进土壤熟化和改善土壤结构。此外，应施加有机肥作为基肥，并辅以过磷酸钙，以确保养分均匀分布并持续供给。

（4）土壤消毒

鉴于红松幼苗期易感染立枯病，土壤可用0.5%硫酸亚铁、35%甲醛水溶液、40%五氯硝基苯或0.02% ~ 0.05%高锰酸钾对土壤进行消杀。

（5）外生菌根接种

红松育苗时，应重视外生菌根接种。外生菌根能显著提升红松对水分和养分的吸收效率，同时其共生的真菌还能保护红松苗根系免受病菌侵害，促进苗木健壮生长。因此，在土壤中大量接种外生菌根是提升红松育苗成活率和质量的重要措施。

2. 种子准备

以红松为例，其种壳致密坚厚，表面覆有蜡质层，不易透水透气，且含有单宁等发芽抑制物质，这导致种胚发芽极为困难。因此，在播种前要对种子进行催芽处理。催芽方法有以下几种。

（1）露天越冬埋藏法

秋季将种子先放入冷水中浸泡2～3天，捞出混2～3倍湿沙，拌匀放露天窖内。窖址宜选在地势高燥，排水良好的地方。窖深1.2～1.5m，宽1.2～2.0m。混沙种子距窖口20～30cm时，每隔2～3m竖一个草把通风，再盖一层沙子，其上堆成1m高的土堆。这种方法催芽均匀，翌春播种后出苗早，整齐苗壮。

（2）混冰埋藏法

在种子调入比较晚，采用露天越冬埋藏法来不及时可采用此法。窖址宜选在势高燥、排水良好、地下水位低（最好在2.5m以下）的地方，在土壤上冻前挖埋藏窖。一般窖深1.2～1.5m，宽1.0～1.2m，长可依种子数量而定。窖底中间挖一道深、宽各25cm的渗水沟，填以卵石，以防窖底积水。在窖底先铺10～20cm厚的湿沙层或河卵石，其上面铺上草帘和席子。播种前100～120天，将种子用温水浸泡10天，待种子充分吸足水，然后将种子与河沙、冰混合，比例1∶2∶2，混拌后下窖。上面再铺20cm厚的沙子，窖顶堆成长丘状。播种前15天将种子取出，放在室内阴凉处进行催芽，需要洒温水和翻拌种子，水温要与苗床内温度一致，洒水量以保持种子湿润不干，每天翻动1～2次，当种胚变为黄色或黄绿色，并有50%以上种子裂口时即可播种。

（3）室内自然堆积法

8月中下旬，将红松种子浸水1～2天后，混2倍湿沙，使含水率约60%，堆30～40cm厚，放置室内。天冷时堆成60cm厚，并浇水使其封冻，来年春播前将其翻动，使温湿均匀。

（4）快速催芽法

在播种前40天左右，用50℃温水浸种，充分搅拌，待其自然冷却后，浸泡一周，每日更换清水一次。当种仁变成乳白色时，将种子捞出掺入2～3倍湿沙，放背风向阳处摊晒。每晚将种沙堆起，盖上塑料薄膜，次日再摊晒。为加速发芽，也可放室内加温，使种沙维持20～25℃，每日翻动数次，并保持一定的湿度，待有1/3种子裂口即可播种。

此外，近年来还出现了隔年露天埋藏、越夏露天埋藏等变温层积催芽的方法，这些方法虽然操作较为复杂且耗时较长，但在管理得当的情况下也能取得良好的催芽效果。然而，由于耗时较长，管理难度较大，实际应用时应特别注意细节处理，以防种子受损。

3. 播种技术

（1）播种时间

红松播种时间一般为春季，宜在土层5cm深处温度大于8℃的情况下播种。栽培人员应根据当地条件确定红松播种时间，如辽宁红松播种时间一般在4月上旬，吉林红松播种时间一般在3月下旬，整个东北地区红松播种时间集中在3～5月。

（2）播种量

一般来说，如果以2年生红松苗为培育目标，播种量宜在400～500g/m^2；如果以3年生红松苗为培育目标，播种量宜在400g/m^2左右。如果育苗地是较为开阔、无规则形状的山坡，则播种量应该控制在2250kg/hm^2。

（3）播种方法

播种方法分为撒播和条播，具体介绍如下：

①撒播。需要将处理好的红松种子均匀地撒在苗床上，可以根据实际情况和需要确定红松播种方法，但需要严格控制播种量。

②条播。提前在苗床上划出地沟，将种子均匀地种进去，播种密度需要根据预期的苗木数量而定。通常情况下，种子间距2～3cm，播种深度为种子直径的2～3倍，应确保种子与土壤紧密接触。

（4）播种后覆盖

播种后，立即用木磙进行镇压，把种子压入土中。然后把覆盖物均匀地撒到床面上，用木制平耙把覆盖物刮平，再次用木磙镇压。效果较好的覆盖物有沙子、土壤和新鲜锯屑。选用覆盖材料要因地制宜，如果苗圃地湿度大，温度低，取材方便可用河沙覆盖；昼夜温差变幅大，易引起日灼害或播种后风大、风频的地方宜选用土壤或砂土混合物覆盖；5～6月大气相对湿度低的地方，以选用锯屑覆盖为好。覆盖物的厚度一般为1.8～2.0cm，覆盖锯屑厚度为2.0～3.0cm。

4. 苗期管理

苗期管理包括水分管理、防鸟害、松土除草、追肥、保留适宜苗木密度、病虫害防治和越冬管理。

（1）水分管理

播种后，需要将苗床保持在湿润状态，可根据幼苗生长情况、天气情况决定灌溉量和灌溉频率。一般来说，红松出苗期的需水量不大（这是因为前期种子萌芽主要消耗胚乳中的养分），基于“少量多次”的灌溉原则，每天进行两次灌溉即可，第一次灌溉时间为08:00～10:00，第二次灌溉时间为15:00～17:00。当红松逐渐脱壳、子叶增大时，需要增加灌溉量，可每天浇一次水，确保将苗床浸透。在幼苗生长后期，则要停止灌溉，雨季还要做好排水工作，以加快红松幼苗的木质化。

（2）防鸟害

从保苗来说，其重点工作是防虫、防鸟。为了防止鸟类啄食种子和损害幼苗，在播种后直至幼苗出土脱壳之前，应设专人看管。

（3）松土除草

在整个幼苗期的管理中，需要进行3～4次松土作业，每次松土的深度在10～15cm，同时进行除草、保苗工作。从除草角度来说，应本着“除早、除小、除了”的原则进行，一年除草6～8次。

（4）追肥

红松当年生苗生长量小，所需养分也少，所以1年生苗基本不追肥。对于2～3年生苗可追施硫酸铵或磷酸二氢铵，一般1年追2～3次，第一次在5月上旬，第二次在第一次追肥后的15～20天，第三次在7月末以前，施肥量为15g/m^2。

（5）保留适宜苗木密度

为了保障红松幼苗健壮生长，需要“适当留苗”。一般来说，培育2年生红松幼苗的留苗标准为500棵/m^2，培育3年生红松幼苗的留苗标准为300棵/m^2。

（6）病虫害防治

红松苗期的病虫害较多，需要定期使用多菌灵、百菌清、代森锰锌、辛硫磷等药剂进行防治，每7天为一个喷洒周期，持续喷洒3～5个周期。

（7）越冬管理

红松育苗周期为1～3年或更长时间。对于1年生的红松幼苗来说，越冬期间容易发生冻害。栽植红松1年生苗越冬需要进行防寒，2年生以上的苗木可不防寒。防寒可采用覆盖的方法，覆盖物有土壤、草苫、稻草等，覆盖效果比较好的是用土壤覆盖，取材方便、经济、安全可靠，效果最佳。具体操作方法是在土壤结冻前2～3天覆盖，先把步道或垄沟的土壤翻起，拍碎土块，轻轻地覆到床面上，覆土厚度没有明确要求，以不露苗叶为度，保障幼苗安全越冬即可。待来春土壤解冻深度达10cm以上时再撤土。近年来，也有人应用增温剂喷洒叶面，控制叶面蒸腾，防止苗木干枯，效果很好。

（二）嫁接育苗

红松播种自然结实年限10年以上，而红松嫁接3～5年可结实，10年以上丰产。红松嫁接是无性繁殖的主要方式之一，对扦插繁殖困难的针叶树种来说非常重要。

1. 砧木

培育嫁接苗，可用2～4年生红松播种苗进行嫁接，也可在山上造林苗及小树上嫁接。砧木粗度或嫁接部位砧木粗度应在0.6～1.5cm，嫁接高度可以是高接即距地表3～10cm或低接即距地表0.5～1.5m。低接苗每株砧木上接1穗，高接苗上接3～10穗。

2. 接穗

选择好的接穗是确保红松嫁接高成活率的关键。每年2～3月，待到树液流动前安排此项工作，要选用结实量多、稳定性强、果实体积大的红松母株树冠上部外围，至少生长1年，粗度大于5mm，长度大于0.5m，顶芽饱满，枝表新鲜，叶青绿，无病虫害的枝条。人工林中的一株优树一般可采15～20个枝，每个枝上带有2轮轮生枝，一株优树可以得到80～100个穗条。

采条地点与贮藏地点相距较远需要长途运输时，应把枝条装入塑料口袋，里面放入少量雪和湿锯屑，把口袋扎紧，装入木箱后运输。前一年秋季采集的接穗，应选择在阴冷的山洞或者在地窖中贮藏。枝条间的空隙，用冰块填充，温度在－5℃为适宜。然后，注意窖口或洞口的封堵，确保密封效果好。

嫁接前一天，从贮藏地将枝条取出。挑选好的枝条，要求顶芽饱满，没有破损，这样能确保高成活率。同时，在距离顶芽8～10cm处，将枝条剪断留以备用。

3. 嫁接方法

嫁接方法分为芽接和髓心形成层对接。

（1）芽接

嫁接前应准备长30～35cm、宽1.2～1.4cm的塑料条（有弹性的农用无滴膜），单面刀片或双面刀片，医用酒精，医用胶布，脱脂棉，枝剪，小桶。在砧木苗顶芽生长至1cm时开始嫁接，一般在4月下旬至5月初，5月末以前结束嫁接。接穗从贮藏窖取出后，选择顶芽饱满、枝条健壮、未萌动、不脱水、不腐朽、针叶保留完整的枝条，用枝剪剪取长8～10cm的枝条，放入装有1～2cm水深的小桶里。嫁接时选择接穗的粗度是砧木主枝顶端粗度的2/3至等粗，在芽下2cm处剪下，顺着针叶的生长方向去掉所有针叶，用单面或双面刀片，剪掉侧芽，留一个顶芽，从芽的基部开始削成双面楔形，楔长1.2～1.5cm。

砧木顶端2～3cm以上部位的针叶顺着针叶的生长方向去掉，将砧木顶芽平头切下，从砧木中间劈开，切口略长于接穗切口1～2mm。把削好的接穗插入砧木的切口，一侧表皮与砧木的表皮对齐（形成层对齐），使接穗的切口完全插入砧木，然后用塑料条从下切口以下约0.5cm处开始进行螺旋式绑扎，再从上部缠绕到中下部，打结系紧。绑扎时要把切口完全密封。

（2）髓心形成层对接

嫁接前准备与芽接相同。5月中下旬开始嫁接，6月中旬以前结束嫁接。接穗从冰窖取出后，选择顶芽饱满、枝条健壮、未萌动、不脱水、不腐朽、针叶保留完整的枝条，剪取长8～10cm的枝条，放入装有1～2cm水深的小桶里。嫁接时选择接穗的粗度是砧木主枝粗度的2/3至等粗，接穗长6～8cm，保留顶端6～10束针叶，顺着针叶的生长方向去掉其他针叶，用单面刀片或双面刀片从保留针叶着生部位以下约0.5cm处斜切，刀片与接穗上端约呈60°，切入的深度为接穗直径的一半。然后，扭转刀片，沿髓心纵向切开。削面要平滑，一刀完成。

在砧木1年生主枝上，摘去嫁接部位的所有针叶，沿着韧皮部和木质部之间削去一层树皮，砧木切口与接穗切口相等或略长于接穗切口。削面要平滑，一刀完成。把削好的接穗切口与砧木切口左右对正，使接穗与砧木靠紧，用塑料条从下切口以下约0.5cm处开始进行螺旋式绑扎，一直缠到接穗针叶着生部位，再加缠绕两圈，打一系结。绑扎时要把切口完全密封。

4. 嫁接后管理

（1）修剪

根据嫁接苗的长势，定期进行修剪，以避免砧木长出的侧枝影响嫁接主枝的正常生长。修剪工作最好在春季进行。

（2）遮阴

红松嫁接苗的生育特点与红松幼苗相似，苗期需要适当遮阴。可以使用透光度为70%的遮阳网，或在苗圃床边一侧种植高秆农作物如玉米、向日葵等。

（3）清理杂草和松土

嫁接前需要清理苗圃地内的杂草，为嫁接创造良好条件。嫁接完成后，由于人员活动可能导致土壤板结，需要对苗圃地进行松土处理，以减少杂草生长。在松土时应注意不伤苗、不压苗，并逐渐加深松土深度，确保全面松土到位。为防止土壤板结，对比较黏重的土壤，在每次降雨、灌溉后也要松土。松土后应及时中耕培土。

（4）解除绑扎物

当红松嫁接苗成活后，应及时解除绑扎物。通常在嫁接后80 ~ 90天，当接穗的顶芽抽出的新梢达到3cm以上时，即可确定嫁接苗已成活。在第2年春季树液流动前，应解除包扎的塑料条，以确保嫁接苗的健康生长。

（三）容器育苗

容器育苗是一种高效且适应性强的植树造林技术，尤其适用于雨季造林和土壤条件恶劣、干旱缺水的地区。

1. 育苗容器

容器杯通常高12 ~ 13cm，直径8 ~ 12cm，为幼苗提供了稳定的生长环境。

2. 育苗基质

育苗基质需要结合当地资源进行配制，如腐殖质土、松林土、黄土、塘泥及腐熟的人畜肥等，确保基质透气、持水、排水良好。同时，使用硫酸亚铁（3%）或0.5%高锰酸钾（0.5%）进行消毒处理，喷在基质中，混拌均匀，以确保基质无菌。

3. 育苗技术

优选2年生、Ⅰ级或Ⅱ级的健壮留床苗进行栽植，栽植时应确保根系既不窝曲也不外露，栽植深度适中，栽后应立即灌水以促进成活。

育苗地应事先平整并消毒，可设置为平床或畦，营养杯紧密排列，杯间填土压实，四周筑土围挡，以维持土壤湿度并减少水分蒸发。

任务二　樟子松种苗生产

相关知识

学名：*Pinus sylvestris* var. *mongholica* Litv.

科属：松科，松属

别名：海拉尔松

分布：樟子松是欧洲赤松分布在远东的地理变种。原产于我国的樟子松分为山地型和沙地型，山地型主要分布在大兴安岭山地，集中在北纬52°以北，沙地型主要分布于呼伦贝尔高原东部、海拉尔河中游及支流伊敏河、辉河流域和哈拉哈河上游一带。

一、基本知识

樟子松是常绿乔木，是我国东北地区主要用材、防护和四旁绿化的优良树种之一。具有生长快、耐干旱、耐瘠薄、耐严寒、抗风沙和抗病虫害特性。材质细腻，纹理直，硬度和密度适中，易于加工，除了作为建筑、家具等用材外，还是我国防腐木材主要原材料；树干可割树脂，制取松香和松节油；针叶养分丰富，是饲料的优良配料；针叶和树皮可入药，松花粉和种子都是上好的食品；树形挺拔矫健，四季常青，绿化美化效果好。樟子松具有较高的生态价值和经济价值，是东北地区速生用材林、生态林的主要树种。自20世纪50年代被引种防风固沙成功后，在三北半干旱地区大面积推广种植，成为“三北”防护林工程的重点发展树种，被誉为“治沙功勋树”。

二、种子生产技术

（一）种实成熟特性

樟子松雌雄同株异枝，雄球花黄色，雌球花紫褐色。球果长卵形。花期5~6月，球果翌年9~10月成熟。受精后形成的幼果淡绿色长卵形，最后呈现灰黄色，球果因缺失水分而种鳞开裂，种子飞散，种子黑褐色。樟子松15~20年才可开始结实，且每两次结实至少间隔3年，种子数量较少。

（二）采种

球果约在第2年9月中下旬成熟，未开裂的成熟球果留在树上的时间有6～7个月，到第3年4月球果开裂，采种期较长，最好在春、秋两季进行采种。因冬季严寒，不便组织采种工作，而且这时樟子松枝条脆弱，容易损伤母树和发生事故。多数是从树上摘取球果。较矮小的树木可用高枝剪、采种钩或镰等摘取。较高大的树木利用单梯、绳套上树后摘取。交通方便的林分可采用汽车上的升降机、折叠梯等上树摘取球果。不论采用哪种方法，摘取球果时，要特别注意保护母树，不要折断枝条，尤其着生在新枝梢的1年生幼果极易碰掉。

（三）调制与贮藏

樟子松球果鳞片厚而坚硬，短期不易开裂，采集后种子调制较难，露天晾晒虽简便易行，但所需脱粒时间很长，且脱粒不完全。

采回后先用40℃的温水浸泡5min，然后放在人工加热的干燥室内，干燥室内温度保持在45℃，最高不超过50℃，且注意通风。每批种子需要处理5～8天。种子脱粒后去除杂质及病虫危害籽粒，其净度、纯度、发芽率达到国家、自治区级相关标准。千粒重5～8g，发芽率60%～90%，出种率1%～2%。种子贮藏含水量降至9%～10%，即可装铁桶，在通风干燥、低温（4℃）的种子库或地下库中贮藏或在相对湿度50%～60%条件下贮藏。

三、苗木生产技术

（一）播种育苗

樟子松幼苗为子叶出土萌发型。当年生苗无真正针叶，只有托叶状披针形单叶，即幼苗第1年的形态发育与第2年和以后不同，属于异态发育。幼苗喜光春季顶芽活动较早，冬芽形成得也早，不受晚霜、早霜的威胁。当年生播种苗不分枝或微分枝。抵御冬季大气干旱能力弱。主根明显，侧根发达。2年生以上的苗木普遍存在二次高生长。

1. 播种地准备

（1）苗圃地选择

选择土壤疏松、通风良好、光照充足、灌溉方便、土层深厚的砂壤土为宜，若有条件，最好选择前茬是松树的苗圃地，因为这种苗圃地含有大量对松树苗木培育有益的菌类，能促进幼苗发育并增强抗性，但不宜在一块地连续多年播种，一般宜1年生与2年生松树苗木相互轮作。盐碱地不宜育苗（pH在6.5～7.5为宜），如果在沙性较大的土地上育苗，应多施一些河泥等与有机肥混合均匀。苗圃地要便于管理，周围要设保护障。

（2）土壤改良

沙地苗圃应大量施用松针土厩肥，而黏重地苗圃应适当混沙，以形成一个保水和保肥的耕作层，为幼苗生长创造良好的生长环境。

（3）施肥

为提高土壤肥力，改善土壤物理性质，苗圃要施足底肥。底肥最好施经过腐熟的猪羊粪（用量150t/hm^2，施用前必须倒细过筛），或有机肥（用量75000kg/hm^2），粪肥、松针土要施在12～20cm的耕作层中，并要与土壤拌匀，这样才利于苗木根系的吸收和松苗地上部分的生长。

（4）整地及土壤消毒

一般北方地区整地的时间以春季为好，通过深翻土壤，将土块耙细后，即可修筑高床，规格为南北向，高15cm，床之间的距离80～90cm，床宽40～50cm或视地形而定，两床中间应留宽30～50cm的作业道，作床时先作下床，灌足底水，待水渗下后，再将过道土耧平压实，保持床面平坦，并对准地表喷施硫酸亚铁进行消毒。

2. 种子准备

播种前还需要对种子进行消毒等处理。先将种子浸泡在清水中，剔除表面漂浮起来的瘪粒、坏粒、破损粒等，之后浸泡在3%硫酸亚铁中消毒，结束后捞出用清水将种子表面残留的硫酸亚铁冲洗干净后再次浸泡在清水中24h以上。最后将种子捞出按照相同体积的比例与过筛的湿沙混合均匀后放置在干燥阴凉的区域层积处理，利于促使种子休眠状态的解除。层积处理期间温度条件合理控制在≤15℃，每72h翻一次，以免中间的种子温度过高，且在种子上方喷水保湿、降温，层积处理7～10天，之后即可用于播种。

3. 播种技术

樟子松播种季节分为春播和秋播，一般春播为好。当平均地温达10℃时即可播种。东北地区以4月中旬至5月初为宜。可用撒播或条播，播种前要保证苗床表土湿润，如干燥应少量淋水，待床面稍阴干时，用耙将床面耧起0.5～1.0cm深，然后用播种机进行条播。横床条播，播幅宽3～4cm，行距8～10cm，播种量为每条播幅撒种子150～200粒。

播后及时镇压，以防止和减少水分蒸发。覆土不宜过厚，厚度约0.5cm。培育留床苗可撒种，樟子松种源少，种子珍贵，要节约合理用种，一级种子，播种前种子要用浓度为0.5%的高锰酸钾消毒、清水浸种或催芽处理，发芽率80%以上，每公顷播52.5kg。

4. 苗期管理

（1）覆草

播种后覆土轻压，为防止覆土被风吹失，调节地面温度、湿度，干旱沙地育苗必须在床面覆一层稻草，厚度以不见土为限，当苗出土一半时，将稻草撤除一部分，全部出苗后，将覆草全部撤除。春季风速小的地区可不覆草。

（2）除草

播种后出苗前，可喷洒24%国乐除草剂600倍液进行床面封闭除草，喷后10h不浇水，后期以人工除草为主。

（3）水分管理

幼苗期要给足水分，浇水要根据降水及苗木生长情况适时适量。

①种子发芽期。从播种到幼苗出齐前，表土必须保持湿润（含水率在6%左右），防止干芽造成缺苗断条。浇水量不宜过大。同时由于夜间空气湿度较大，上午表土尚能保持一定湿润。每天浇水应于午后进行。

②保苗期。每天浇水，保持土壤湿润。一般在10:00～12:00进行。

③速生期。每隔3～4天浇一次透水。到8月中下旬后，为促进苗木木质化利于越冬，可每隔10天浇水一次。

（4）松土

为了增强表土透气和保水增温性能，防止杂草与幼苗争夺肥力，为促进苗木根系发育，可于7～8月，每隔10～15天松土一次，一般以2～3cm深较为合适，9月停止松土，以利苗木越冬。

（5）追肥

一般在6月下旬或7月上旬开始，追肥两次，以氮肥为主，施硫酸铵50～100kg/hm^2，最多不得超过200kg/hm^2，8月中旬停止追肥。追肥时应先浇清水湿润苗叶，然后将稀释的肥料水浇于苗床上，再及时用清水冲洗，以防肥料附着于幼苗茎叶上，灼伤幼苗。

（6）保留适宜苗木密度

7月幼苗地径已形成木质化时才能间苗，留苗600～800株/m^2，确保产高5cm以上的苗木300万～360万株/hm^2。

（7）鸟害、病虫害防治

播种后至幼苗脱壳前应强化防鸟保护，可采用孔径2cm的防鸟网全覆盖苗床（网高1.5m以上），搭配超声波驱鸟器（频率20～25kHz，每100m^2 1台）与反光膜条（间隔10m悬挂）形成物理与声波视觉组合驱避体系，避免鸟类啄食种子。出苗后重点防治立枯病，可选用25%甲霜灵800倍液或0.5%硫酸亚铁（忌高温时段喷施），配合播种前50%多菌灵（5g/m^2）拌土进行土壤消毒，控制苗床温度（20～25℃）、湿度（≤80%），降低发病风险，每周喷施一次，连续3～4周。

球果螟防治应优先采用生物与化学结合策略，成虫期悬挂性诱捕器（每亩3个）监测虫情，低龄幼虫期可喷施20%蔬果磷500倍液（配合释放赤眼蜂每亩3万头），改用25%噻虫嗪2000倍液等低毒药剂，重点喷施球果基部，药液量50L/亩，确保渗透。落叶松毛虫的防治应把握低龄幼虫期，可轮换使用2.5%高效氯氟氰菊酯2000倍液、30%氯虫·高氯氟悬浮剂2500倍液等环保药剂，或喷施16000IU/mg苏云金杆菌800倍液进行生物防治，每周喷一次，连续两次。可采用无人机静电喷雾技术施药，提升效率，避免在风力≥3级或雨天作业。针对蝼蛄、金龟子等地下害虫，使用毒饵诱杀法，也可在虫害发生时，向洞口滴注油类物质后冲水，使蝼蛄爬出洞外昏迷后捕杀，或播种前沟施金龟子绿僵菌颗粒剂（每亩2kg）进行微生物防控。

（8）越冬管理

樟子松是耐寒树种，在原产地的呼伦贝尔盟（现呼伦贝尔市），冬季气温最低可达－40℃左右，苗木可以安全通过。而樟子松1年生苗越冬之所以枯干死亡，不是受冻受害，是因为早春风大、气候干燥导致苗木体内水分大量消失，这时苗木根系又没开始活动，不能从土壤中吸收水分而干枯死亡。因此，只有在土壤结冻前用细土将苗木埋严才能安全越冬。在土壤结冻前，把垄沟或步道的土挖起砸碎，覆于苗土垄面上，厚度10～15cm，至翌年春清明后撤第一次土，到谷雨前全撤清，并及时灌水。

（二）容器育苗

1. 种子处理

在播种前5天，要将种子用0.5%高锰酸钾浸泡1h，以达到消毒的目的。浸泡结束后，用清水冲洗干净，再用冷水继续浸泡48h，使种子充分吸水膨胀。之后，将种子置于温暖湿润的环境中，保持适宜的湿度并定期翻动，以促进种子萌发。当约有30%的种子出现裂口时，即可进行播种，此时出苗率通常能达到90%以上。

2. 营养土的配制

理想的营养土应具备良好的透气性和保水性，同时提供必要的养分。将60%的黑砂壤土作为基础材料，加入25%的农家肥以提供有机质，再混合8%的炉渣以增强透气性，混合6%粒径0.2～0.3mm的细沙以改善土壤结构，最后加入1%的硫酸亚铁调节土壤pH，使其呈中性或微酸性。所有材料需要过筛后充分混合均匀，保持湿度为饱和含水量的60%，堆放1～2天后即可使用。

3. 作床、装袋、播种

育苗前，需要在苗床内平整土地，底部铺设2cm厚的过筛炉渣以利于排水。随后，将配制好的营养土装入直径8cm、高14cm的容器袋中，确保装实并整齐摆放于苗床内，空隙用细土填满。一般每个容器内播种4～6粒，播后覆盖0.3～0.5cm厚的细沙，并稍加镇压，再覆盖一层薄锯末以保温、保湿。为了加速出苗并保持整齐度，播后应覆盖塑料薄膜。7～10天基本出齐，撤膜时要选无风半阴天为宜，撤膜后最好灌一次水。

4. 苗期管理

（1）水分管理

播种后至出苗前要保持床面湿润，喷水量以湿透表土为宜。生长初期，每隔4～6天浇灌一次透水，维持土壤适宜的水分条件。

（2）除草

播种后至出苗前，可采用1：600倍果尔药剂进行化学除草，全年至少喷施三次，以控制杂草生长。

（3）防治立枯病

需要从种子消毒、土壤消毒及幼苗出土后的管理入手，使用高锰酸钾浸泡种子和消毒土壤，定期喷施硫酸亚铁等药剂。

（4）保留适宜苗木密度

苗木出齐一周后，间除多余弱苗，每容器保留三株壮苗。

（5）秋季覆土防寒

11月初进行覆土防寒处理，覆土厚度应高出苗梢约10cm，以确保樟子松幼苗安全越冬。

任务三　沙棘种苗生产

相关知识

学名：*Hippophae rhamnoides* L.

科属：胡颓子科，沙棘属

别名：醋柳、酸刺、黑刺

分布：欧、亚两洲温带均有分布；我国产于华北、西北、西南等地（包括新疆、河北、内蒙古、山西、陕西、甘肃、青海、四川西部等地）。

一、基本知识

沙棘是优良的经济灌木林树种，适应能力极强，耐干旱、耐瘠薄、耐酷暑、耐低温，能在沙地、轻度盐碱地上生长，根系发达、萌蘖能力强，多呈簇生状，枝叶茂密，生物量大，保持水土性能佳，其根部有根瘤菌，具有防风固沙、保持水土、改良土壤等作用，是水土保持和防风固沙造林的优良绿化树种。中国西北部大量种植沙棘，用于沙漠绿化。

沙棘为药食同源植物，广泛应用于药品、护肤品、保健品加工等领域。果实中营养成分十分丰富，维生素C含量高，素有维生素C之王的美称。果汁有止咳祛痰、化瘀、消食化滞、活血散瘀等功能，可治烧伤、胃溃疡、肝炎、心血管等疾病；果实可加工成沙棘饮料、饼干、果酱、糖、麦片、醋、酱油及沙棘粉等；种子可加工成沙棘果油口服液、沙棘果油胶囊等；沙棘叶可加工成沙棘百通茶、沙棘速溶茶等；沙棘叶、果渣、籽粕都是良好的畜禽饲料。

二、种子生产技术

（一）种实成熟特性

花单性，雌雄异株，无花瓣，雄花花萼2裂、雄蕊4个，雌花花萼囊状、顶端2齿裂，4～5月开花。坚果被肉质化的萼筒包围，核果状，圆球形，直径4～6mm，外观呈橙黄色或橘红色，9～10月果实成熟。果实成熟时果皮橙黄色，种子黑褐色。

（二）采种

一般沙棘4～5年开始结实，果实长期不落，采种期较长。采种方法有三种。

1. 人工采集

冬季沙棘果实冻结以后，选择冷天早晨，先清理树冠下方，然后铺放布单或塑料薄膜等，用竹竿或较轻的木棍敲打果枝，因果柄受冻后很易脱落，将果实震落收集。但采种效率低，容易造成果实破损，而且采种成本较高。

2. 机械采收

在沙棘果实刚刚成熟且果实质地较为坚硬时，人工用镰刀或枝剪剪取附有果实的小枝，不剪大枝，以免沙棘资源遭到破坏，也可结合整枝、砍柴、平茬时采集，再利用机械进行脱果。此种采种方法不仅不易对果实造成伤害，而且易于保存，但采种时间存在一定的局限性。

3. 化学采摘

在沙棘果实由绿色变黄色时，利用药剂对果实进行催熟采收。例如，先用250～2500mg/L的乙烯利喷洒结果枝，能使果实的附着力减弱30%～70%。这种采种方法效率高、成本低，能避免对果实造成伤害，应推广使用。

沙棘果实出种率一般为7%～10%。种子千粒重9～10g，种子发芽率可达92%以上。

（三）调制与贮藏

将采后的果实放在容器中捣碎，加水搅拌冲洗，使果肉浮出，过滤杂物，晾干后得纯净种子，即可贮藏；将剪下的果枝收集起来，放在场院里，用木棍敲打果实，收集脱落的果实，然后用碾子碾过果实，并将其放在清水中浸泡1个昼夜，揉去果皮、果肉，再用清水淘洗一遍，除去杂质，捞出种子，晾干贮藏。

沙棘种子一般是冬季采集，翌年春季播种，因而必须进行越冬贮藏。贮藏时将干燥的种子装入麻袋、缸等容器中，将麻袋或容器放在消过毒的低温（0～5℃）、干燥、通风的仓库里或普通的房屋里，室内温度不得有急剧变化。贮藏期间要定期检查，发现发热、潮湿、发霉时，应及时晾晒，同时注意虫害、鼠害，以保证种子质量。种子在适宜条件下，连续贮藏2～3年不会失去发芽力，但保存3年以后，其发芽率会逐渐下降。

三、苗木生产技术

（一）播种育苗

1. 播种地准备

选择交通方便、地形平坦、土质疏松、排水良好、灌溉方便、土壤不易板结且pH7.5 ~ 8.0、含盐率在0.5%以下的砂质土壤地块作为播种地。选择好播种地后，清除杂草、石块等，翻耕土壤深20 ~ 25cm，整平耙细，以提升土壤的透气性。为提高土壤养分含量，整地时可施加适量的有机肥，以腐熟的农家肥为主，每亩施肥量为2 ~ 3t，也可少量施用氮、磷、钾复合肥。

在干旱多风地区，春季育苗，一般在播种前3 ~ 5天完成作床。作床方法：根据气候和土壤条件的不同，可采用高床、低床或弓形床。高床适用于降水量较多和排水不良的地区，低床适用于降水量较少的干旱地区；弓形床便于地膜覆盖。

2. 种子准备

播种前应做好浸种催芽。

（1）雪藏催芽

将当年采集的沙棘种子，通过精选，用0.5%高锰酸钾消毒2h，然后进行催芽处理。贮藏时将干燥的种子装入麻袋、缸等容器中，选择消过毒的、背阴、排水良好的地方挖坑（或库房内），在入冬前用积雪（冰）堆放，待翌春雪化，再按1∶3的比例混入湿沙置温暖处催芽，此时应控制温度，以延缓发芽时间。待有20% ~ 30%裂口或发芽时，随即播种，严防风吹日晒。雪藏保证了种子所需水分、养分和低温，催芽效果很好，出苗整齐，抗性强。

（2）温水浸种催芽

一般在播种前15天左右，将种子用45 ~ 50℃温水浸泡1 ~ 2个昼夜，然后捞出混入湿沙置温暖处催芽，5 ~ 7天即可播种。

此外，也可直接装入麻袋，置于背风向阳处或热炕上，每天翻动1 ~ 2次，并用冷水淘洗1次，保持一定温度，经过5 ~ 6天，当有30% ~ 40%的种子裂口时即可播种。

3. 播种技术

当土层5cm深处温度达9 ~ 10℃时，沙棘种子就可以发芽，14 ~ 16℃时最为适宜。一般北方地区以4月播种为好。幼苗出土早且整齐、扎根深、抗性强，不易发生日灼和其他病害，产苗量高。

为利于苗木生长和便于管理，应采取大行距、宽播幅播种。一般播种行距20 ~ 25cm，播幅宽10 ~ 15cm，沟底要平，将种子均匀地撒入播幅内，每亩播种量5 ~ 6kg，覆细砂土2.0 ~ 2.5cm，稍加镇压，使种子与土壤接触。

若春播时土壤干燥，播种前满足底水，待表土稍干燥后再将床面整平，然后播种，或边开沟边播种，然后覆土以保墒情。

4. 苗期管理

播种后覆盖草有助于保持土壤湿度和温度，减少侵蚀。幼苗出土后，逐步去除覆盖草以避免遮阴。土壤湿度低于60%时灌水，垄作侧方灌水可避免板结和冲刷。春播后5～7天幼苗出土，15天后出齐。秋播使用发芽能力强的种子，确保冬季前发芽。幼苗通常4月出苗，比春季早10～14天，发芽整齐。及时除草松土保持土壤通气性，减少杂草竞争。病虫害防治是幼苗健康成长的关键。小苗长出2对真叶时开始间苗，4对真叶时定苗。床作和垄作的留苗密度要符合标准，一般产量为75万～90万株/hm^2。6～7月追施磷酸二铵450kg/hm^2，分两次施入，有助于促进苗木生长。

（二）扦插育苗

1. 硬枝扦插

（1）插条选择

在沙棘良种采穗圃或在结实的人工林中选择生长健壮、无病虫害的植株，在树冠的中上部采集发育充实的1～2年生的营养枝作为插条。

（2）采条时间

早春树液流动前。辽西地区一般在3月之前。

（3）插穗剪取

插条采回后，将同一插条的基部芽欠饱满与梢部木质化程度不足的部分弃除，选择中间大部剪取直径0.5～1.5cm、长15～20cm的插条作为插穗。剪穗时要在室内或遮阴背风处进行，不同品种和雌雄株分别剪取和存放，上端平剪，剪口距离芽1.0～1.5cm，下端斜剪，剪口成马耳形。剪好的插穗50根或100根捆为1捆。

（4）插穗处理方法

①插穗贮藏。选择苗圃地附近排水良好、背风向阳处，挖宽1.0～1.5m、深50cm的贮藏沟，长度根据插条数量确定。先在沟底铺一层湿沙，将插穗直立倒置，一层插条一层湿沙（沙子的湿度以手握成团为宜），表层覆盖15～20cm湿沙。

②消毒处理。扦插前将插穗从贮藏沟取出，用多菌灵500倍液浸泡10min或用0.2%高锰酸钾浸泡5min进行消毒。然后放入清水中浸泡24～48h。

③生根处理。将浸泡后的插穗用生根剂浸泡插穗基部3～5cm，150ppm吲哚丁酸浸泡2h或使用200ppm ABT生根粉2号浸泡2h或使用根宝原液浸泡1～2h。

（5）扦插时间及方法

4月上中旬进行扦插。扦插采用垄作，垄底宽60cm，高15～20cm，垄面宽

25～30cm，采用直插，每垄插2行，行距15～20cm，株距8～10cm，插穗深度以顶端外露1.0～1.5cm（外露1～2个饱满芽）为宜，用脚踩实，扦插后及时灌透水。

（6）扦插后管理

保持土壤湿润，及时除草松土。幼苗高10cm时，应及时抹除侧芽，每穗留1个直立、健壮的新枝；幼苗高达20cm时追肥，追施磷酸二铵450kg/hm^2，分两次施入。

2. 嫩枝扦插

（1）扦插苗床制作

选择水源、电源较近，地势平坦，背风向阳，排水良好，土壤为砂壤土的地方修建沙床或裸地土床。

①沙床。构建育苗沙床，床高50cm。床底铺垫25cm厚的河卵石，然后用粗粒河沙垫平（厚5cm），上面铺15～20cm鲜细河沙。

②裸地土床。首先进行整地，深翻20cm，第1年扦插结合整地掺入细河沙（土沙比1：3）改良土壤。整平耙细后，将腐熟农家肥均匀地铺撒在地表，施肥量200t/hm^2。土粪搅拌均匀后，修成高床，高20cm，宽1.4m，长15～20m，床面铺5cm厚的细鲜河沙。利用相邻两床间隔铺设作业道，床周边修排水沟，根据扦插苗木的数量确定苗床数量。

（2）扦插环境

在全光照自动控制间歇喷雾系统的支持下进行。

（3）扦插苗床消毒

扦插前用浓度为0.2%的高锰酸钾喷洒床面消毒，用药量3g/m^2，24h后冲洗。

（4）插穗采制

在阴天或早晚时从母株上剪取直径0.3cm以上的半木质化枝条，在室内或背阴处制穗，穗长12～15cm，插穗顶部保留叶片5～10片，下切口平滑，每100根为1捆，生根处理前暂时浸泡在清水中。

（5）生根处理

用生根剂浸泡插穗基部3～5cm，100ppm ABT生根粉2号浸泡2h或使用100ppm吲哚丁酸浸泡2h或使用根宝原液浸泡5min。

（6）扦插时间及方法

选择在每天日落后或阴天集中进行扦插。扦插前沙床喷透水，将沙子翻松后扦插；裸地土床喷透水后直接扦插。扦插深度3～5cm，株间距4～5cm，密度400～600株/m^2。

（7）苗床管理

扦插结束后，床面用多菌灵500倍液全面灭菌1次，以后每7天灭菌1次，共3～4次。

（8）扦插后管理

①叶面喷肥。用0.3%尿素水溶液喷洒，或用0.2%磷酸二氢钾喷洒，用量250g/m^2。

②追肥。扦插7天后，在床面上撒均匀施磷酸二铵，单次用肥量60g/m^2，施肥后立即喷水，共追肥2～3次。

③除草。当杂草高度5cm左右时及时除草。

④水分管理。扦插初期至根系形成前，利用水分控制仪进行频繁喷雾，少量多次，使叶面始终保持一层水膜。扦插5～7天后，21:00至凌晨04:00，无风天气可停止喷水。待形成幼根时（10天左右），逐渐减少喷水。大量根系形成之后（25天左右），喷水多量少次，保持基质湿润。扦插苗木全部生根后基质水分不足60%时，及时喷水。

⑤病虫害防治。防治干枯病，可使用60%～75%可湿性代森锰锌500～1000倍液，连续喷2～3次，50%可湿性多菌灵粉剂300～400倍液，每10～15天喷1次，连续喷2～3次。叶斑病发病后，可喷施50%退菌特可湿粉剂800～1000倍液，10～15天喷1次，一般连续防治2～3次。预防沙棘木蠹蛾，可5月中旬至8月中旬，在有虫林分内，应用诱虫灯诱杀成虫。每天开灯时间为20:00～23:00，每5hm^2设置一盏诱虫灯进行物理防治。

任务四　山杏种苗生产

相关知识

学名：*Prunus sibirica* L.

科属：蔷薇科，李属

别名：杏子、野杏

分布：国内分布于黑龙江、吉林、辽宁、内蒙古、甘肃、河北、山西等地；国外分布于蒙古东部和东南部、俄罗斯远东和西伯利亚。

一、基本知识

山杏是落叶小乔木，喜光、抗寒、耐低温、耐干旱、耐瘠薄，适应性强，对土壤没有特殊要求，栽培管理技术简单，是高海拔干旱山区的先锋造林树种，也是一种优良的生态经济型树种，在北方干旱山区具有广阔的推广前景。同时具有较高的观赏价值，是公园、绿地、街道、庭院绿化的优良树种。杏木质地坚硬、细致，色泽鲜美，是工艺品、雕刻及高档家具的上好材料；树皮可提取单宁和树胶；叶可用作饲料；杏肉除了供人们鲜食之外，还可以加工制成杏脯、杏干、杏酱、杏汁、杏酒、杏青梅、杏话梅、杏丹皮等；杏仁可以制成杏仁霜、杏仁露等，从杏仁中提取的杏仁油微黄透明，味道清香，不仅是一种优良的食用油，还是一种高级的油漆涂料、化妆品及优质香皂的重要原料。

二、种子生产技术

（一）种实成熟特性

果实扁球形，直径1.5～2.5cm，黄色或橘红色，有时具有红晕，被短柔毛。果肉较薄而干燥，成熟时开裂，味酸涩不可食，成熟时沿腹缝线开裂。核扁球形，易与果肉分离，两侧扁，顶端圆形，基部一侧偏斜，不对称，表面较平滑，腹面宽而锐利。种仁味苦。一般4月下旬至5月上旬开花，6～7月中旬果实成熟，当果实外皮由绿色变为橘黄色或红色，用手一捏即可开裂时，种子已成熟，可以进行采摘。

（二）采种

一般采用地面采种和树上采摘两种方法。地面采种就是在种子成熟后，在果实脱落前清理树下的枯枝杂草，通过摇树干、树枝，使种实震落地面进行收集。树上采摘即工人直接在树上采摘收集。

（三）调制与贮藏

将收集到的果实堆放在阴凉处5～7天，经常翻动，避免发热、发霉，待果肉完全软化时，弄碎果肉，用水淘出种子，去除有虫孔、破损、干裂、发霉变质或掠青的果实及其他杂质，阴干。

贮藏方法有干藏法和沙藏法两种。干藏法是将种子装入麻袋或透气的容器中，放置低温、干燥、通风的室内贮藏。沙藏法是将种子与湿沙按1：3混合或分层坑藏或冷库堆积贮藏。贮藏期间要经常检查，以防发热、发霉和鼠害。

三、苗木生产技术

（一）播种育苗

1. 播种地准备

山杏适应能力强，育苗地一般选择地势平坦，交通方便，避风向阳，pH6.5～7.0，土壤较肥沃的砂壤土、轻壤土或壤土，且排水良好，有灌溉条件的地块。同时要注意避开前茬是杏树、桃树或李树的苗圃。忌选择低洼地和透光性差的小块林中空地。

播种育苗一般在春、秋进行，开春或秋后对苗圃进行深翻，结合深翻施足底肥，底肥以农家肥为主，每亩施农家肥2500～3000kg，磷肥或复合肥20kg。同时用硫酸亚铁进行土壤消毒，每亩用硫酸亚铁粉末10～20kg。深翻时拣除杂草、石块等。播种前作床，床高15～20cm，床宽1.0～1.2m，步道宽30cm左右，床长依苗圃而定。

2. 种子准备

山杏属深休眠种子，种皮坚硬，发芽困难。播种育苗前必须进行催芽处理，以保证出苗率。常用层积催芽或热水浸种催芽。

（1）层积催芽

层积催芽即在室外选择地势高、排水好，背风和管理方便的地方挖坑，坑深0.8～1.0m，宽1.0～1.5m，长度视种子数量而定。先在坑底铺一层10～15cm厚的湿砖、卵石或粗沙，再铺一层湿润细沙，在坑中每隔1m插一束秸秆或带孔的竹筒，使其高出地面30cm左右，以便通气。然后将种子与湿沙按1∶3混合，或种沙分层放在坑内，一直堆至距坑沿20cm为止，上面覆一层湿沙，沙子湿度约为饱和含水量的60%，最后覆土呈屋脊形，覆土厚度应根据当地气候条件而定，且随着气候变冷而逐渐加厚土层，待降雪后将积雪堆到坑上，翌年春季60%的种子露白时进行播种。

（2）热水浸种催芽

将80～90℃的热水倒入盛有山杏种子的缸内，边倒边搅拌，待水冷至常温后浸泡1个昼夜，换水再浸泡3～5天，每天换水一次，待水浸透核壳，种仁膨胀后，捞出种子，混3倍湿沙，堆放在温暖向阳的地方，用湿麻袋盖好；每天翻动一次，用温水淋洗1～2次。60%种子裂口时即可播种。

3. 播种技术

（1）春播

适时早播有利于出苗和生长。一般在3月下旬至4月上旬，土壤解冻后进行。播前3～5天灌足底水，待土壤松散时开沟条播，沟深4～5cm，沟间距20cm，种子间距5～10cm，将种子均匀地点播在沟内，覆土后轻轻镇压，使种子与土壤密接，利于种子从土壤中吸水。播种后在苗床上覆盖一层地膜以减少水分蒸发，并提高苗床温度，还可以防鸟、鼠、虫的危害。

（2）秋播

一般在10月中下旬至土壤结冻前进行，播种前将种子用60～70℃水浸泡3～5天后，用浓度为0.5%的高锰酸钾消毒15min，清水冲洗3～4遍后，闷2h，取出直接播入土壤中。播后要灌足冬水。秋播不可过早。秋播可以减少种子催芽处理工序，且出苗早，苗木生长旺盛。

4. 苗期管理

（1）水分管理

在破土出苗前，需要保持苗圃的湿度和温度，采取适时喷水和温度控制措施，最好保持在种子发芽的最适温度，即25～28℃。出苗期前尽量不要浇水，以防土壤形成硬壳，不利于芽萌动出土。如果土壤干燥确应浇水时，也只能少浇水。待土壤稍干时及时松土，并注意不要碰伤幼芽。6月上旬至8月上旬是苗木生长旺期，要加强水肥管理，为苗木生长提供足够的营养。出苗后，必须进行多次检查，要根据地温、土壤的湿度适时浇水，保持苗木的水分需求。

（2）松土除草

幼苗出土后要及时松土除草，4～5片真叶时定苗，留优除劣，每亩保留15万～18万株。

（3）追肥

在苗木生长旺盛的时期适量增加追肥，通常采取三次，即6月下旬和7月上旬追肥一次；7～8月进行一次追肥，预计每亩约5kg；7月下旬到8月上旬再进行一次追肥，每亩约7.5kg；9月上旬再施用一次钾肥促进苗木木质化，提高苗木的抗寒力，便于过冬。

（4）病虫害防治

苗木生长期常见的虫害有红蜘蛛、蚜虫，这会危害枝叶，可用无公害药剂防治，达到持续控制灾害的效果。

幼苗初期主要的病害是根腐病，可用60%五氯硝基苯加40%敌克松拌土后，撒入苗床，然后浇水灌根。苗木中后期易得叶斑病和烂皮病，可用75%百菌清配制成0.25%溶液防治。发病前可喷波尔多液或75%代森锰锌配制成0.2%溶液防治。

（二）容器育苗

1. 育苗地选择

选择在距离造林地近，运输方便，有水源或浇灌条件，便于管理的地方。育苗地应地势平坦，排水良好。不能选择种过番茄、薯类等的菜地，以及低洼积水、易被水冲、沙埋和风口等处。山地育苗选择通风良好、阳光较充足的半阴坡和半阳坡。

2. 育苗时间

一般要求在4月末前完成容器苗播种工作。

3. 育苗容器

采用8cm × 7cm × 11cm的硬质塑料杯。

4. 育苗基质

采用黄黏土40%～45%，松根土40%～45%，羊粪10%～15%，过磷酸钙与营养土按1：25（质量比）的配比为佳。为减少苗期病害发生，基质土经过粉碎、过筛后，在装杯前对基质土进行消毒，每500kg基质土，用1.0～1.5kg硫酸亚铁配制成1%溶液，边翻基质土，边喷洒药液，反复进行1～2遍，使药液均匀地喷洒在基质土上，放置7天后即可装杯。

5. 育苗技术

将营养土装袋以后，摆入床中。将经过催芽处理后的种子播入袋中，每袋1～2粒种子，覆土厚1.5～2.0cm。浇透水，保持湿润。有条件的可以覆盖塑料薄膜，保湿、保温，利于发芽。

6. 苗期管理

进入速生期前，苗木对水分敏感，1天浇水2次，防止高温烫伤小苗。进入速生期后改为2天浇水1次。出苗前一定要使容器内保持湿润。全部出土后喷1次透水。于5月上旬和6月上旬分别用质量浓度为1g/L的磷酸二氢钾和尿素水溶液进行叶面喷肥，各喷2次，每隔15天喷1次，以叶片喷湿为度。

山杏蚜虫防治技术规范遵循“早监测、早防治、减药害”原则，优先使用低毒高效药剂。选择10%吡虫啉或25%噻虫嗪，毒性更低且持效期长。蚜虫初发期喷雾，重点喷施叶片背面，药液量30～40L/亩，每隔7～10天喷1次，连续2～3次。

参考文献

[1] 黄大国. 林木种苗生产技能[M]. 合肥：中国科学技术大学出版社，2022.

[2] 高新一，王玉英. 林木嫁接技术图解[M]. 北京：金盾出版社，2009.

[3] 邹学忠，李晓黎. 林木种苗生产技术[M]. 沈阳：沈阳出版社，2011.

[4] 周宇，周冠武，彭冠云. 速生林木应用基础与重组装饰材产业研究[M]. 北京：中国建材工业出版社，2024.

[5] 孙时轩. 林木育苗技术[M]. 2版. 北京：金盾出版社，2013.

[6] 王大平，李玉萍. 园林苗圃学[M]. 上海：上海交通大学出版社，2014.

[7] 朱强. 林业树木栽培与养护技术研究[M]. 长春：吉林科学技术出版社，2022.

[8] 胡玉新. 林业工程中林木种苗培育方法分析[J]. 新农民，2024，33（33）：100−102.

[9] 张中杰. 林木种苗培育技术探讨[J]. 山西林业科技，2024，53（S01）：41−42.

[10] 蔺雯新. 林木种苗培育技术[J]. 中国林副特产，2023，4（04）：38−40.

[11] 刘文珍. 林木种苗培育技术应用及管理措施[J]. 林业勘查设计，2023，52（04）：5−8.

[12] 杨万科. 林业种苗培育技术与种苗管理工作优化分析[J]. 种子科技，2022，40（08）：109−111.

[13] 刘佳. 林木种苗培育与管理中存在的问题及其对策[J]. 南方农业，2022，16（06）：90−92.

[14] 丁学龙. 林木种苗培育技术及发展趋势分析[J]. 南方农业，2021，15（30）：122−123.